Christian Geschke · Mike Lindner
Die Technik der Biberschwanzdeckung im Bild

Die Technik der Biberschwanzdeckung im Bild

3. Auflage

mit zahlreichen Abbildungen und Tabellen

Christian Geschke

ist Dachdeckermeister und Technischer Leiter des Dachdeckerbildungszentrums Baden-Württemberg in Karlsruhe

Mike Lindner

ist Dachdeckermeister und leitet die Meisterschule für Dachdecker an der Handwerkskammer zu Köln

Herbert Wartmann †
Dachdeckermeister und Begründer des Werkes

RM Rudolf Müller

Bibliografische Information der Deutschen Nationalbibliothek
Die Deutsche Nationalbibliothek verzeichnet diese Publikation in der Deutschen Nationalbibliografie; detaillierte bibliografische Daten sind im Internet über https://portal.dnb.de abrufbar.

Maßgebend für das Anwenden von Normen ist deren Fassung mit dem neuesten Ausgabedatum, die bei der Beuth Verlag GmbH, Burggrafenstraße 6, 10787 Berlin, erhältlich ist. Maßgebend für das Anwenden von Regelwerken, Richtlinien, Merkblättern, Hinweisen, Verordnungen usw. ist deren Fassung mit dem neuesten Ausgabedatum, die bei der jeweiligen herausgebenden Institution erhältlich ist. Zitate aus Normen, Merkblättern usw. wurden, unabhängig von ihrem Ausgabedatum, in neuer deutscher Rechtschreibung abgedruckt.

Aus Gründen der besseren Lesbarkeit wird bei Personenbezeichnungen und personenbezogenen Hauptwörtern die männliche Form verwendet. Entsprechende Begriffe gelten im Sinne der Gleichbehandlung grundsätzlich für alle Geschlechter. Die verkürzte Sprachform hat nur redaktionelle Gründe und beinhaltet keine Wertung.

Wir freuen uns, Ihre Meinung über dieses Fachbuch zu erfahren. Bitte teilen Sie uns Ihre Anregungen, Hinweise oder Fragen per E-Mail: rudolf-mueller@vuservice.de oder telefonisch unter: 06123 9238-258 mit.

Lektorat: Elke Wolf, Mechernich
Umschlaggestaltung und Satzarbeiten: Satz + Layout Werkstatt Kluth GmbH, Erftstadt
Druck und Bindearbeiten: Westermann Druck Zwickau GmbH, Zwickau

Printed in Germany

ISBN 978-3-481-04638-5 (Buch-Ausgabe)
ISBN 978-3-481-04657-6 (E-Book-Ausgabe als PDF)

Vorwort zur 3. Auflage

„Die Technik der Biberschwanzdeckung im Bild" knüpft an die Erstausgaben Ende der 90er sowie Anfang der 2000er vom inzwischen verstorbenen Dachdeckermeister Herbert Wartmann an, der in Fachkreisen als „Kehlenpapst" galt.

Die Biberschwanz-Ziegeldeckung überzeugt auch heute noch durch ihre besondere Ästhetik und die zahlreichen Variationen verschiedener Detailausbildungen als traditionelle Handwerkskunst, wobei Herstellung und Verarbeitung des Werkstoffs weiter vorangeschritten sind.

In der vorliegenden 3. Neuauflage haben die Autoren, ebenfalls beide Dachdecker- und auch Ausbildungsmeister, den Titel inhaltlich gestrafft und neu strukturiert sowie mit neuen Fotos und Zeichnungen versehen. Der Schwerpunkt liegt weiterhin auf einer Darstellung der Biberschwanzdeckung „in Bildern", die von kleineren Erläuterungen, Tipps und Merksätzen ergänzt wird.

Die Neuauflage bietet einen umfassenden Überblick auf diese besondere Deckart, dies auf Grundlage des aktuellen Regelwerks des Deutschen Dachdeckerhandwerks sowie neuester Werkstoffe und Verlegearten. Die Autoren hoffen, mit der Fortführung dieses Standardwerks im Bereich der Biberschwanzdeckung angehenden Meistern, Gesellen aber auch Auszubildenden eine Orientierungshilfe für die Praxis zu liefern, die als Tätigkeit weiterhin den Brückenschlag zwischen Tradition und Moderne darstellt.

Köln und Karlsruhe, Juni 2023

Inhaltsverzeichnis

1 Grundlagen

Anfang des 18. Jahrhunderts bildeten sich die ersten Dachdeckerinnungen. Dies war die Folge einer Spezialisierung, die durch die damals bereits vorhandene Komplexität der Gesamtbauleistung erforderlich wurde. Aus den allgemeinen Bauhandwerkern entwickelten sich Fachleute für einzelne Gewerke. Es ist nur zu verständlich, dass gerade für die Erstellung eines der am meisten beanspruchten Bauteile ein eigener Handwerksberuf entstand.

Dies war die Grundlage einer Entwicklung von neuen Eindecktechniken und der Verfeinerung von bestehenden bewährten Handwerksleistungen. Durch den Erfahrungsaustausch innerhalb der Dachdeckerinnungen – und später überregional innerhalb des Zentralverbandes des Deutschen Dachdeckerhandwerks – entstanden allgemein anerkannte Leitlinien, deren Ziel es ist, die Basis für funktionierende und auch ästhetische Dachdeckungen zu schaffen. Das Regelwerk des Deutschen Dachdeckerhandwerks, allgemein anerkannter Stand der Technik, ist das Ergebnis von Erfahrungen, die im Laufe von vielen Jahrzehnten gesammelt und systematisiert wurden. Aus zweierlei Hinsicht handelt es sich dabei um kein starres Vorschriftenwerk:

- Neuentwicklungen im Werkstoffbereich und sinnvolle Varianten innerhalb der Verlegetechnik finden bei jeder Neuauflage Beachtung. In zweckmäßigen Zeitabschnitten werden deshalb die einzelnen Teilbereiche des Regelwerks an den aktuellen Stand der Technik angepasst.
- Andererseits ist Offenheit gegenüber regionalen Detailvarianten und objektspezifischen Anforderungen erforderlich und auch realisiert. In diesem Sinne versteht sich auch dieses Werk. Langjährige berufspraktische Erfahrungen, fachlicher Austausch mit Berufskollegen und der Einbezug der Regelwerke sind die Basis für dieses Buch. Soweit möglich und notwendig werden regionale Ausführungsvarianten und Fachbegriffe berücksichtigt.

Biberschwanzdeckungen, wie allgemein alle Dachdeckungen, können nicht mehr losgelöst von den Gesamtanforderungen des speziellen Bauvorhabens gesehen werden. Die traditionelle Nutzung des Dachraumes als Speicher hat sich grundlegend gewandelt. Der Dachraum als Puffer gegen Witterungseinflüsse vielerlei Art existiert als solcher nur noch in den seltensten Fällen.

Vorrangig werden Dachgeschosse als Wohn- oder Büroräume ausgebaut. Diese erhöhte Anforderung bedingt eine spezifische Planung und Ausführung der gesamten Dachkonstruktion. Für den Dachdecker ist es nicht allein damit getan, Planungsvorgaben fachgerecht auszuführen. Gerade er ist der Spezialist, der aufgefordert und auch verpflichtet ist, projektierte Dachkonstruktionen kritisch zu analysieren und gegebenenfalls seine Bedenken mitzuteilen.

1.1 Regeldachneigung und Zusatzmaßnahmen

Die Regeldachneigung ist die unterste Dachneigung, unter der sich die spezielle Dachdeckung aus der Erfahrung unter normalen Bedingungen als ausreichend regensicher erwiesen hat. Sie beträgt beim Biberschwanzziegel in Doppel- und Kronendeckung 30°, ebenso wie beim moderneren Falzbiber. In Einfachdeckung mit Spließen beträgt die Regeldachneigung 40°. Nur noch in Ausnahmefällen ist die Deckung – auch oberhalb der Regeldachneigung – ohne Zusatzmaßnahme sinnvoll und zulässig. Bereits die Nutzung des Dachraumes stellt selbstverständlich eine erhöhte Anforderung an den Dachaufbau dar. Weitere Besonderheiten wie Unterschreitung der Regeldachneigung, klimatische Verhältnisse, örtliche Bestimmungen sowie Besonderheiten in der Dachkonstruktion sind objektbezogen zu berücksichtigen, nach den Fachregeln zu beurteilen und auszuführen. Je nach Gesamtanforderung kann die Zusatzmaßnahme als Unterdach, Unterdeckung oder Unterspannung ausgeführt werden. Der Einbau von Docken und die Vermörtelung von Dachziegeln sind regionale Ausführungsvarianten.

Die zulässige unterste Neigungsgrenze für Ziegel im Allgemeinen beträgt 10°, für Docken als Zusatzmaßnahme ist sie bei 25° Dachneigung festgelegt. Vermörtelung ist als Zusatzmaßnahme bei Unterschreitung der Regeldachneigung nicht geeignet.

Zur Festlegung der notwendigen Zusatzmaßnahme ist die Höhe der Unterschreitung der Regeldachneigung einer der entscheidenden Faktoren. Je flacher die Dachneigung, umso größer ist die Anforderung an die Qualität der Zusatzmaßnahme (siehe Tabelle 1.1).

Tabelle 1.1: Zuordnung der Zusatzmaßnahmen

Dachneigung	Vorgeschriebene Bahnen-Klassen je Anforderung				
	keine weitere erhöhte Anforderung	eine weitere erhöhte Anforderung	zwei weitere erhöhte Anforderungen	drei weitere erhöhte Anforderungen	mehr als drei weitere erhöhte Anforderungen
≥ Regeldachneigung (RDN)	Klasse 6	Klasse 6	Klasse 5	Klasse 4	Klasse 3
Bei Unterschreitung der Regeldachneigung					
≥ (RDN – 4°)	Klasse 4	Klasse 4	Klasse 3	Klasse 3	Klasse 3
≥ (RDN – 8°)	Klasse 3	Klasse 3	Klasse 3	Klasse 3	Klasse 3
≥ (RDN – 12°)	Klasse 2	Klasse 2	Klasse 1	Klasse 1	Klasse 1

Hinter den einzelnen Klassen befinden sich folgende Maßnahmen:

Klasse	Art
1	Wasserdichtes Unterdach
2	Regensicheres Unterdach
3	Naht- und perforationsgesicherte Unterdeckung
3	Naht- und perforationsgesicherte Unterspannung
4	Nahtgesicherte Unterdeckung
4	Nahtgesicherte Unterspannung
5	Überlappte oder verfalzte Unterdeckung
6	Unterspannung

In den typischen Biberschwanzregionen sind die Dächer in der Regel relativ steil, meist oberhalb der Regeldachneigung. Bei Dächern, die im Extrembereich der Mindestdachneigung liegen, sollten Biberschwanzdeckungen nicht ausgeführt werden. Die Ziegeldeckung wäre hier reine Kosmetik, das Wasser müsste zum großen Teil über die Zusatzmaßnahme abgeleitet werden, die hier zwangsläufig als wasserdichtes oder regensicheres Unterdach auszuführen wäre.

Aber auch bei steileren Dächern sind Details mit sehr flachen Neigungen zu finden, beispielsweise bei Mansardendächern oder Schleppgauben. Besonderes Augenmerk ist hier auf die fachgerechte Ausführung der Anschlussbereiche und die gegebenenfalls notwendige getrennte Entwässerung der flach geneigten Flächen auch bezüglich der Zusatzmaßnahme zu richten.

1.2 Dachkonstruktion und Hinterlüftung

Noch vor wenigen Jahrzehnten bestand keine Notwendigkeit, sich über die Belüftung von Dächern Gedanken zu machen. Der vorrangig praktizierte Dachaufbau war der, dass die Traglattung direkt auf die Sparren genagelt wurde und darauf die Deckung der Ziegel erfolgte. Die Dachräume dienten überwiegend als Speicher oder Abstellkammern. Noch heute kann man an historischen Gebäuden Lüftungsöffnungen im Mauerwerk der Giebelspitzen entdecken. Sie dienten dazu Feuchtigkeit abzuführen, die als Kondenswasser oder durch Wind eingetriebenen Schnee oder Regen anfallen konnte, sodass eingelagerte Lebensmittel oder Gegenstände trocken blieben. Die obere Geschossdecke diente dabei als Puffer. Dem positiven Nebeneffekt, einer ausreichenden Hinterlüftung der Dachziegel, schenkte man dabei keine Beachtung. Hilfreich für die Hinterlüftung der Dachdeckung war zusätzlich die Tatsache, dass durch den damaligen Stand der Technik die Ziegel nach dem Brand fast alle stark verkrümmt und flügelig waren. Im eingedeckten Zustand war somit jeder dieser Ziegel sein eigener Lüfter. Nach einer nahezu abrupt einsetzenden Nutzungsänderung des Dachraumes zum Wohnraum hin lernte man zunächst aus der Erfahrung, die man mit sehr vielen Dachkonstruktionen machte, dass diese bauphysikalisch alles andere als funktionierten. Die Folgen solcher falsch angeordneten Schichtenfolgen im Dach waren stark erhöhter Heizkostenaufwand sowie Bauschäden bis hin zur gesundheitlichen Beeinträchtigung der Bewohner.

Man sollte beachten, dass alle Bauten, die nicht als nachweisfreie Bauten gelten, einen rechnerischen Nachweis benötigen. Auch die gesetzlichen Regelungen (Gebäudeenergiegesetz – GEG) müssen beachtet werden.

Es haben sich drei grundsätzliche Varianten von Dachaufbauten für das Ziegeldach entwickelt, die bei fachgerechter Ausführung bauphysikalisch voll funktionstüchtig sind.

1. Der historisch freie Dachraum

Durch die modernen Brennverfahren für Dachziegel kann von Verkrümmung oder Flügeligkeit der Ziegel kaum noch gesprochen werden. Die Luftzirkulation zwischen den einzelnen Ziegeln ist nur noch verschwindend gering, und so findet auch innerhalb des Dachraumes kaum Luftbewegung statt. Um die Dachziegel zu hinterlüften und Kondenswasser aus der oberen Geschossdecke, welcher Konstruktion auch immer, abzuführen, muss auch bei dieser Konstruktion für ausreichende Zu- und Abluft gesorgt werden. Hier hat die Industrie mittlerweile Lüfterelemente für Spannbahnen etc. entwickelt. Außerdem sind hier die Vorgaben des GEG bezüglich der Dämmung des Speicherbodens zu beachten.

2. Wärmedämmung zwischen den Sparren mit Lüftungsebene

Durch die ständig steigenden Anforderungen der Wärmeschutzgesetze an die Dämmstoffdicke wurde es notwendig, die gesamte Sparrenhöhe auszunutzen.

Damit die bauphysikalische Funktionstüchtigkeit gewährleistet ist, sind die Mindestanforderungen bezüglich der Diffusionsoffenheit der Zusatzmaßnahme und der Sperrwirkung der Dampfsperre einzuhalten. Erfahrungen über mittlerweile mehrere Jahrzehnte haben gezeigt, dass diese Konstruktionen den Ansprüchen voll gerecht werden. Problematisch kann es nur werden, wenn der Bauherr die Wärmedämmung zwischen den Sparren selbst einbaut, da diese Arbeit traditionell mitunter noch als „Heimwerkerleistung" angesehen wird. Der fachgerechte und funktionierende Einbau der Dampfsperre (Luftdichtheitsschicht) sollte nur vom Spezialisten, dem Dachdecker, vorgenommen werden, der sich in der Bauphysik auskennt und in der Handwerkspraxis mit der Abdichtung von Nahtstellen und Anschlüssen jeder Art umzugehen weiß.

3. Wärmedämmung über den Sparren

Auch diese Variante kann als Resultat der immer strenger werdenden Anforderungen der Wärmeschutzgesetze gesehen werden. Die größere Wärmeleitfähigkeit der Sparren im Vergleich zum Dämmstoff selbst muss hier nicht durch die Wahl einer größeren Dämmstoffdicke ausgeglichen werden. Ursprünglich waren die Funktionsschichten – Dampfsperre, Dämmstoff und Zusatzmaßnahme – einzeln einzubauen. Ein Vorteil dieser Dämmsysteme ist, dass die materialbedingten Wärmebrücken durch die Sparren deutlich verringert werden. Durch eine andere Materialwahl der Aufdachdämmung können mit geringeren Höhen bessere Dämmwerte erreicht werden. Die bei diesen Dämmsystemen auftretenden besonderen Schubkräfte sind meist durch Typenstatiken nachgewiesen. Andernfalls sind Einzelnachweise erforderlich.

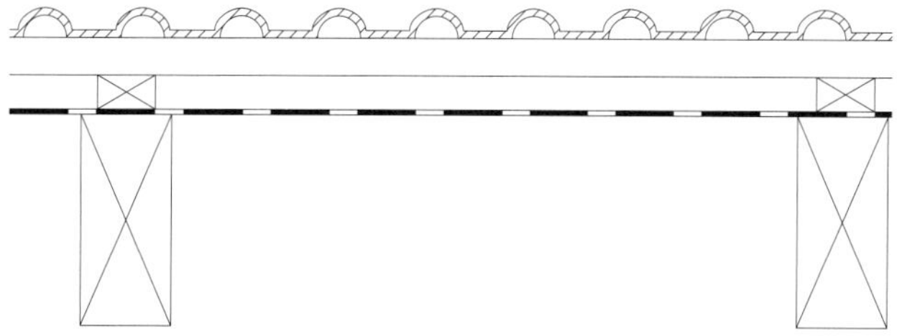

Abb. 1.1: Freier Dachraum ohne Dämmung

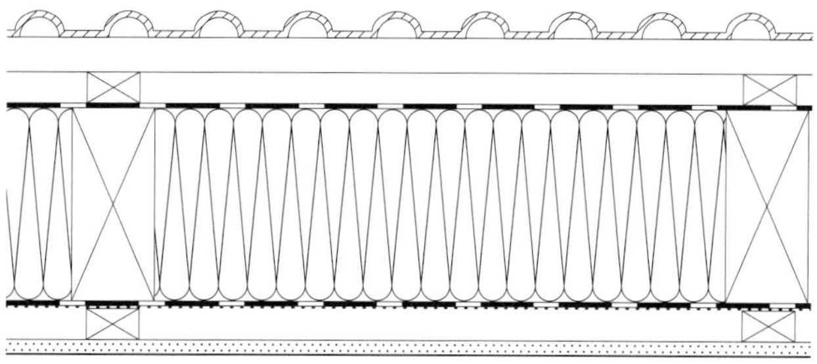

Abb. 1.2: Ausgedämmtes Sparrenfeld

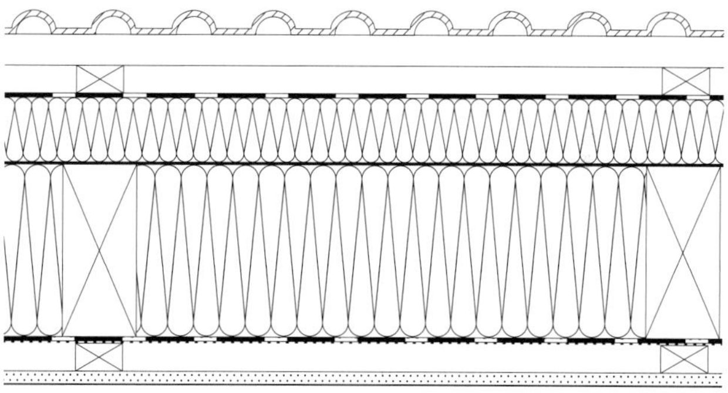

Abb. 1.3: Kombination aus Aufdachdämmung und ausgedämmtem Sparrenfeld

Auch Kombinationen verschiedener Dämmstoffsysteme sind möglich. So findet man beispielsweise bei Energiesparhäusern häufig Vollsparrendämmung, kombiniert mit einer zusätzlichen Dämmschicht oberhalb der Sparren. Weniger häufig ist die zusätzliche Anordnung einer Dämmschicht unterhalb der Sparren, da Wohnraum verloren geht. In beiden Fällen ist eine bauphysikalische Betrachtung und auch Berechnung unbedingt erforderlich. Die Dämmstoffdicken wie auch die Materialien aller kombinierten Funktionsschichten sind sorgsam festzulegen, um Bauschäden zu vermeiden.

Eine besondere Erwähnung gebührt hier dem mittlerweile immer stärker werdenden Trend zu ökologischen Dämmstoffen (Holzfaser/Cellulose). Diese Dämmstoffe sollten unbedingt separat betrachtet und berechnet werden, bieten dafür aber eine Menge Vorteile in Sachen ökologisches Bauen, Schallschutz, Wärmeschutz und Wohnklima. Durch schlechtere Wärmeleitgruppen werden hier in der Regel höhere Aufbauten gefordert, welche zusätzlich eine statische Überprüfung im Einzelfall benötigen.

Tabelle 1.2: Anforderungen und Empfehlungen an belüftete Dächer und belüftete Luftschichten bei Dachneigungen ≥ 5° (ca. 9 %)

Sparren-/Luftraumlänge in m	Mindestlüftungsquerschnitte			
	Traufe und Pultabschluss: ≥ 2 ‰ bzw. mindestens 200 cm^2/m		First und Grat: ≥ 0,5 ‰ bzw. mindestens 50 cm^2/m	Dachfläche [cm^2/m]: ≥ 2 cm freie Höhe[3]
	mindestens Fläche [cm^2/m]	empfohlene Spalthöhe [cm][1]	mindestens Fläche [cm^2/m][2]	
1–5	200	3	50	200
6			60	
7,5			70	
8		4	80	
9			90	
10			100	
11	220	6	110	
12	240		120	
13	260		130	
14	280		140	
15	300		150	
usw.				

1) An Traufen sollten Lüftungsgitter angeordnet werden.
2) Die Angabe bezieht sich auf die Gesamtfläche bei symmetrischen Dächern. Bei unsymmetrischen Dächern kann der Mindestlüftungsquerschnitt aus 0,5 ‰ der vorhandenen Dachfläche ermittelt werden.
3) Eine punktuelle Unterschreitung ist möglich, der Lüftungsquerschnitt darf jedoch an keiner Stelle weniger als 5 mm betragen.

Unabhängig von der Gesamtschichtenfolge ist allen Varianten gemeinsam, dass zwischen Zusatzmaßnahme und Ziegeldeckung Luftzirkulation gewährleistet sein muss. In der Praxis haben sich die in Tabelle 1.2 aufgeführten Querschnitte bewährt.

Durch die mittlerweile übliche Konterlattenstärke von 30 mm wird der für die Fläche geforderte Querschnitt bereits erreicht. Die Einengung des Lüftungsquerschnitts an der Traufe durch Lüftungsgitter (50 %) ist zu berücksichtigen. Speziell beim Biberschwanzziegel handelt es sich um einen ebenen Deckwerkstoff, was bedeutet, dass eine Miteinrechnung durch Wellen des Deckwerkstoffs zur Belüftung wegfällt. Hier muss die Belüftung besonders betrachtet und gegebenenfalls erhöht werden. Zur Gewährleistung einer ausreichend dimensionierten Abluftöffnung an First und Grat stehen Systeme aus Kunststoff und aus Metall zur Verfügung. Die Firstentlüftung kann in mehreren Varianten auch vollkeramisch ausgeführt werden.

1.3 Befestigung und Windsogsicherung

Die Belastung von Dachdeckungen durch Windeinwirkung ist regional sehr unterschiedlich. Aus diesem Grund wurde die Bundesrepublik Deutschland in vier Windzonen mit unterschiedlichen Anforderungen an die Windsogsicherung eingeteilt (geringste Anforderung: Zone 1, höchste Anforderung: Zone 4). Es ist nur zu einleuchtend, dass auf den Nordseeinseln andere Windverhältnisse herrschen als in der Oberrheinischen Tiefebene. Unterschiedliche Dachbereiche sind verschieden anfällig gegen Windbelastung. So ist jedes Bauvorhaben nach den Vorgaben der Fachregeln von den Abmessungen her in Eck-, Rand- und Flächenbereiche einzuteilen. Weiterhin spielt die Dachform eine Rolle: Pultdächer sind anfälliger als Sattel- oder Walmdächer. Weiterhin ist in die Festlegung der Mindestanzahl der einzubauenden Klammern die Firsthöhe einzubeziehen. Entscheidend ist auch die Tatsache, ob die jeweilige Deckunterlage als offen oder geschlossen bewertet werden kann. Auch die Dachneigung spielt eine Rolle: Je steiler das Dach, umso weniger anfällig ist es. Davon unberührt bleibt die Tatsache, dass ab 65° Dachneigung ein Klammerschema von 1 : 1 vorgeschrieben wird, sprich jeder Deckwerkstoff befestigt werden muss.

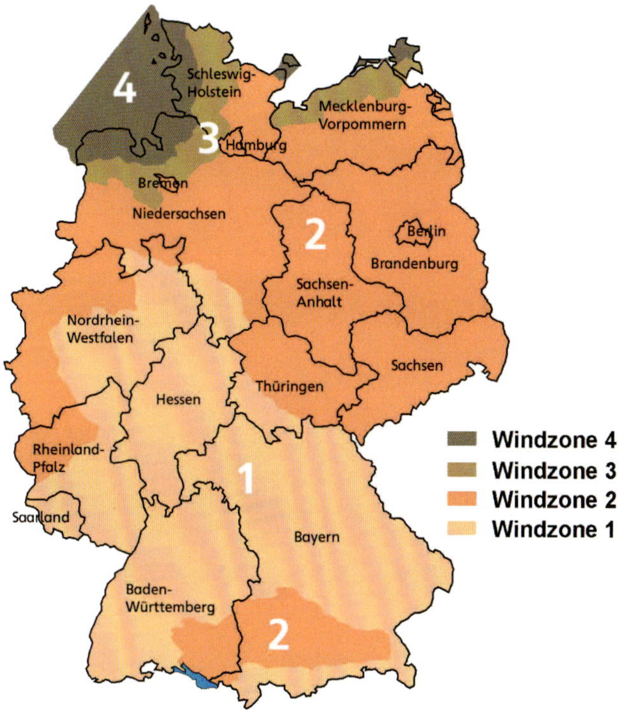

Abb. 1.4: Windzonenkarte Bundesrepublik Deutschland

Eine weitere Untergliederung besteht im Bereich der Deckwerkstoffe. So wird Biberschwanzdeckung den Deckungen mit allen übrigen Ziegelmodellen gegenübergestellt. Unter gleichen Bedingungen ist der Tabellenwert für die Mindestanzahl der Klammerungen für Biberschwanzdächer immer niedriger. Dies hängt mit der besonderen Deckart zusammen, mit dem wesentlich höheren Materialbedarf pro m² und vielleicht auch damit, dass diese relativ ebene und „glatte“ Deckung weniger Angriffsflächen für Windbelastung bietet.

In jedem Fall ist eine gebäudespezifische Berechnung anzuraten. Es bieten mittlerweile zahlreiche Hersteller von Ziegeln und von Windsogklammern diesen Service an.

Es gibt einige unterschiedliche Klammersysteme. Folgende Ansprüche werden an alle Sturmklammern gestellt:

- Die Bemessungslast sollte mindestens 0,15 kN/Stück betragen.
- Klammern, wie alle Befestigungsmittel, die nicht der Witterung ausgesetzt sind, müssen mindestens korrosionsgeschützt sein.

Die Eignung der Klammern für den jeweiligen Dachziegel ist vom Hersteller nachzuweisen.

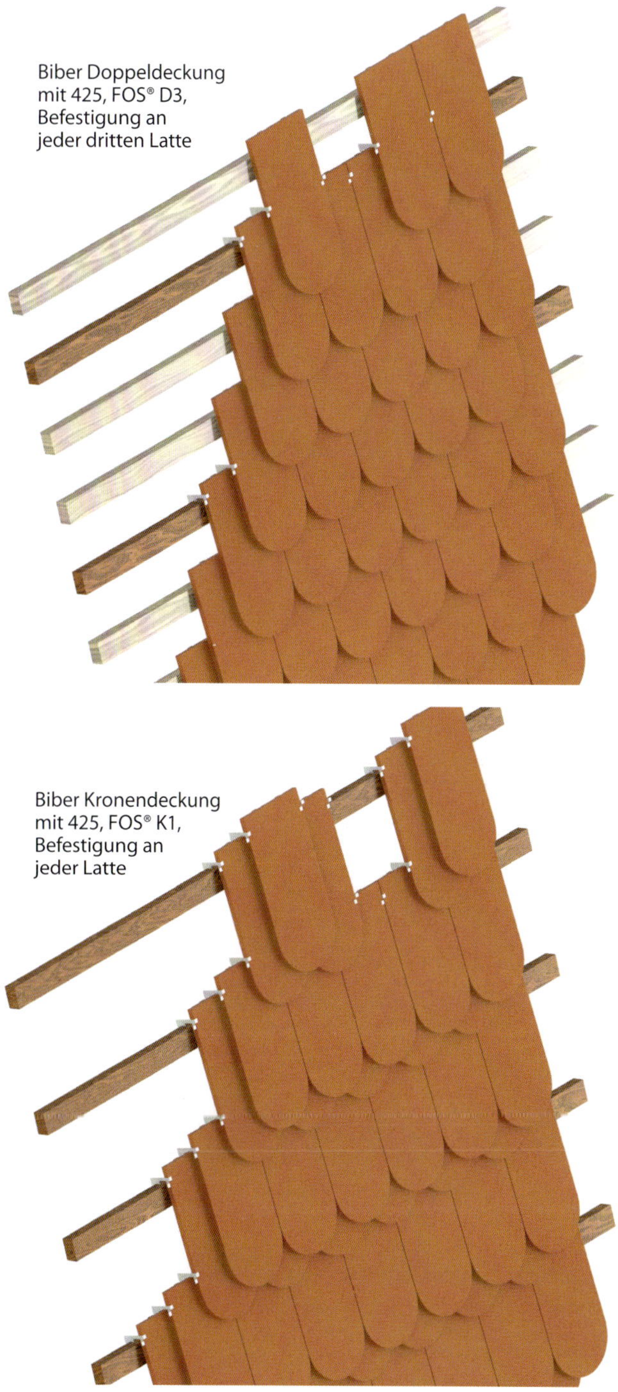

Abb. 1.5: Beispielanwendung einer Windsogklammer für die Befestigung von Lager und Deckschicht bei Doppel- und Kronendeckung

Abb. 1.6: Windsogklammer für Biberschwanzziegel

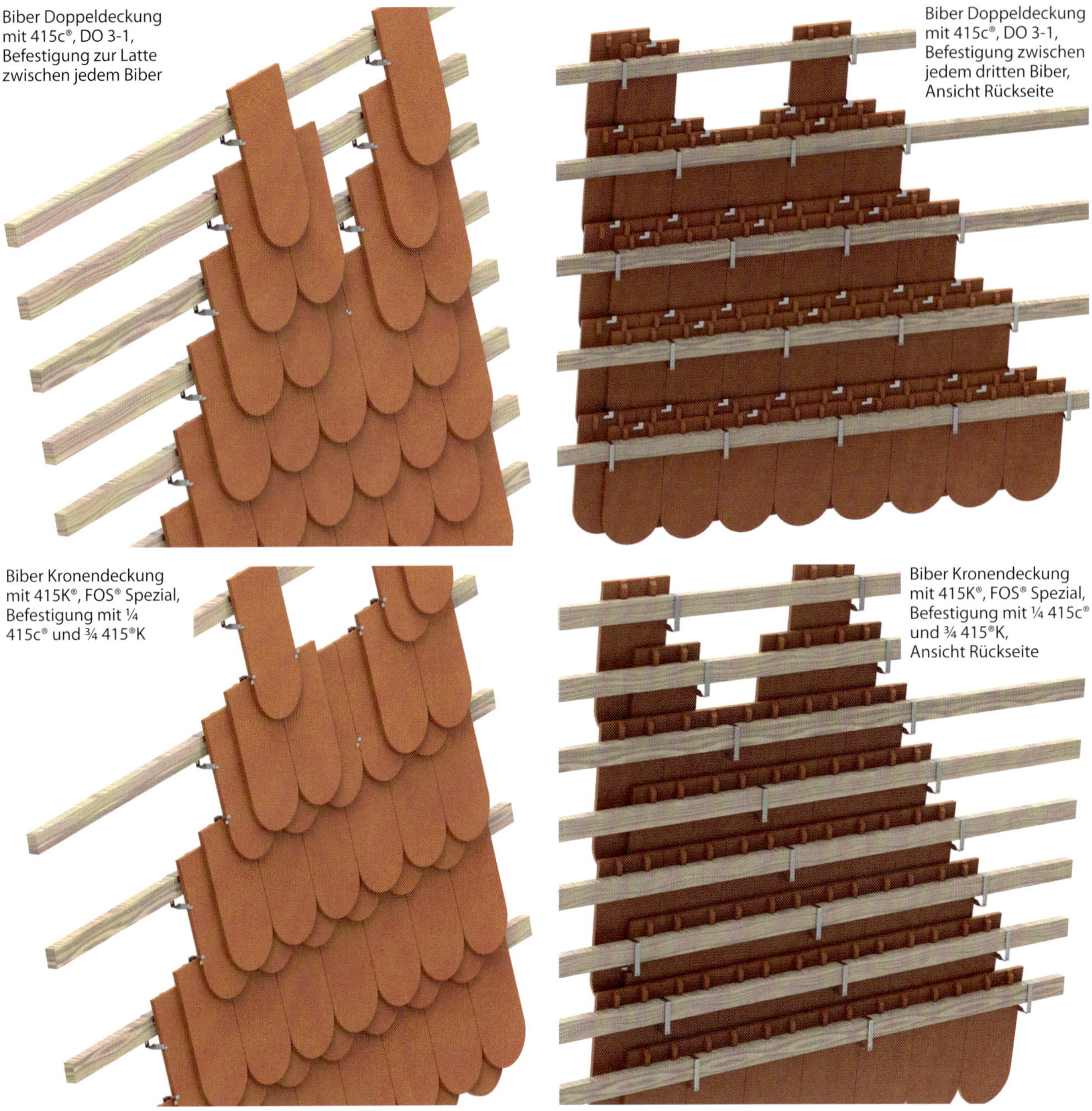

Abb. 1.7: Klammerschema Biberschwanzziegel

Abb. 1.8: Windsogklammer für Biberschwanzziegel, um die Lattung geführt

Abb. 1.9: Grat-/Kehlklammer mit befestigtem Edelstahldraht

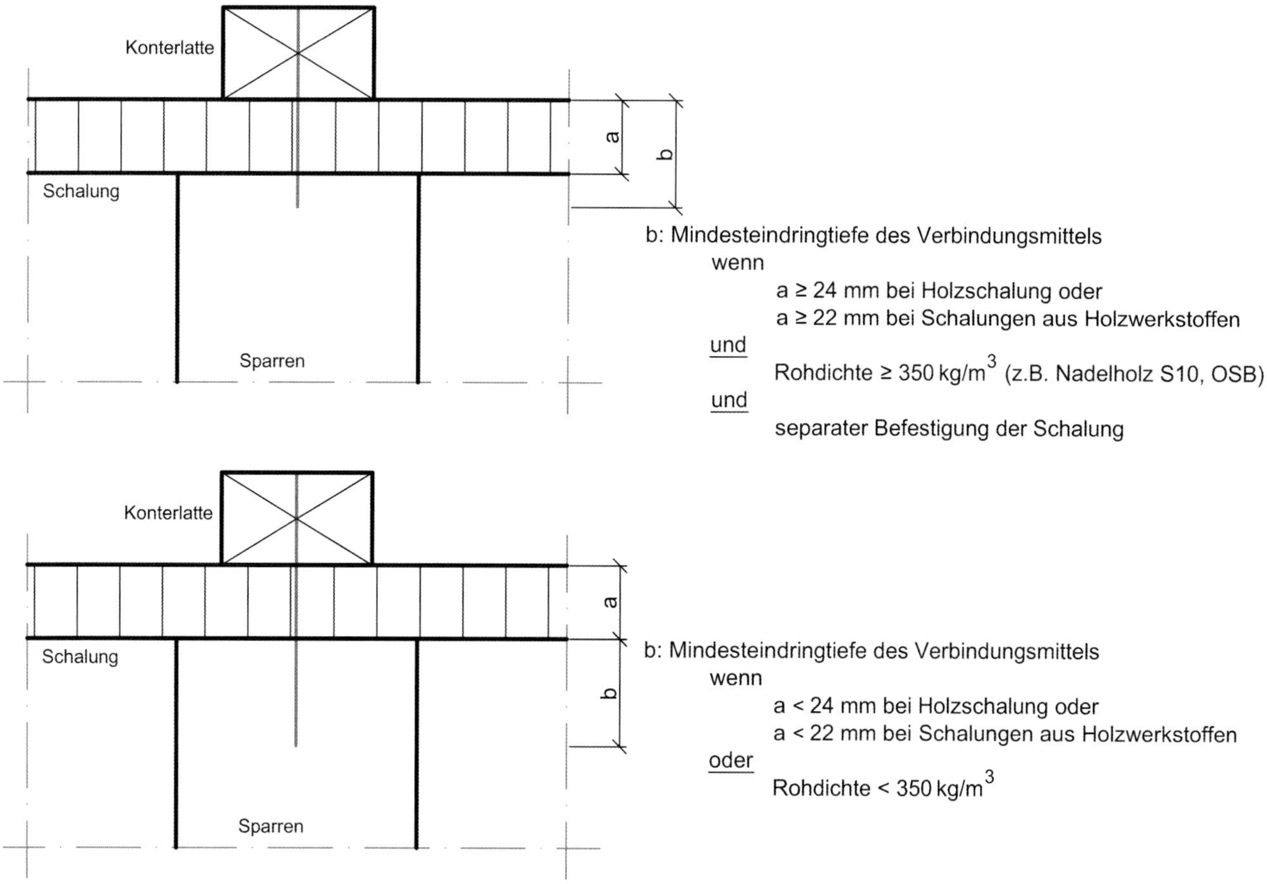

Abb. 1.10: Darstellung zur Ermittlung der Mindesteindringtiefe

Erstmals ist in den Fachregeln – Ausgabe September 1997 – die unterste Neigungsgrenze, ab der jeder Ziegel zu befestigen ist, mit 65° eindeutig festgelegt. Neben der Klammerung ist für die Befestigung der Ziegel an der Senkrechten auch die Verschraubung eine gängige und funktionstechnisch erprobte Variante.

Für die Befestigung der Ziegel bei der Einfachdeckung mit Spließen können die gleichen Klammern eingesetzt werden wie bei der Doppeldeckung. Beinhalten die eingesetzten Spließe bituminöse Bestandteile, so müssen die Klammern wegen der Gefahr von Bitumenkorrosion aus korrosionsbeständigem Material bestehen. Dies gilt selbstverständlich auch allgemein für Klammern im Einsatz in Verbindung mit Bitumendocken.

Die Befestigung von Ziegeln in der eingebundenen Biberschwanzkehle wird klassisch mit Draht – mindestens 1 mm stark und korrosionsbeständig – durchgeführt. Bearbeitete Ziegel wie etwa am Grat können ebenso befestigt werden, wenn die Einhängenasen durch erforderliche Schrägschnitte entfernt wurden. Eben für diese Zwecke hat die Industrie spezielle Klammern (Grat-/Kehlklammern) mit Draht entwickelt. Zu erwähnen ist, dass diese Klammern in keinem Zusammenhang mit der Windsogsicherung stehen!

Die Klammer kann an jeder Stelle des Ziegels angesetzt werden und dient so als Ersatznase. Aufgelegt wird sie je nach Situation auf eine Latte oder den Kopf eines darunterliegenden Bibers. Zeitaufwendiges Bohren und Anschrauben bzw. Drahten der Biber entfällt somit. Das Zubehörteil wird in unterschiedlichen Abmessungen angeboten und ist so für alle gängigen Ziegelstärken geeignet.

Jeder Ortgangziegel ist gegen Windkräfte mechanisch zu befestigen. Verklammerung ist an diesem Dachdetail nicht sinnvoll, da die Ziegel bei Windeinwirkung seitlich aus den Klammern herausrutschen können. Die Ziegel sollten hier verschraubt werden. Die Schrauben müssen bezüglich ihrer Bemessungslast so ausgewählt werden, dass sie eine Last von mindestens 0,60 kN/m rechtwinklig zur Lage des Ortganges aufnehmen können. Die Vorgaben sind erfüllt, wenn die Schraube mindestens korrosionsgeschützt, 4,5 mm stark ist und eine Einschraubtiefe von 24 mm in Nadelholz aufweist.

Gleichermaßen ist jeder First- bzw. Gratziegel zu befestigen. Auch hier müssen die vorgenannten Vorgaben an die Befestigung erfüllt werden. Selbstverständlich müssen die Befestigungen von First- und Gratlatten auf der Unterkonstruktion mindestens die gleichen Lasten aufnehmen können. Die meisten Klammern zur Befestigung von First- und Gratziegeln sind in Teilbereichen der Witterung ausgesetzt. Aus diesem Grund müssen sie aus korrosionsbeständigem Material bestehen. Der vorrangig eingesetzte Werkstoff ist hier Aluminium.

Für die Nagelverbindungen der Traglatten auf den Konterlatten bzw. der Konterlatten auf den Sparren sind bei normaler Beanspruchung korrosionsgeschütze Nägel vorgeschrieben. Die Länge der Eindringtiefe des Befestigungsmittels ist festgelegt mit 12 × D für glattschaftige Nägel und Klammern, 8 × D für Rillennägel und 6 × D für Schrauben,

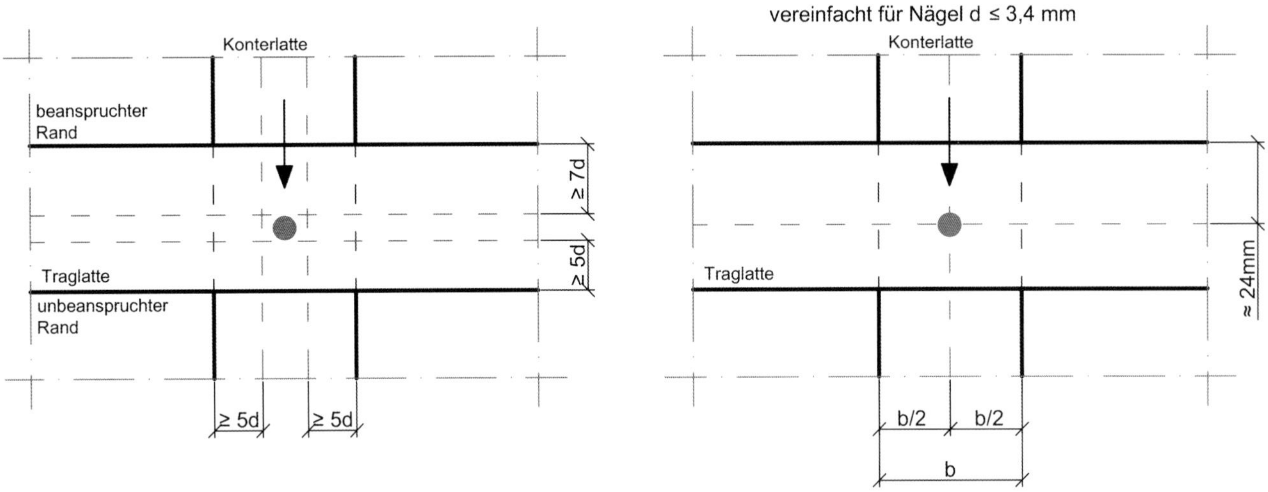

Abb. 1.11: Abstandsmaße des Befestigungsmittels am Kreuzungspunkt

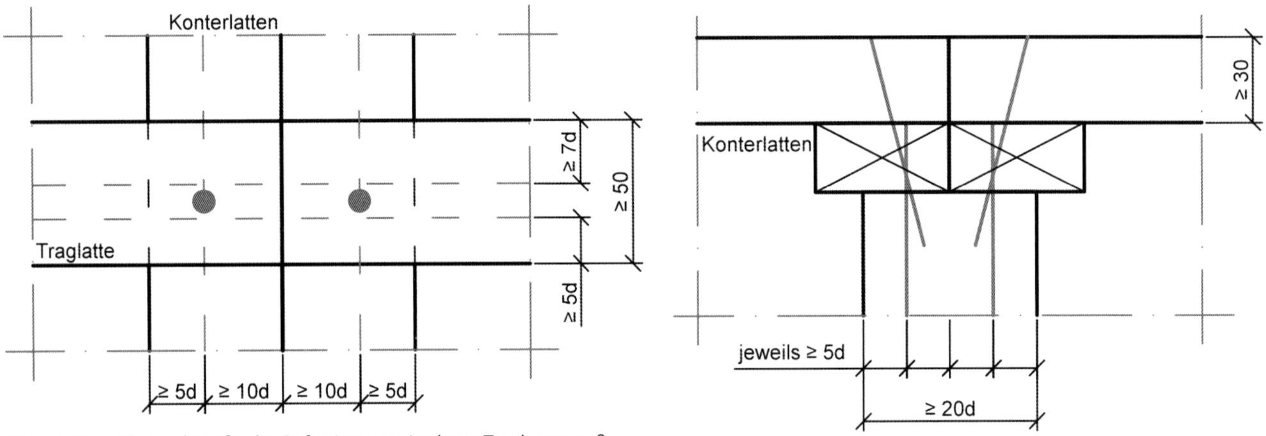

Abb. 1.12: Abstandsmaße des Befestigungsmittels am Traglattenstoß

wobei D für Durchmesser steht. Für die Mindesteindringtiefen können Bauteile aus Holz und Holzwerkstoffen angerechnet werden, wenn diese:

- eine Rohdichte von ≥ 350 kg/m³,
- Holzbauteile eine Dicke von ≥ 24 mm,
- Holzwerkstoffe eine Dicke von ≥ 22 mm aufweisen und
- die Bauteile einzeln ausreichend befestigt sind.

Andernfalls ist die Verbindungsmittellänge um die Dicke dieses Bauteils zu erhöhen.

Zum Befestigen von Unterspannbahnen, Unterdeckungen, Luft- und Winddichtheitsschichten werden Klammern oder Breitkopfstifte eingesetzt. Zum Befestigen von Einbauteilen werden Sondernägel oder Schrauben nach Herstellerangaben eingesetzt.

Merke:

Jeder Kehlziegel wird einzeln mit Draht befestigt, wobei der Draht möglichst parallel zur Kehle laufen sollte.

Beim Anbinden der nasenlosen Kehlziegel sollte der Draht durch das Loch im Biber befestigt werden, das sich am nächsten an der Kehlmittellinie befindet. Liegt der Biber rechts von der Kehlmittellinie, wird er durch das linke Loch befestigt, liegt er links von der Mitte, so ist er durch das rechte Loch zu befestigen. So wird sichergestellt, dass der Draht weitestgehend auf der Kehlschalung mit Breitkopfstiften befestigt wird.

1.4 Unterkonstruktion

Die Lattung ist der äußere Teil einer Unterkonstruktion, an der die Biberschwanzdeckung befestigt oder eingehängt wird. Die Konterlattung ist der Teil einer Unterkonstruktion, der unter anderem die Aufgabe hat, die anfallenden Lasten von der Lattung in die tragende Unterkonstruktion weiterzuleiten. Außerdem stellt die Konterlattung den Belüftungsraum.

Alle Bauhölzer müssen mindestens der Sortierklasse S10, trocken sortiert (Restfeuchte von maximal 20 %) entsprechen.

Die Befestigung der Lattung hat sich in den letzten Jahren ebenfalls angepasst und wird nun nach der Dicke der Befestigungsmittel in Randabständen angegeben.

Ein Traglattenstoß ist nun auch nur noch mit einem Befestigungsmittel pro Seite auszuführen. Durch die vorgegebenen Randabstände erhöht sich hier das Auflager, wodurch man mit einer Konterlatte in 5 cm Breite nicht mehr auskommt.

Wenn man eine dauerhafte Verbindung nachweisen kann und sich das Holz nicht spaltet, darf von den in Abb.1.12 angegebenen Abständen abgewichen werden.

Mittlerweile gibt es industriell gefertigte Stoßverbinder, welche an egal welcher Stelle im Dach eingesetzt werden

Tabelle 1.3: Zulässiger Achsabstand der Unterkonstruktion bei Lattung

Nennquerschnitt in mm	Achsabstand der Unterkonstruktion in m
30/50	0,80
40/60	1,00

Tabelle 1.4: Zulässiger Achsabstand der Unterkonstruktion bei Vollholzschalung

Nennquerschnitt in mm	Achsabstand der Unterkonstruktion in m
24	0,80
28	0,90
30	1,0

Tabelle 1.5: Zulässiger Achsabstand der Unterkonstruktion bei Holzwerkstoffschalung

Nennquerschnitt in mm	Achsabstand der Unterkonstruktion in m
22	0,80
25	1,0

können und einen zwingenden Traglattenstoß auf einer Konterlatte überflüssig machen.

Die im Regelwerk genannten Maße gelten prinzipiell für Gebäudehöhen bis 25 m, Traglattenabstände < 40 cm und Abstände der Unterkonstruktion bis 1,0 m. Alles darüber hinaus bedarf eines rechnerischen Nachweises.

Der erforderliche Traglattenquerschnitt ist abhängig vom jeweiligen Achsmaß der Sparrenabstände (siehe Tabelle 1.3).

Schalungen sind flächige Bauteile, auf denen Abdichtungen oder Deckungen als Unterdächer oder Unterdeckungen befestigt werden. Die Befestigung der Schalbretter kann vereinfacht erfolgen, indem man Brettbreiten < 16 cm mit zwei und Brettbreiten > 16 cm mit drei Befestigungsmitteln pro Kreuzungspunkt ausführt.

Der erforderliche Schalungsquerschnitt von Vollholz ist abhängig vom jeweiligen Achsmaß der Sparrenabstände (siehe Tabelle 1.4).

Der erforderliche Schalungsquerschnitt von Holzwerkstoffen ist abhängig vom jeweiligen Achsmaß der Sparrenabstände (siehe Tabelle 1.5).

Die Unterkonstruktion von speziellen Bauteilen wie Türmen, Fledermausgauben etc. bedarf etwas Kreativität. Um die hier gestellten Anforderungen bedienen zu können, werden Einzelfallentscheidungen mit Einzelnachweisen angewandt. Beispiele hierfür wären flexible Kunststofflatten, Lattungen mit geringerem Durchschnitt in mehreren Schichten, Verbundrohre und Ähnliches.

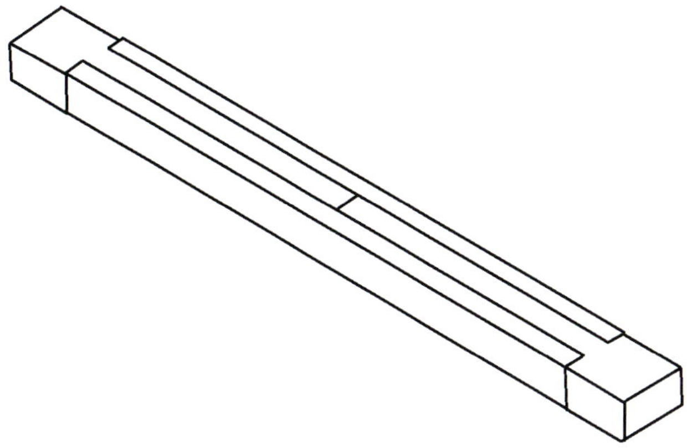

Abb. 1.13: Industriell gefertigter Traglattenstoßverbinder

Abb. 1.14: Alternative Traglattung aus Alu-Verbundrohr

1.5 Biberformate, Schnittarten, Oberflächenstrukturen

Funktionell sind die gebräuchlichen Formate gleichermaßen geeignet. Ausschlaggebend ist das aus der Historie gewachsene ästhetische Empfinden der Bevölkerung in den einzelnen Regionen und die Gewöhnung der Verarbeiter an den Umgang mit einem bestimmten Format.

Prinzipiell unterscheidet man Format A (36,5 cm × 15,5 cm) und Format B (18 cm × 38 cm).

Auch die Auswahl der Schnittformen beruht weniger auf funktionalen Kriterien. Der gewünschte optische Eindruck einer eingedeckten Fläche ist entscheidend. Bei der Herstellung von eingebundenen Kehlen ist jedoch bei Biberschwanzziegeln, bei denen die Schnitte an den Flanken sehr hochgezogen sind, Vorsicht geboten. Hier ist akribisch darauf zu achten, dass die notwendigen Höhen- und Seitenüberdeckungen eingehalten werden.

- Der **Segmentschnittbiber** ist in Ost- und Mitteldeutschland am weitesten verbreitet. Als Format 15,5 cm × 36,5 und 37,5 cm in der Mörteldeckung mit Längsfugenverstrich und Querschlag oder Innenverstrich kam er dort bis zur Wiedervereinigung fast ausschließlich zur Anwendung.
- Der **Rundschnittbiber,** der am häufigsten in Süddeutschland (im Format 18 cm × 38 cm) zum Einsatz kommt, verleiht dem Dach eine ruhige, elegante Ausstrahlung.
- Der **Korbbogenschnittbiber** liegt im Format zwischen Segment- und Rundschnitt und wird in allen Regionen eingesetzt.
- Der **Geradschnittbiber** betont eine klassisch-strenge Form. Sowohl in der Doppel- als auch in der Kronendeckung besticht die gerade Linienführung. Auch der Geradschnittbiber mit abgerundeten Ecken wirkt durch die gerade Linienführung, er zeigt sich jedoch weniger klassisch-streng. Während beim strengen Geradschnitt oft auch kleinere Versprünge in der Lattung durch einen Eckenversatz benachbarter Ziegel ins Auge stechen, fallen diese beim Einsatz von Ziegeln mit gerundeten Ecken in der Regel nicht auf.
- Der **Wappenschnittbiber** besticht durch seine plastische Wirkung in der Dachfläche. Man findet ihn überwiegend in der Denkmalpflege.
- Der **Sechseckschnittbiber** ist nicht sechseckig, er wirkt aber so durch die bei der Schuppendeckung entstehenden Einzelflächen. Es entsteht optisch eine Wabenstruktur.
- Der **Gotikschnittbiber** ist dem für die Gotik typischen Spitzbogen nachempfunden. Er eignet sich besonders in der Denkmalpflege an historischen Gebäuden.
- Der **Rautenspitzschnittbiber,** auch Kirchenmäuschen genannt, entspricht ähnlich wie der Gotikschnittbiber voll den Anforderungen der Denkmalpflege. Er wirkt an großen Dachflächen ebenso wie an Erkern und Türmen.
- Der **Turmbiber** in den Maßen 14 cm × 28 cm findet seine Verwendung, wie der Name sagt, an Türmen, aber auch an Kleinflächen, als Wangen- und Wandbehang sowie an Schornsteinköpfen.
- Der **Betonbiber** ist, wie der Name es bereits vermuten lässt, ein Deckwerkstoff aus Beton in Biberschwanz Optik. Überwiegend werden hier die Segment- und die Rundschnittform angeboten. Das Standardformat beträgt 16,8 cm × 42 cm.

Ein reichhaltiges Sortiment von Sonderschnitten gehört heutzutage fast immer zum Standard eines jeden Dachziegelproduzenten. Unter anderem zählen dazu Trauf- und Firstplatten, konkav und konvex gebogene Biber.

Halbe, Dreiviertel-, Fünfviertel- und Siebenachtelbiber finden ihren Einsatz im Bereich von Wandanschlüssen und -abschlüssen, Ortgängen, Gauben und Kehldeckungen. Lüftungsziegel werden in verschiedenen Ausführungen hergestellt. Durchgangsziegel als Tondunstrohr sowie Antennendurchgangsziegel werden ebenfalls in verschiedenen Maßen produziert. Unterläufer für Kehldeckungen, links- und rechtsflügelige Biber, die in der Längsachse verdreht sind, erleichtern das Eindecken von Fledermausgauben und tragen zur besseren Lage der Unterläufer bei eingebundenen Kehlen bei. Konisch geformte Biber zur Eindeckung von Kegelflächen schließen eine weitere Bearbeitung in der Regel weitestgehend aus. Muldige Biber erleichtern das Eindecken geschweifter Schleppgauben. Des Weiteren stehen viele Varianten an First- und Gratziegeln zur Verfügung. Außerdem gibt es Walmanfänger, Walmkappen, Rosetten und Schmuckziegel.

Die drei wichtigsten Oberflächenstrukturen der Biberschwanzziegel sind glatt, gerieft und gerillt. Abweichende Herstellungsverfahren sind Handstrichnachahmungen, gebürstete, gekämmte und genarbte Biberschwanzziegel. Mit Engoben und Glasuren ergeben sich weitere Varianten.

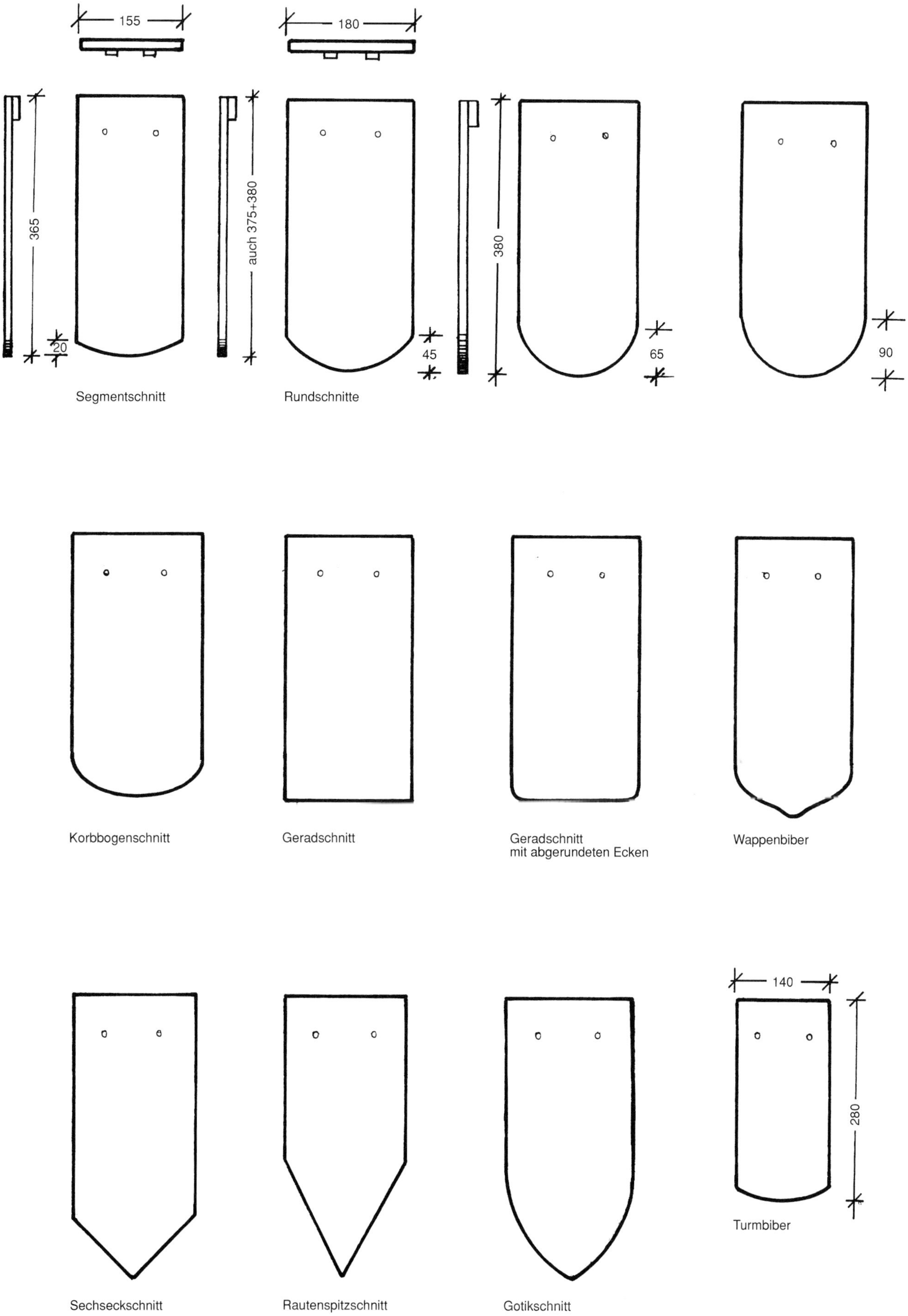

Abb. 1.15: Verschiedene Schnittarten der Biberschwanzziegel

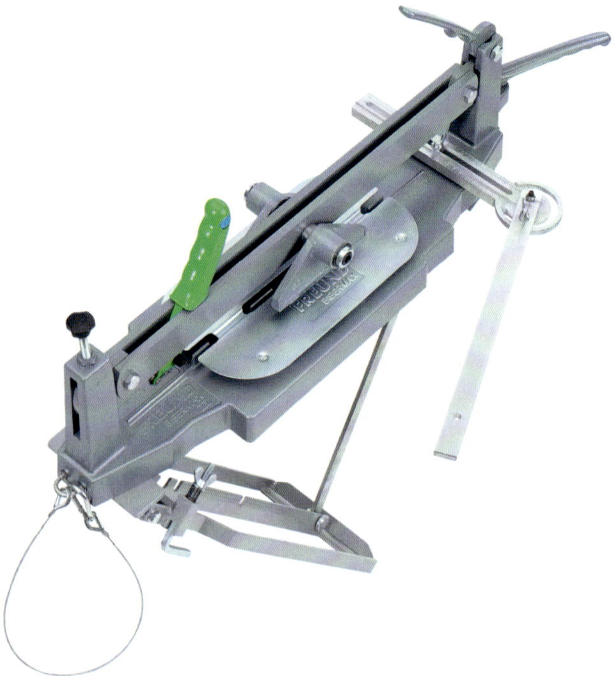

Abb. 1.16: Dachziegelschneider Bibermax

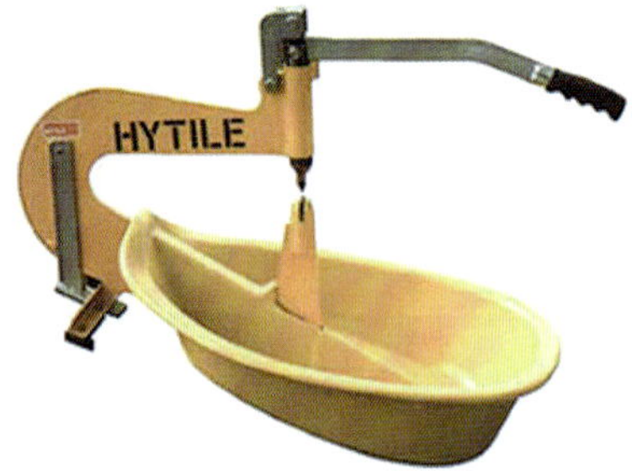

Abb. 1.17: Hytile

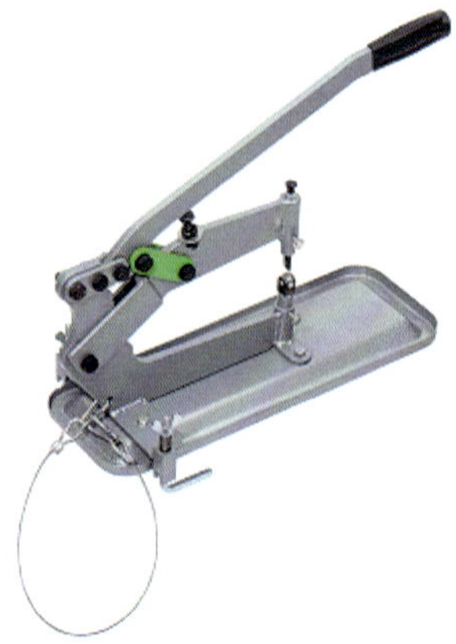

Abb. 1.18: Rapido II

1.6 Bearbeitung, Verlegung, Werkzeuge

Bei der Bearbeitung von Biberschwanzziegeln sind Dachziegel-Schneid- und Brechgeräte eine große Hilfe. Ihre Bauweisen ermöglichen ein rationelles und umweltfreundliches Arbeiten ohne große Staub- und Lärmbelästigung. Der oft gefederte Arbeitstisch gleicht Unebenheiten von Dachziegeln aus. Resultat sind beste Schnittergebnisse durch Feinjustierung der Trennvorrichtung, die auf alle gängigen Biberschwanzziegel-Dicken einstellbar ist. Die bei vielen Geräten vorhandene Aufstellvorrichtung für eine waagerechte Arbeitshaltung und eine Sicherung zum Einhängen auf der Lattung oder Dachleiter erleichtern das Arbeiten. Ein Winkelanschlag zur Einhaltung gleich breiter Schnitte ist unterhalb der Aufstellvorrichtung angebracht.

Bedingt funktional haben sich auch große handelsübliche Fliesenschneider erwiesen.

Als Alternative auch für andere Dachziegel und -stein-Arten haben weitere Dachziegelschneider ein Comeback in der Dachdeckerszene gefeiert. Mit diesen Schneidvorrichtungen lassen sich Dachziegel und -steine ebenfalls staubfrei schneiden (siehe Abb. 1.17 und 1.18).

Das bewährteste Schneidgerät für Biberschwanzziegel bleibt aufgrund seiner Spezialisierung der Bibermax (siehe Abb. 1.16). Hiermit lassen sich Trennungen ab ca. 20 bis 25 mm exakt ausführen.

In der Baustellenpraxis wird häufig ein Winkelschleifer zur Bearbeitung der Ziegel verwendet. Hierzu sei kurz erwähnt, dass ein staubfreies Arbeiten auf der Baustelle Vorschrift ist, was bedeutet, dass der Winkelschleifer mit Absaugvorrichtung (Staubklasse M) oder im Nassbetrieb benutzt werden muss. Hierauf wird in Kapitel 1.7 „Umwelt- und Gesundheitsschutz" näher eingegangen.

Für das Abtrennen kleinerer Abschnitte und Längen hat es sich bewährt, die Schnittkante mit einer Widia-Hartmetallklinge anzureißen und dann mit geeigneten Zangen die geschaffene Sollbruchstelle zu brechen. Einen ähnlichen Effekt erzielt man durch Anreißen mit den oben beschriebenen Dachziegel-Schneid- und Brechgeräten.

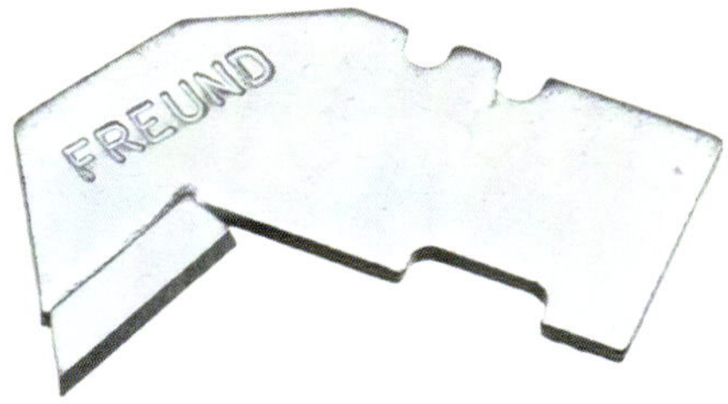

Abb. 1.19: Widia-Hartmetallklinge

Abb. 1.20: Ziegelkneifzange mit Drahtabschneider

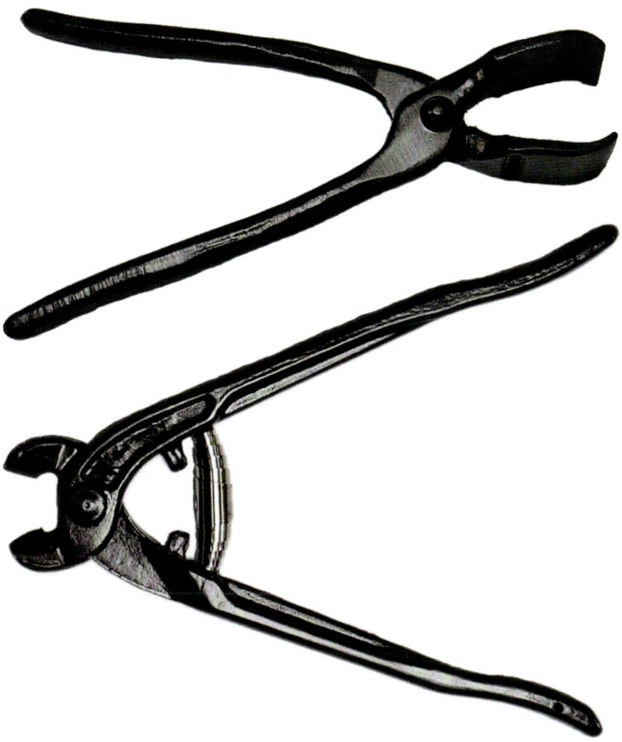

Abb. 1.21: Walm- und Kehl- sowie Hohlfalzziegelzange

Für ein Nachbearbeiten der Schnittkanten gibt es spezielle Dachziegel-Diamantfeilen. Eine handelsübliche Fliesenfeile ist hierfür ebenfalls geeignet, hat allerdings oft eine kleinere Auflagefläche.

Die **Ziegelkneifzange** gibt es mit oder ohne integriertem Drahtabschneider. Diese sollte mit ihren Backen nicht zum Abschneiden von Drähten oder Ziehen und Abkneifen von Nägeln verwendet werden.

Abb. 1.22: Dachziegelfeile

Abb. 1.23: Ziegelhammer, sächsische Art

Abb. 1.24: Zunftzeichen der Dachdecker

Hierfür eignet sich die **Monier- und Rabitzzange** (Abb. 1.26), da sie schmaler ist. Für die Bearbeitung von Ziegeln ist die Monierzange allerdings nicht geeignet.

Die **Walm- und Kehlzange** bietet breitere und tiefere Backen, wodurch mit etwas Übung schnell und sauber Ziegel bearbeitet werden können.

Der **sächsische Ziegelhammer** dient überwiegend zum Abputzen (Säubern der Ziegel von Mörtel) der zur Wiederverwendung bei Umdeckarbeiten in Mörtel gedeckten Biberschwanzziegel. Ferner wurde er regional auch zum Anreißen und Teilen von Biberschwanzziegeln sowie zum Abkämmen (Ausdünnen von z. B. Unterläuferziegeln) genutzt. Je nach Region kann seine Form abweichen. Als Traditionswerkzeug ist dieser heute immer noch, neben dem Schieferhammer, in den Zunftwappen des Dachdeckerhandwerks zu finden.

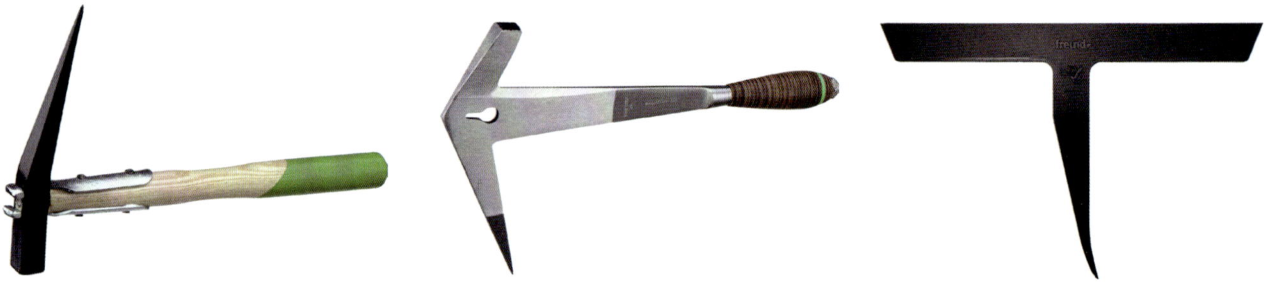

Abb. 1.25: Spitzhammer, Schieferhammer und Schieferhaubrücke

Abb. 1.26: Monier- bzw. Rabitzzange

Der **Spitzhammer** ist für die Bearbeitung von Ziegeln bestens geeignet. So werden mit ihm sowohl die Nasen der Kehlziegel entfernt als auch die Pappstifte für die angedrahteten Kehlziegel bei der Trockendeckung befestigt. Hierbei sind besonders das geringe Gewicht des Hammers und sein oftmals scharfkantiger Kopf von Vorteil, insbesondere, wenn man Ziegel abkämmen möchte. Alternativ dazu kann man einen **Schieferhammer** benutzen, mit dessen Hilfe man über einer **Haubrücke** die Ziegel auch schlagen kann. Auch ein Lochen ist mit diesen Hämmern je nach Ziegelart möglich.

Mörteldeckung im Dachdeckerhandwerk

Mörtel ist ein Baustoff (Hilfsstoff), der aus Sand, Wasser und Zuschlägen (z. B. Bindemitteln) besteht. Für die Mörteltechnik am Dach sollte Kalkzementmörtel im Mischungsverhältnis 2 : 1 : 8 = Kalk : Zement : Sand verwendet werden. Bei Dacheindeckungen hat Mörtel die Funktion, den Eintrieb von Regen, Schnee, Staub und Flugasche zu mindern.

Als Nebeneffekt bietet das Vermörteln einen zusätzlichen Halt der Dachziegel untereinander sowie bei sauberer Verarbeitung eine gleichmäßig ausgeglichene Fläche. Mörtel ist nicht als alleiniges Befestigungsmittel oder als Windsogsicherung geeignet. Außerdem erhöht der Mörtel an keiner Stelle der Dacheindeckung die Regensicherheit. Klimatische Standortbedingungen und gebietstypische Dachziegelformen führten im Laufe der Jahrhunderte zu unterschiedlichen Konstruktionslösungen. Diese regionalen Unterschiede bewährten sich und prägen so das traditionelle Bild verschiedener Dachlandschaften. Auch die Werkzeuge für die Mörteldeckung sind regional sehr unterschiedlich, was aber nicht bedeutet, dass man immer an einen Werkzeugtyp gebunden ist. So lässt sich z. B. mit der Naumburger Kelle eine Dacheindeckung in Mörteltechnik ebenso herstellen wie mit der Böhmischen Kelle, der Zungenkelle oder auch der Hannoverschen Kelle. Bei der Mörteltechnik wird unterschieden zwischen

- der Art und Weise des Vermörtelns, bezogen auf die Anordnungsstelle (z. B. zwischen den Dachziegeln oder an den Dachziegeln von innen),

Abb. 1.27: Deckkellen zur Verwendung bei der Eindeckung mit Mörtel: Zungenkelle, Berliner Kelle und Firstkelle

Abb. 1.28: Mit einer Verstreichkelle (Hannoversche Dachkelle) wird der Mörtelverstrich der Querfugen und Scheinstellen bei der Biberschwanzdeckung vorgenommen.

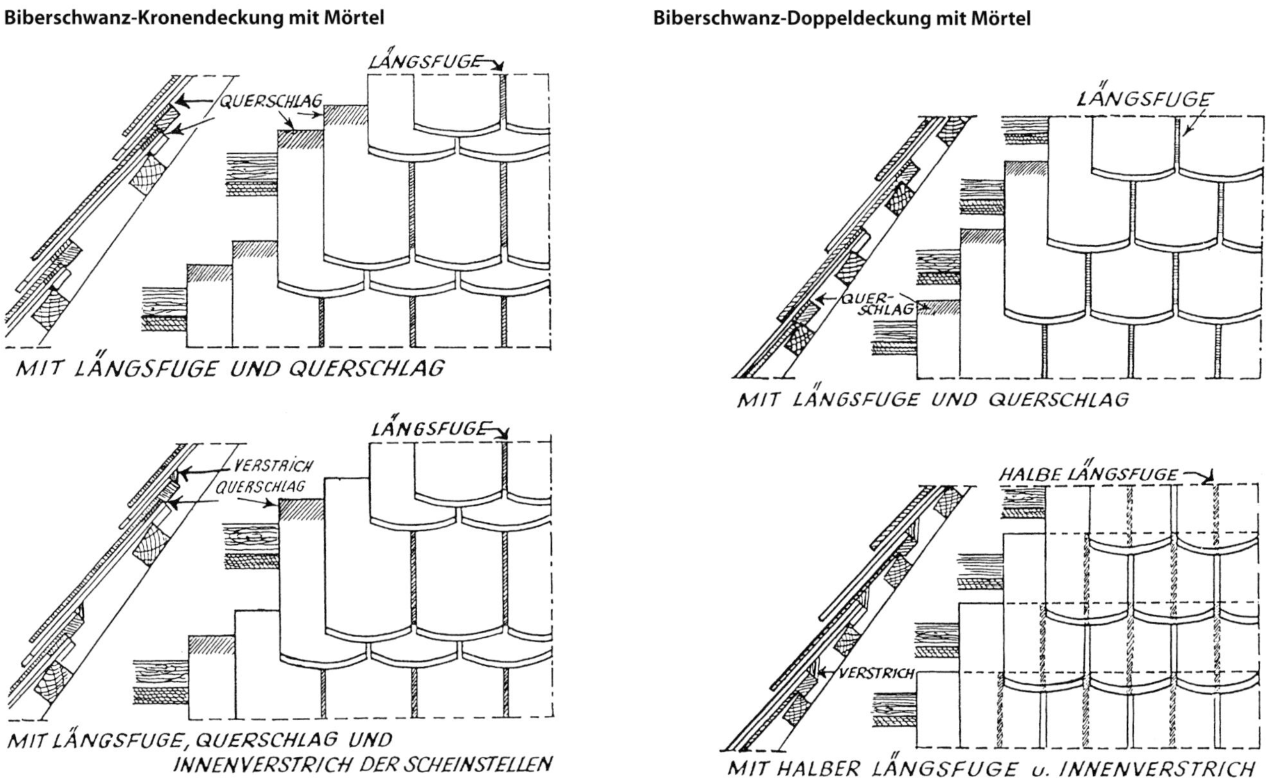

Abb. 1.29: Vermörtelung der verschiedenen Deckarten

- der Anordnungsart (z. B. Mörtelschläge oder Fugenanstriche) – abhängig von der jeweiligen Eindeckungsart, Dachziegelart und Dachziegelform.

Es gibt folgende beide Arten der Mörteltechnik:

- **Mörteltechnik von außen** (während der Ausführung der Dacheindeckung)
  Mörtelschläge: Quer-, Längs- und Stützschlag
  Längsfugenanstriche: volle oder verdeckte Längsfugen
  Ausfütterungsleisten: Mörtelschläge mit Ziegelstreifen oder -stücken (z. B. im Bereich der Traufen, oberhalb von Einbauteilen, an seitlichen Anschlüssen, Ortgängen oder an First-/Gratziegeln)
- **Mörteltechnik von innen** (zusätzlich zur Mörteltechnik von außen sowie bei bestehenden Dacheindeckungen)
  Verstreichen von: Querschlägen oder Längsfugen
  Schließen von: An- oder Abschlussöffnungen, Scheinstellen im Bereich von eingebundenen Kehlen, seitlichen Anschlüssen an Gauben oder Graten.
  Diese Ausführungsvariante – ehemals typische Winterarbeit für den Dachdecker – kann heute nur noch selten durchgeführt werden. Dachgeschosse sind oft ausgebaut oder mit Vordeckungen versehen, sodass man nach Fertigstellung der Eindeckung von innen meist nicht mehr an die Ziegel herankommt.

Verarbeitungsfertiger Dachdeckermörtel weist eine ausreichende Qualität auf und gestattet ein sauberes Verarbeiten. Man bezeichnet ihn als kellengerecht. Er sollte folgende Kriterien erfüllen:

- Beim Durchziehen der schräg gestellten Deckkelle muss er einen Graben hinterlassen.
- Beim Aufnehmen und Abschlagen der Mörtelmasse muss er am senkrecht gestellten Kellenblatt zunächst haften bleiben.
- Beim Auftragen einer Längsfuge auf die Dachziegel muss er gut von der Kelle gleiten.
- Beim Auftragen eines Quer- oder Längsschlags muss er vollständig auf den Dachziegeln haften bleiben.
- Nach dem Auftrag/der Verarbeitung darf er kein Wasser absondern.

Merke:

Bei Eindeckungen mit Dachziegeln dient der Mörtel in erster Linie dem Verschluss der Fugen gegen Eintrieb von Flugschnee, Schlagregen und Staub oder Flugasche. Die Befestigung der Ziegel untereinander und die Erhöhung der Regensicherheit können nur als positive, nicht voll wirksame Nebeneffekte gesehen werden. Beim Vermörteln ist auf eine ausreichende Belüftung der Dachkonstruktion bezüglich der Tauwassersicherheit zu achten. Der abgebundene Mörtel darf abfließende Niederschläge nicht behindern. Mörtelschläge sind ausreichend zu überdecken, sodass sie kein Wasser anziehen. Zementzusätze/-zuschläge sind auf das notwendige Maß zu beschränken. Zu viel Zement im Mörtel verwandelt die Dacheindeckung in eine starre Fläche. Spannungsrisse und abbröckelnde Mörtelschläge sind die Folge. Ferner wird das Auswechseln einzelner Ziegel erschwert oder sogar unmöglich.

Abb. 1.30: Solardachschindel im Biberformat

1.7 Gesundheits- und Umweltschutz

Beim Bearbeiten von Ziegeln setzt man sich mehreren gesundheitlichen Gefahren aus. Dies erfordert ein Tragen der persönlichen Schutzausrüstung (PSA) bei der Bearbeitung. Insbesondere ist hier gefordert, eine Schutzbrille, schnittfeste Handschuhe und S3-Sicherheitsschuhe zu tragen. Mittlerweile sollten sich diese Hilfsmittel im Arbeitsalltag etabliert haben.

Sofern noch eine mechanische Bearbeitung der Ziegel vollzogen wird, ergänzt sich die Liste um einen entsprechenden Gehörschutz und um das Minimieren von Stäuben. Laut der TRGS (Technische Regeln für Gefahrstoffe) 559 wurden mineralische Stäube als gesundheitsgefährdend eingestuft und müssen so gut es geht vermieden werden. Genauer heißt es, dass Stäube an ihrem Entstehungsort erfasst werden müssen. Allgemein bedeutet dies für den Baustellenalltag, dass Staubsauger statt Besen verwendet werden sollen. Für die Bearbeitung von Ziegeln kommen so nur staubfreie Bearbeitungstechniken (Bibermax oder Ähnliches), eine Absaugvorrichtung für Winkelschleifer (mindestens Klasse M) oder eine Nassbearbeitung infrage.

Der Umweltschutz stellt ein unumgehbares wichtiges Thema dar und wurde auch von der Ziegelindustrie durch entsprechende Maßnahmen aufgenommen. So ist es mittlerweile üblich, den Verpackungsmüll direkt beim Händler bzw. Hersteller zurückzugeben und diesen somit einem Recyclingsystem zuzuführen. Auch das Recycling von Ziegelabfällen ist ein fest eingerechneter Faktor bei der Ziegelherstellung. So werden etwa 70 % des anfallenden Ziegelschutts wieder der Produktion zugeführt. Auch ein direktes Wiederverwenden der Ziegel kommt in der momentanen Situation und im Denkmalschutz häufiger zum Einsatz.

Mit der „Fachinformation zum Umweltschutz“ wurde das Thema 2018 auch ins Regelwerk aufgenommen und weist den Dachdecker explizit an, auf dieses Thema zu achten.

Durch die Firma Creaton wurde mit dem „Strangfalzziegel – Bienenziegel“ ein direkter Lebensraum für Insekten geschaffen. Der Bienenziegel hat kleine Hohlräume, in denen sich vornehmlich Bienen einnisten können. Beim Eindecken eines Daches sollte darauf geachtet werden, dass der Bienenziegel hinten verschlossen wird, beispielsweise mit Ton oder Gips.

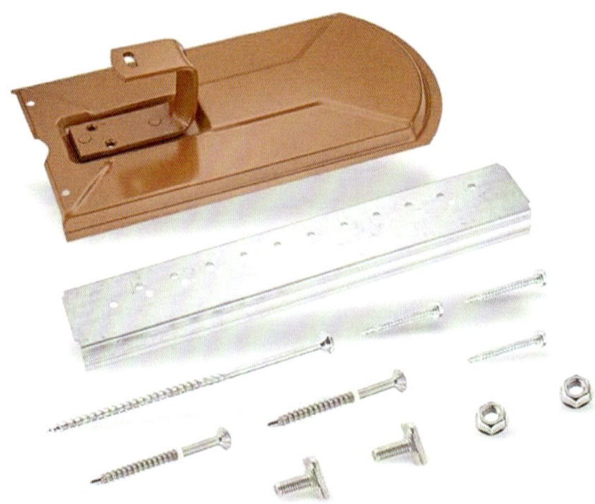

Abb. 1.31: Aluminium-Biberschwanz-Ersatzziegel inklusive Befestigung für Aufdachsysteme

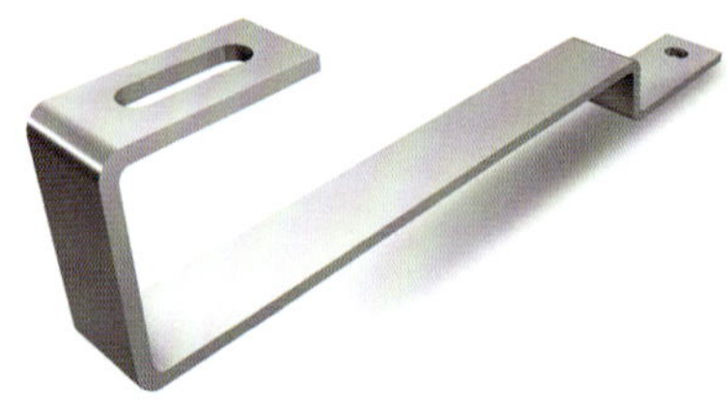

Abb. 1.32: Standard-Dachhaken für eine Befestigung von Aufdachsystemen bei einer Biberschwanzeindeckung

Man kommt beim Thema Umweltschutz nicht an der Verwendung regenerativer Energiequellen vorbei. Hier gibt es neben den üblichen In- und Aufdachsystemen auch an den Biberschwanzziegel angelehnte Deckwerkstoffe, die die Eindeckung komplett ersetzen.

Auch Biberschwanzziegel mit integrierter Kollektorfläche, welche kaum mehr von den übrigen zu unterscheiden sind, stehen dem Markt zur Verfügung.

2 Deckungsarten

Bei den Deckungsarten wird unterschieden zwischen

- Doppeldeckung,
- Kronendeckung,
- Einfachdeckung mit Spließen,
- Mörteldeckung.

Bei allen Deckungsarten sind die Biber mit geringem Seitenabstand zu verlegen, um Schäden zu vermeiden, die durch Bewegungen im Dachstuhl und externe Erschütterungen (z. B. Straßen- und Luftverkehr) verursacht werden könnten.

Bei der Einfachdeckung mit Spließen beträgt die Regeldachneigung 40°.

Bei Doppeldeckung und Kronendeckung beträgt die Regeldachneigung 30°. Dies gilt auch für Falzziegel im Biberformat.

Die in Tabelle 2.1 aufgeführten Mindestüberdeckungen sind je nach Dachneigung zu beachten.

Tabelle 2.1: Überdeckung in Abhängigkeit von der Dachneigung

	Dachneigung	**Höhenüberdeckung**
Doppeldeckung und Kronendeckung	≤ 35°	≥ 9 cm
	> 35°	≥ 8 cm
	> 40°	≥ 7 cm
	> 45°	≥ 6 cm
	> 60°	≥ 5 cm
Einfachdeckung mit Spließen	< 40°	≥ 17 cm
	≥ 40°	≥ 16 cm
	> 45°	≥ 15 cm
	> 50°	≥ 14 cm
	> 55°	≥ 13 cm

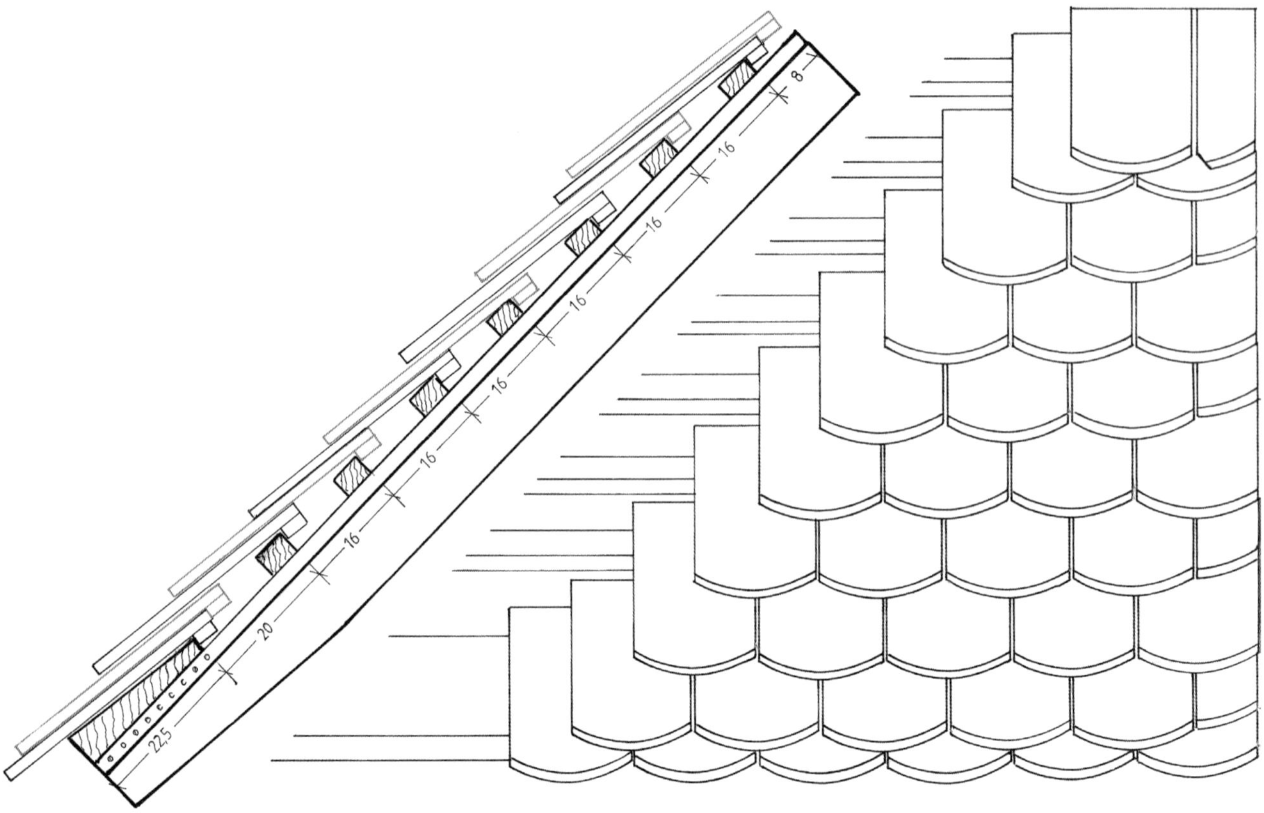

Abb. 2.1: Bei der Doppeldeckung überdeckt die dritte Deckschicht die erste Deckschicht um die geforderte Höhenüberdeckung.

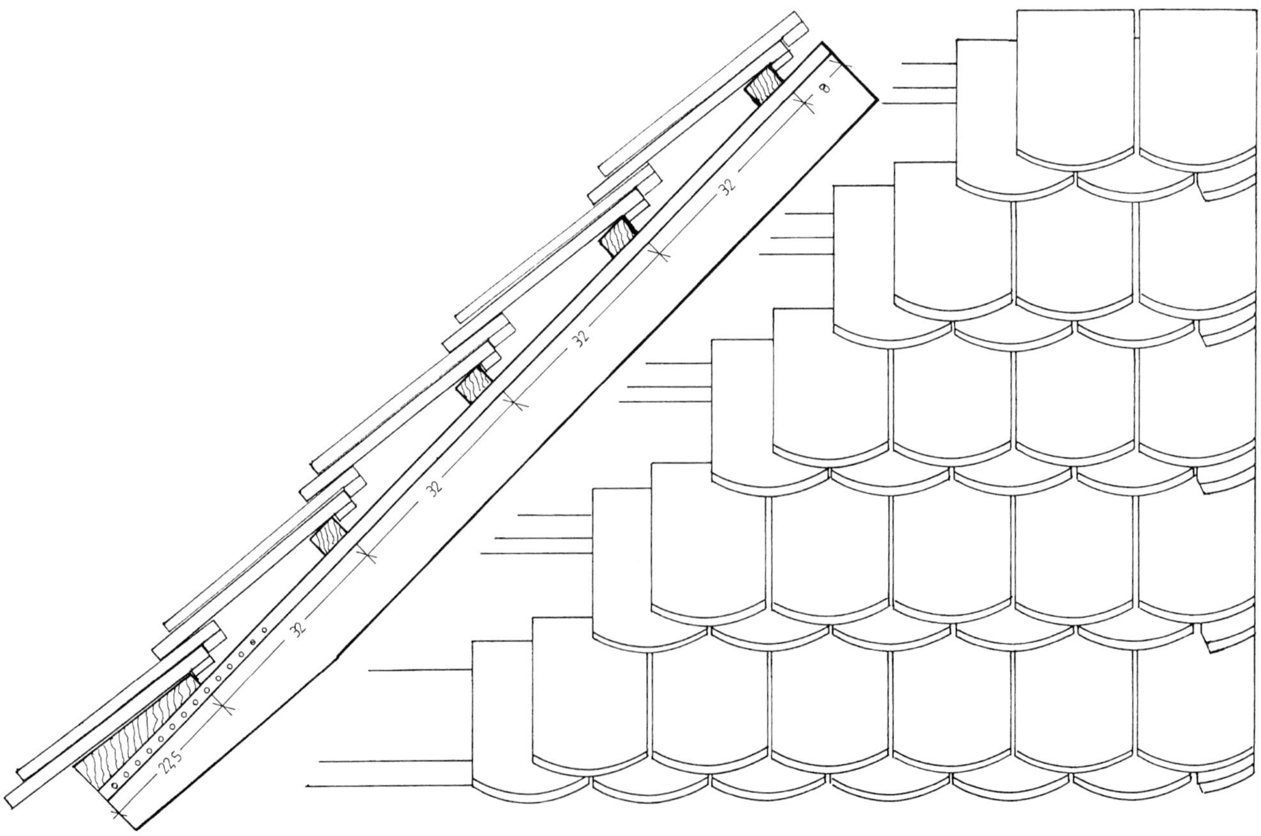

Abb. 2.2: Bei der Kronendeckung überdeckt die Lagerschicht die darunterliegende Deckschicht um die geforderte Mindestüberdeckung.

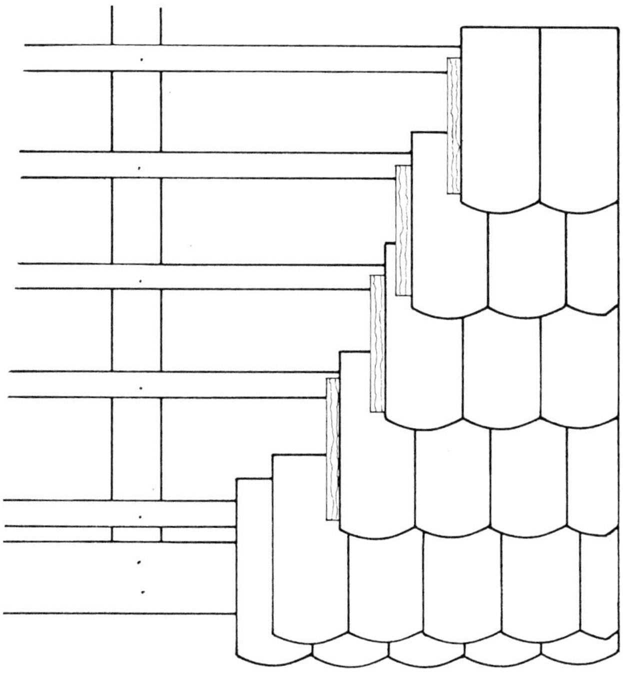

Abb. 2.3: Charakteristisch bei einem Drittelverband ist der Fugenversatz zur einen Seite um ein Drittel und zur anderen um zwei Drittel einer Biberschwanzziegelbreite.

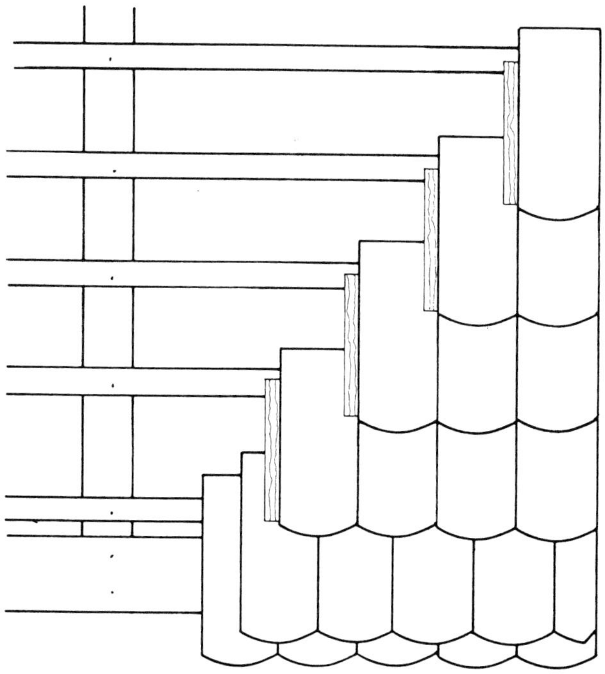

Abb. 2.4: Einfachdeckung mit Spließen. Die Deckung ist an den durchgehenden Fugen zu erkennen.

2.1 Einfachdeckung

Die Einfachdeckung mit Spließen erfolgt in Reihe (Fuge auf Fuge) oder im Drittelverband. Eine Deckung im Einhalbverband ist zu vermeiden, da der Wasserverlauf bei dieser Technik direkt auf den Spließ stattfindet und dieses zu einer frühzeitigen Verrottung führen würde. Jede Längsfuge wird mit einem mindestens 5 cm breiten Spließ unterlegt. Um annähernd den optischen Eindruck einer Doppeldeckung zu erzielen, ist es zulässig, die Ziegel im Drittelverband zu decken. Der Spließ kann aus Holz, Kunststoff, Metall oder anderen geeigneten Werkstoffen bestehen.

Die Einfachdeckung mit Spließen sollte nur bei Gebäuden mit untergeordneter Nutzung erfolgen.

2.2 Doppeldeckung

Bei der Doppeldeckung liegt auf jeder Traglatte eine Biberreihe. Die Biber überdecken sich so, dass die dritte Deckschicht die erste Deckschicht um die geforderte Höhenüberdeckung überdeckt. Die Deckung erfolgt regelmäßig im Halbverband, wobei zur Anarbeitung an Details und an Sonderdachflächen der Viertelverband nicht unterschritten werden darf. First- und Traufgebinde werden – je nach regionalem Brauch – mit Firstanschluss und Traufbibern oder als Kronengebinde ausgeführt.

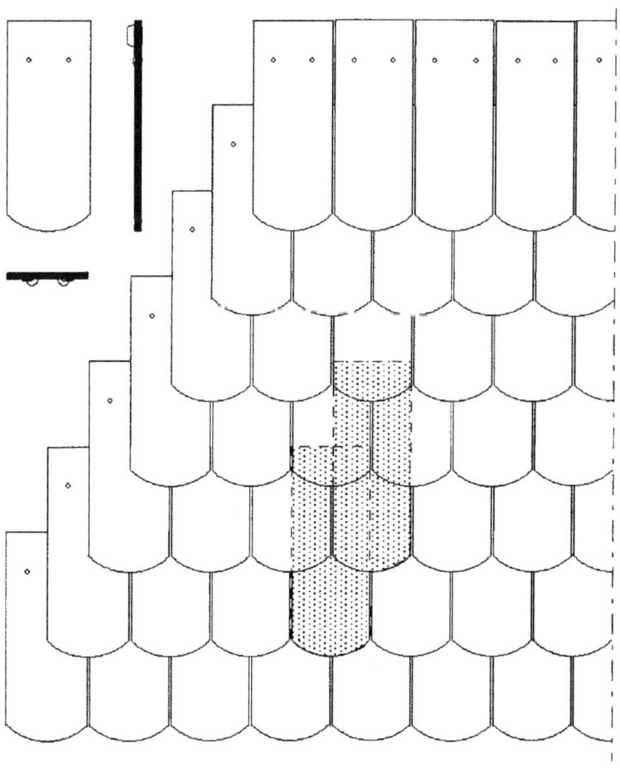

Abb. 2.5: Deckschema der Doppeldeckung

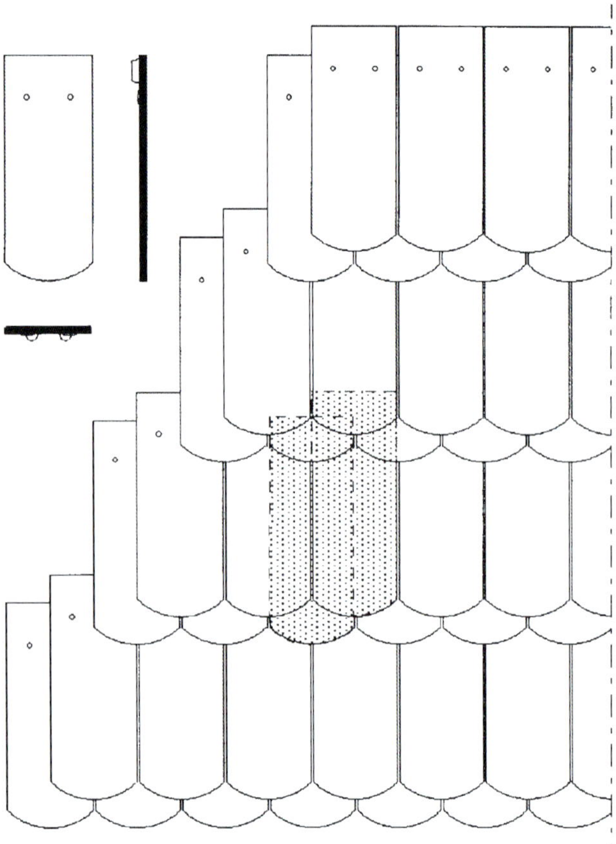

Abb. 2.6: Deckschema der Kronendeckung

2.3 Kronendeckung

Bei der Kronendeckung liegen auf jeder Traglatte zwei Biberreihen (Lager- und Deckschicht) auf, sodass sie untereinander einen regelmäßigen Halbverband bilden. Die Höhenüberdeckung ergibt sich aus dem Abstand zweier Lagerschichten. Die Biber sind genau wie bei der Doppeldeckung mit geringem Seitenabstand zu decken. Bei der Anarbeitung an Details und Sonderdachflächen darf der Viertelverband nicht unterschritten werden. Bei der Kronendeckung sollten im Gegensatz zur Doppeldeckung aus optischen Gründen nur die Schnittarten Segmentschnitt, Geradschnitt, Geradschnitt mit abgerundeten Ecken, Korbbogenschnitt und Halbrundschnitt eingesetzt werden.

2.4 Mörteldeckung

Regional und historisch bedingt sind auch andere Deckungsarten möglich. Bei Biberschwanzziegeln ist hier die Mörteldeckung eine dieser Deckungsarten.

Hier wird unterschieden zwischen **Mörteltechnik von außen** (während der Ausführung der Dacheindeckung) und **Mörteltechnik von innen** (als Zusatz zur Mörteltechnik von außen sowie bei bestehenden Dacheindeckungen).

Bei der Mörteltechnik von außen unterscheidet man die Mörtelschläge – Quer-, Längs- und Stützschlag. Die Längsfugenanstriche werden in volle und verdeckte Längsfugen unterteilt.

In Kapitel 1.6 „Bearbeitung, Verlegung, Werkzeuge“ wird noch genauer auf die Mörteldeckung eingegangen.

Biberschwanz-Kronendeckung mit Mörtel

Biberschwanz-Doppeldeckung mit Mörtel

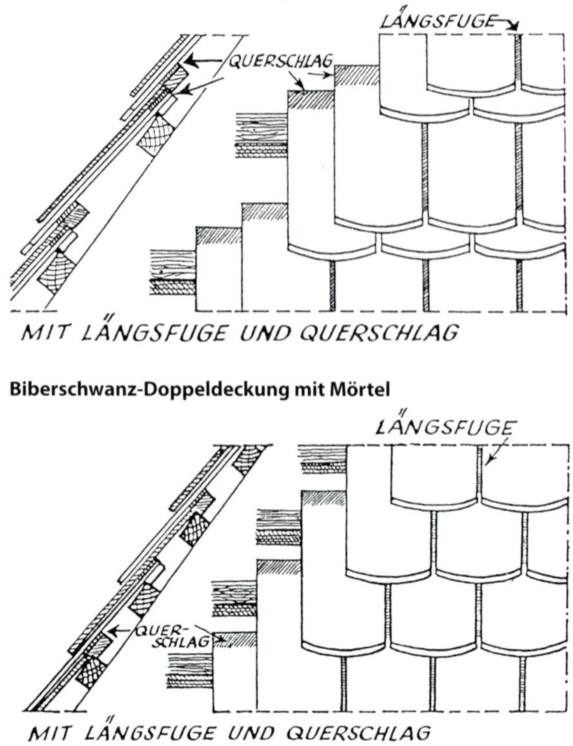

Abb. 2.7: Vermörtelung der verschiedenen Deckarten

Abb. 2.8: ausgeführter Querschlag

Abb. 2.9: ausgeführte, verdeckte Querfuge

2.5 Einteilung der Dachflächen

Bei Deckungen mit Biberschwanzziegeln sind Dachlatten zu verwenden, die mindestens drei scharfgeschnittene Kanten aufweisen. Sie müssen so angebracht werden, dass zwei Kanten voll auf den Sparren aufliegen und die Nasen der Biber sich voll hinter die obere, nach dem First zeigende Lattenkante anlegen können. Die Dachlatten können teilweise baumkantige Ausbildungen an der oberen Lattenkante aufweisen, die nach der Traufe gerichtet ist. Sie dürfen hierbei die Anforderungen an mindestens S10er-Hölzer nicht unterschreiten.

Die maximale Lattweite der Doppeldeckung ist die Ziegellänge minus Mindestüberdeckung, geteilt durch zwei.

Die maximale Lattweite der Kronendeckung ist die Ziegellänge der Lagerschicht minus Mindestüberdeckung.

Die maximale Lattweite der Einfachdeckung ist die Ziegellänge minus Mindestüberdeckung.

Die Lattung wird mit dem Befestigen der Trauflatten begonnen, nachdem ihr Abstand zur Firstlatte ermittelt worden ist. Bei einer Traufschicht mit einem Kronengebinde ist die Seitenlänge des Bibers der Lagerschicht maßgebend, um das Traufblech genügend zu überdecken.

Beispiel:
Ziegellänge 38,0 cm
- Halbrundschnitt 4,5 cm
- Überstand in die Rinne 5,0 cm
- Nasenlänge 4,0 cm
= Abstand der ersten Latte von der Unterkante der Traufbohle 24,5 cm

In diesem Abstand wird die erste Latte von Unterkante Traufbohle angebracht. In Abhängigkeit von Firstziegeltyp und Dachneigung ist die Entfernung der letzten Latte vom Firstscheitelpunkt festzulegen. Von der verbleibenden Sparrenlänge zwischen erster und letzter Latte wird wegen des Kronengebindes an der Traufe die Nasenlänge – meist 4 cm – abgezogen. Die verbleibende Länge wird durch die maximale Lattweite geteilt. Das Ergebnis wird auf die nächste ganze Zahl aufgerundet. Diese ergibt die Anzahl der auf die erste Latte folgenden Latten. Nun wird wiederum die verbleibende Länge durch die Anzahl der Latten geteilt. Das Ergebnis sind die auf die zweite Latte folgenden Lattabstände.

Beispiel:
Biberformat 18/38 Rundschnitt
Dachneigung 45°
Sparrenlänge 672,5 cm
- Abstand der 1. Latte von der Unterkante der Traufbohle 24,5 cm
- Nasenlänge (Deckschicht) 4,0 cm
- Abstand letzte Latte von Firstscheitelpunkt 8,0 cm

einzuteilende Restsparrenlänge 636,0 cm
maximale Lattweite 16,0 cm
Anzahl der Latten oberhalb der ersten Latte:
636,0 cm/16,0 cm = 39,8 cm
aufgerundet 40,0 cm
636,0 cm/40 cm = 15,9 cm Lattweite

Es ergeben sich folgende Lattweiten:

- Unterkante Traufbohle bis Oberkante 1. Latte = 24,5 cm
- Oberkante 1. Latte bis Oberkante 2. Latte = 19,9 cm
- weitere Lattweiten = 39 cm × 15,9 cm

Bei der Verwendung von Traufplatten wird die erste Latte nach dem Messen des Traufüberstandes und der Nasenlänge berechnet.

Beispiel:
Die Traufplatte misst 26 cm minus 5 cm Überstand in die Rinne. In diesem Fall wird die erste Latte 21 cm oberhalb der Unterkante Traufbohle gesetzt. Die nächste Latte, die den ersten vollen Biberziegel aufnimmt, wird im Abstand von ca. 8 cm von der darunterliegenden Latte befestigt.

Die Platzierung der ersten Latte bei der Kronendeckung wird errechnet, indem von der Seitenlänge des ersten Bibers der Lagerschicht der Überstand in die Rinne und die Nasenlänge abgezogen werden. Dieser Abstand der Oberkante Dachlatte zur Oberkante Firstlatte wird durch die Mindestlattweite aufgeteilt. Eventuelle Restabstände sind auch hier wieder im Traufbereich zu verteilen. Bei der Einfachdeckung ist die Trauf- und Firstschicht stets als Kronengebinde zu decken.

Eine einwandfrei ausgeführte Lattung erleichtert die Eindeckung mit Biberschwanzziegeln wesentlich. Nach Fertigstellung der Lattung wird die Dachfläche in Deckbreiten eingeteilt. Die Deckschichten erhalten dadurch ein gleichmäßiges Fugenbild in senkrechter Richtung und erleichtern das Anarbeiten an An- und Abschlüssen. Damit ist ein zügiges und sauberes Fortschreiten der Eindeckarbeiten gewährleistet.

3 Allgemeines zu An- und Abschlüssen

3.1 Traufe

An der Traufe müssen unabhängig von der Dachentwässerung entsprechende Belüftungsöffnungen eingehalten werden. Man kann die Traufe mit Traufplatten in der Lagerschicht oder mit einem Kronengebinde beginnen. Wenn mit einer Dachrinne entwässert wird, ist darauf zu achten, dass die Ziegel maximal 1/3 der waagerecht gemessenen Rinnenbreite in die Dachrinne ragen dürfen.

Durch die gängige Konterlattenstärke von 30 mm wird der Lüftungsraum unter den Ziegeln in der Regel eingehalten. Wird nun vor der Traufe ein Lüftungsgitter montiert, reduziert dieses die Belüftung um 50 % und eine 30-mm-Konterlatte ist in diesem Bereich nicht mehr ausreichend. Hier bieten sich nun einige Optionen.

Erhöhung des Belüftungsraumes durch Aufdoppeln der Konterlatten

Die Konterlatte wird im Bereich unter der Keilbohle durch entsprechende Lattenstücke aufgebaut. Hier kann nun ein beliebig hoher Belüftungsraum geschaffen werden und zeitgleich wird das Abkippen der ersten Ziegelreihe vermieden.

Wie man die Unterspannbahn an der Traufe anschließt, hat direkten Einfluss auf die Belüftung des Steildaches. Führt man die Unterspannbahn auf die Keilbohle und in die Dachrinne, so schließt man alle Belüftungsräume, sofern diese unterhalb der Keilbohle liegen. Ein Anschließen an ein Tropfblech, welches direkt auf dem Sparren bzw. der Unteransicht liegt, hat keinen Einfluss auf die Belüftung des Daches. Die Variante mit Tropfblech ist ein gutes Mittel, um Undichtigkeiten in der Dachhaut frühzeitig und vom Boden aus zu erkennen.

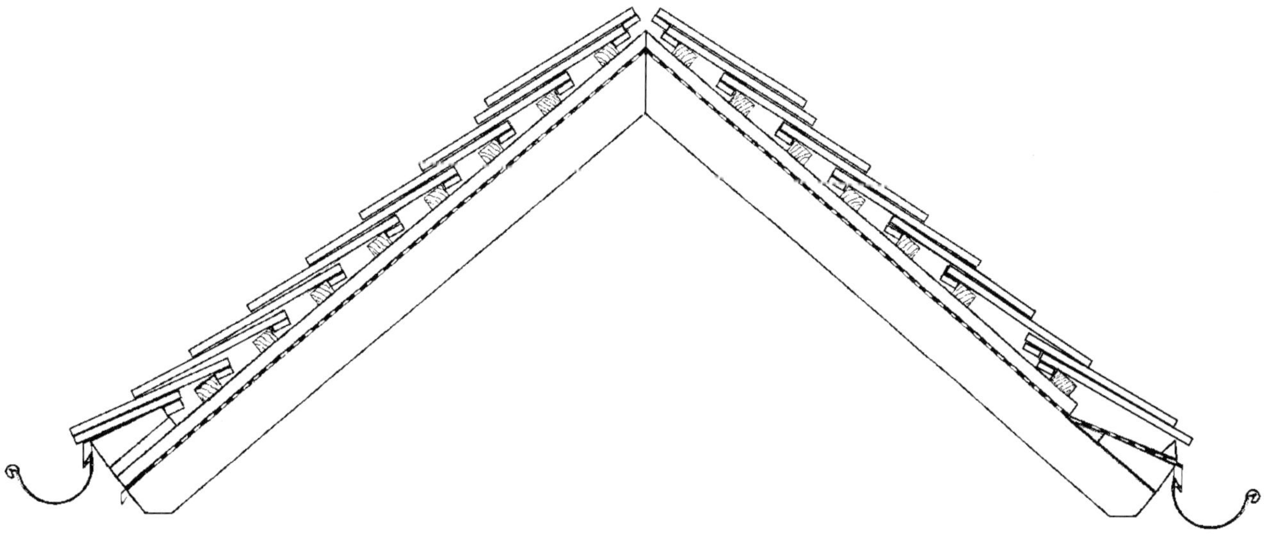

Abb. 3.1: Links: Traufaufbau mit Tropfblech und erhöhter Keilbohle durch 2-x-30-mm-Konterlatte in diesem Bereich; rechts Traufaufbau mit Lüfterelement und Unterspannbahn in die Rinne geführt.

Abb. 3.2: Keramischer Lüftungsziegel, eben

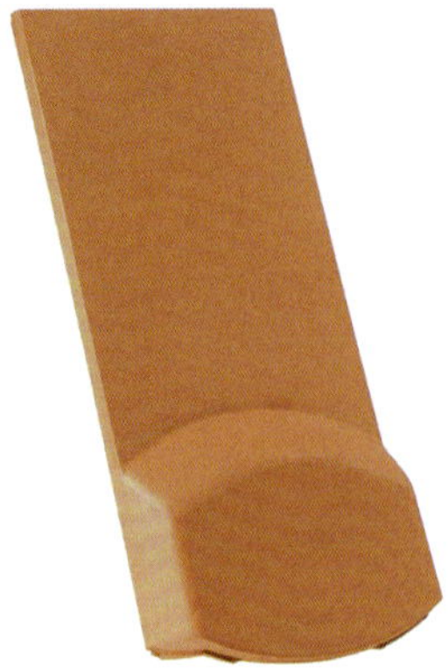

Abb. 3.3: Keramischer Lüftungsziegel, gewölbt

Abb. 3.4: Lüftungselement Traufe aus Kunststoff

Einsetzen von Lüfterziegeln

Wie im Firstbereich ist an der Traufe der Einbau von Lüfterziegeln möglich. Hier ist zu beachten, in jedem Sparrenfeld einen Lüfter zu setzen.

Spezielle Lüfterelemente

In diesem Falle lässt man die Konterlattung in gewohnter Stärke durchlaufen. Es ist sogar möglich, die Keilbohle direkt auf den Sparren zu setzen. Die Lüfterelemente werden auf die Keilbohle unmittelbar unter die Ziegel gesetzt. Hier gibt es verschiedene Systeme aus Kunststoff oder aus Lochblech.

Natürlich kann man auch die Konterlattenstärke des gesamten Daches auf den gewünschten Wert erhöhen, wie es z. B. bei einer Aufsparrendämmung mit 40-mm-Konterlattung üblich ist.

3.2 Ortgang

Es wird zum Schutz des Gebäudes ein Überstand über die Konstruktion empfohlen. Der Überstand von Schlusssteinen oder Flächenziegeln über Außenkante Giebelwand bzw. Außenkante Holzunterkonstruktion soll mindestens 3 cm betragen. Bei Ortgangziegeln soll der Abstand zwischen Innenkante Ortganglappen und Außenkante Giebelwand bzw. Außenkante Bekleidung mindestens 1 cm betragen. Ortgangkonstruktionen, die über die Giebelwand deutlich hinausragen, sind zu bevorzugen. Alle Konstruktionen bis 30 cm (bei 30 cm × 50 mm Traglattung) ab letztem Auflager sind zulässig, über dieses Maß hinaus müssen Sondermaßnahmen ergriffen werden.

Der Ortgang mit Unterplattung (Ziegel- oder Schieferstreifen) wird im Mörtelbett mit abschließendem Verputz ausgeführt. Er kann auch trocken mit Windbrettern (Zahnleisten) ausgeführt werden.

Wird der Ortgang mit Flächenziegeln ausgebildet, haben sich zwei Möglichkeiten etabliert, diese zu montieren: zum einen das Einhängen der halben Ziegel mit wasserabweisendem Schnitt (siehe Abb. 3.8) und zum anderen das Hochhängen der Ziegel (siehe Abb. 3.9). Beide Varianten werden mit der Schnittseite Richtung Fläche ausgeführt.

Eine weitere Möglichkeit ist die Verwendung von Ortgangbibern. Hier erfolgt die Befestigung nach Herstellerangaben, mindestens jedoch mit einer korrosionsgeschützten Holzschraube – D = 4,5 mm und 24 mm Einschraubtiefe in Nadelholz.

Es ist darauf zu achten, die richtigen Ziegel zu verwenden. Je nach Deckart gibt es im Handel verschiedene Ortgangziegel in verschiedenen Ausführungen.

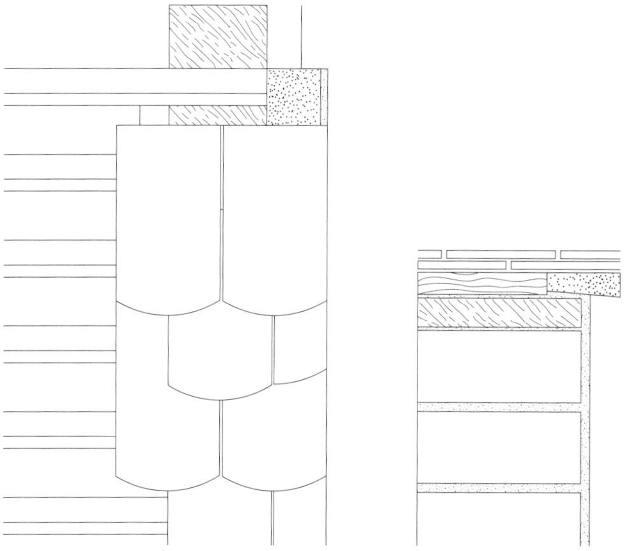

Abb. 3.5: Ortgang mit Unterplattung

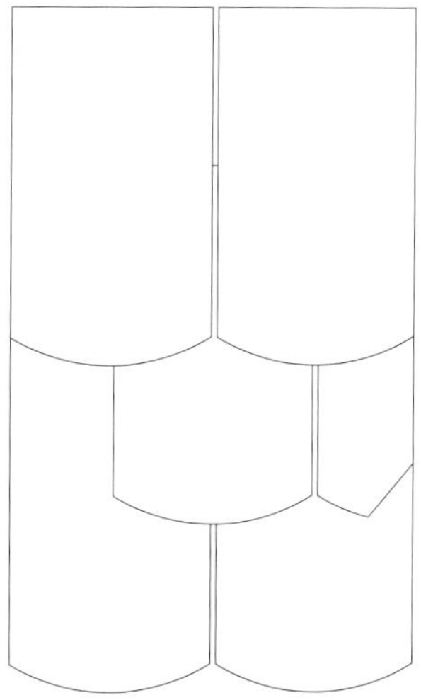

Abb. 3.8: Ortgangausbildung mit wasserabweisendem Schnitt

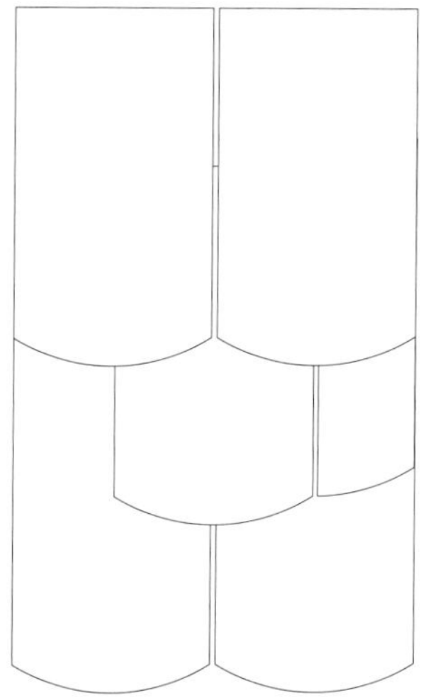

Abb. 3.9: Ortgangausbildung mit hochgehängtem Ziegel

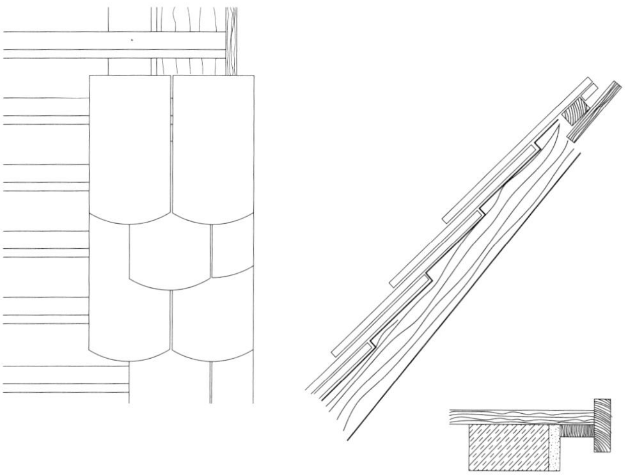

Abb. 3.6: Ortgang mit Überstand und Zahnleiste

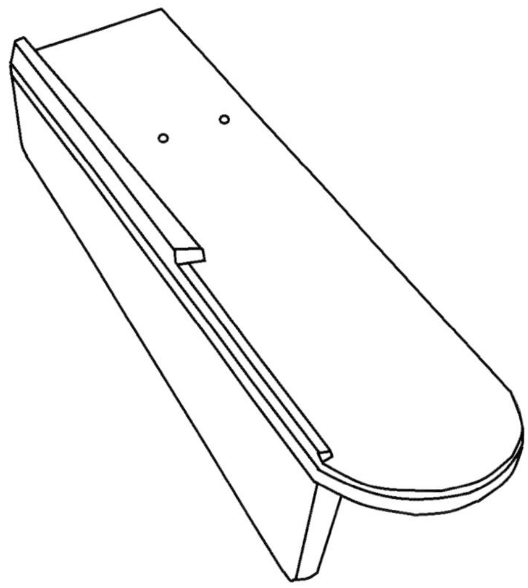

Abb. 3.10: Ortgangziegel 1/2-Biber

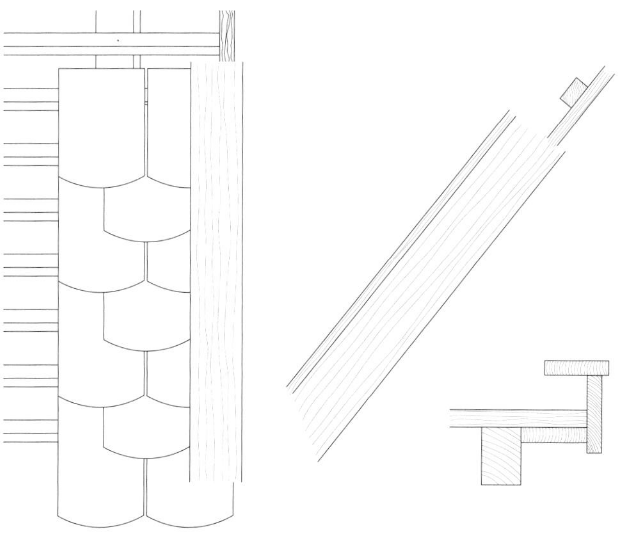

Abb. 3.7: Ortgang Abschluss mit Windbrett

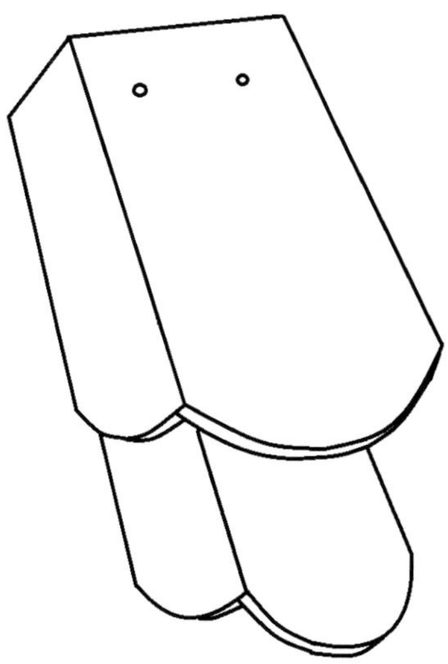

Abb. 3.11: Ortgangziegel 3/4- und 1 1/4-Biber

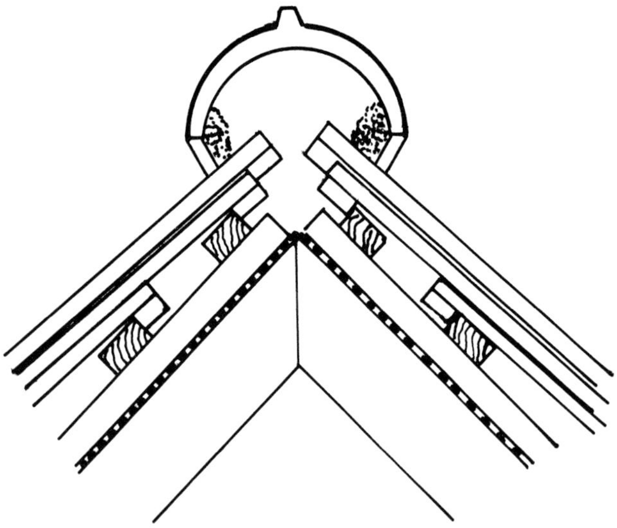

Abb. 3.12: Firstdeckung mit Mörtel

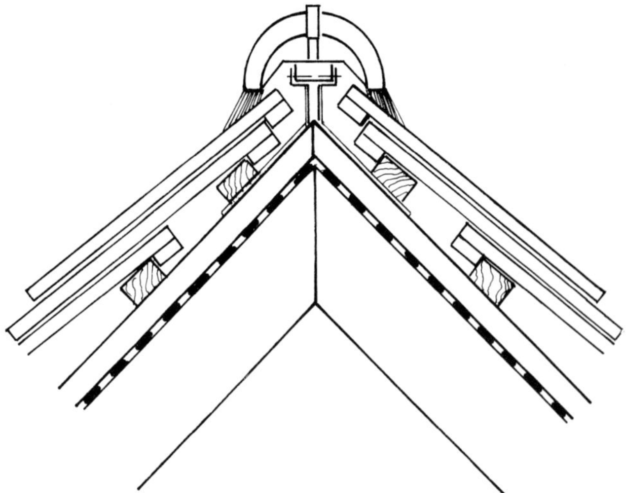

Abb. 3.13: Firstdeckung mit Firstlattenhalter in Trockendeckung

3.3 First und Grat

Bei der Trockendeckung werden First und Grat mit Firstziegeln auf Firstlattenhaltern und gegebenenfalls Firstelementen befestigt. Bei der Mörteldeckung erfolgen First- und Gratverlegung im Mörtelbett.

Die Grateindeckung kann bei der Biberschwanzdeckung mit einer Gehrung (in der Hohlpfannendeckung auch Fechtel genannt) beginnen. In der Lagerschicht werden die Ziegel diagonal geteilt. Die langen Spitzen sichern eine stabile Lage.

Seit einiger Zeit haben die meisten Dachziegelhersteller spezielle Gratanfänger in ihrem Zubehörsortiment. Dies sind Firstziegel mit abgerundeter Kappe. Die Variante des Gratanfangs mit solch einem Formziegel ist die gebräuchlichere Verlegeform geworden, da sie weniger zeitaufwendig als die Herstellung eines Fechtels ist. Bei der Verwendung solcher Formteile sollte man beachten, diese etwas höher anzusetzen, da der Gratanfang sonst sehr weit nach unten rutscht.

Die zuvor genannten Entlüftungsöffnungen an First und Grat müssen beachtet werden. Bei der Trockenverlegung ist die Forderung meistens erfüllt, wenn die First-/Gratziegel auf der Fläche aufliegen, wenn diese über entsprechende Rippen verfügen, welche den Entlüftungsraum gewährleisten. Auch hier muss eine Reduzierung des Entlüftungsquerschnitts durch Grat-/Firstbänder berücksichtigt werden. Die Forderung nach Befestigung ist erfüllt, wenn jeder Ziegel mit einer Schraube d = 4,5 mm und Einschraubtiefe von 24 mm in Nadelholz befestigt ist.

Die Grat-/Firstlatte kann entweder durch einen Holzaufbau auf Höhe gebracht werden oder mit Einschlaghaltern erfolgen. Auch spezielle Lattenhalter mit beidseitiger Metalllasche stehen mittlerweile zur Verfügung. Diese gibt es auch mit Stellschrauben unter dem Haltebereich der Latte, um ein individuelles Anpassen der Höhe zu ermöglichen.

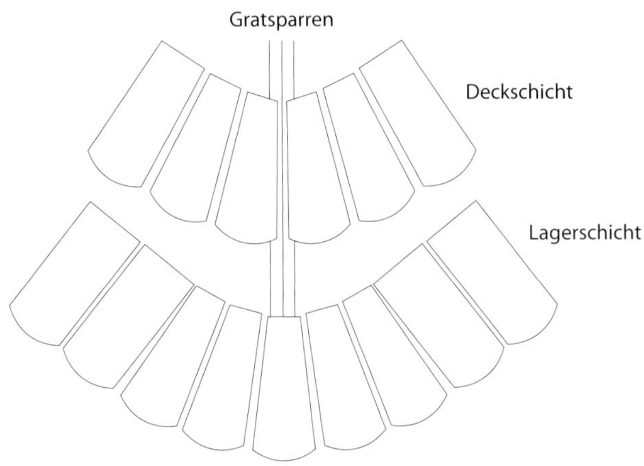

Abb. 3.14: Fechtel

Bei der Mörtelverlegung müssen die Entlüftungen anders geschaffen werden. Hier kann man Lüfterziegel verwenden oder andere konstruktive Maßnahmen ergreifen. Ein Beispiel hierfür wäre, im Firstbereich in der Lagerschicht 3/4-Biber zu setzen. Diese werden durch ganze Biber in der Deckschicht sicher überdeckt.

Werden die Ziegel an die Gratlatte angearbeitet, so ist auch hier auf eine ausreichende Entlüftung bei Trockenverlegung zu achten. Jeder bearbeitete Ziegel muss hier mechanisch befestigt werden und muss, wenn nötig, über einen wasserabweisenden Schnitt verfügen. Dieser Schnitt ist immer dann zu setzen, wenn Wasser entlang des Ziegelendes in

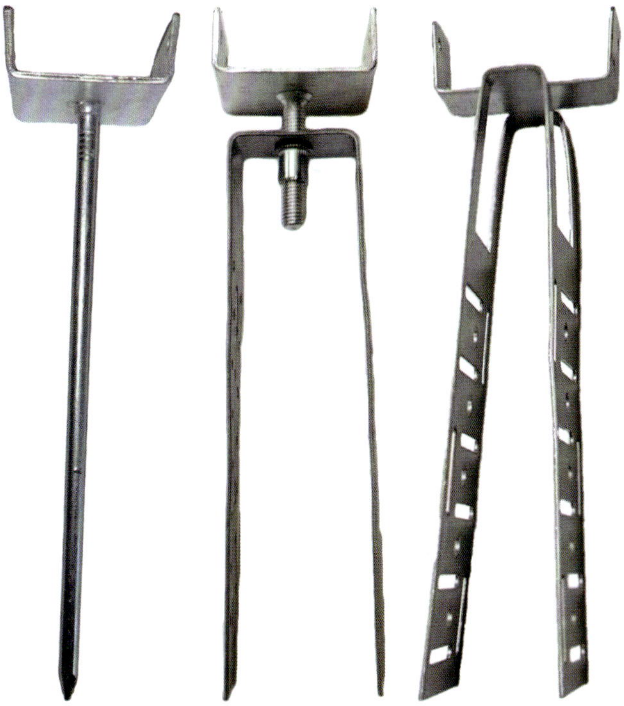
Abb. 3.15: Verschiedene First-/Gratlattenhalter

Abb. 3.16: Firstentlüftung mit 3/4-Bibern in Lagerschicht

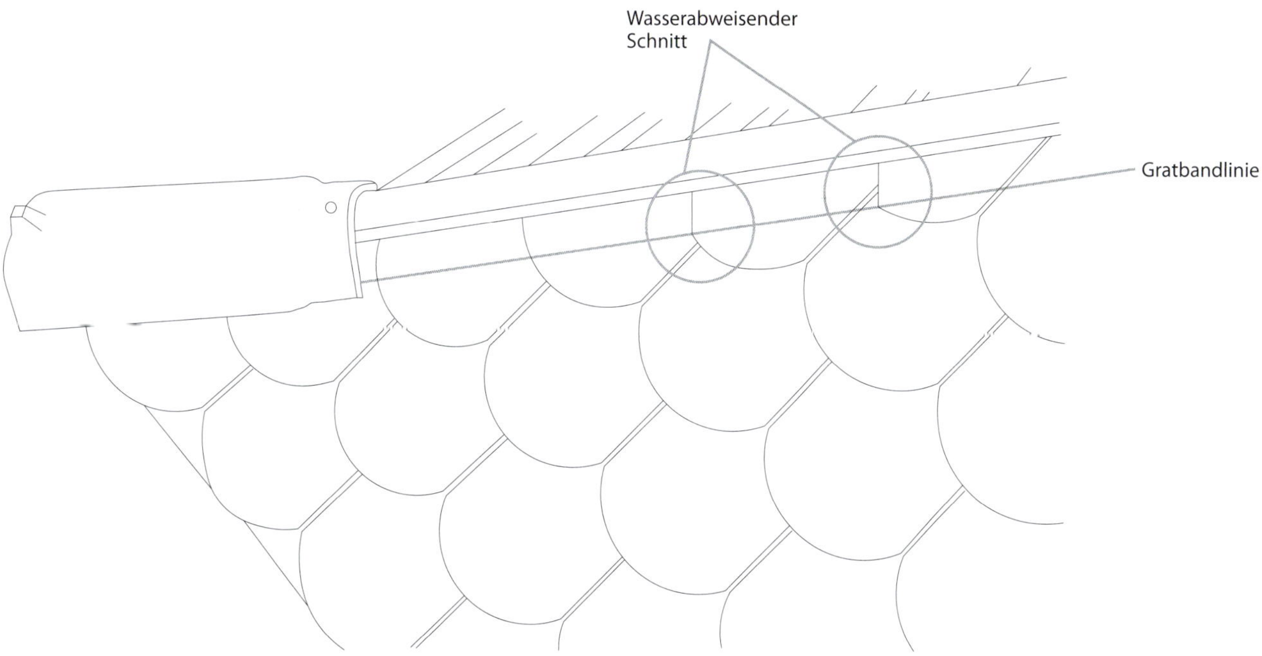

Abb. 3.17: Wasserabweisender Schnitt an Gratlatte

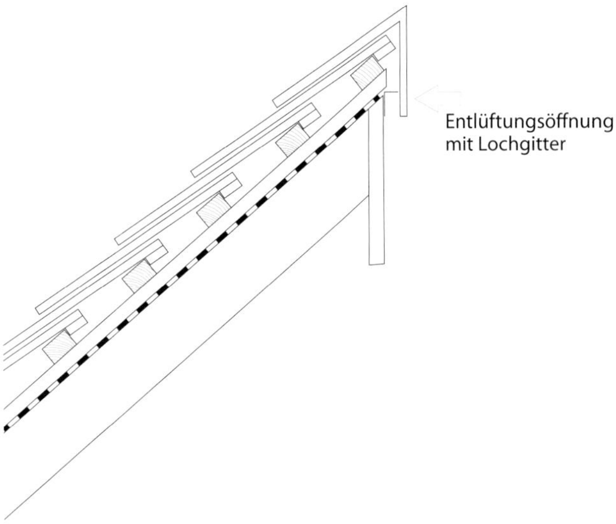

Abb. 3.18: Pultabschluss

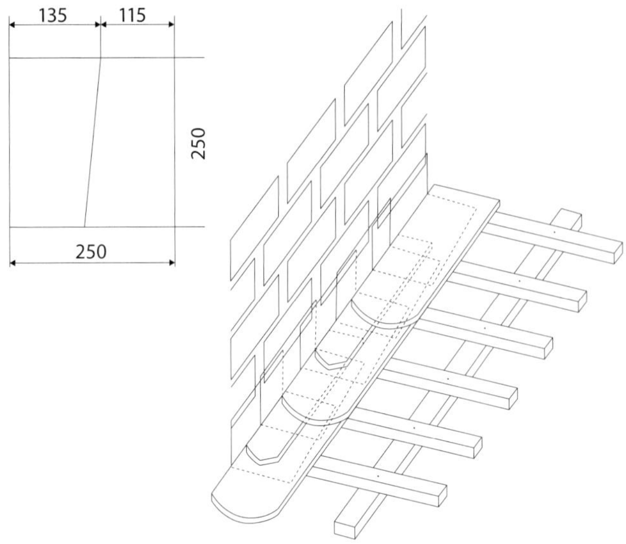

Abb. 3.19: Wandanschluss mit Schichtstücken

den Grat eintreiben könnte. Er soll hierbei aber nicht unter dem Gratband herausgeführt werden.

3.4 Pultabschluss

Der Pultdachabschluss kann durch einen aufgelegten Metallwinkel, ein Schieferband oder ähnlich handwerklich hergestellt werden. Eine alternative Lösung ist jedoch der Einbau von Pultdachziegeln. Diese Formziegel können mit dem entsprechenden Neigungswinkel bestellt werden, sodass der Schenkel auch wirklich senkrecht steht.

Durch genügend Überstand der oberen Ziegelreihe über den Pultabschluss muss eine ausreichend dimensionierte Entlüftungsöffnung gewährleistet werden. Durch ein Lüftungsgitter wird diese Öffnung insektensicher verschlossen.

3.5 Seitliche Anschlüsse

Bei der Biberschwanz-Doppel- oder -Kronendeckung können seitliche Anschlüsse bei Dachdurchdringungen und aufgehenden Bauteilen mit Nocken (Schichtstücke) in die Deckung eingebunden werden. Der Zuschnitt für die Länge der Nocken richtet sich nach dem Traglattenabstand zuzüglich der entsprechenden Höhenüberdeckung. Der Zuschnitt für die Breite der Nocken beträgt mindestens 25 cm. Soll die Oberkante der Nocken am seitlichen Anschluss eine möglichst gerade Linie bilden, sind diese entsprechend der Dicke des Deckwerkstoffes konisch zu kanten. Die Nocken sind auf der Traglattung zu befestigen und/oder so einzulegen, dass sie im Fußbereich der Dachziegel/-steine nicht sichtbar sind. Jedes Deckgebinde ist mit einer Nocke einzubinden.

Die Anschlusshöhe an das aufgehende Bauteil richtet sich nach der Dachneigung. Berücksichtigt man die Regeldachneigung des Biberschwanzziegels, kommt nur noch folgender Wert zum Tragen:

DN ≥ 22°: seitliche Anschlüsse (S) = 80 mm, traufseitige Anschlüsse (T) = 80 mm, firstseitige Anschlüsse (F) = 150 mm.

Alternativ können hier auch durchgehend aufliegende und durchgehend unterliegende Anschlüsse aus Metall hergestellt werden. Durchgehende aufliegende Anschlüsse aus Blei sollen allerdings nur bei profilierten Deckwerkstoffen angewandt werden.

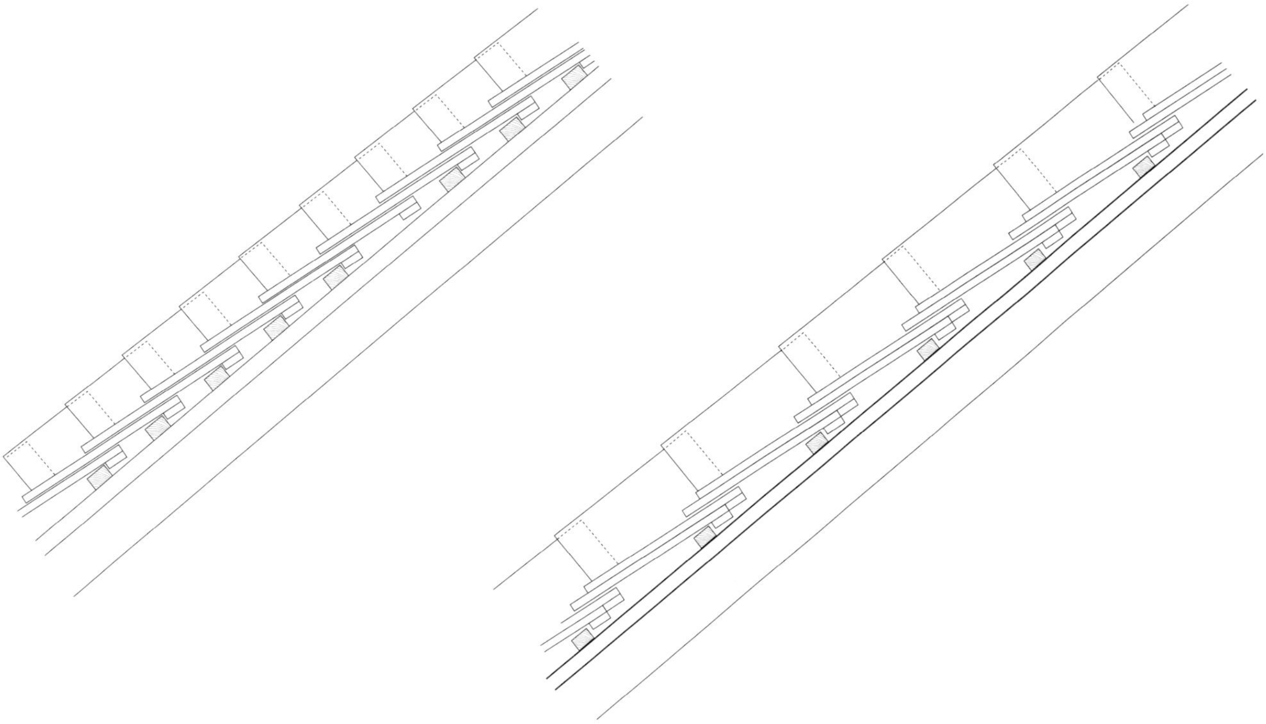

Abb. 3.20: Wandanschluss mit Nocken – links Doppeldeckung, rechts Kronendeckung

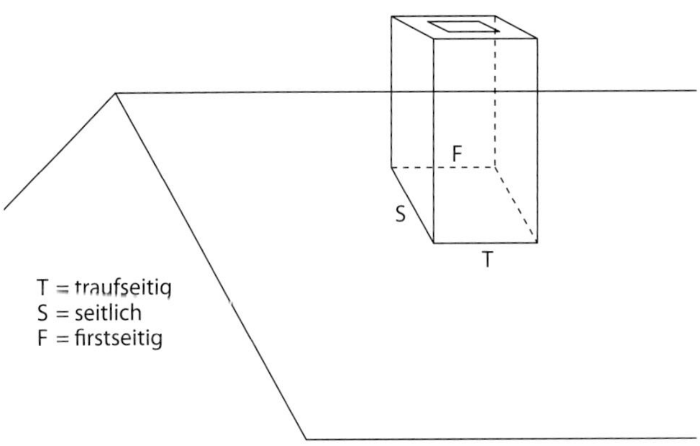

Abb. 3.21: Anschlussbereiche laut Regelwerk

4 Kehlen

4.1 Allgemeines

Die wasserführende Verschneidungslinie zweier Dachflächen bildet eine Hauptkehle.

Kehlen werden entweder von der Dachflächendeckung überdeckt oder in diese eingebunden. Bei Deckungen mit Dachziegeln/Dachsteinen können Kehlen mit dazu geeigneten Werkstoffen ausgeführt werden, z.B.

- als eingebundene Biberschwanzkehle,
- als überdeckte Biberschwanzkehle,
- als überdeckte Metallkehle,
- als Schwenkziegelkehle,
- als eingebundene Nockenkehle.

Für eine regensichere Eindeckung sind folgende Kehlsparrenneigungsgrenzen einzuhalten:

Kehlart	Kehlsparren-neigung	Dach-neigung
überdeckte Metallkehle		≥ 10°
eingebundene Nockenkehle	≥ 25°	
eingebundene Biberschwanzkehle	≥ 25°	
überdeckte Biberschwanzkehle	≥ 30°	
überdeckte Formziegelkehle	≥ 35°	
Schwenkziegelkehle	≥ 35°	

Bei gleichhüftigen Dächern kann man bei Abhängigkeit der Kehlneigung von der Dachneigung von folgenden Werten ausgehen:

Dachneigung in °	Kehlneigung in °	Dachneigung in °	Kehlneigung in °
5	3,54	50	40,12
10	7,11	55	45,28
15	10,73	60	50,77
20	14,43	65	56,60
25	18,25	70	62,76
30	22,21	75	69,25
35	26,34	80	76,00
40	30,68	85	82,95
45	35,26	90	90,00

In der Auseinandersetzung mit Kehlen wurde sich auf folgende Fachbegriffe und deren Definition geeinigt:

- Die **Kehlschalung** kann aus einem oder mehreren Brettern bestehen. Ihre Breite richtet sich nach der Art der Kehle, nach der Dachneigung und dem Traufaufbau.
- Die **Kehlmittellinie** ist die Winkelhalbierende des Kehlwinkels auf der Kehlschalung.
- Die **Kehlbreitenlinie** markiert die Kehldeckbreite parallel zur Kehlmittellinie.
- **Kehlziegel** sind allgemein alle in der Richtung des Kehlsparrens eingedeckten Ziegel und werden in der Regel ohne Aufhängenasen gedeckt. Die Kehlziegel werden mit einem Nicht-Edelstahldraht oder Kupferdraht am Kehlbrett oder der Dachlatte befestigt.
- **Wasserziegel** sind Ziegel, die direkt auf der Kehlmittellinie gedeckt sind.
- **Ausspitzer** sind Ziegel, die in Richtung des Dachsparrens bearbeitet werden (rechte und linke Ausspitzer).
- **Einspitzer** sind Ziegel, die in Richtung des Kehlsparrens bearbeitet werden (rechte und linke Einspitzer).
- **Unterläufer** sind Ziegel, die rechts oder links von der Lager- oder Deckschicht überdeckt werden. Diese Ziegel werden entweder von Hand in der Dicke abgeschrägt oder auch konisch geliefert.
- **Anschlussziegel** sind Ziegel, die als ganze oder geschmälerte Ziegel an den Ausspitzern anschließen.
- Die **Kehldeckschicht** ist eine Schicht, die beidseitig in die Deckgebinde der Fläche eingebunden wird. Hier wird die Kehlbreite definiert.
- Die **Kehllagerschicht** ist die Schicht, die beidseitig in die Lagerschicht der Fläche eingebunden wird.
- Die **Unterläuferschicht** ist die Schicht, die rechts und links unter eine Lager- oder Deckschicht untergedeckt wird.
- Die **Überläuferschicht** ist die Kehlschicht, die entweder von der Lager- in die Deckschicht, von der Deckschicht in die Lagerschicht oder einseitig eingebunden gedeckt ist.
- **Kehlauslaufschichten** sind die Schichten, die als nicht eingebundene oder nur einseitig eingebundene Schichten den Abschluss der Kehle nach oben bilden. Regional kann man den oberen Abschluss der Kehle auch als Kragen bezeichnen.
- **Kreuzfugen** sind dann gegeben, wenn die allseitige Über- oder Unterdeckung weniger als 2 cm beträgt.

4.2 Kehlbrettbreite ermitteln

Die Kehlbrettbreite bei Biberschwanzkehlen lässt sich nicht pauschalisieren. Sie richtet sich nach der Art der Kehle, der Dachneigung und dem Traufaufbau. Dem Regelwerk können wir folgende Vorgaben dazu entnehmen:

- Die Kehlschalung kann aus einem oder mehreren Brettern bestehen.
- Die Kehlmittellinie ist die Winkelhalbierende des Kehlwinkels auf der Kehlschalung.
- Schalungen aus Vollholz müssen mindestens 24 mm stark sein.
- Schalungen aus Holzwerkstoffen müssen mindestens 22 mm stark sein und müssen mit einer Vordeckung versehen werden.

Die Kehlschalung im Allgemeinen beginnt oberhalb der Traufreihe und endet mit dem Firstscheitelpunkt geschnitten. Unter dem Kehlbrett empfehlen sich Stützlatten, welche der Breite der Unterläuferschichten entsprechen und diesen als Auflager dienen. Sie müssen mindestens zwei Auflagepunkte (Konterlatten) haben.

Das Kehlbrett sollte nun so breit definiert werden, dass die erste Schicht, die auf dem Kehlbrett liegt, planeben auf der darunterliegenden Schicht aufliegt. Wird das Kehlbrett zu schmal oder zu breit dimensioniert, können hier Sperrungen auftreten.

Folgend wird eine Variante vorgestellt, unter 60° DN, mit 11 cm Traufaufbau und drei Wasserziegeln in zwei Schichten.

Hier hat man unter anderem noch die Möglichkeit, eine Schicht zu reduzieren, wenn man beispielsweise den ersten Wasserbiber mit der Deckschicht des Traufgebindes zusammenschneidet.

In den folgenden Abbildungen wird versucht, darzustellen, wie sich die Wahl der Kehlbrettbreite auf den Dachaufbau auswirkt. Um das Zeichnen und Lesen zu vereinfachen, wurde hier die Perspektive sehr einfach gehalten.

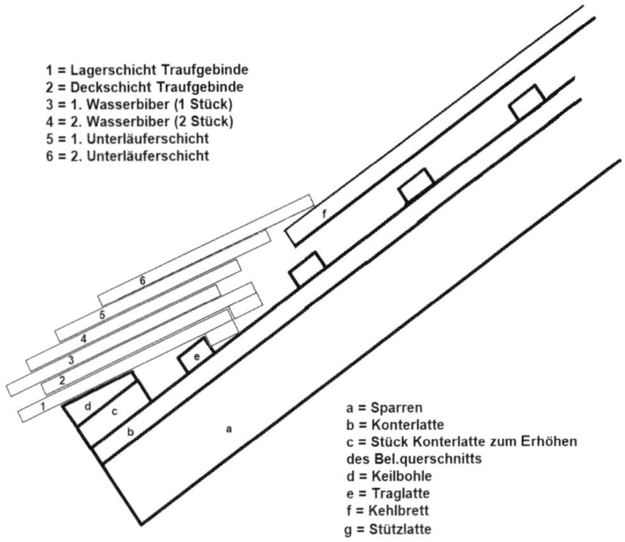

Abb. 4.1: Kehlbrettbreite ideal

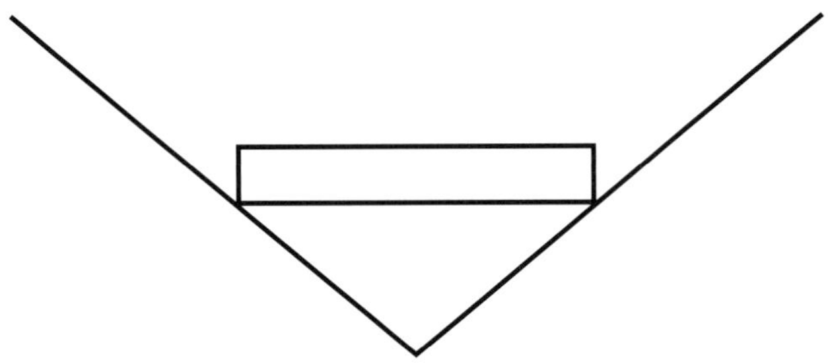

Abb. 4.2: Kehlbrett von unten, ideal

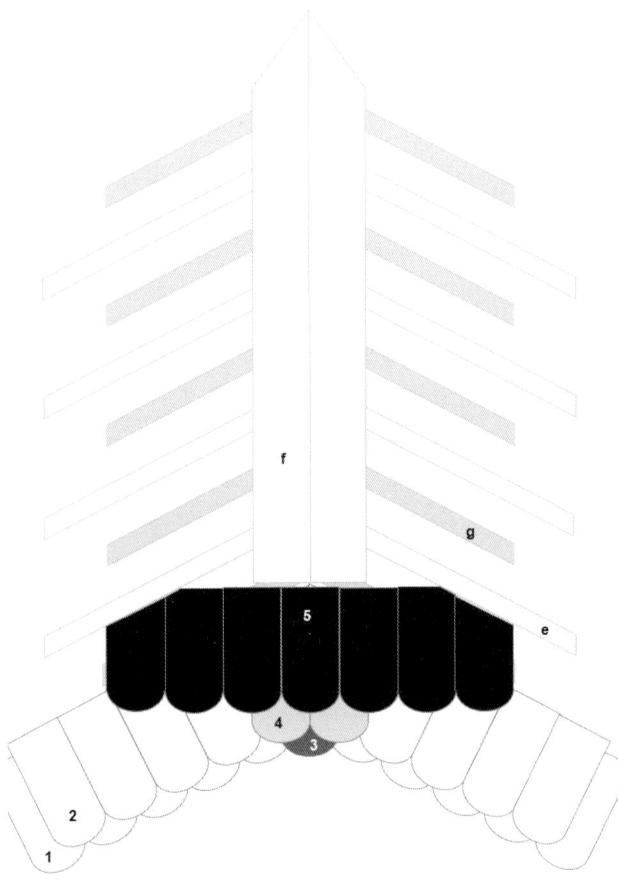

Abb. 4.3: Kehlbrett, Vorderansicht ideal

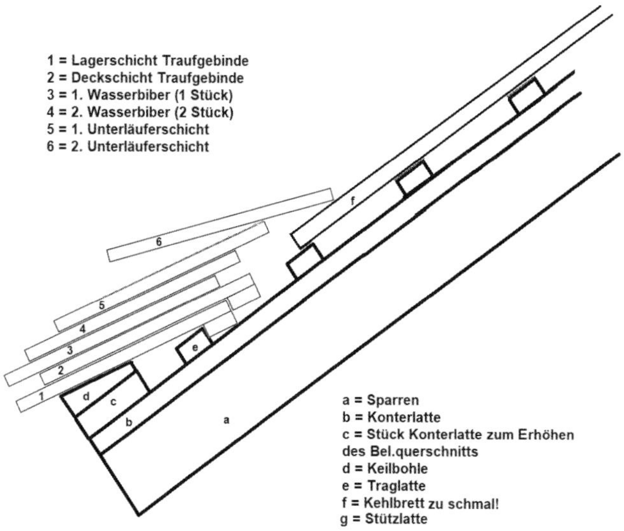

Abb. 4.4: Kehlbrettbreite schmal

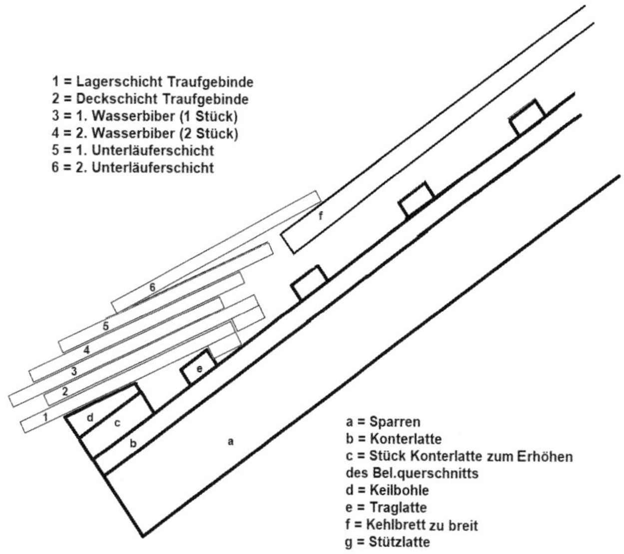

Abb. 4.7: Kehlbrettbreite, breit

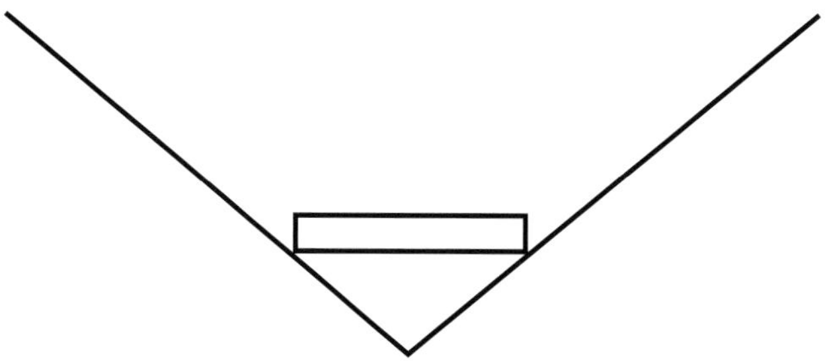

Abb. 4.5: Kehlbrett von unten, schmal

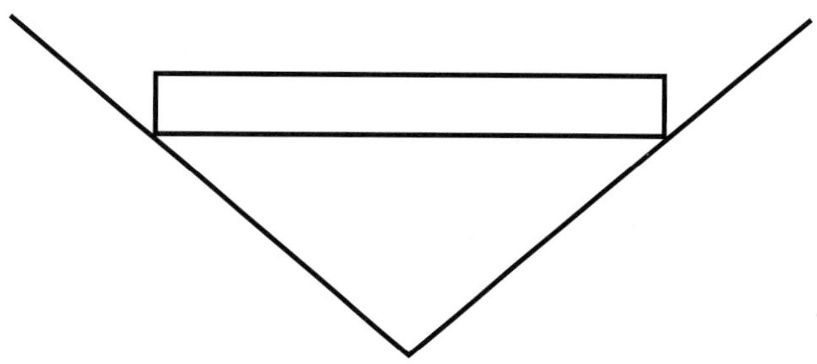

Abb. 4.8: Kehlbrett von unten, breit

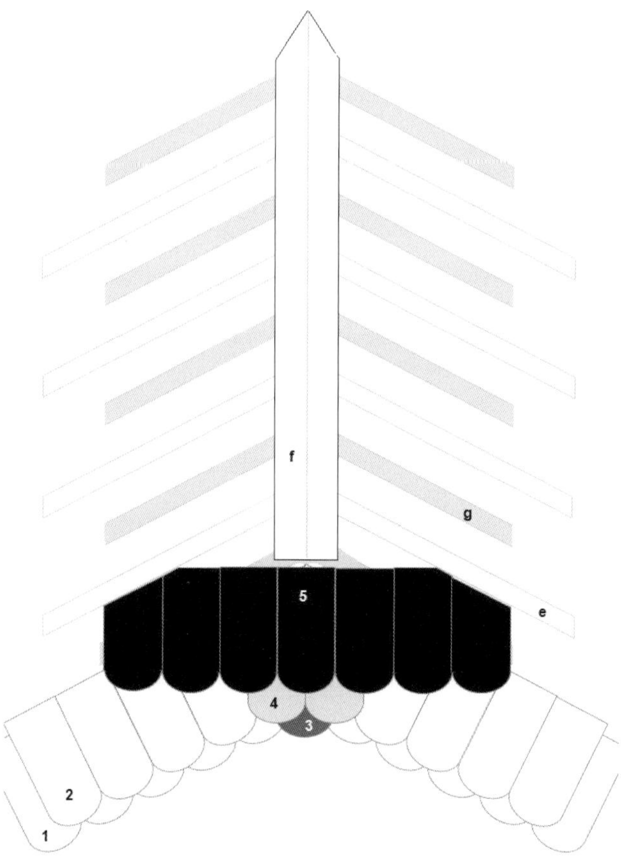

Abb. 4.6: Kehlbrett Vorderansicht, schmal

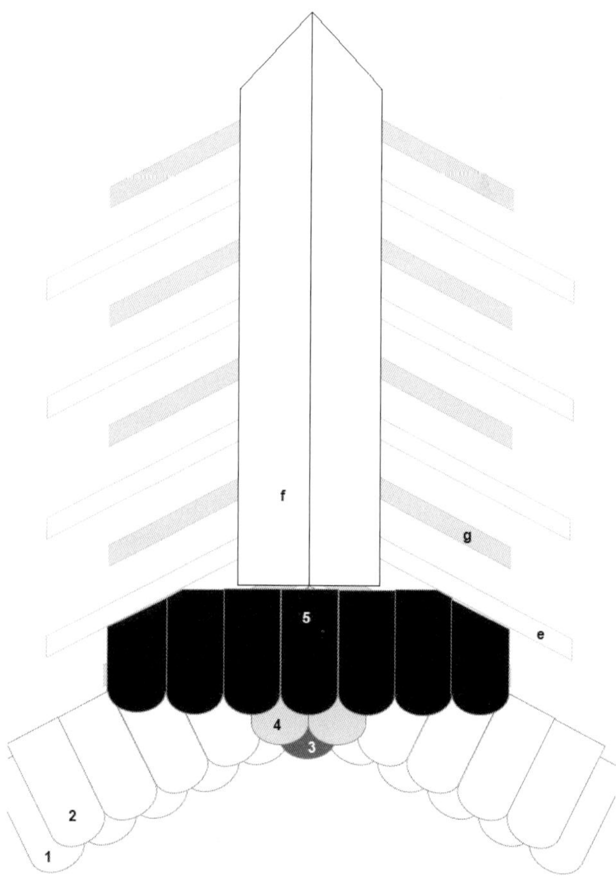

Abb. 4.9: Kehlbrett Vorderansicht, breit

Abb. 4.10: Verschiedene Kehlblechausführungen

4.3 Überdeckte Kehlen, Allgemeines

In den Fachregeln des Deutschen Dachdeckerhandwerks sind für alle Kehlvarianten Untergrenzen für die Kehlsparrenneigungen festgelegt. Auffallend ist, dass die überdeckte Metallkehle bereits ab 15° Kehlsparrenneigung ausgeführt werden darf. Dies entspricht bei Gleichhüftigkeit einer Dachneigung von etwa 22°. Hier ist innerhalb der Ziegeldeckungen nur ein Flachdachziegel sinnvoll. Die für die Biberschwanzdeckung typischen Kehlvarianten, die eingebundene Nockenkehle und die eingebundene Biberkehle, dürfen nur in Dächern oberhalb der Regeldachneigung eingedeckt werden, da sonst die Kehlsparrenneigung zu flach wäre.

In der Biberschwanzdeckung sollten eingebundene Kehlen die Regel sein. Sie wirken ästhetisch am schönsten und sind außerdem bis zur Kehlsparren-Neigungsgrenze absolut regensicher.

Gegenüber überdeckten Biberkehlen wird sich der Unterschied im Zeitaufwand kaum bemerkbar machen.

Eingebundene Kehlen vermitteln den Eindruck, dass die Dachflächen ineinanderfließen, wogegen überdeckte Metallkehlen die Dachflächen optisch geradezu auseinanderreißen. Weitere Nachteile überdeckter Metallkehlen liegen in der Gefahr der Treibregen- und Schneeunsicherheit. Dachdecker, die in der Deckung eingebundener Biberkehlen noch ungeübt sind, sollten der eingebundenen Nockenkehle den Vorzug geben; auch sie verbindet die Dachflächen mit einer geraden Kehllinie auf elegante Weise.

4.3.1 Überdeckte Metallkehlen

Mit Ausnahme der überdeckten Metallkehle dürfen überdeckte Kehlen nur bei Gleichhüftigkeit ausgeführt werden, da hier die Gefahr besteht, dass das Niederschlagswasser von der steileren Fläche unter die Deckung des flach geneigten Dachteils „schießt". Bei der Metallkehle kann dies durch einen gekanteten Steg in der Kehlmitte oder eine tiefer gelegte Rinne vermieden werden.

Überdeckte Kehlen sollten vorrangig bei Pressdachziegeln oder Mönch-Nonne-Dächern zur Anwendung kommen.

Die Überdeckung der Deckwerkstoffe über die untergelegten Bleche beträgt rechtwinklig zum Kehlverlauf gemessen bei Dachneigungen:

> 22°	mindestens 100 mm
≤ 15° bis ≤ 22°	mindestens 150 mm
< 15°	mindestens 200 mm

Abb. 4.11: Grat-/Kehlklammer

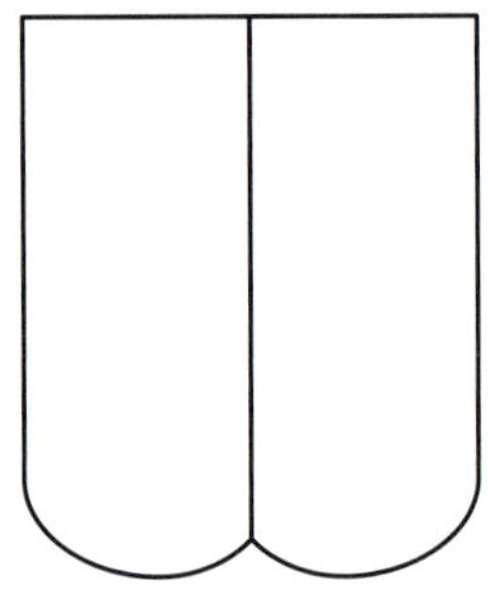

Abb. 4.12: Zwei Flächenziegel Format B aneinandergeschnitten als 2 × 7/8-Biber

Die Anbringung der Kehlen erfolgt auf vollflächiger Deckunterlage oder auf eine Lattung mit einem lichten Abstand der Traglatten < 130 mm. Kehlen mit Bleiblechen erfordern immer eine vollflächige Deckunterlage. Die Zuschnittsbreite der Kehle richtet sich nach der zu entwässernden Dachfläche und der Dachneigung. Sie sollte jedoch eine Zuschnittsbreite von 400 mm nicht unterschreiten. Bei kleineren Kehllängen und einer geringeren Wasserbelastung kann eine geringere Zuschnittsbreite gewählt werden.

Jeder an die Kehle angearbeitete Biberschwanzziegel soll mechanisch befestigt werden. Hier eignen sich die bereits erwähnten Grat-Kehlklammern sehr gut.

Sollte eine Befestigung der Ziegel aufgrund der entstandenen Größe nicht mehr möglich sein, sollte die Fläche durch Schmälern entsprechend an die Kehle angearbeitet werden. Hier gibt es mittlerweile industriell hergestellte Ziegel in den gängigen Breiten

- 1/2 (9 cm bei Format B),
- 3/4 (13,5 cm bei Format B),
- 7/8 (15,75 cm bei Format B),
- 1 1/4 (22,5 cm bei Format B).

Zu beachten ist hierbei, dass die Schmälerung unmittelbar in Kehlnähe erfolgen muss und dass der Viertelverband der Fläche nie zu unterschreiten ist.

Sollten die Ziegel händisch geschmälert werden, sind die Schnittkanten jeweils zusammenzusetzen, um ein optisch schönes Erscheinungsbild zu gewährleisten.

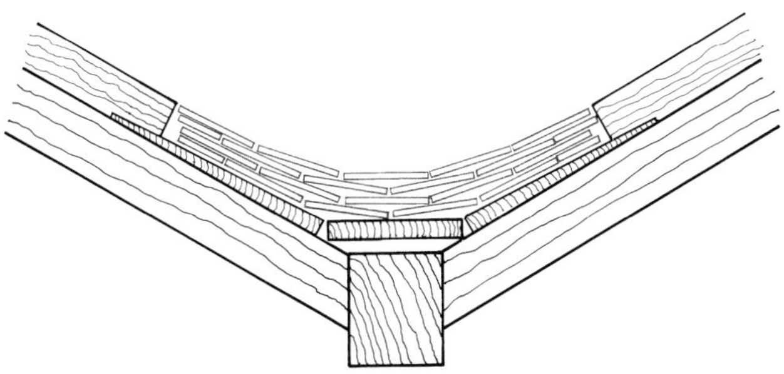

Abb. 4.13: Schnitt durch die überdeckte Kehle, 5-Biberbreit, mit keilförmiger Kehlschalung auf den Sparren in einem ungenutzten Dachraum

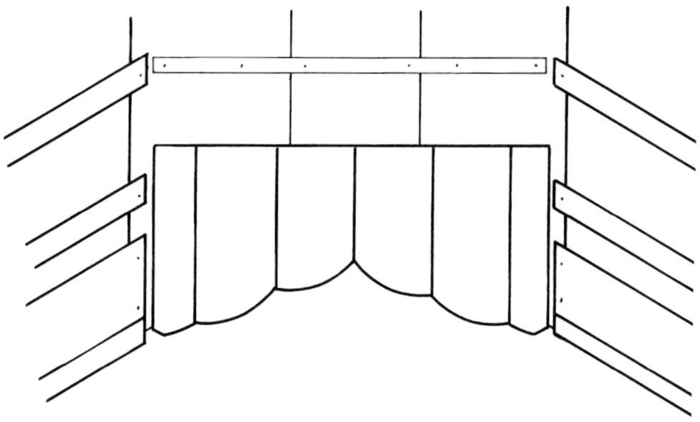

Abb. 4.14: Lagerschicht der überdeckten Kehle in der Doppeldeckung, 5-Biber-breit

4.3.2 Überdeckte Biberkehlen

Überdeckte Biberkehlen dürfen nur bei annähernd gleichen Dachneigungen gedeckt werden. Die benötigte Kehlschalung kann aus mehreren Brettern und Dreikantleisten bestehen. Handelt es sich bei der Schalung um einen Holzwerkstoff oder wenn die Kehle in Mörtel gedeckt wird, muss die Kehlschalung mit einer Vordeckung versehen werden.

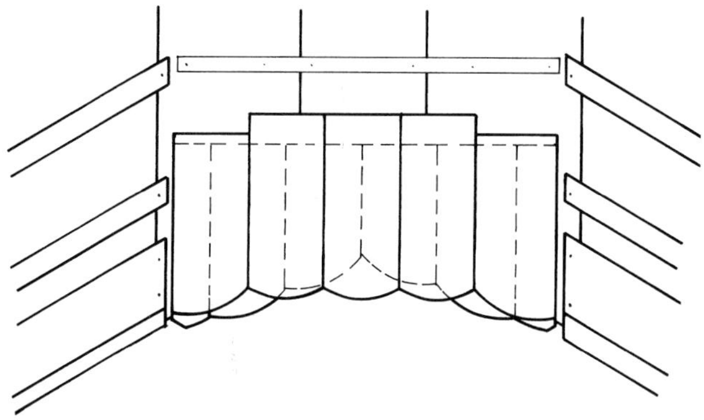

Abb. 4.15: Deckschicht der überdeckten Kehle in der Doppeldeckung, 5-Biber-breit

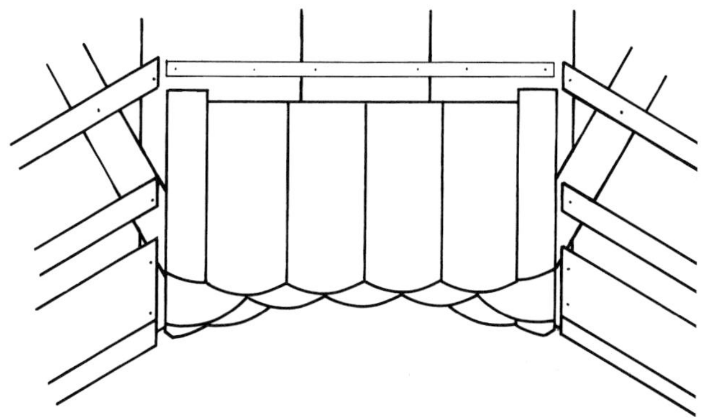

Abb. 4.16: Erste Kehlschicht der überdeckten Kehle in der Doppeldeckung, 5-Biber-breit

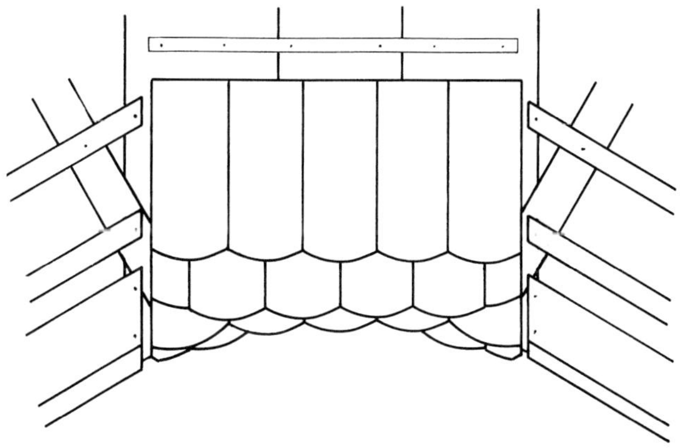

Abb. 4.17: Zweite Kehlschicht der überdeckten Kehle in der Doppeldeckung, 5-Biber-breit

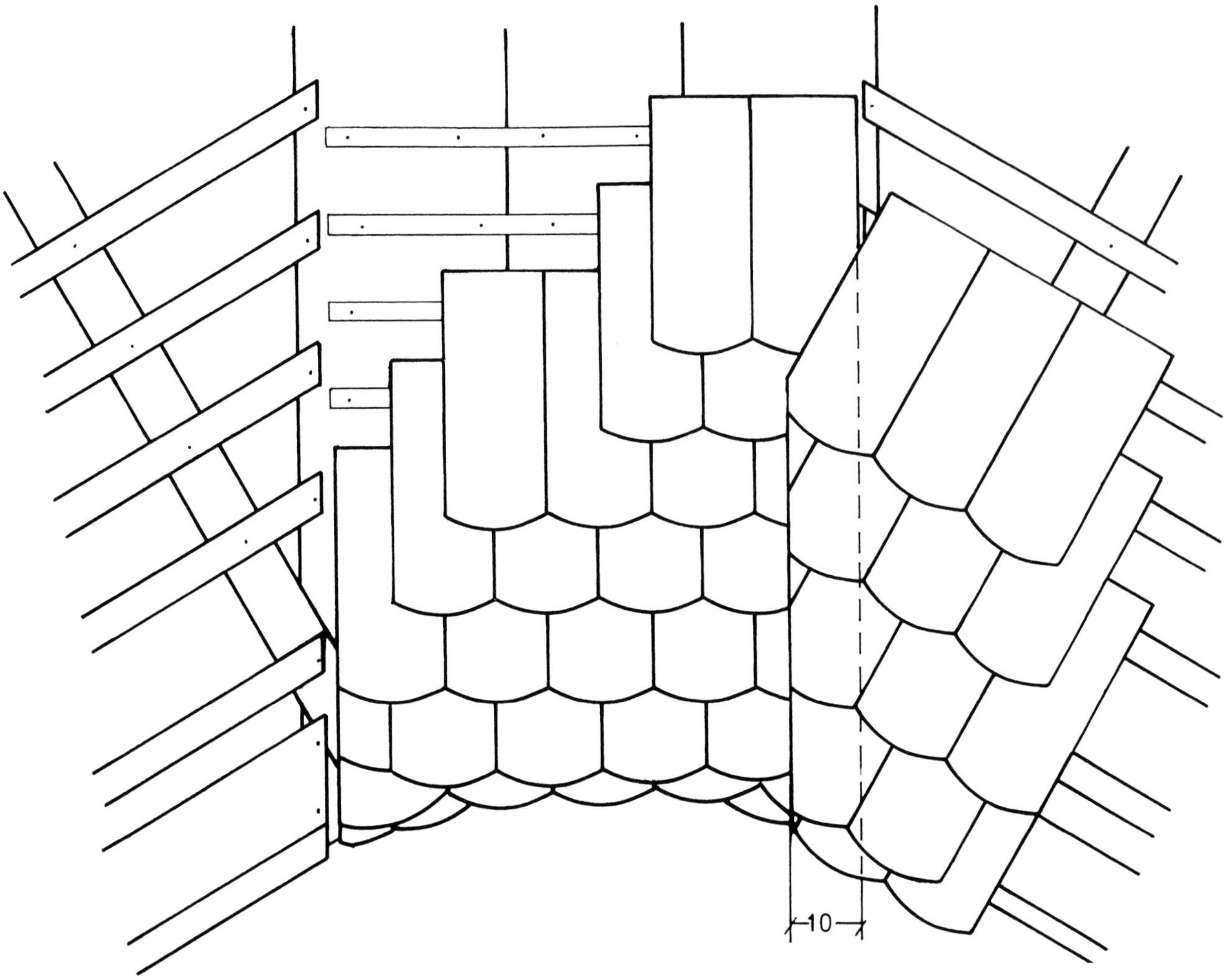

Abb. 4.18: Deckung der überdeckten Kehle in der Doppeldeckung, 5-Biber-breit

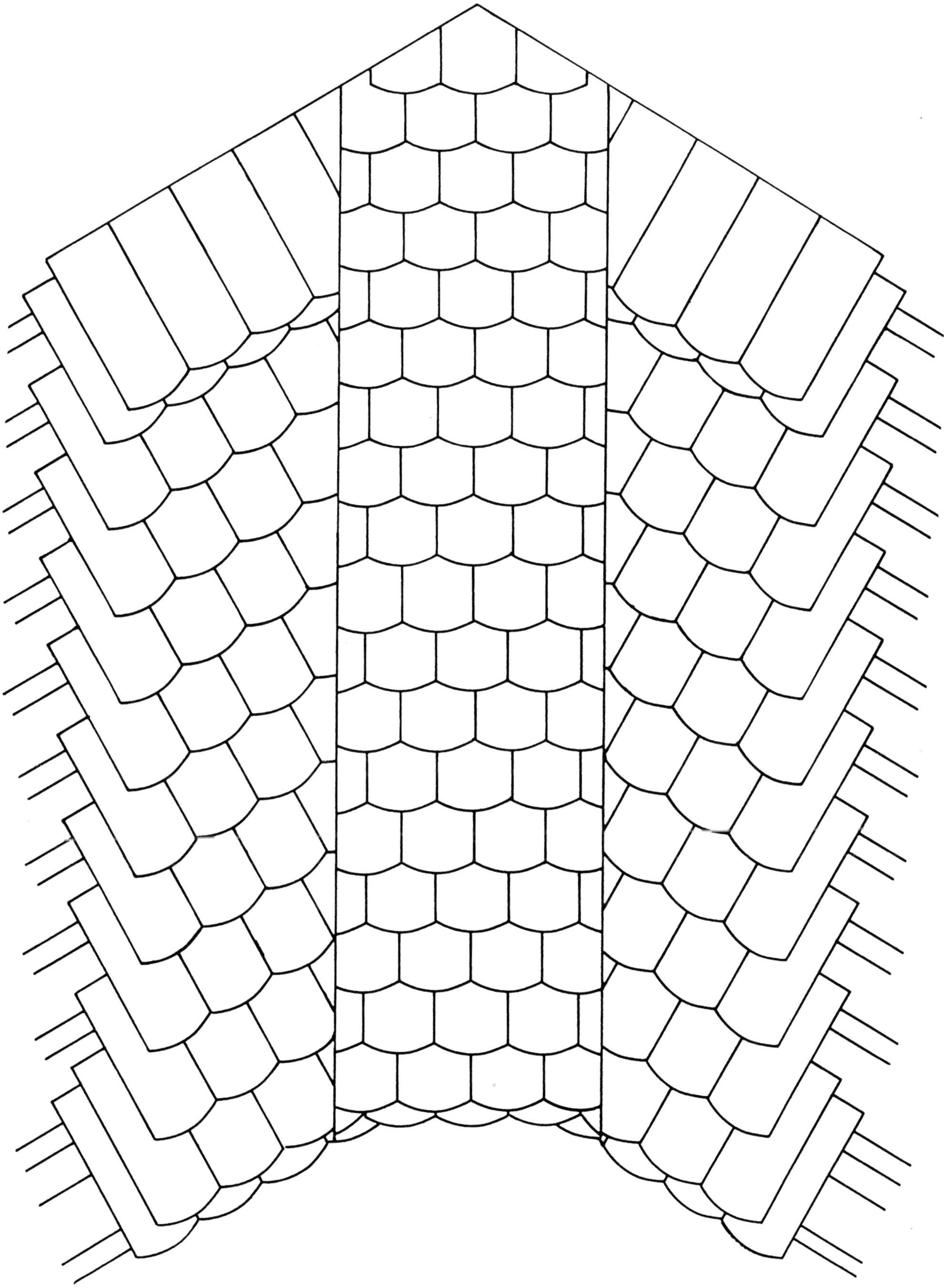

Abb. 4.19: Überdeckte Kehle in der Doppeldeckung, 5-Biber-breit

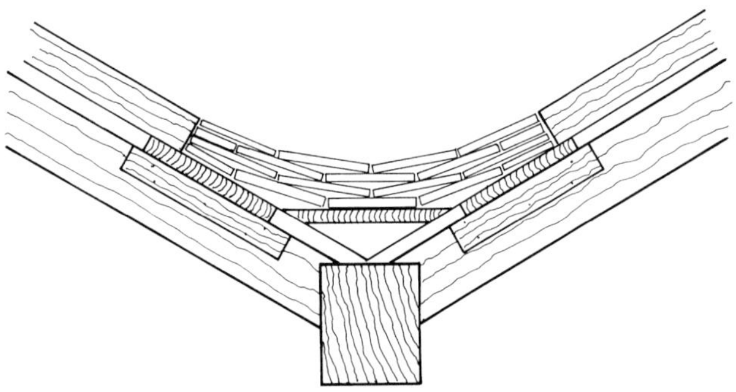

Abb. 4.20: Schnitt durch die überdeckte Kehle, 4-Biberbreit. Die Kehlschalung befindet sich zwischen den Schifftern.

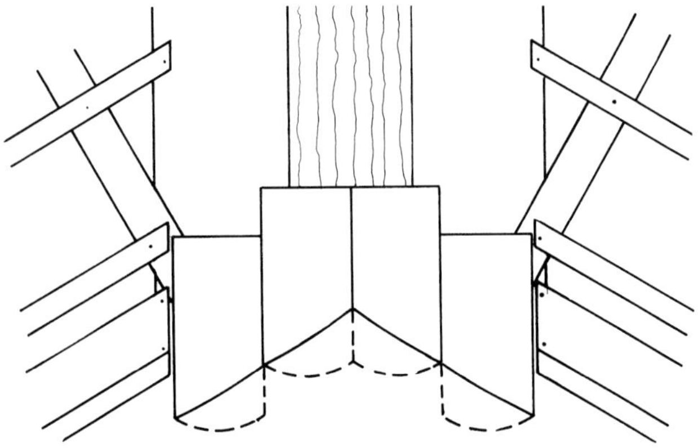

Abb. 4.21: Lagerschicht der überdeckten Kehle in der Kronendeckung, 4-Biber-breit

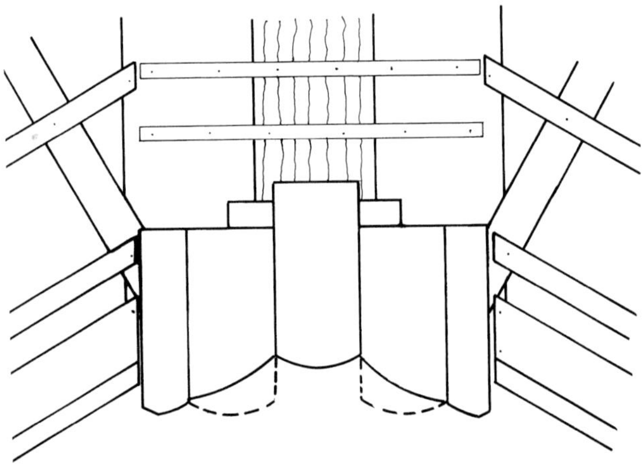

Abb. 4.22: Deckschicht der überdeckten Kehle in der Kronendeckung, 4-Biber-breit

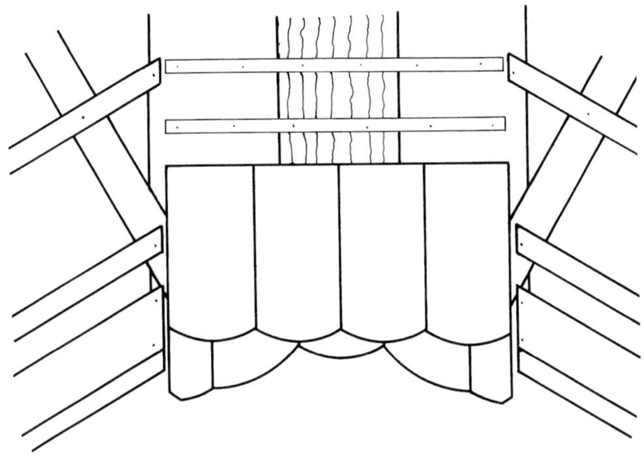

Abb. 4.23: Erste Kehlschicht der überdeckten Kehle in der Kronendeckung, 4-Biber-breit

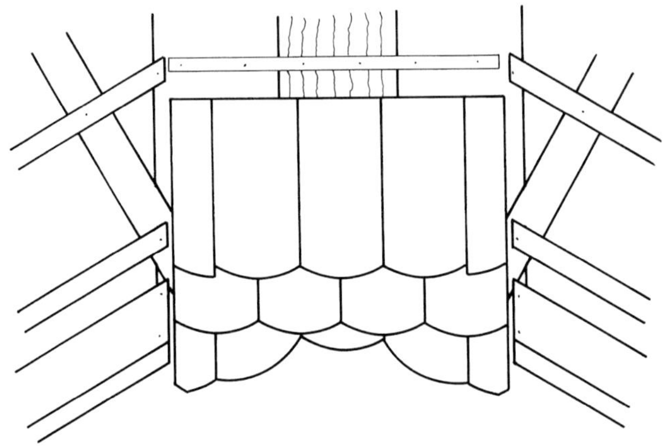

Abb. 4.24: Zweite Kehlschicht der überdeckten Kehle in der Kronendeckung, 4-Biber-breit

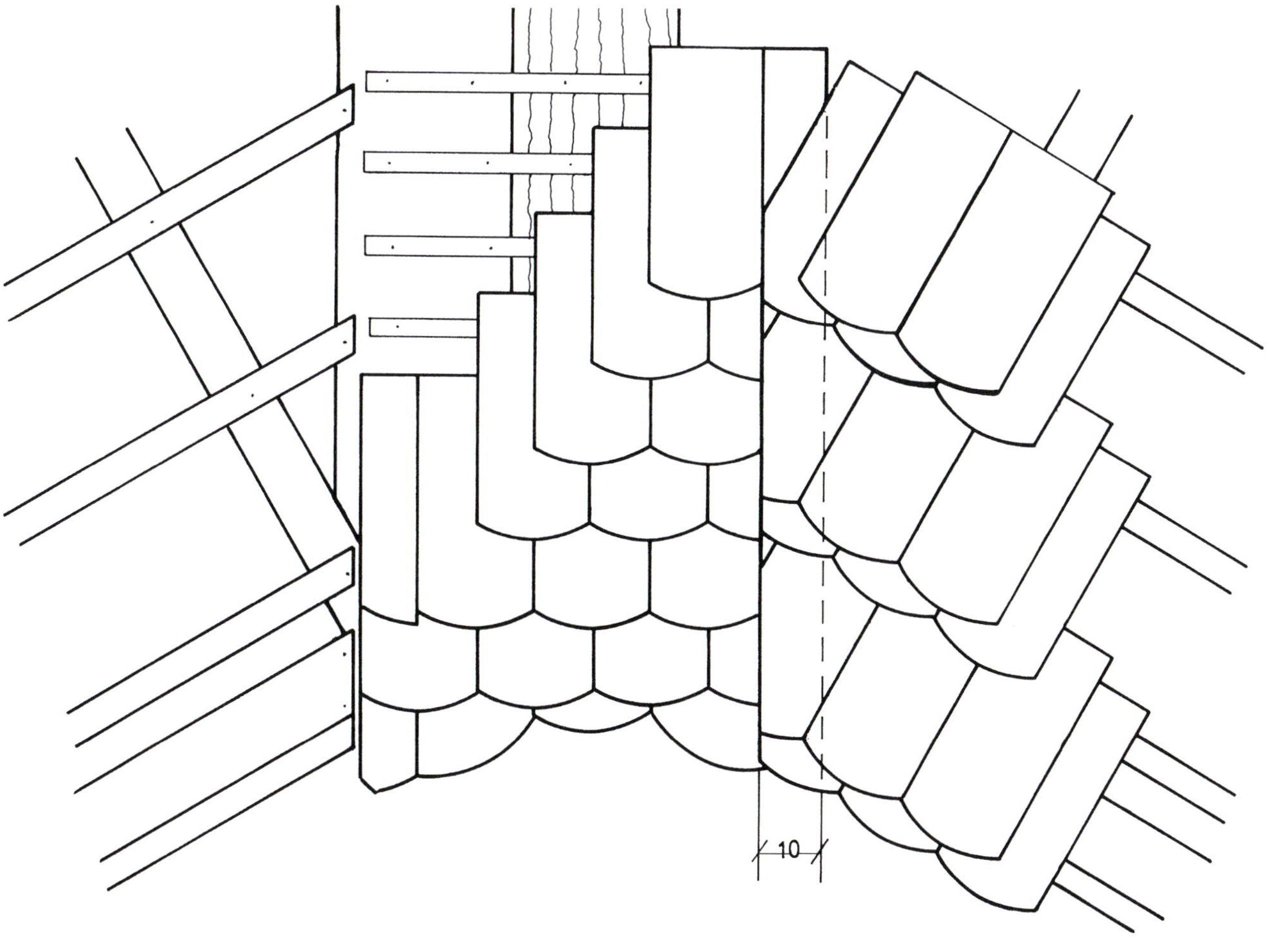

Abb. 4.25: Deckung der überdeckten Kehle in der Kronendeckung, 4-Biber-breit

Abb. 4.26: Überdeckte Biberschwanzkehle in einer Mönch- und Nonnendeckung

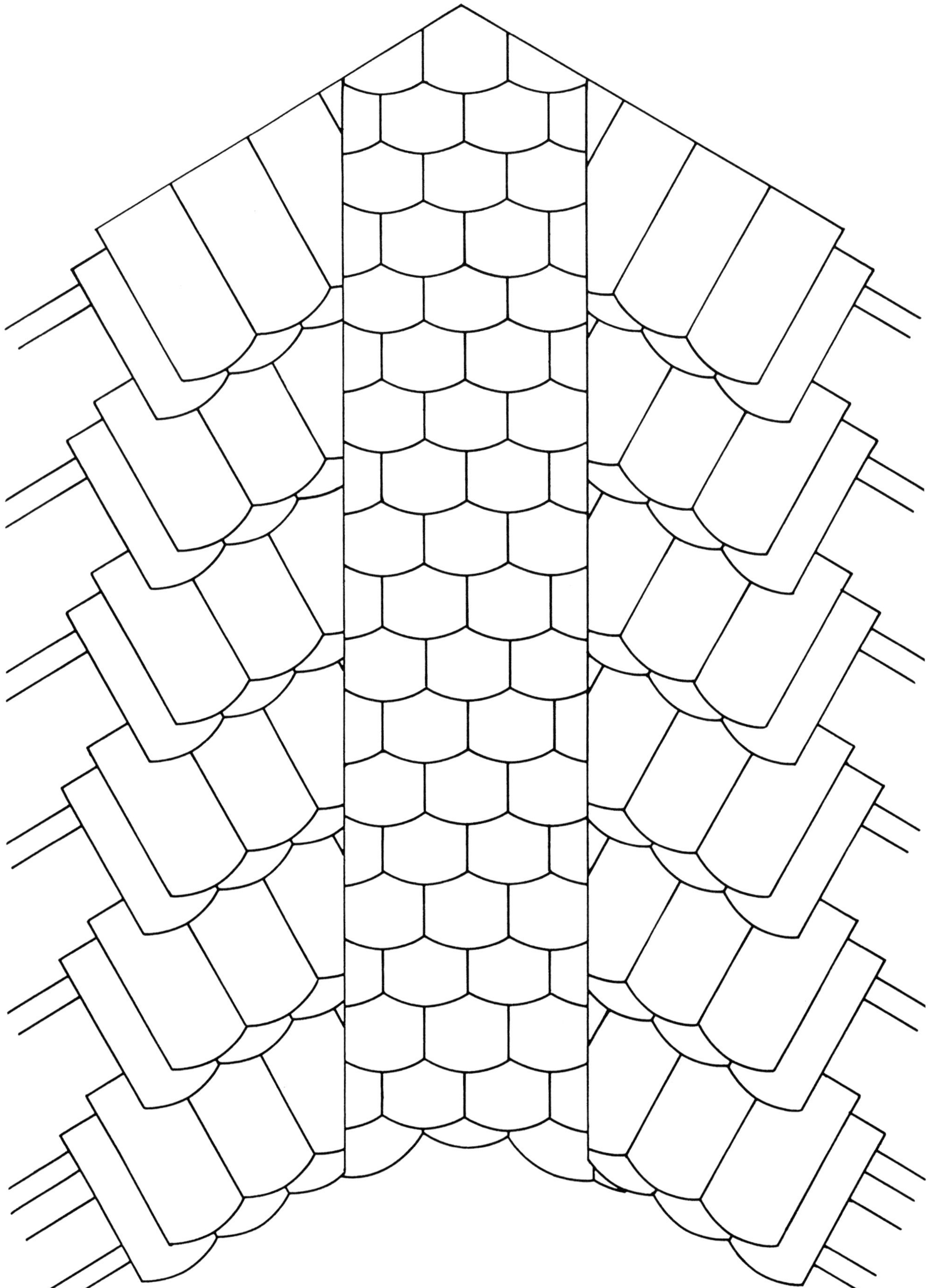

Abb. 4.27: Überdeckte Kehle in der Kronendeckung, 4-Biber-breit

4.4 Eingebundene Nockenkehlen

Das Verbreitungsgebiet der Nockenkehle ist Süddeutschland. Die Nockenkehle kann auch in den unteren Dachneigungsbereichen regensicher eingedeckt werden.

Gegenüber der überdeckten Metallkehle wirkt sie optisch schöner und bietet darüber hinaus mehr Sicherheit gegen Eintrieb von Schnee und Staub. Die Nocken können auf unterschiedlichste Art zugerichtet werden:

Normalzuschnitt als Rechteck:

- Anfangsnocke 40h cm × 30b cm
- Kehlnocke Höhe × Breite = 33 cm × 30 cm

Schwalbenschwanznocke:

- Anfangsnocke 40h cm × 30b cm
- Kehlnocke Höhe × Breite = 33 cm × 30 cm

Die Überdeckung der Nocken untereinander muss bis 45° Dachneigung mindestens 16 cm und über 45° Dachneigung mindestens 14 cm betragen.

Bei gleicher Dachneigung stoßen die Dachlatten in der Kehlmitte auf gleicher Höhe zusammen. Beide anlaufenden Deckgebinde zur Kehle werden mit einer Nocke eingebunden und diese wird wie die Doppeldeckung überdeckt. Alle Nocken werden genau über den Kehlwinkel verlegt. Die Anfangsnocke stößt auf jeder Dachseite mit ihren oberen Ecken gegen die erste Dachlatte und wird, wie auch alle folgenden Nocken, mit zwei korrosionsgeschützten Breitkopfstiften befestigt. Nach dem Verlegen der Anfangsnocke wird die Traufschicht über der Kehlmitte zusammengespitzt. Die zweite Nocke stößt auf jeder Dachseite gegen die zweite Dachlatte. Anschließend werden die Deckgebinde beider Dachseiten über der Kehlmitte eingespitzt. Metallnocken, gleich welcher Art, dürfen weder abgebogen noch in irgendeiner Weise abgeschnitten werden. Außer am Fuß der Anfangsnocke darf an keiner Stelle der Kehle das Metall zu sehen sein. Dieses wird durch sauberes Einspitzen erreicht.

Das Einspitzen der Deckgebinde ist auf drei Arten möglich:

- Die Einspitzer beider Dachseiten stoßen genau über dem Kehlwinkel zusammen.
- Die Deckgebinde werden wechselseitig eingespitzt, wobei sich die Stoßfuge mehr auf die eine oder andere Dachseite verlagert.
- Bei ungleicher Dachneigung können die Einspitzer der steileren Dachseite auf denen der flacheren Seite aufsitzen.

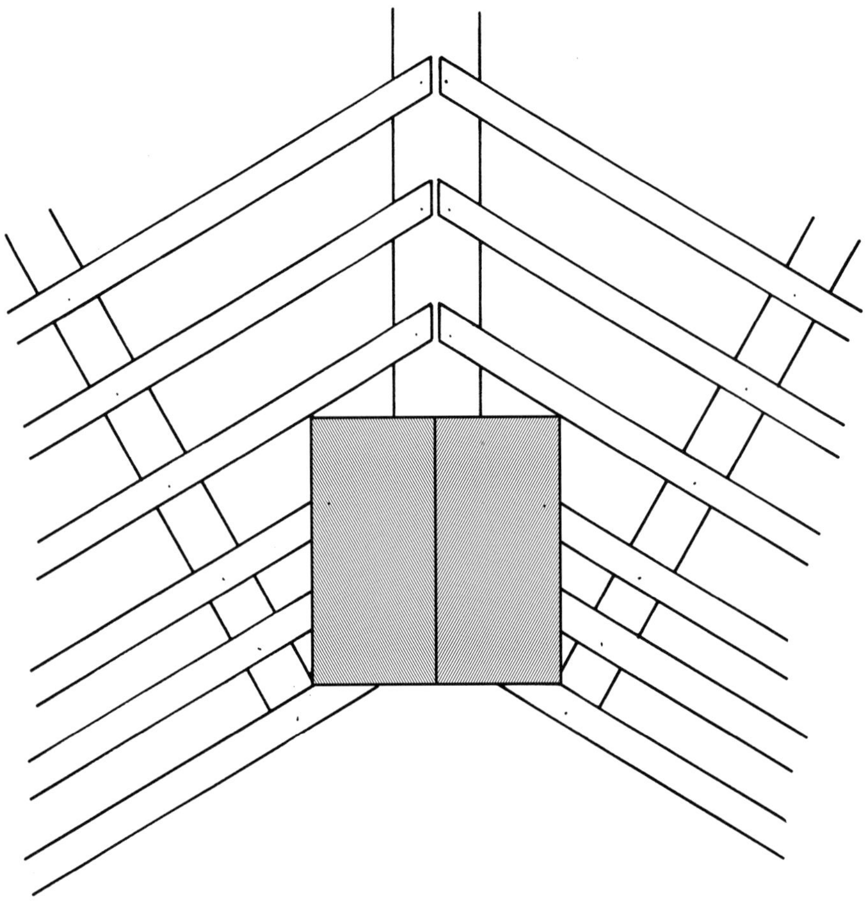

Abb. 4.28: Anfang einer eingebundenen Nockenkehle. Die Anfangsnocke muss mindestens 40 cm × 30 cm aufweisen.

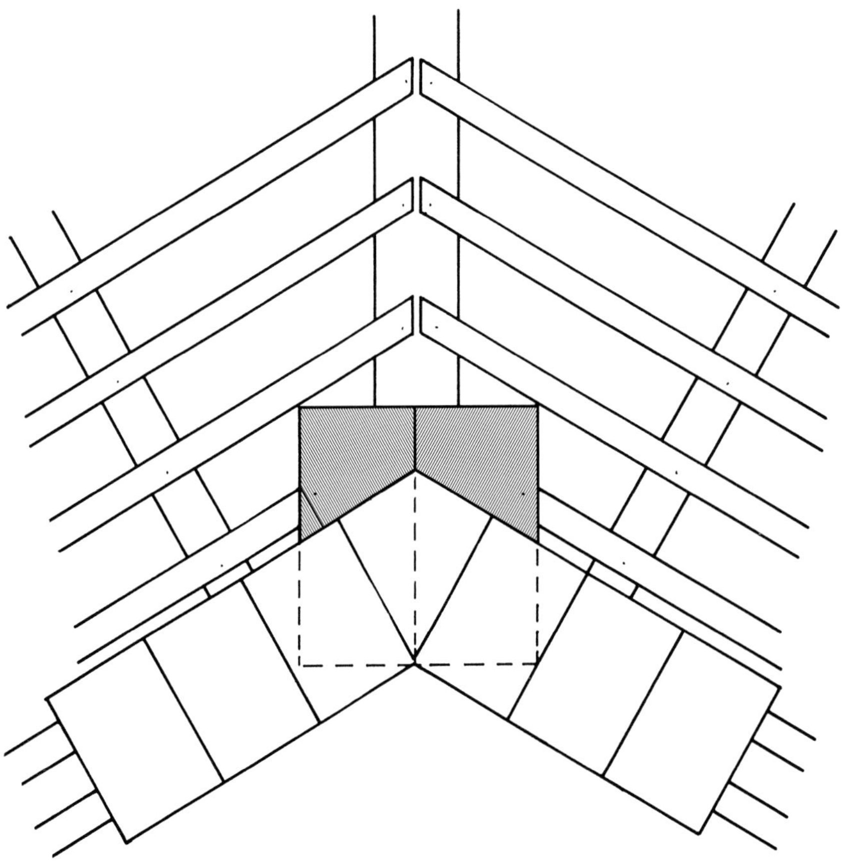

Abb. 4.29: Über der Anfangsnocke folgen eingespitzte Traufplatten.

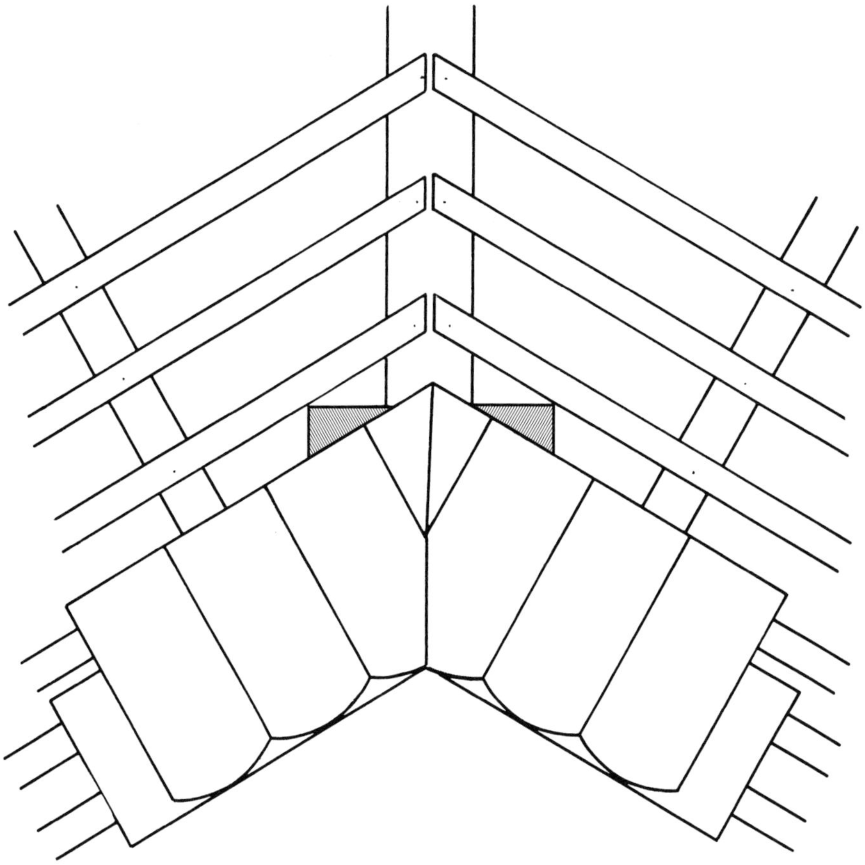

Abb. 4.30: Über den Traufplatten folgt die erste eingespitzte Deckschicht.

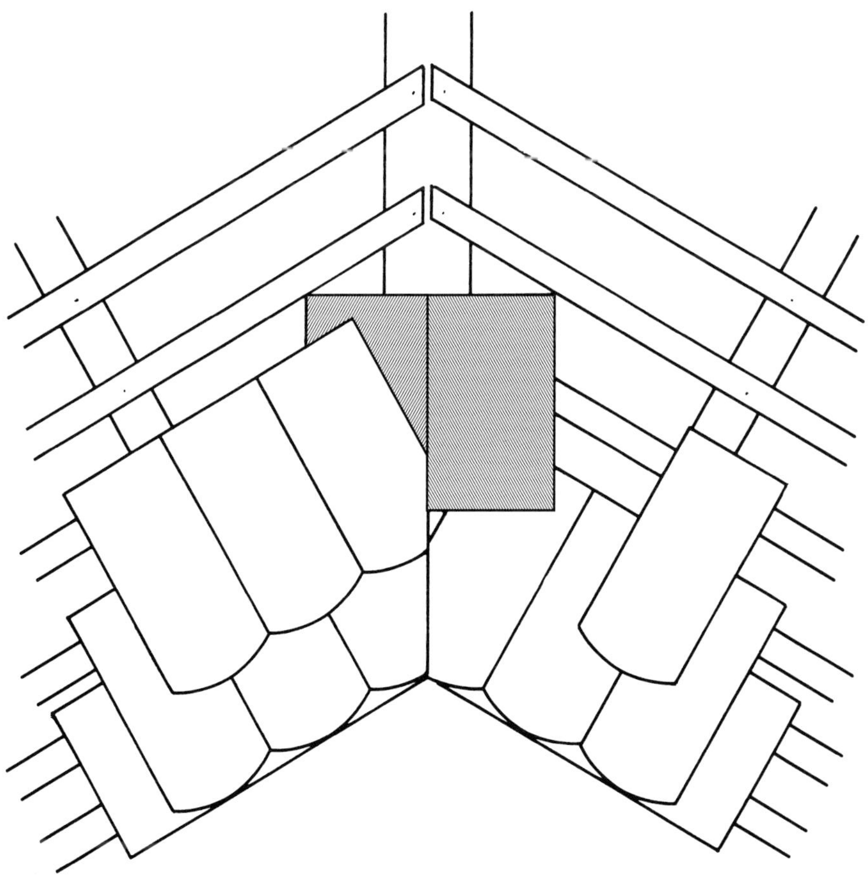

Abb. 4.31: Über der ersten Deckschicht wird die zweite Nocke eingelegt, wobei die Höhe der Nocke 33 cm und die Breite 30 cm beträgt.

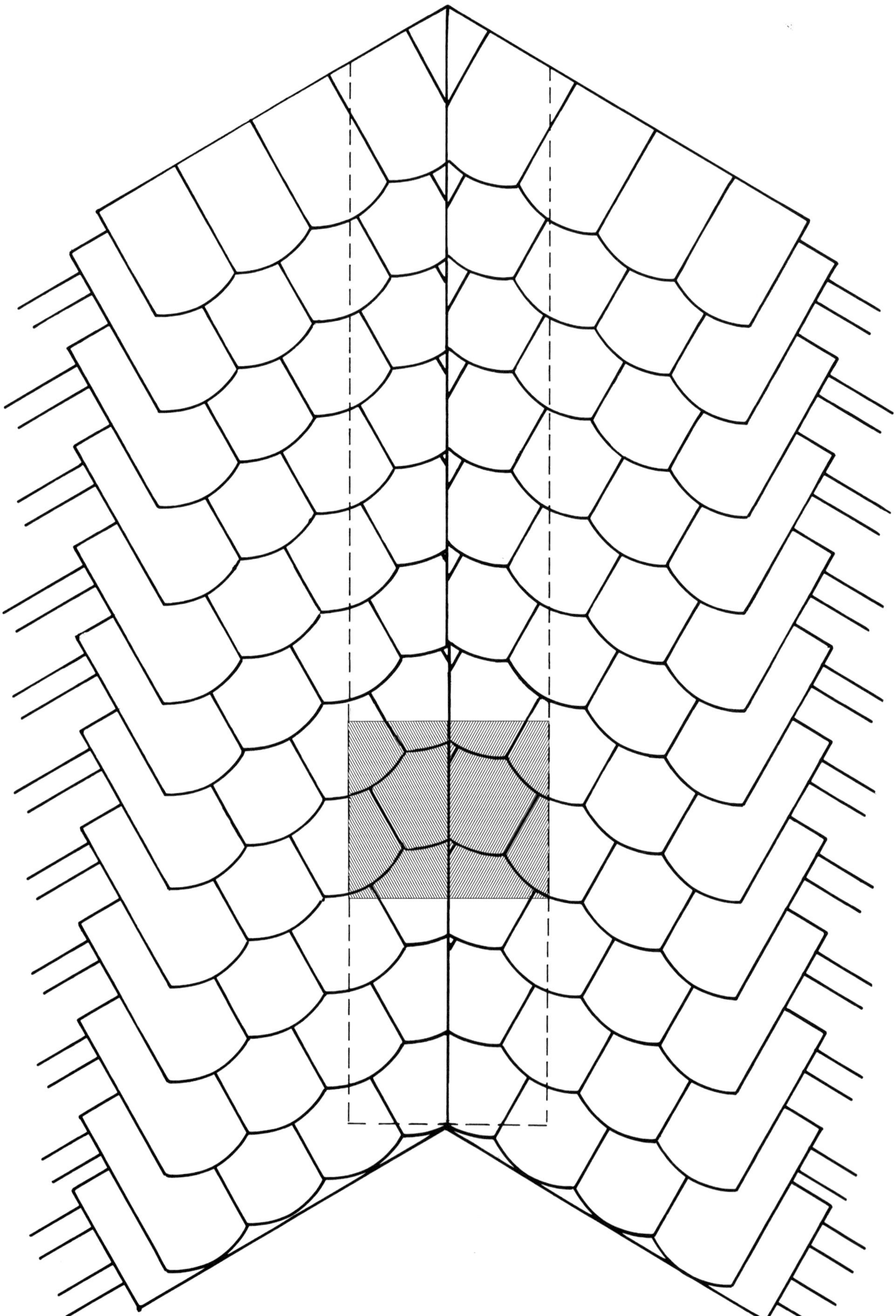

Abb. 4.32: Eingebundene Nockenkehle in der Doppeldeckung

4.4.1 Eingebundene Nockenkehle, gleichhüftig, Kronendeckung

Bei der Kronendeckung müssen zwischen den Dachlatten Hilfslatten angebracht werden. Die Anfangsnocke stößt auf jeder Dachseite mit ihren oberen Ecken gegen die erste Hilfslatte. Auf die Anfangsnocke werden die Lagerschichten beider Dachseiten eingespitzt. Auf die Lagerschicht wird die zweite Nocke verlegt. Auch diese stößt auf jeder Dachseite mit ihren oberen Ecken gegen die erste Dachlatte. Anschließend werden die Deckschichten beider Dachseiten eingespitzt. Dieser Verlegevorgang wiederholt sich im Verlauf der Kehlendeckung. Bei Sattelgauben oder Dächern mit ungleichen Firsthöhen wird am Anfallpunkt beider Kehlen eine Firstabschlussnocke gedeckt. Diese besteht aus einem auf die Dachfläche deckenden Teil mit Zuschnitt 40h cm × 30b cm und einem unteren dreieckigen Ausschnitt. Dagegen wird ein Sattel aufgelötet.

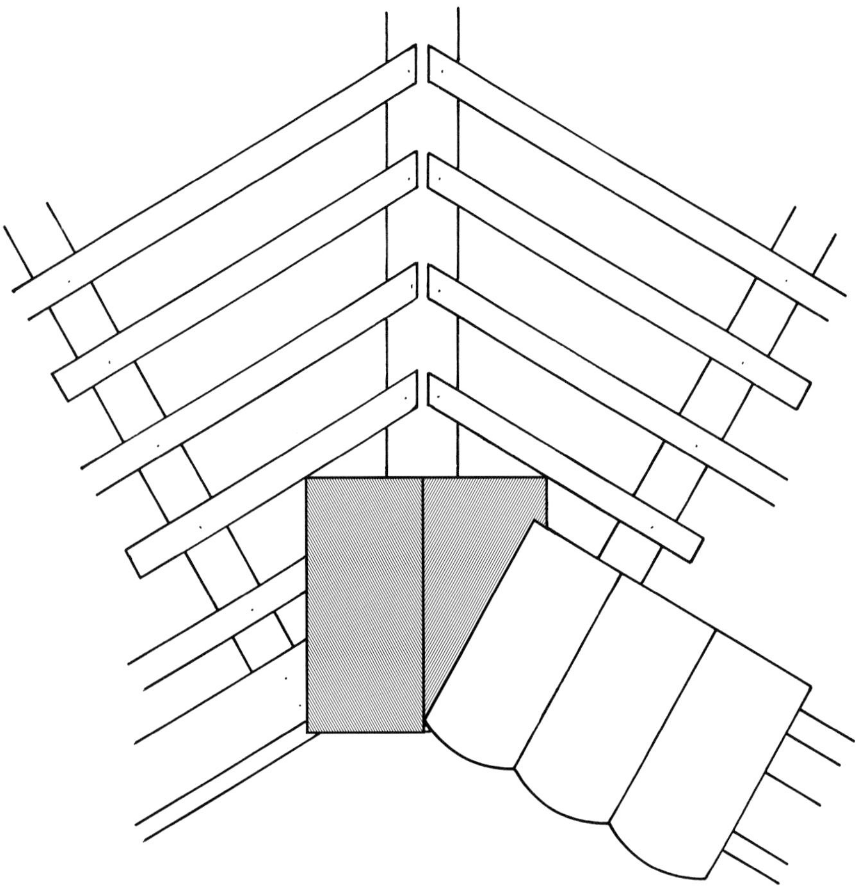

Abb. 4.33: Die Anfangsnocke in der Kronendeckung muss mindestens 40 cm × 30 cm groß sein.

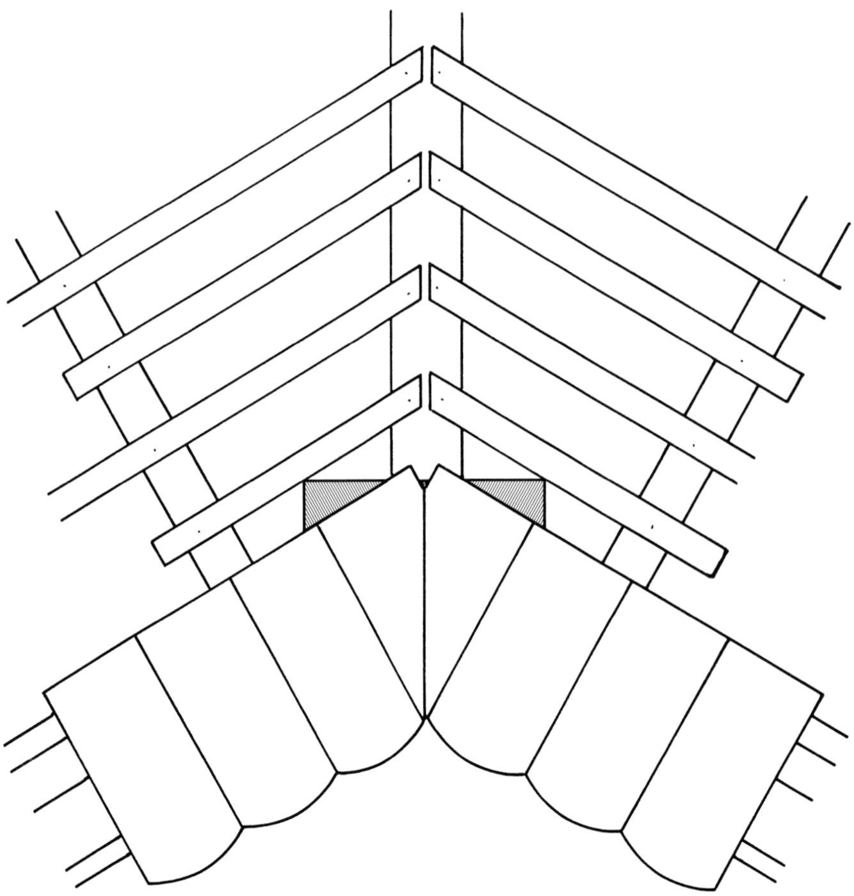

Abb. 4.34: Auf der Anfangsnocke liegt die eingespitzte Lagerschicht.

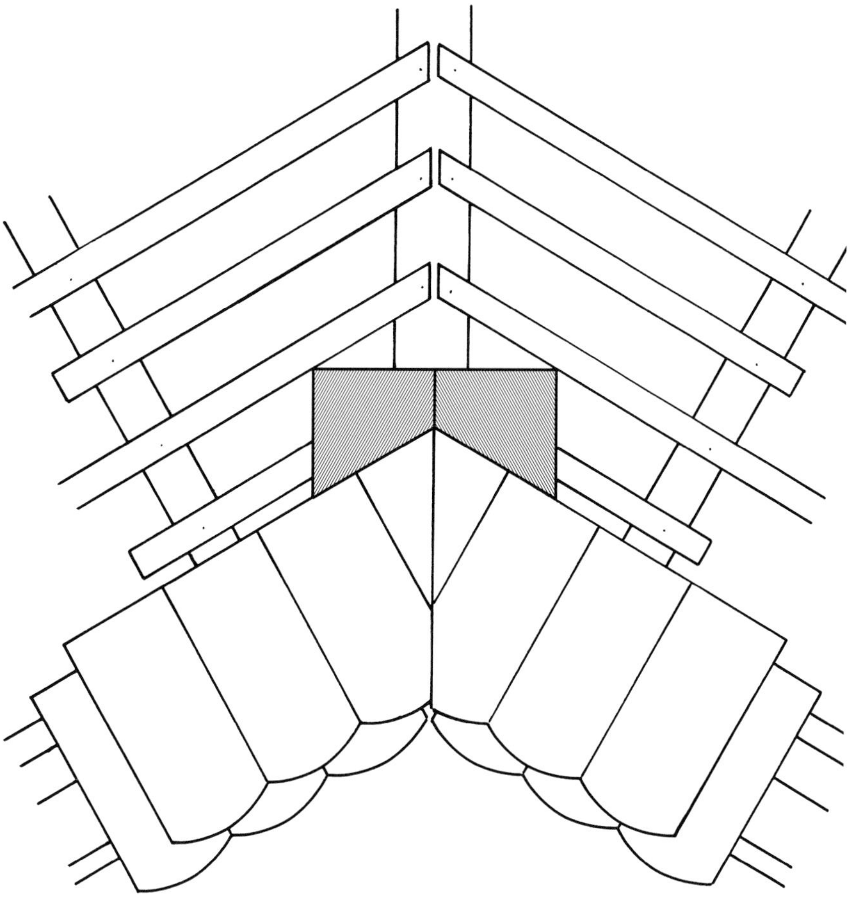

Abb. 4.35: Auf der eingespitzten Lagerschicht wird die zweite Nocke mit den Maßen 33 cm × 30 cm platziert. Anschließend wird die erste Deckschicht eingespitzt.

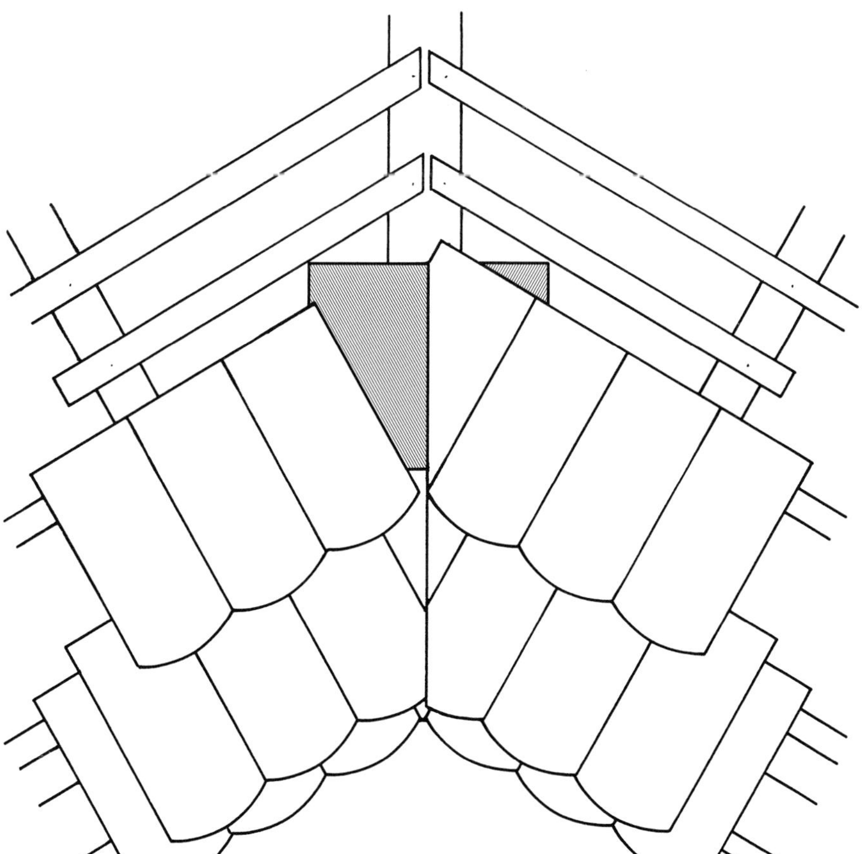

Abb. 4.36: Auf der ersten Deckschicht liegt die dritte Nocke, auf der die nächste Lagerschicht eingespitzt wird.

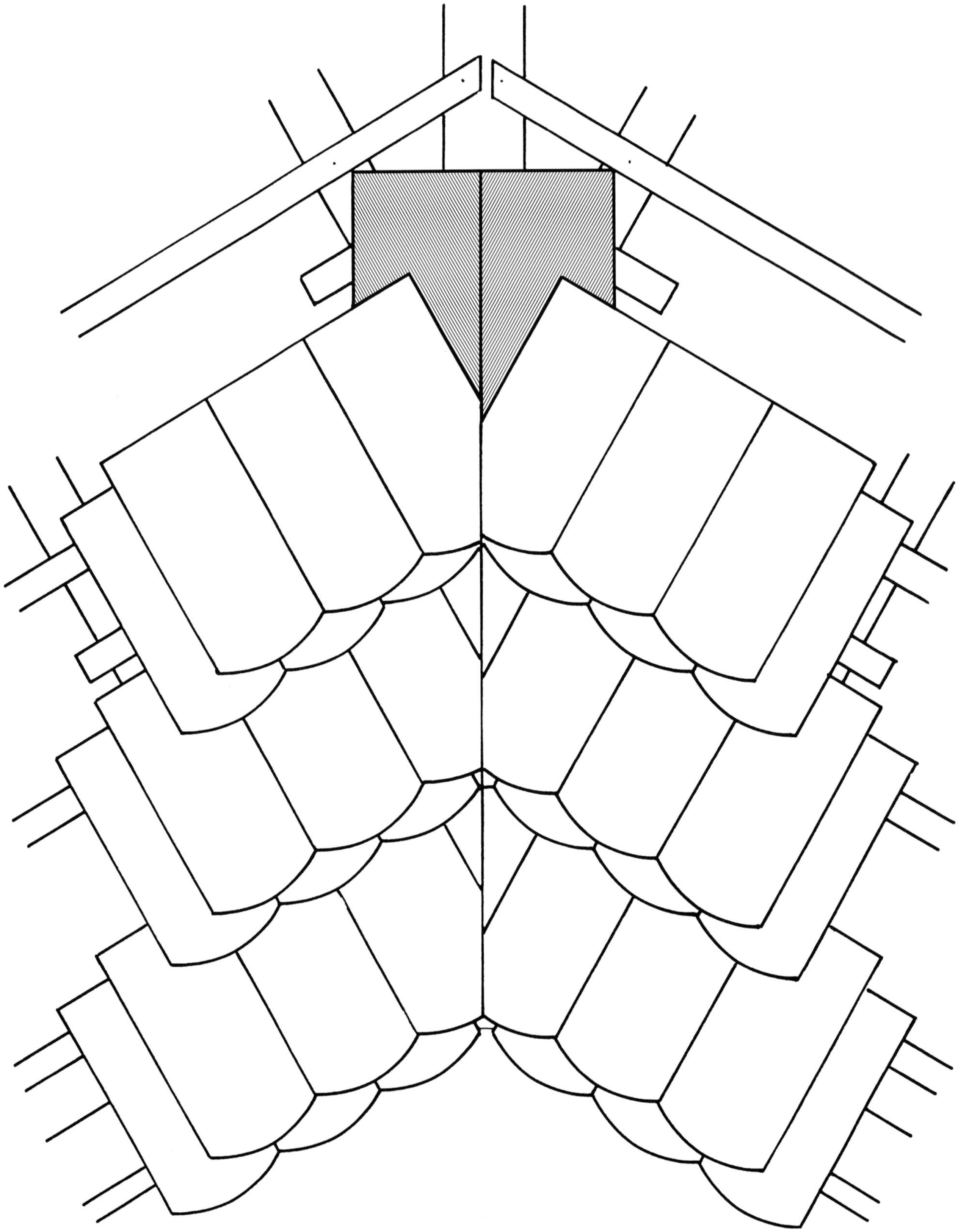

Abb. 4.37: Fortsetzung der eingebundenen Nockenkehle in der Kronendeckung

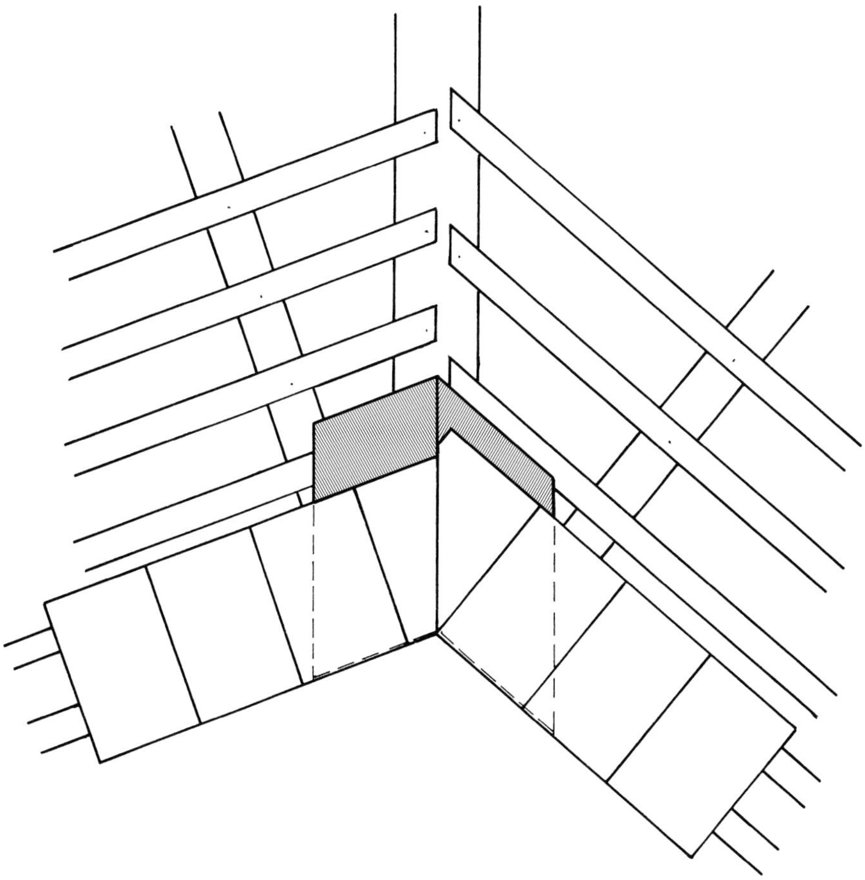

Abb. 4.38: Anfang der ungleichhüftig eingebundenen Nockenkehle in der Doppeldeckung. Eingespitzte Traufplatten überdecken die erste Schwalbenschwanznocke mit dem Maß 40 cm × 30 cm.

4.4.2 Eingebundene Nockenkehle, ungleichhüftig

Die erste Nocke sitzt unter dem Traufgebinde und wird zur Rinne hin angekantet, im Kopfbereich muss sie auf der Latte aufliegen.

Bei ungleichhüftigen Kehlen sollen die Einspitzer der steileren Dachseite über die Einspitzer der flacheren Dachseite gedeckt werden, um eine schöne Kehllinie zu erhalten. Jedes Deckgebinde muss für sich mit einer Nocke eingebunden werden. Die Nocken sind so zu kürzen, dass die Höhenüberdeckung gewährleistet ist. Bleibt die Nocke im Kopfbereich rechteckig, sind die Nasen bei den Einspitzern zu entfernen. Bei Schwalbenschwanznocken behalten die Nasen ihre Funktion.

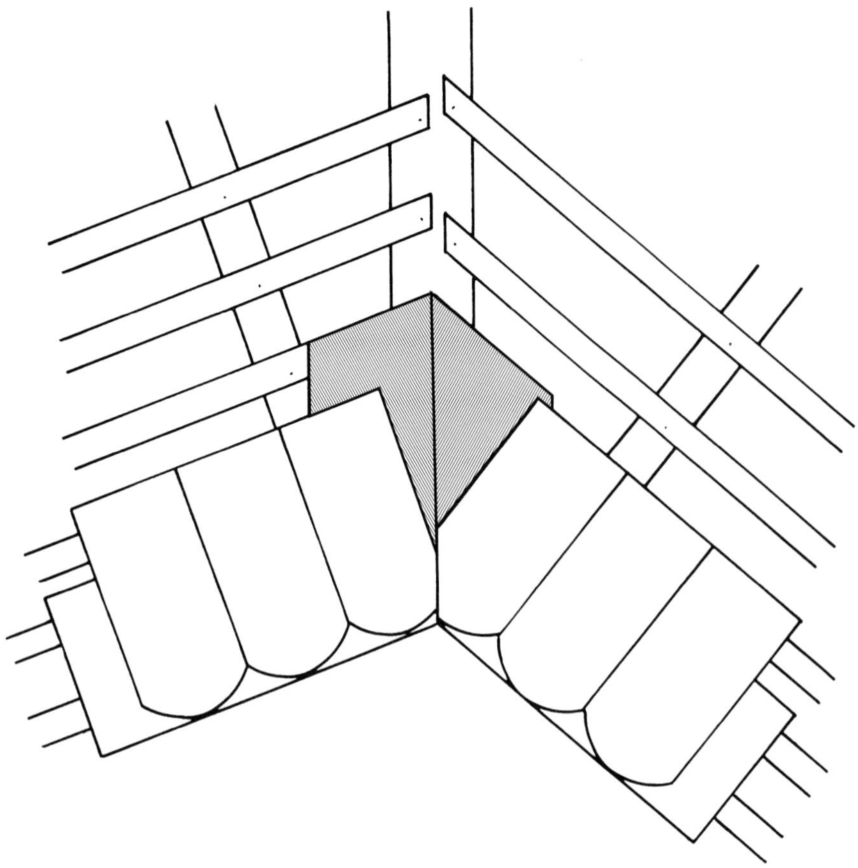

Abb. 4.39: Die erste Deckschicht wird auf der darunter liegenden Nocke zusammengespitzt.

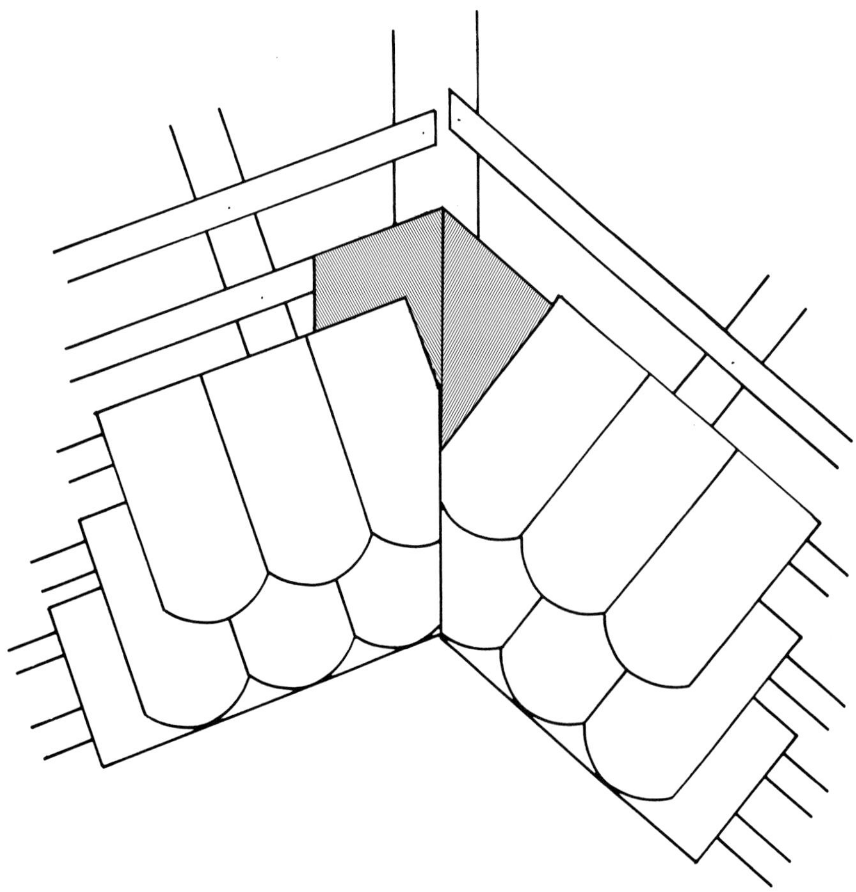

Abb. 4.40: Die zweite Deckschicht wird auf der zweiten Nocke eingespitzt.

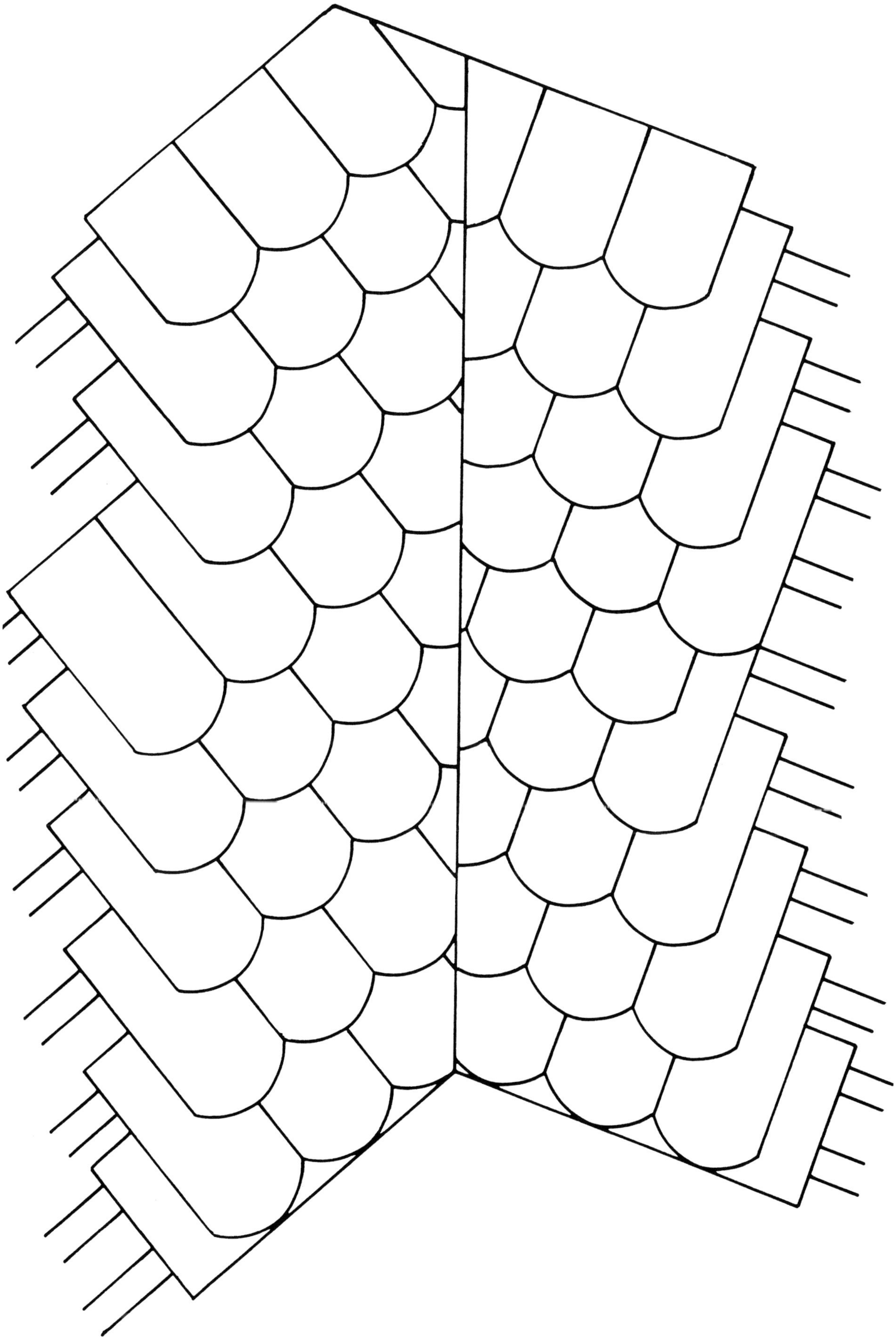

Abb. 4.41: Ungleichhüftig eingebundene Nockenkehle in der Doppeldeckung

4.5 Eingebundene Biberkehlen

4.5.1 Allgemeines

Auf dem Reichsverbandstag 1927 in Görlitz wurde beschlossen, die bis dahin übliche böhmische Kehle durch die deutsch eingebundene Kehle zu ersetzen. Es dauerte immerhin vier Jahre, bis mit dem Erscheinen der Ziegeldeckregeln eine anerkannte Fachregel für die deutsch eingebundene Kehle entstand. Im neuen Regelwerk ist diese Kehlart unter dem Begriff „Eingebundene Biberkehle" wiederzufinden. Auch böhmische Kehlen sind heutzutage noch auf vielen Dächern zu sehen.

In großen Teilen von Sachsen werden Viertelbiber in eingebundenen Biberkehlen verarbeitet. Dies stellt nach der Fachregel für Dachdeckungen mit Dachziegeln und Dachsteinen nach Absatz 2.3.3 eine regionale Besonderheit dar. Um diese besondere Deckungsart der eingebundenen Biberkehle auch in Zukunft den Fachregeln entsprechend auszubilden, wurde seitens des Technischen Ausschusses des Landesinnungsverbandes des Dachdeckerhandwerks Sachsen ein Beschluss – ergänzend zu den Fachregeln – gefasst:

„Werden in eingebundenen Biberkehlen Viertelbiber nach 2.3.3 gedeckt, dürfen diese nicht schmaler als 1/4 Biberbreite betragen und müssen als Anschlussziegel an die Ausspitzer gedeckt werden" (siehe Abb. 4.43).

Die Breite der Kehlschalung richtet sich nach der Ziegelbreite und dem Kehlanfang. Beim Format von 15,5 cm × 36,5 cm oder 15,5 cm × 37,5 cm reicht eine etwa 25 cm breite Kehlschalung aus. Beim Format 18 cm × 38 cm beträgt die Breite der Kehlschalung etwa 32 cm. Bei einer steileren Dachneigung wird die Kehlschalung breiter, bei geringerer Dachneigung entsprechend schmaler.

Die Kehlschalung kann bei eingebundenem Wasserbiber schmaler sein und bei aufgelegtem Wasserbiber entsprechend breiter. Nach der Aufbringung der Kehlschalung, die über den Kopfenden der Traufschicht beginnt, wird genau über dem Kehlwinkel die Kehlmittellinie aufgeschnürt. Dabei ist zu beachten, dass z. B. bei Aufschieblingen und Rundungen die Kehlmittellinie jeder Richtungsveränderung folgen muss. Anschließend wird auf beiden Seiten die Kehldeckbreite aufgeschnürt. Die Kehldeckbreite darf durch die anlaufenden Deckschichten weder über- noch unterschritten werden. Dabei ist zu beachten, dass die Anschlussbiber der Deckschichten nicht immer an der Markierung liegen (siehe Abb. 4.44). Der Verband der Deckung läuft nur bei etwa 58° Dachneigung parallel zur Kehldeckbreite. Bei geringerer Dachneigung und engerer Dachlattung läuft der Verband der Deckung von der Kehldeckbreite weg.

Bei größerer Dachneigung läuft der Verband in die Kehldeckbreite hinein, bei ungleichhüftigen Kehlen genau umgekehrt (siehe Abb. 4.45). Die Folge sind Ausspitzer und Anschlussbiber in unterschiedlichen Breiten. Die Ausspitzer sollten aus diesem Grund ca. 1 bis 2 cm breit bis höchstens halb-Biber-breit zugerichtet werden. Dies entspricht der Deckung im Halbverband.

Die Wahl der Kehldeckbreite ist reine Geschmackssache. So wirkt eine 2-Biber-breite Kehle in einem Einfamilienhaus besser als in einer langen Kehle in einem Kirchendach. Dort wirkt eine 3- oder 4-Biber-breite Kehle besser. Kurze Kehlen sollten daher schmaler gedeckt werden. Entscheidend dabei ist auch der Kehlwinkel. Kleine Kehlwinkel lassen nur schmale Kehldeckungen zu.

Das Regelwerk hat genau definierte Begriffe für die eingebundene Biberkehle festgelegt:

- **Einspitzer** sind Biber, die in Richtung Kehlsparren bearbeitet werden.
- **Ausspitzer** sind Biber, die in Richtung der Dachsparren bearbeitet werden.
- **Unterläufer** sind Biber, die rechts oder links von der Lager- oder Deckschicht überdeckt werden.
- Die **Kehldeckschicht** ist eine Schicht, die beidseitig in die Deckgebinde der Deckung eingebunden wird.
- Die **Kehllagerschicht** ist eine Schicht, die in jede Lagerschicht der Deckung eingebunden wird.
- Die **Unterläuferschicht** ist eine Schicht, die rechts und links unter eine Lagerschicht oder Deckschicht untergedeckt wird.
- Die **Überläuferschicht** ist eine Kehlschicht, die entweder von der Lager- in die Deckschicht, von der Deckschicht in die Lagerschicht oder einseitig eingebunden gedeckt ist.
- **Kehlauslaufschichten** sind Schichten, die als nicht eingebundene oder nur einseitig eingebundene Schichten den Abschluss der Kehle nach oben bilden.
- **Übergangsziegel (An-/Absetzer)** sind flügelige Biber, die ein Überdecken der Unterläufer erleichtern.

4.5.2 Eingebundene Biberkehlen, gleichhüftig

> **Merke:**
>
> Bei eingebundenen Biberkehlen muss die vierte Kehlschicht die erste Kehlschicht noch um mindestens 1 cm überdecken (Dreifachdeckung).

Wegen der geforderten Dreifachdeckung in der Kehle ist zu beurteilen, wie viele Unterläuferschichten in die Kehle einzubauen sind. Bei steilen Dächern und somit in der Regel größeren Lattabständen wird bei der Kehlteilung 2 : 3 die Dreifachdeckung nicht immer erreicht. Hier muss die Regensicherheit durch die Teilung 2 : 4 sichergestellt werden. Bei einer Teilung 2 : 3 im Bereich der Lattweitenobergrenze sind oft Diagonalschnitte (keilförmige Anschlussbiber) notwendig, um Kreuzfugen zu vermeiden. Dem weniger geübten Dachdecker sei empfohlen, Biberkehlen generell in der Teilung 2 : 4 auszuführen. Durch den zwar höheren Materialaufwand werden Kreuzfugen nahezu ausgeschlossen.

Mit der nachfolgenden Formel lässt sich dies einfach ermitteln:

Ermittlung der Kehllänge und Kehlschichten

Formel zur Ermittlung der Kehllänge bei 1,00 m Sparrenlänge:

$\sqrt{1 + \cos^2 \alpha D}$

angenommen DN 45°

$\sqrt{1 + \cos^2 45°} = 1{,}2247$ m = Kehllänge 1,00 m Sparren

Kehllänge bei
1,00 m Sparrenlänge × Lattweite Dachfläche
= Maß zur Teilung in der Kehle

Format 18/38, Lattweite 16 cm, Doppeldeckung
1,2247 m × 16 cm = 19,5952 cm

Teilung 2:4 (1:2) 19,60 cm : 2 = 9,8 cm
= Abstand der Kehlschichten

Format 15,5/36,5, Lattweite 28 cm, Kronendeckung
1,2247 m × 28 cm = 34,2928 cm : 3 = 11,43 cm
= Abstand der Kehlschichten

Der Kehlanfang liegt besser, wenn zwischen den aufgelegten Bibern der ersten und zweiten Dachlatte ein leichtes Dreieck entsteht, das leicht einwärts sperrt. Dieses wird erreicht, indem die Traufbohle durch Auffüttern mit beispielsweise einer Leiste höher gelegt wird.

Vor Beginn der Kehldeckung wird der gesamte Kehlanfang provisorisch eingedeckt, um den ersten Schnittpunkt zu ermitteln. Nachdem der erste Schnittpunkt ermittelt wurde, wird die Verbanddeckung auf der zweiten Latte angezeichnet und auf die Lagerschicht der ersten Latte übertragen. Dieser Vorgang ist bei gleicher Dachneigung beidseitig auszuführen und bei ungleichen Dachneigungen nur auf der steilen Dachseite.

Anschließend kann mit dem Kehlanfang begonnen werden. Nachdem die nasenlosen Kehlbiber mit Draht versehen worden sind, wird der erste Wasserbiber aufgelegt. Darüber folgen zwei Kehlziegel. Anschließend erfolgt die Deckung der ersten Kehlschicht. Bei der 2-Biber-breiten Kehle in der Doppeldeckung ist die erste Kehlschicht eine Unterläuferschicht, bei der 3-Biber-breiten Kehle ist sie eine Deckschicht. Bei der Kronendeckung ist – im Gegensatz zur Doppeldeckung – die erste Kehlschicht stets eine Unterläuferschicht. Um noch ein Ausgleichen des Kehlanfanges zu ermöglichen, wird der in Draht gehängte, gestaffelte Kehlanfang zunächst fixiert und – nachdem die beiden Ausspitzer in die beidseitigen Dachflächen eingebunden worden sind – befestigt. Es ist darauf zu achten, dass der Kehlanfang möglichst mit schmalen Ausspitzern beginnt. Es ist dabei unerheblich, ob der Kehlanfang mit einem ganzen, zwei Dreiviertelbibern oder einem Dreiviertelbiber und einem ganzen Biber beginnt. Wichtig ist immer die Einhaltung des Deckverbandes. Nachdem die erste Deckschicht eingebunden worden ist, erfolgt die Ermittlung des zweiten Schnittpunktes.

Ermittlung der Schnittpunkte bei der Teilung 1:2

Bei der Ermittlung der Schnittpunkte wird ein Kehlbiber an die gekennzeichnete Kehldeckbreite gelegt und auf der Dachfläche wird ein Biber auf die nächste Latte gehängt, sodass die beiden Längskanten genau am Schnurschlag liegen. Anschließend wird auf der Kehlschalung die Kopflinie angezeichnet und der Abstand bis zur darunterliegenden Kehlschicht durch zwei geteilt. Die Besonderheit bei der Deckung mit Segmentschnittbibern liegt darin, dass der Kehlbiber um den Segmentabschnitt (ca. 2 cm) tiefer liegt als der Maßbiber, der am Schnittpunkt auf der Latte hängt. Es ist darauf zu achten, dass die Dachlatten in der Kehle bündig aufeinandertreffen. Nachdem die Unterläufer und die Deckschicht eingedeckt worden sind, erfolgt die Ermittlung des jeweils folgenden Schnittpunktes.

Ermittlung der Schnittpunkte bei der Teilung 2:3

Bei der Doppeldeckung beginnt der Kehlanfang der 3-Biber-breiten Kehle auch mit der Teilung 1:2. Erst ab der dritten Deckschicht erfolgt die Ermittlung der Schnittpunkte in der Teilung 2:3. Der Unterschied besteht darin, dass der ermittelte Schnittpunkt auf der Kehlschalung von zwei Deckschichten durch drei geteilt wird.

Ermittlung der Schnittpunkte bei der Kronendeckung

Der Unterschied zur Doppeldeckung besteht darin, dass für die Ermittlung der Schnittpunkte an der Kehldeckbreite die Deckschichten maßgebend sind. Dabei werden jeweils zwei Deckschichten durch drei oder vier geteilt.

Ermittlung der Schnittpunkte bei ungleichhüftigen Kehlen

Auf der steileren Seite muss der Schnittpunkt mindestens eine Ziegelbreite von der Mittellinie der Kehle entfernt sein. Bei diesen Kehlen erfolgt die Einteilung nur auf der steileren Dachfläche, wobei bei der Doppeldeckung die Teilung 1:2 und bei der Kronendeckung die Teilung 2:4 angewendet wird. Auf der flacheren Seite ist keine regelmäßige Teilung möglich. Es wird empfohlen, auf der flacheren Dachseite die Kehlbreite zu vergrößern. Da das Wasser von der steilen auf die flache Seite überschießt, wird hier die Regensicherheit durch die Fortführung der Dreifachdeckung im Kehlanschlussbereich gewährleistet.

Kehleinteilung mit Segmentschnittbibern in der Doppeldeckung

Teilung 1:2
Nach Ermittlung des ersten Schnittpunktes wird entweder am Schnurschlag der Kehldeckbreite oder an der Kehlschalung der Abstand von Latte zu Latte durch zwei geteilt.

Teilung 2 : 3

Bei der Doppeldeckung beginnt der Anfang der 3-Biberbreiten Kehle auch mit Teilung 1 : 2. Dadurch wird vermieden, dass am Kehlanfang zwei Ausspitzer übereinanderliegen. Durch den fehlenden Unterläufer ist eine offene Kreuzfuge nicht immer auszuschließen. Ab der dritten Deckschicht erfolgt die Ermittlung in der Teilung 2 : 3. Hier erfolgt die Teilung am Schnurschlag. Der Lattenabstand von der ersten Latte bis zur übernächsten Latte wird durch drei geteilt.

Kehleinteilung mit Segmentschnittbibern in der Kronendeckung

In der Kronendeckung ist es noch wichtiger, den Kehlanfang erst provisorisch anzulegen. Auf der Kehlschalung wird ein Pappstreifen befestigt. Nachdem der erste Schnittpunkt ermittelt wurde, wird der Abstand der Kehlschichten auf dem Pappstreifen markiert. Der so ermittelte Abstand der Lattenweite wird danach durch drei oder vier geteilt. Auf einen gleichmäßigen Abstand der Kehlschichten ist besonders zu achten. Man teilt den Abstand der nächsten beiden Latten durch drei oder vier und erhält so das Maß für die ersten Kehlschichten.

Merke:

Um einen gleichmäßigen Arbeitsfluss bei der Deckung der Kehle zu gewährleisten, sollte folgende Arbeitsweise beachtet werden: Jede Kehlschicht sollte vom Schnurschlag der Kehlmitte aus gedeckt werden. Begonnen wird mit der Unterläuferschicht, wobei zu beachten ist, dass die Unterläufer mit der Unterkante der Dachlatte abschließen. Außer bei Segmentschnittbibern sollten die Unterläufer jeweils um etwa eine Nasenlänge nach unten gezogen werden, um ein optisch einwandfreies Bild zu erzielen. Nach der Unterläuferschicht folgt die nächste Deckschicht. Dieses Verfahren setzt sich fort bis zu den Kehlauslaufschichten. Wird bei Kehlen in der Doppeldeckung der Firstabschluss als Kronengebinde ausgeführt, ist es empfehlenswert, keine Unterläuferschicht unter das Firstgebinde zu decken, sondern die letzte Deckschicht und das Firstgebinde auszuspitzen („dreimaliges Ausspitzen"). Damit wird erreicht, dass die Kehle auch im Auslauf gleich breit ist.

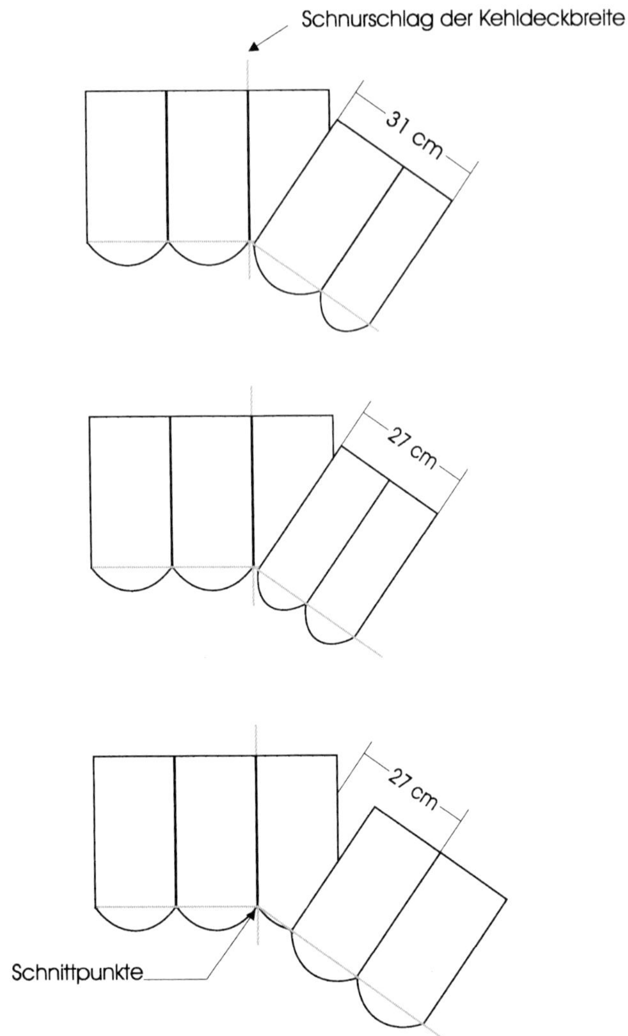

Abb. 4.42: Übersetzung bei eingebundenen Biberkehlen (1 = Ausspitzer werden bis zur halben Breite zugeschnitten. Dies entspricht der Halbverbanddeckung. 2 = Beim nächsten Schnittpunkt wird mit einem ca. 1 bis 2 cm breiten Ausspitzer und zwei Dreiviertelbibern übersetzt. 3 = Die Ausspitzer werden so weit zugeschnitten, bis entsprechend der Verbanddeckung ein ganzer und ein Dreiviertelbiber eingedeckt werden können.)

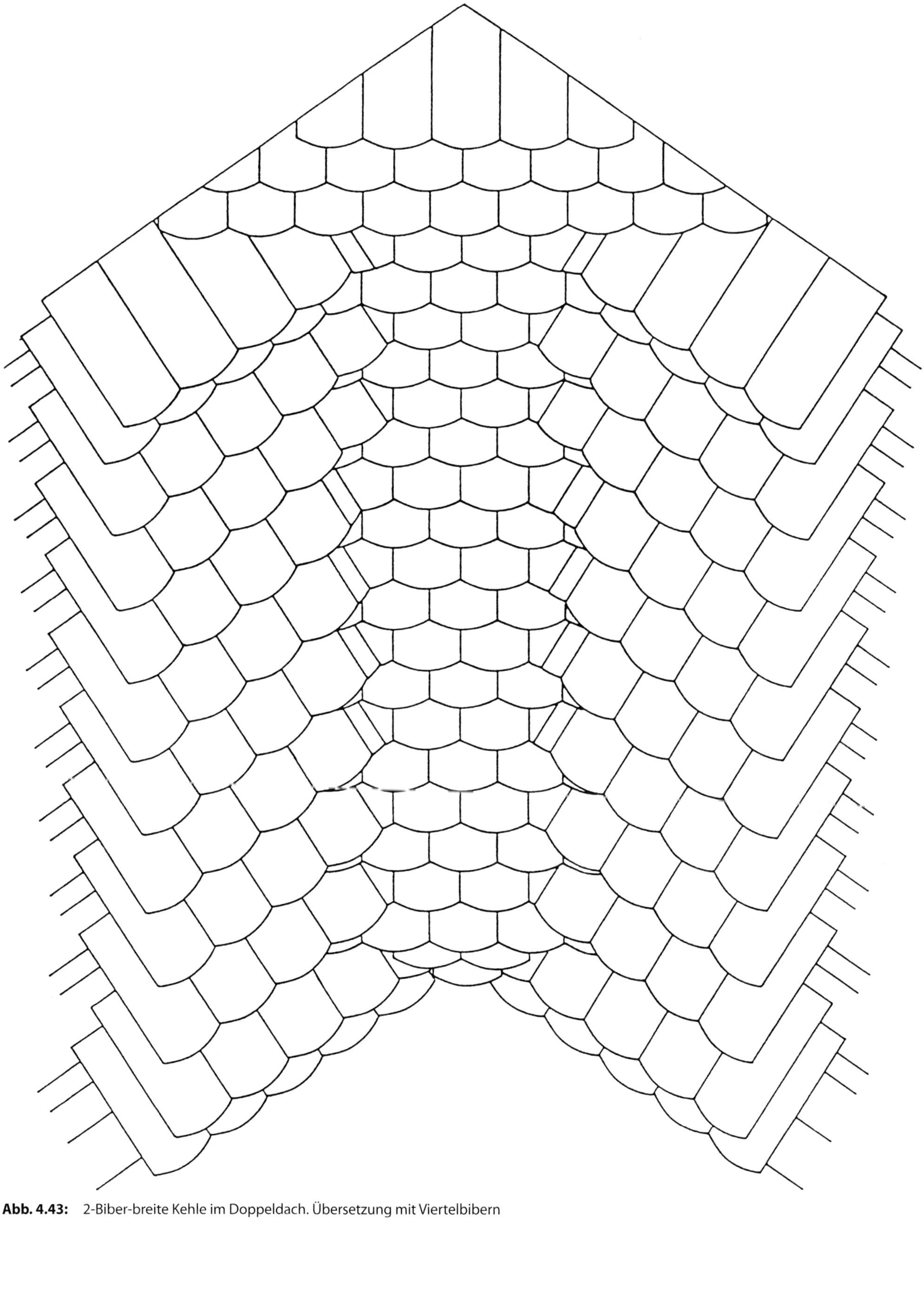

Abb. 4.43: 2-Biber-breite Kehle im Doppeldach. Übersetzung mit Viertelbibern

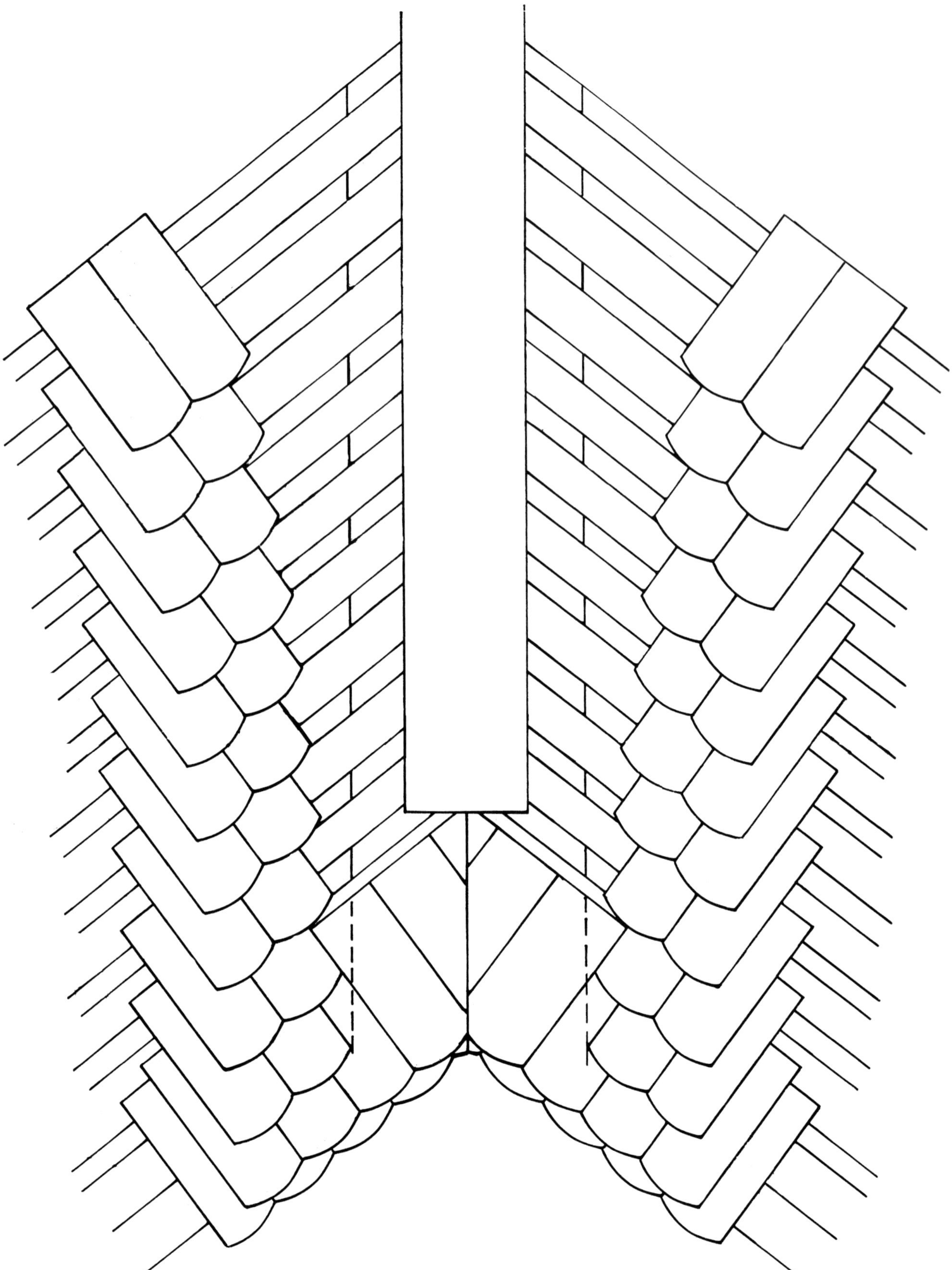

Abb. 4.44: Gleichhüftige Kehlen mit einer Dachneigung von 45°. Der Deckverband entfernt sich von der Kehldeckbreite. Bei größeren Dachneigungen läuft der Verband in die Kehldeckbreite hinein.

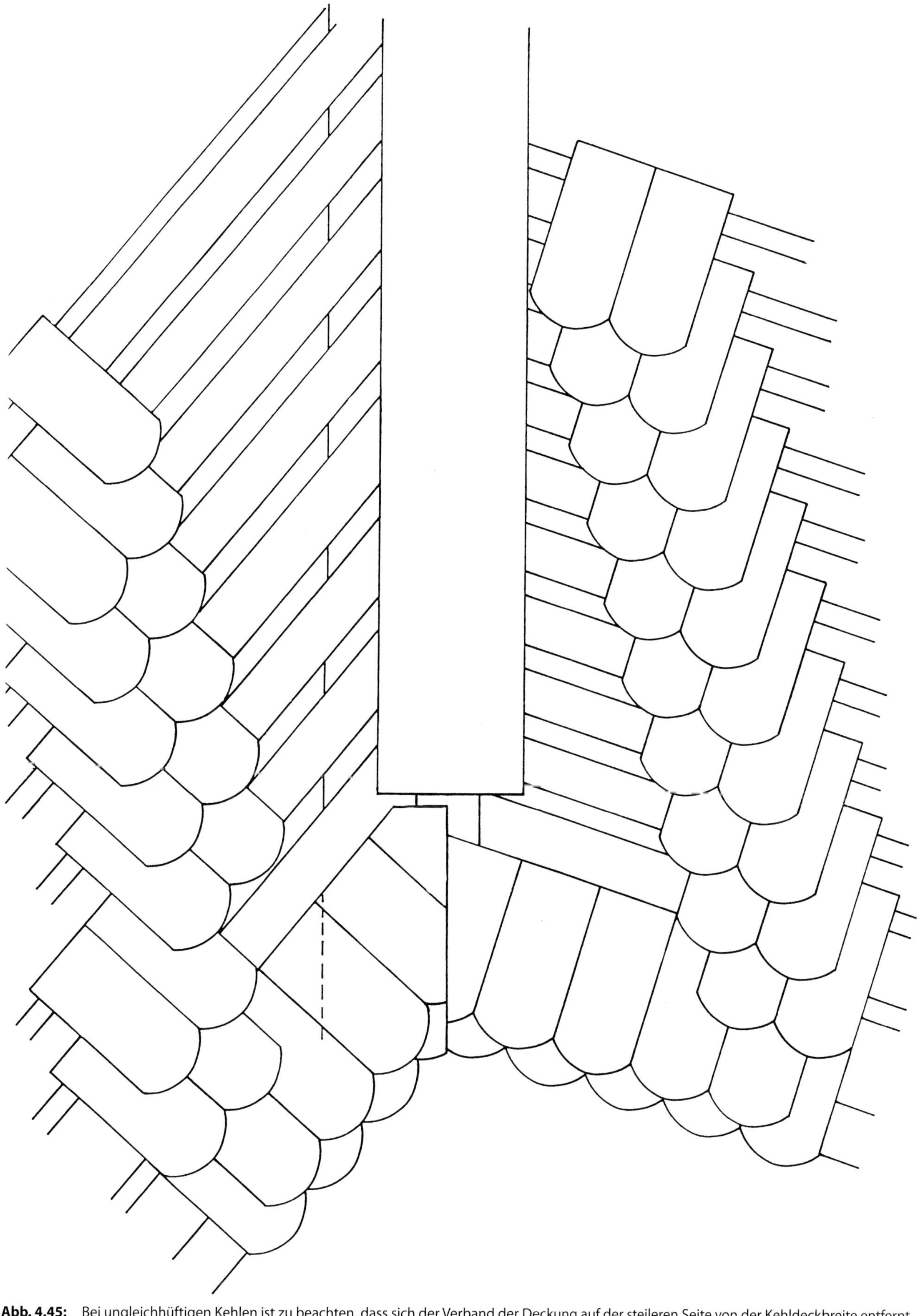

Abb. 4.45: Bei ungleichhüftigen Kehlen ist zu beachten, dass sich der Verband der Deckung auf der steileren Seite von der Kehldeckbreite entfernt. Dagegen läuft der Verband der Deckung auf der flacheren Seite in die Kehldeckbreite hinein.

4.5.2.1 Doppeldeckung, 2 : 4, 3-Biber-breit

- Kehlbrettbreite: ca. 37 cm
- Traufaufbau: 9 cm

Ermittlung der Schnittpunkte bei der 2 : 4er-Teilung

Die Ermittlung erfolgt am ersten Deckgebinde mit drei Kehlziegeln, die am Segmentpunkt anlaufen. Es ist darauf zu achten, dass die Lattungen in der Kehlmitte Oberkante bündig aufeinandertreffen. Bei den beiden Deckgebinden ist auf die Rechtwinkligkeit zur Dachlattung zu achten, sonst verschiebt sich der Schnittpunkt in der Kehle.

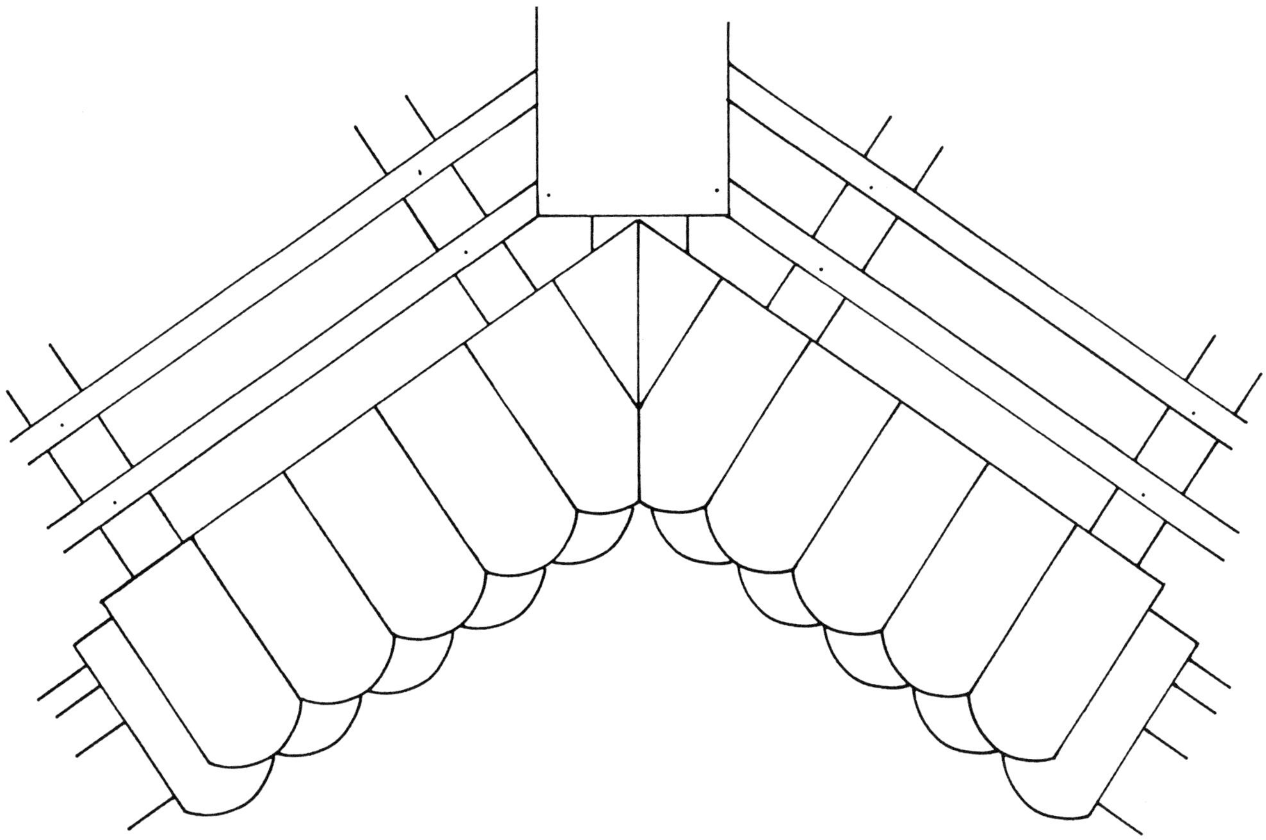

Abb. 4.46: Kehlanfang in der Doppeldeckung, 3-Biber-breit, Teilung 2:4 (1:2). Eingespitzte Lager- und Deckschicht

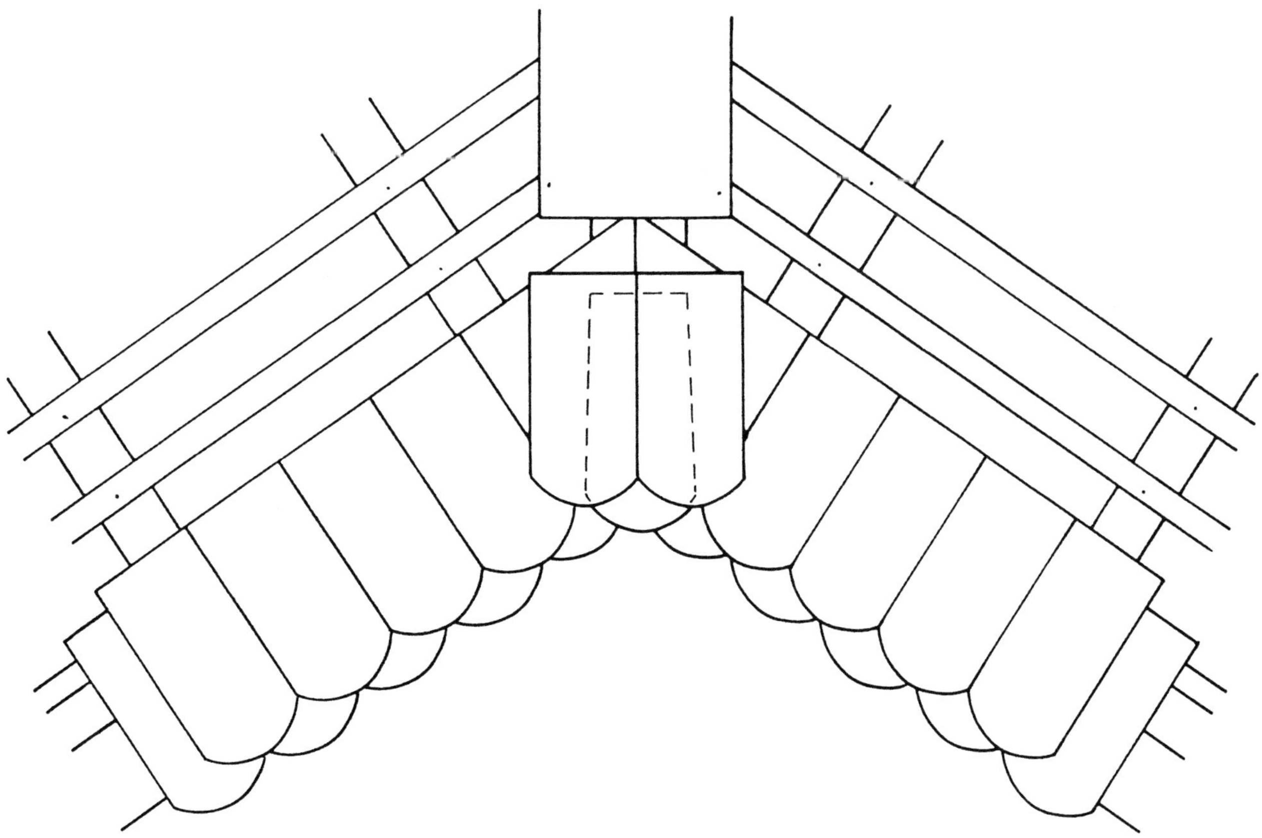

Abb. 4.47: Aufgelegter Wasserbiber, darüber zwei Kehlbiber

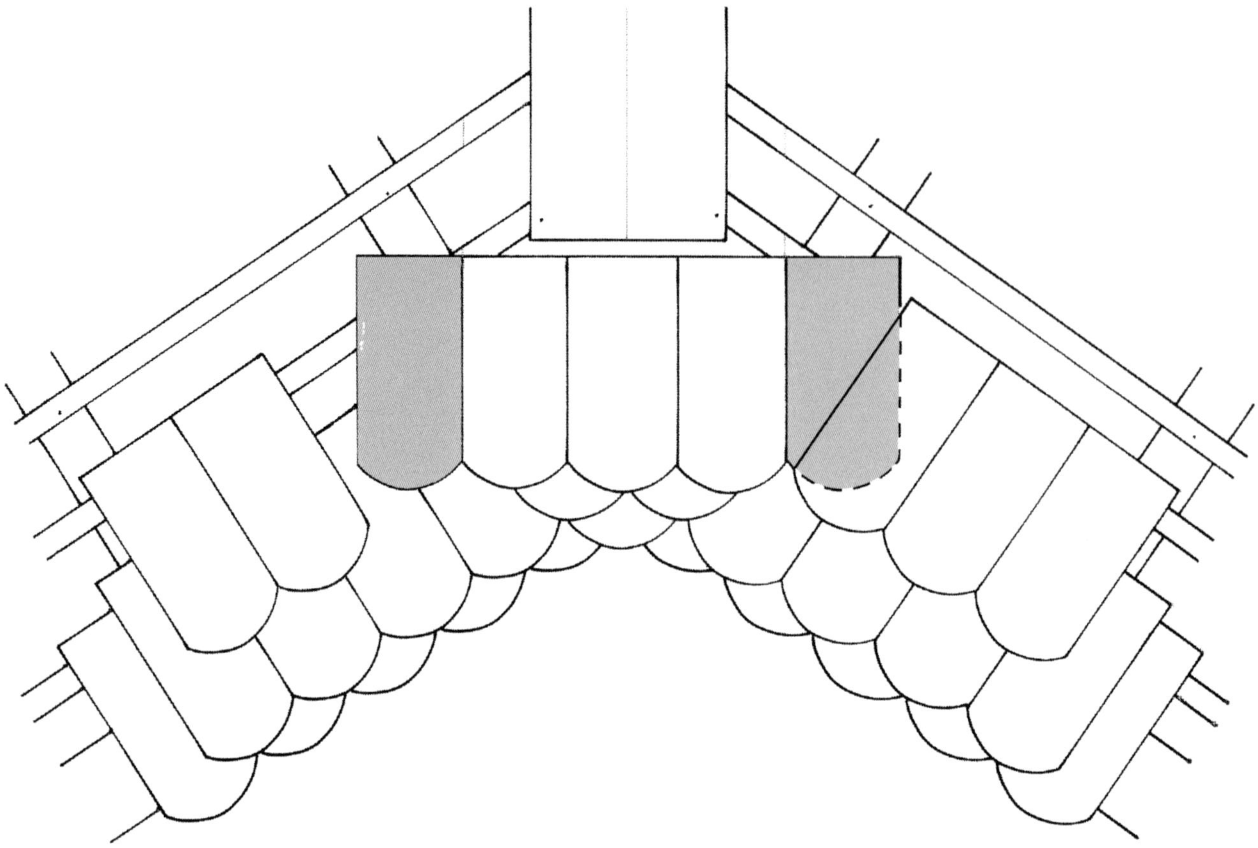

Abb. 4.48: Die ersten Ausspitzer werden von den Anschlussziegeln der Deckschicht überdeckt, sodass sie angezeichnet und geschnitten werden können.

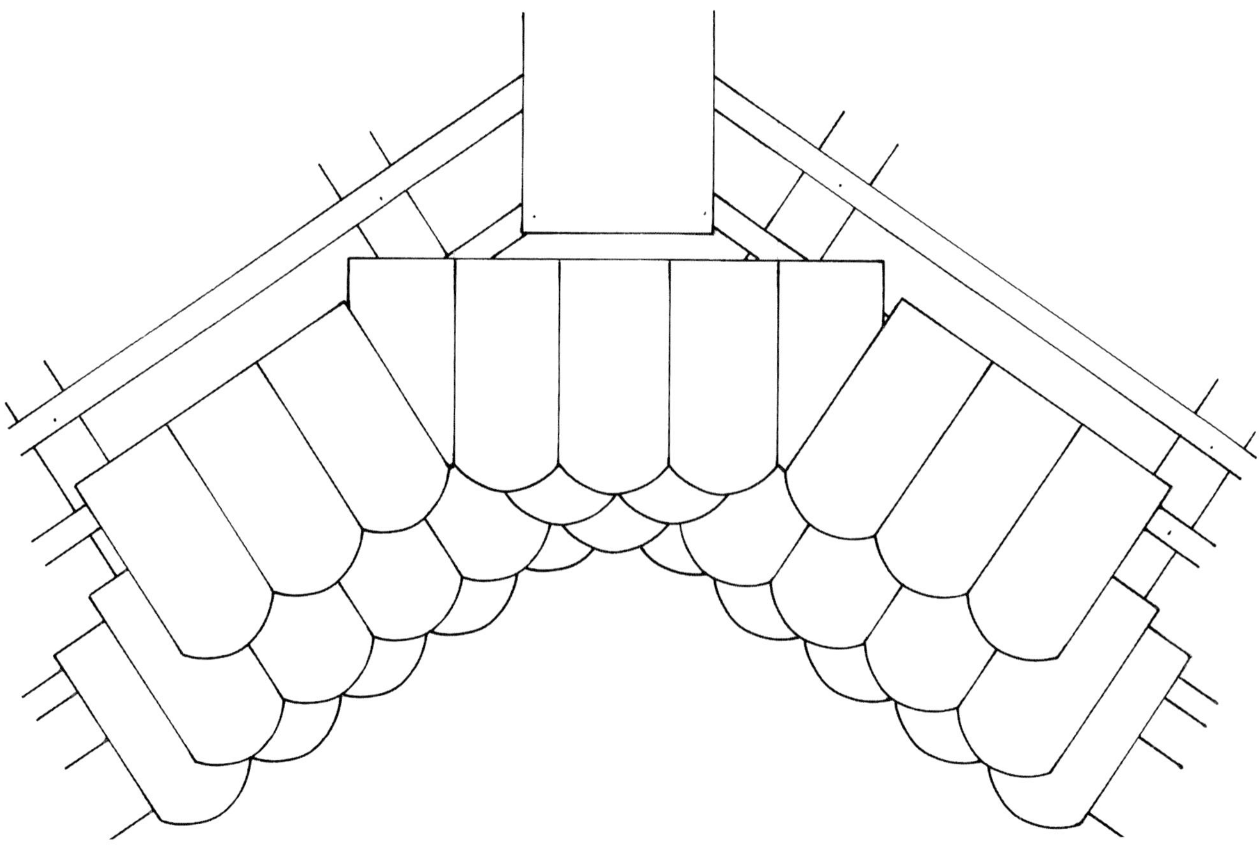

Abb. 4.49: Erste eingebundene Deckschicht

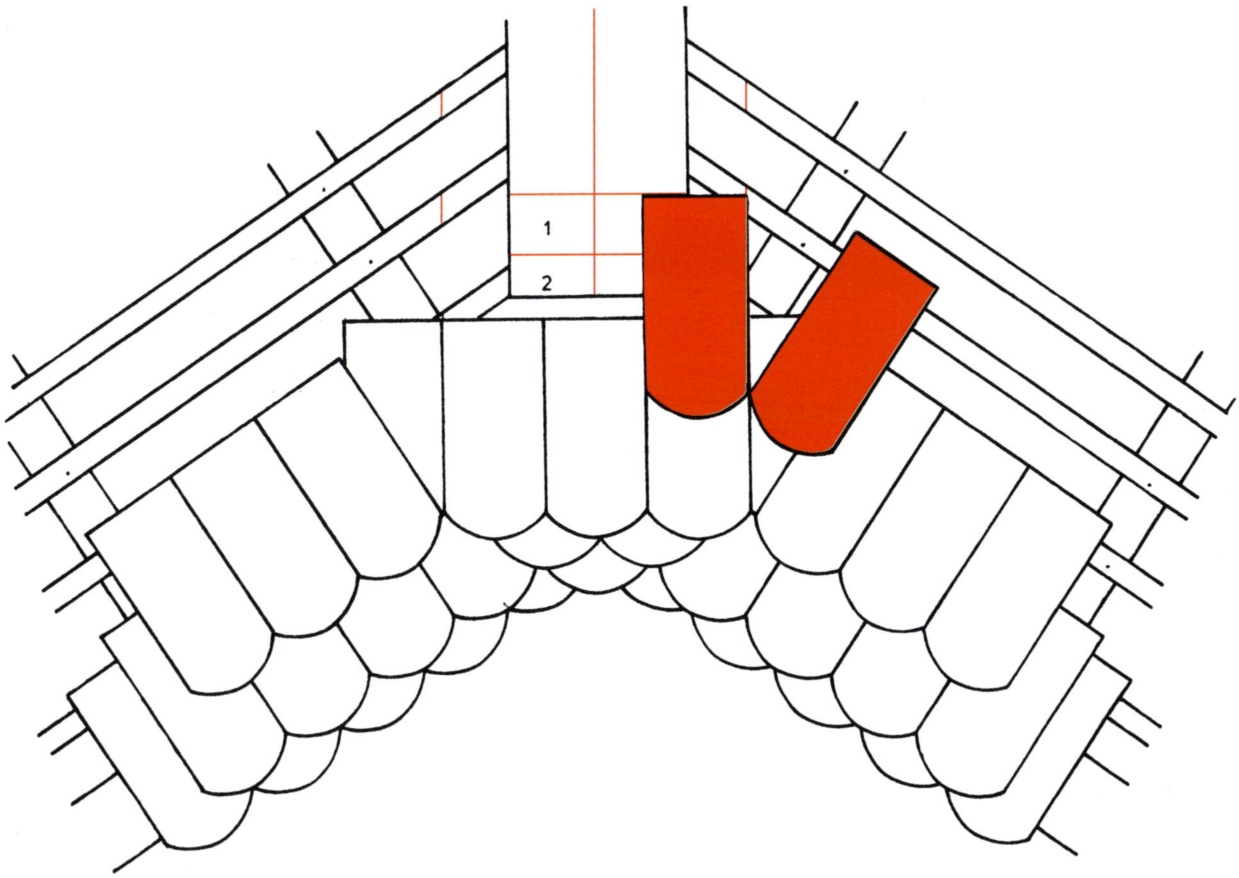

Abb. 4.50: Ermittlung des zweiten Schnittpunktes und Einteilung auf der Kehlschalung

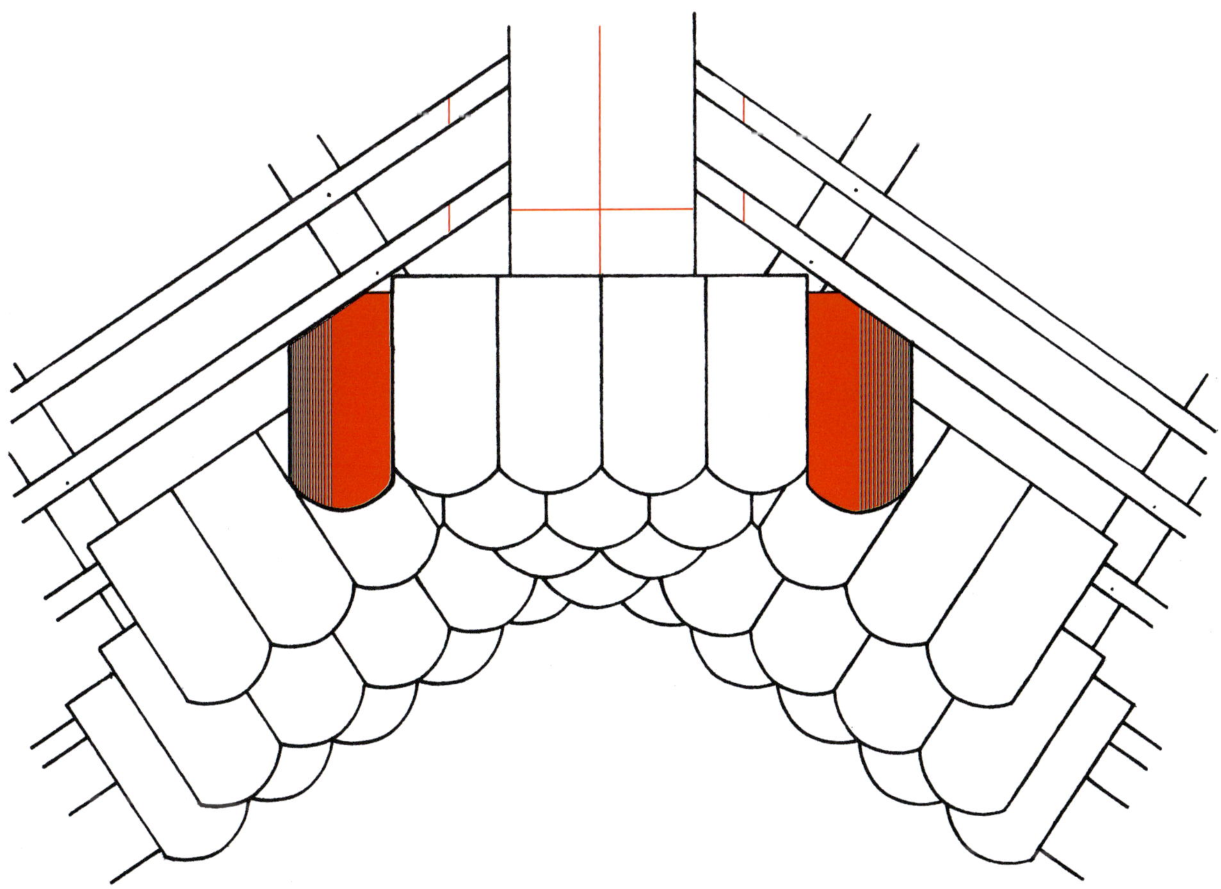

Abb. 4.51: Erste Unterläuferschicht

Als Alternative sei hier der Formziegel „konischer Unterläufer“ genannt.

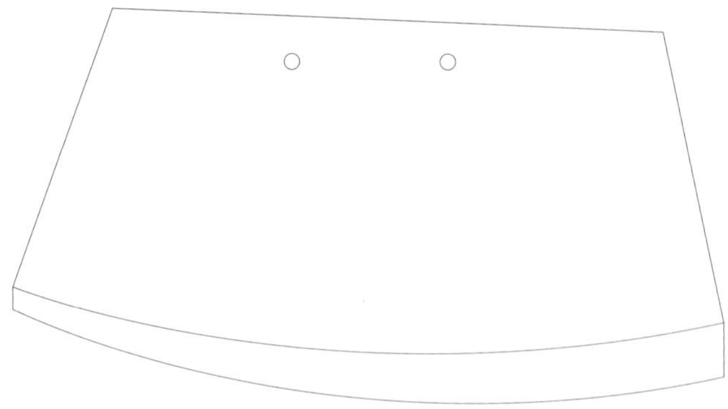

Abb. 4.52: Unterläufer konisch, links

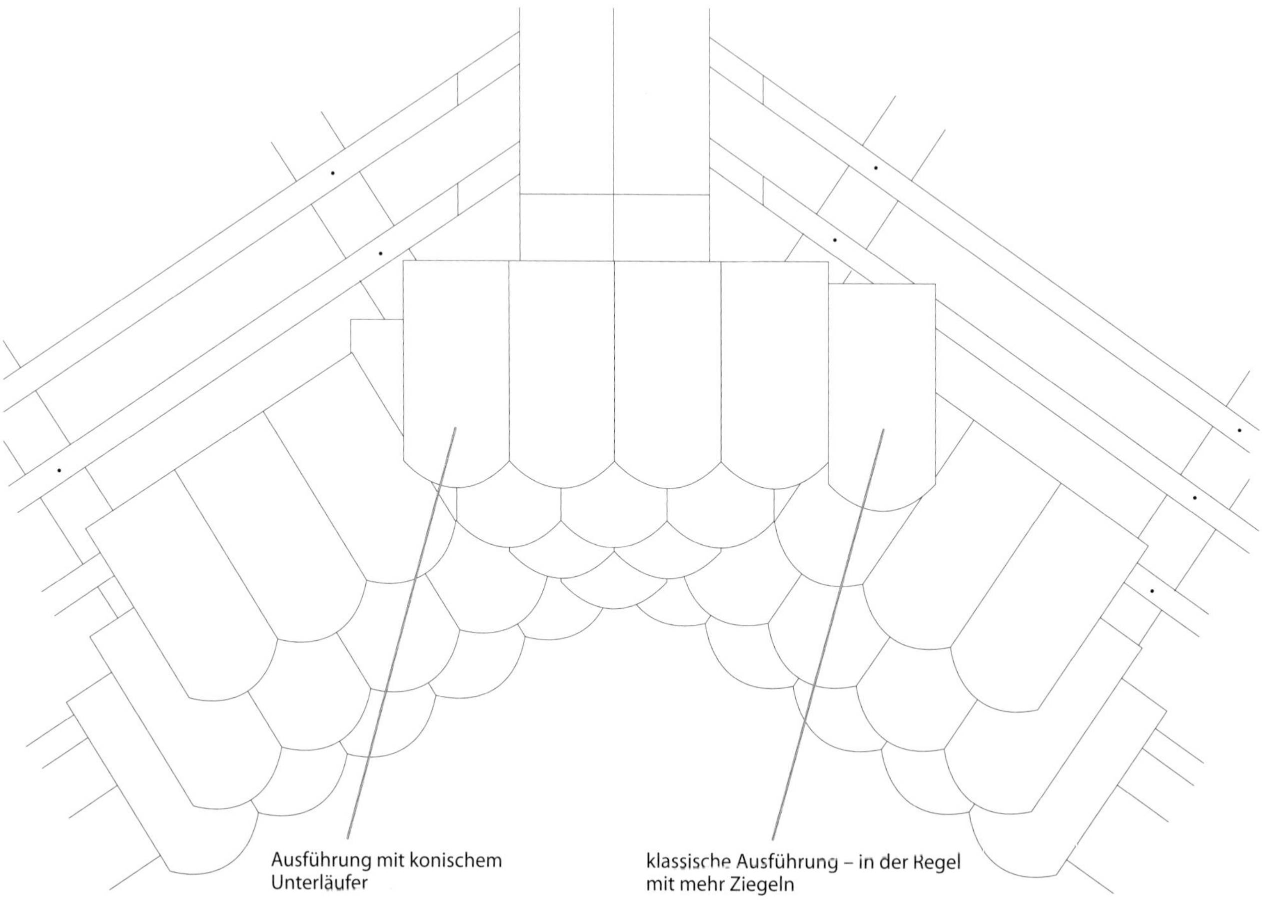

Abb. 4.53: Unterläuferschicht – links: mit konischem Unterläufer – rechts: klassische Ausführung

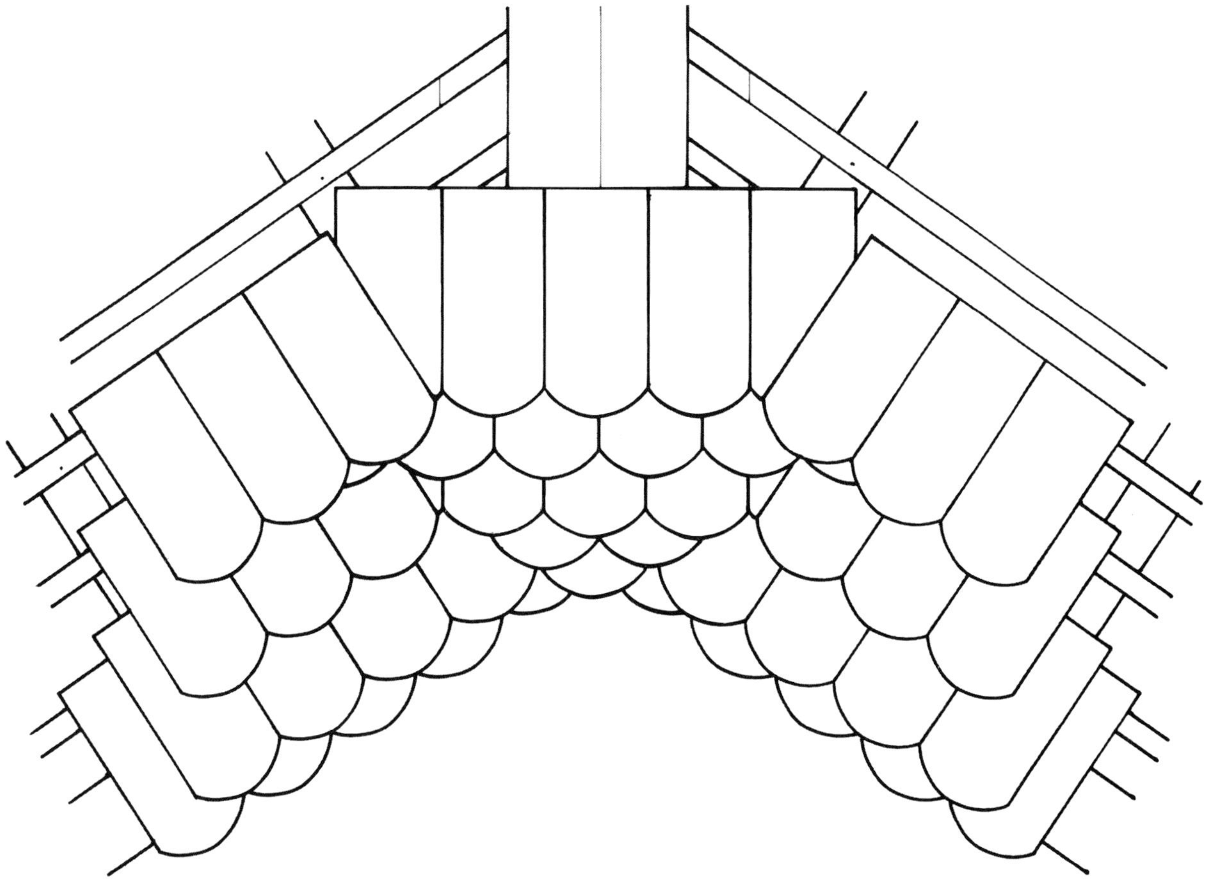

Abb. 4.54: Zweite eingebundene Deckschicht

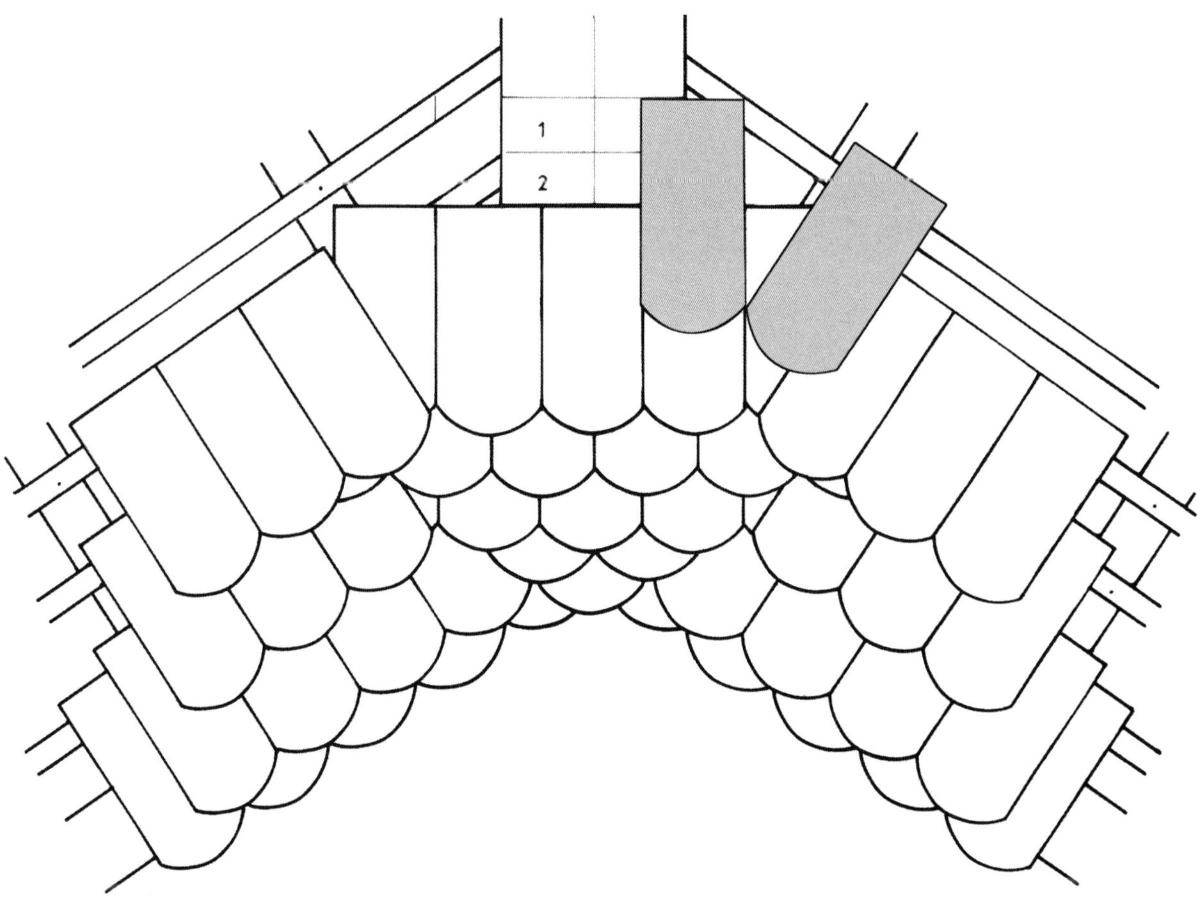

Abb. 4.55: Ermittlung des dritten Schnittpunktes und Einteilung auf der Kehlschalung

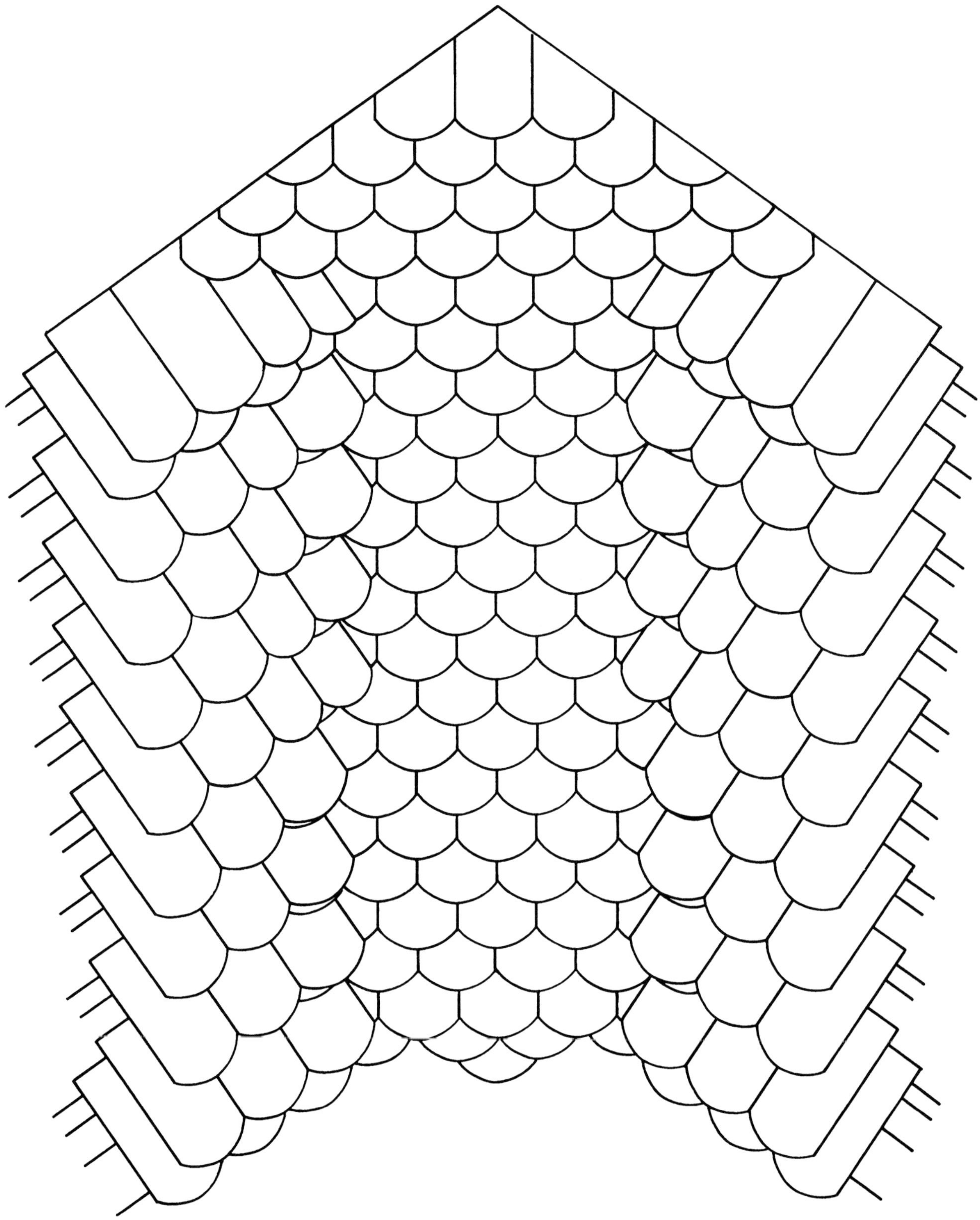

Abb. 4.56: Eingebundene Biberkehle in der Doppeldeckung, 3-Biber-breit, Teilung 2 : 4 (1 : 2) unter Verwendung von 3/4- und 7/8-Bibern

Abb. 4.57: Kehldeckung in der Doppeldeckung unter Verwendung von 3/4- und 7/8-Bibern

Abb. 4.58: Kehldeckung in der Doppeldeckung unter Verwendung von 3/4- und 7/8-Bibern

4.5.2.2 Doppeldeckung, 2 : 4, 2-Biber-breit

- Kehlbrettbreite: ca. 32 cm
- Traufaufbau: 7 cm

Ermittlung der Schnittpunkte bei der 2 : 4er-Teilung

Die Ermittlung erfolgt am ersten Deckgebinde mit zwei Kehlziegeln, die am Segmentpunkt anlaufen. Auch bei dieser Kehle müssen sich die Latten beider Dachseiten in der Kehlmitte treffen. Unter der ersten Ausspitzerreihe liegt eine Unterläuferschicht. Die Unterläufer werden unterseitig der Traglattung am Kopf gekürzt.

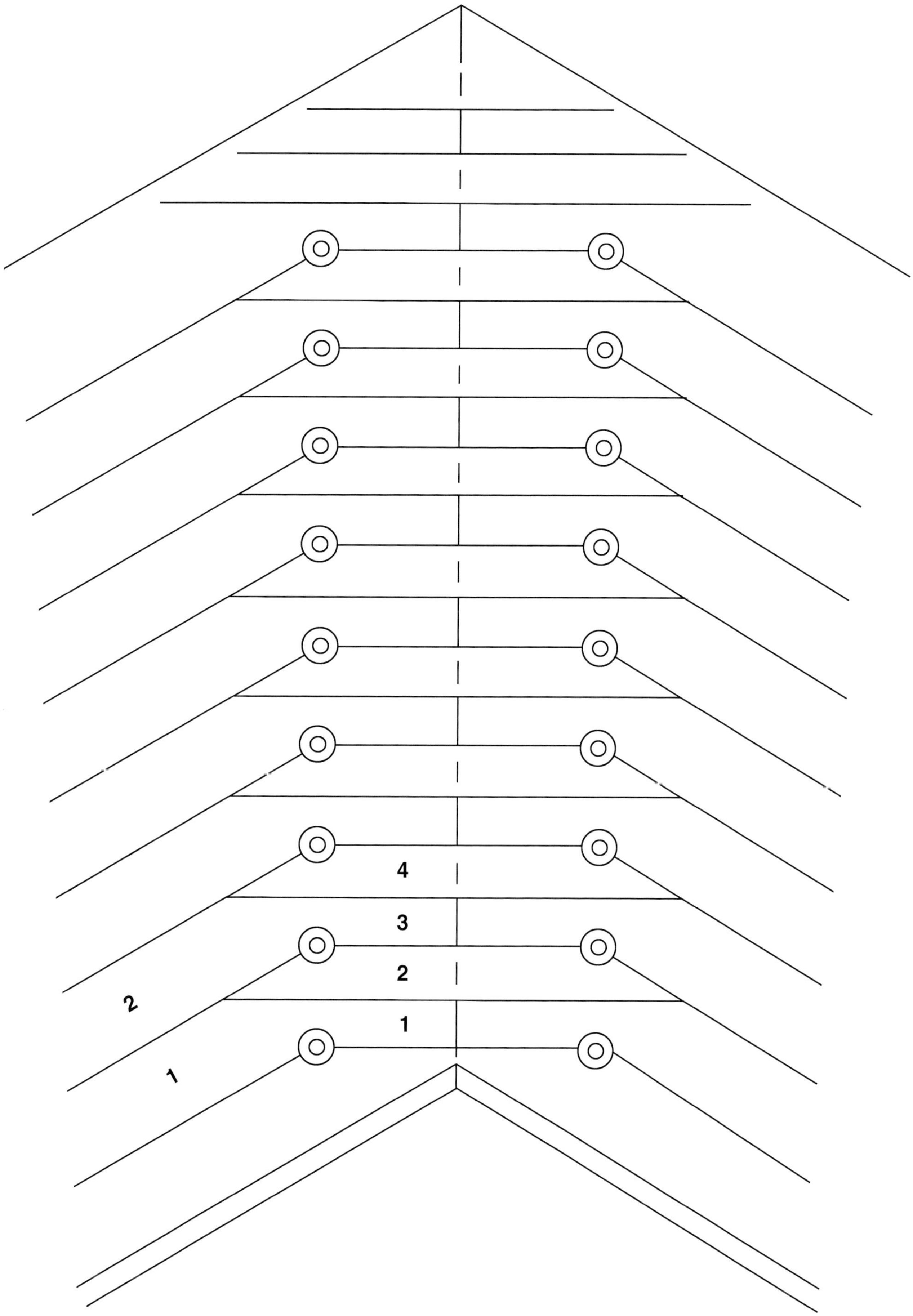

Abb. 4.59: Schematische Darstellung der Kehlteilsysteme, Teilung 2 : 4 (1 : 2), in der Doppeldeckung

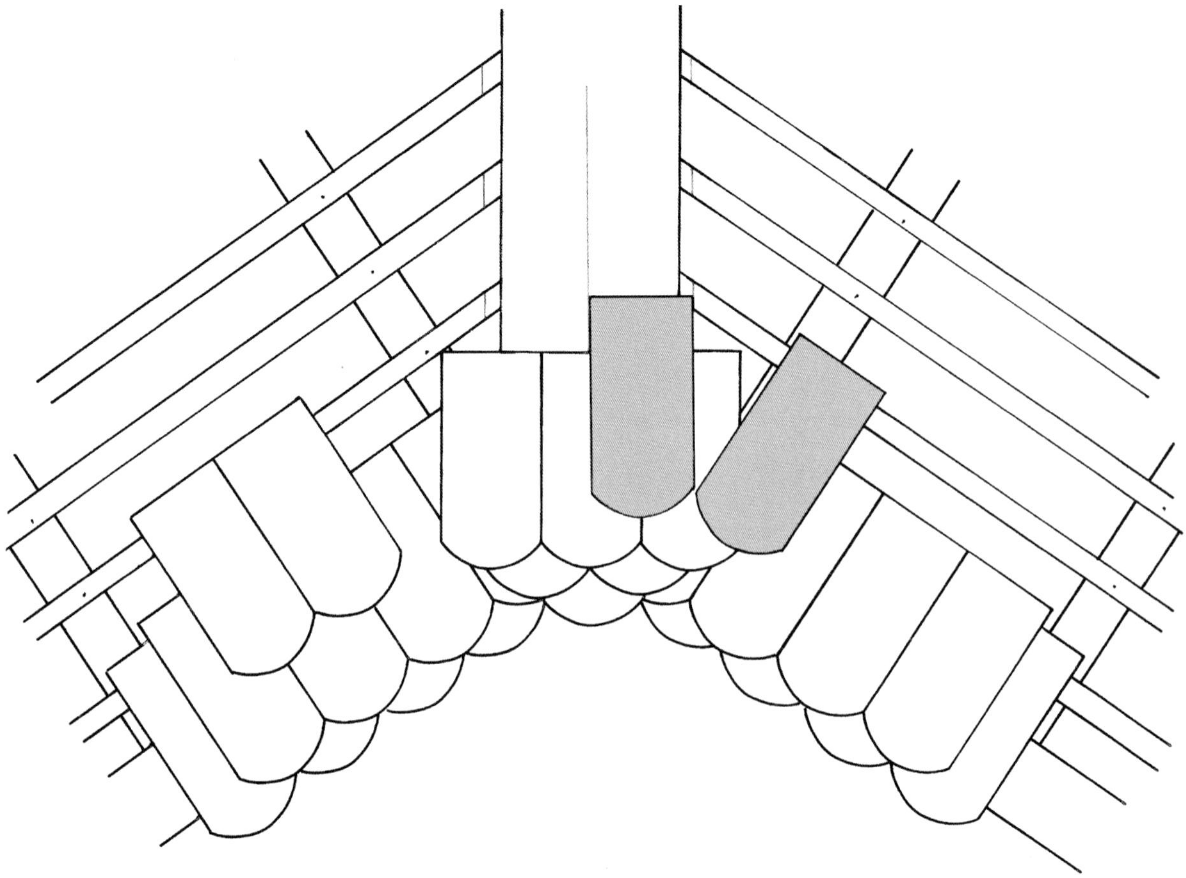

Abb. 4.60: Ermittlung des ersten Schnittpunktes in der Kehle (2-Biber-breit)

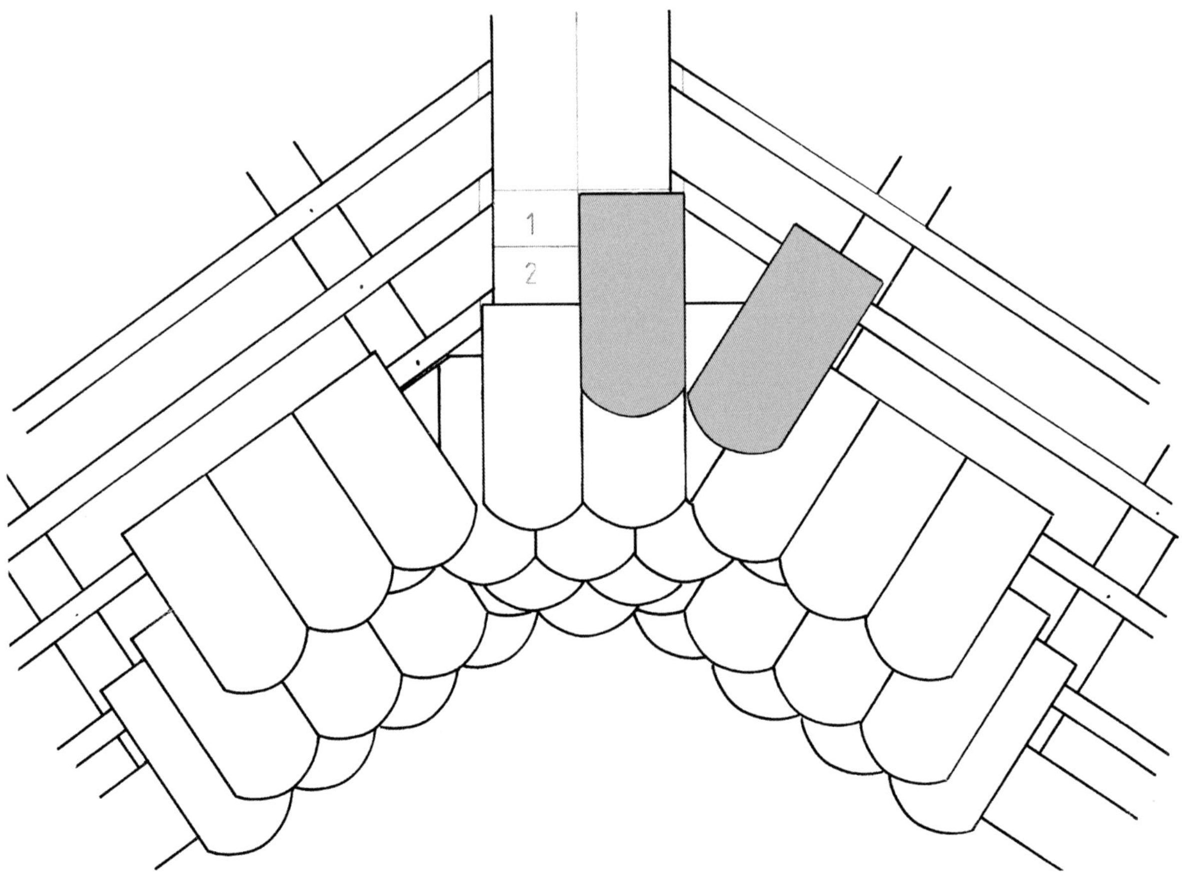

Abb. 4.61: Ermittlung des zweiten Schnittpunktes

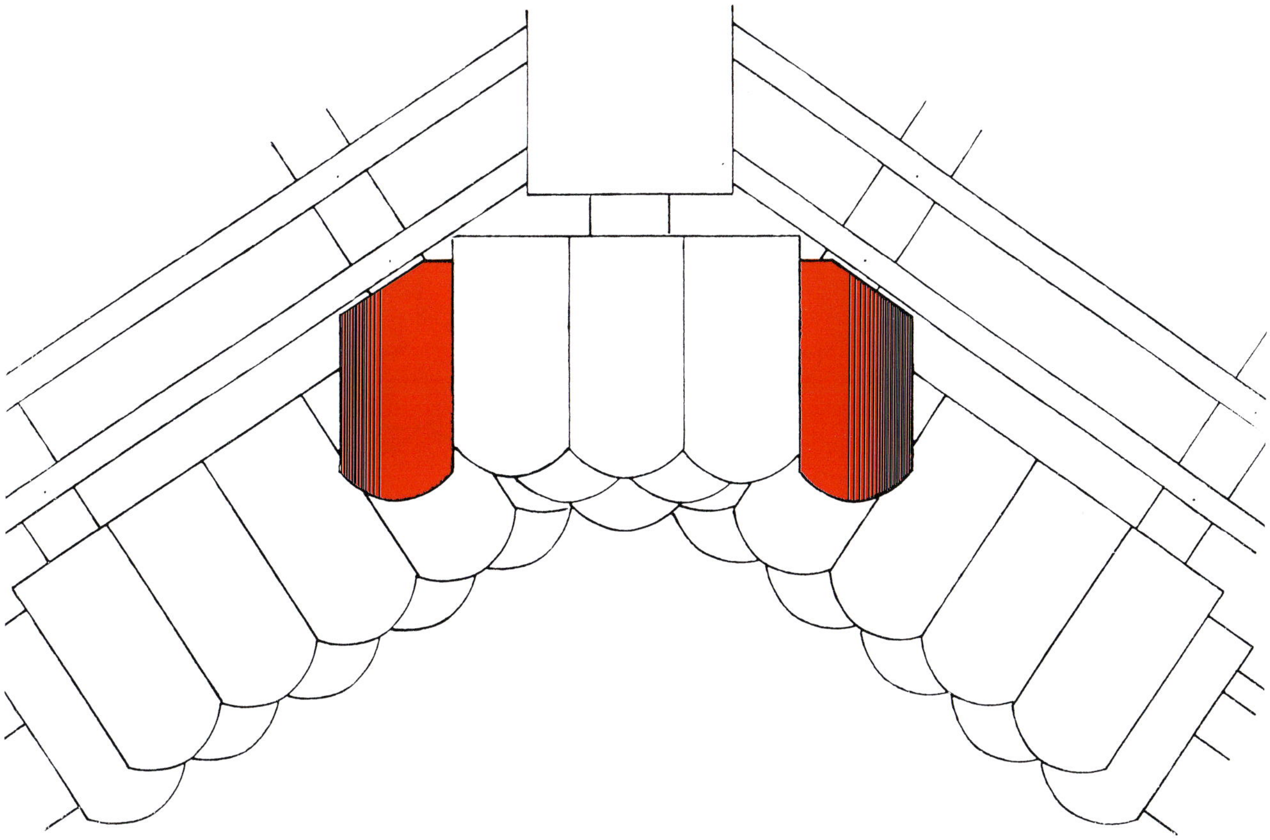

Abb. 4.62: Erste Unterläuferschicht

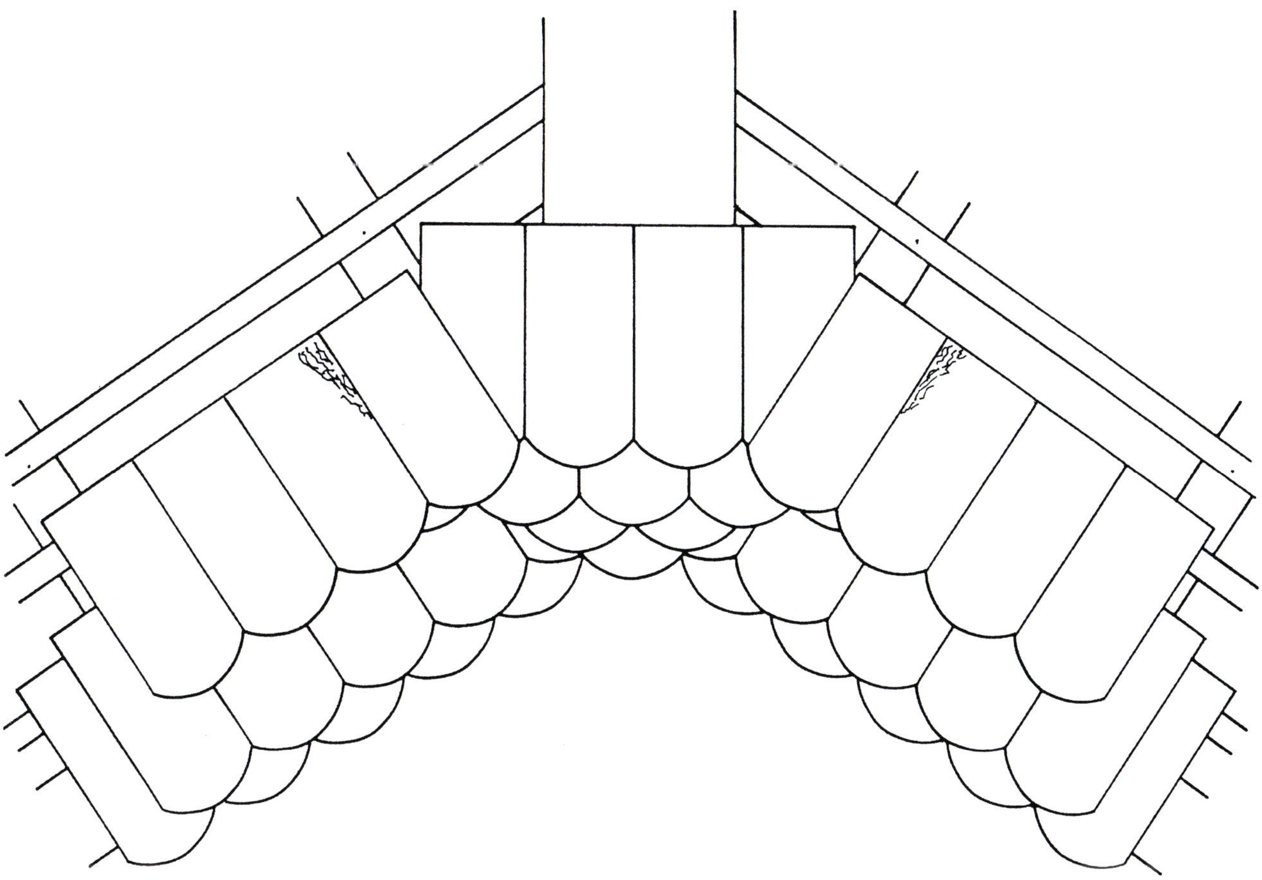

Abb. 4.63: Erste Deckschicht

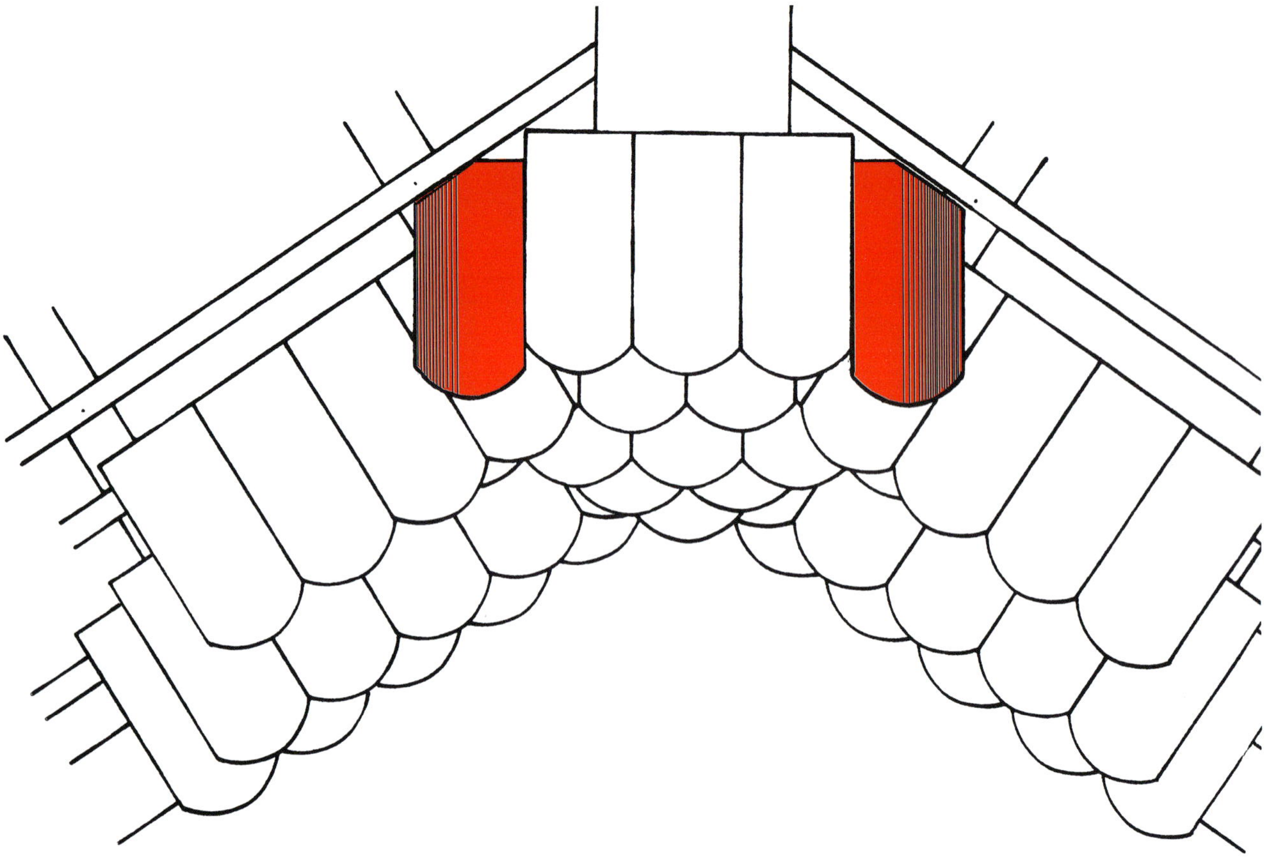

Abb. 4.64: Zweite Unterläuferschicht

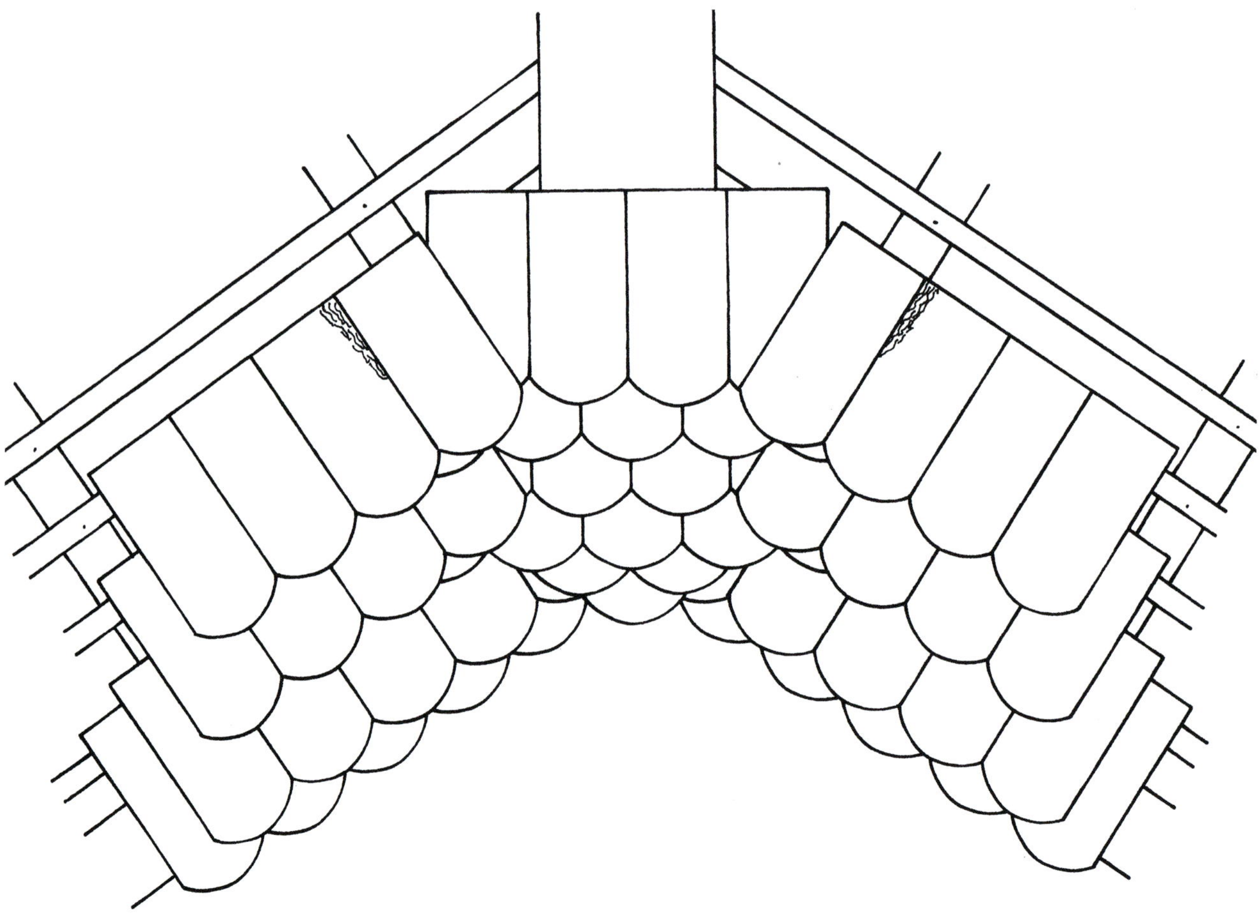

Abb. 4.65: Zweite Deckschicht

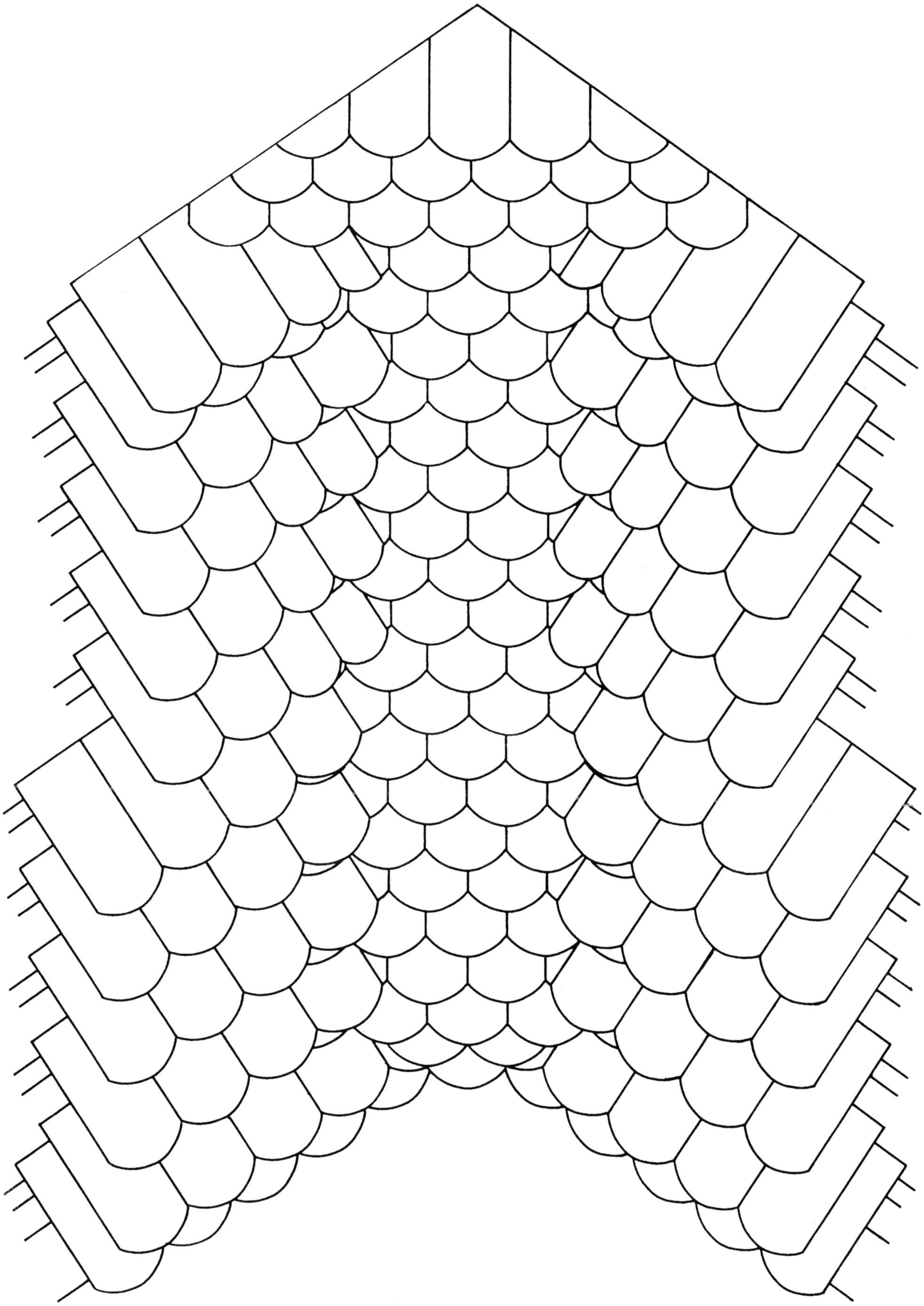

Abb. 4.66: Biberschwanzkehle in der Doppeldeckung mit Rundschnittbibern (2-Biber-breit)

4.5.2.3 Doppeldeckung, 2 : 4, abwechselnde Teilung

Sie kann sowohl in der Doppel- als auch in der Kronendeckung zur Anwendung kommen.

> **Merke:**
>
> Die abwechselnde Teilung wird angewendet, wenn bei gleicher Dachneigung die Lattung nicht bündig über dem Kehlwinkel zusammentrifft. Das kann bei unterschiedlichen Traufhöhen, Sattelgauben, aber auch bei geringen Neigungsunterschieden beider Dachflächen zutreffen.

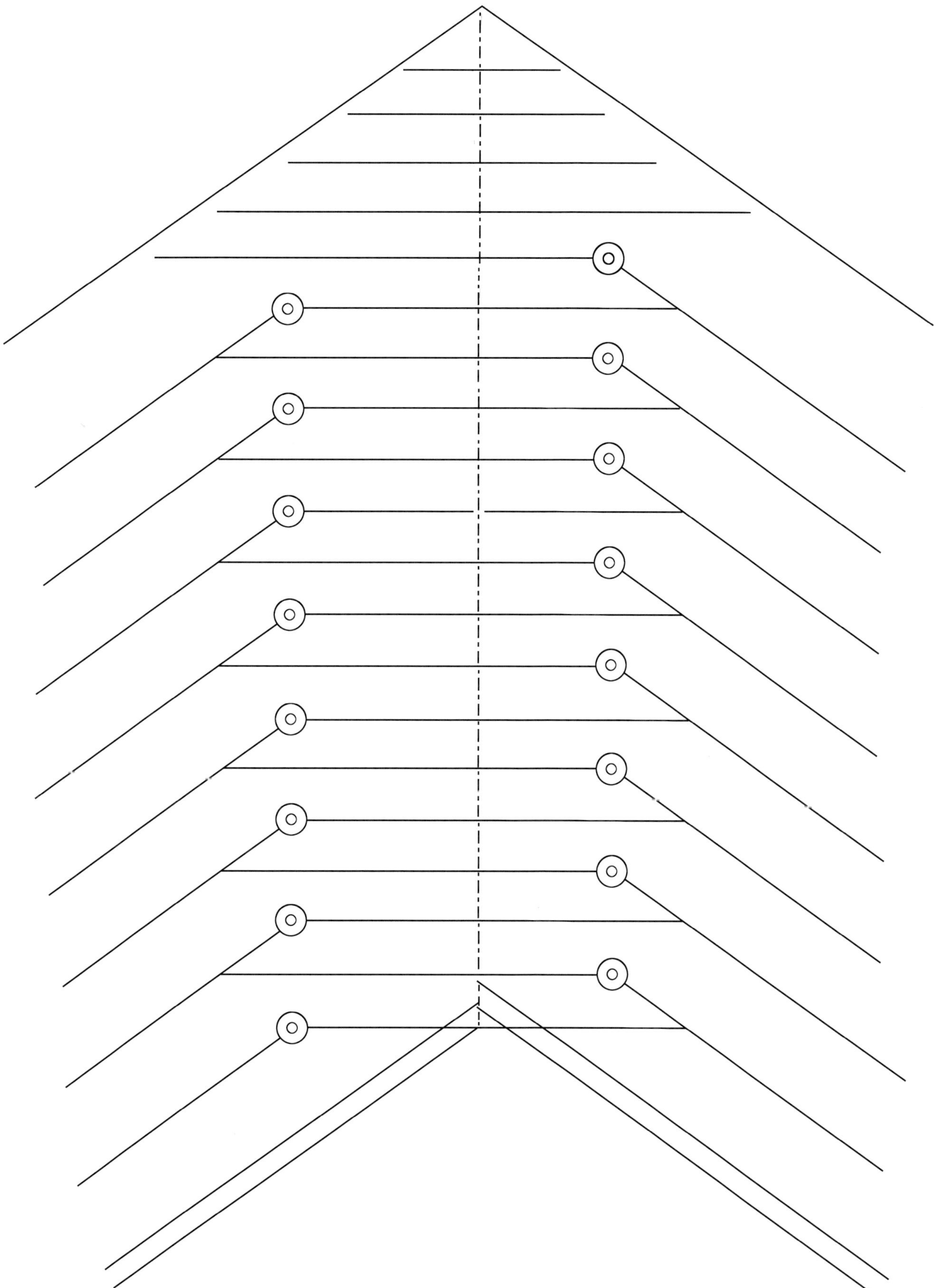

Abb. 4.67: Schematische Darstellung 2:4, abwechselnd, in der Doppeldeckung

Abb. 4.68: Zur Anwendung kommt die abwechselnde Teilung, wenn nicht exakt gelattet wurde.

Abb. 4.69: Schnüren der Kehlmitte und der Deckbreite (3-Biber-breit)

Abb. 4.70: Deckschichten: Erste, zweite usw. wechseln sich als Überlaufschichten ab.

Abb. 4.71: Fortlaufende Arbeitsschritte

Abb. 4.72: Fortlaufende Arbeitsschritte

Abb. 4.73: Fortlaufende Arbeitsschritte

Abb. 4.74: Fortgeschrittene Kehldeckung

Abb. 4.75: Kehldeckung. Weder die Ausspitzer noch die Anschlussziegel sind am Segment bearbeitet.

4.5.2.4 Kronendeckung, 1 : 4, 3-Biber-breit

- Kehlbrettbreite: ca. 37 cm
- Traufaufbau: 9 cm

Ermittlung der Schnittpunkte bei der 2:4er-Teilung

Auch bei dieser Kehle müssen sich die Latten beider Dachseiten in der Kehlmitte treffen. Diese Kehle wird mit zwei Ausspitzerreihen und zwei Unterläuferreihen und einem Wasserziegel gedeckt. Die Ausspitzerreihe 2 trifft nicht den Segmentschnittpunkt, die beiden Unterläuferreihen werden seitlich und am Kopfschnitt ausgedünnt.

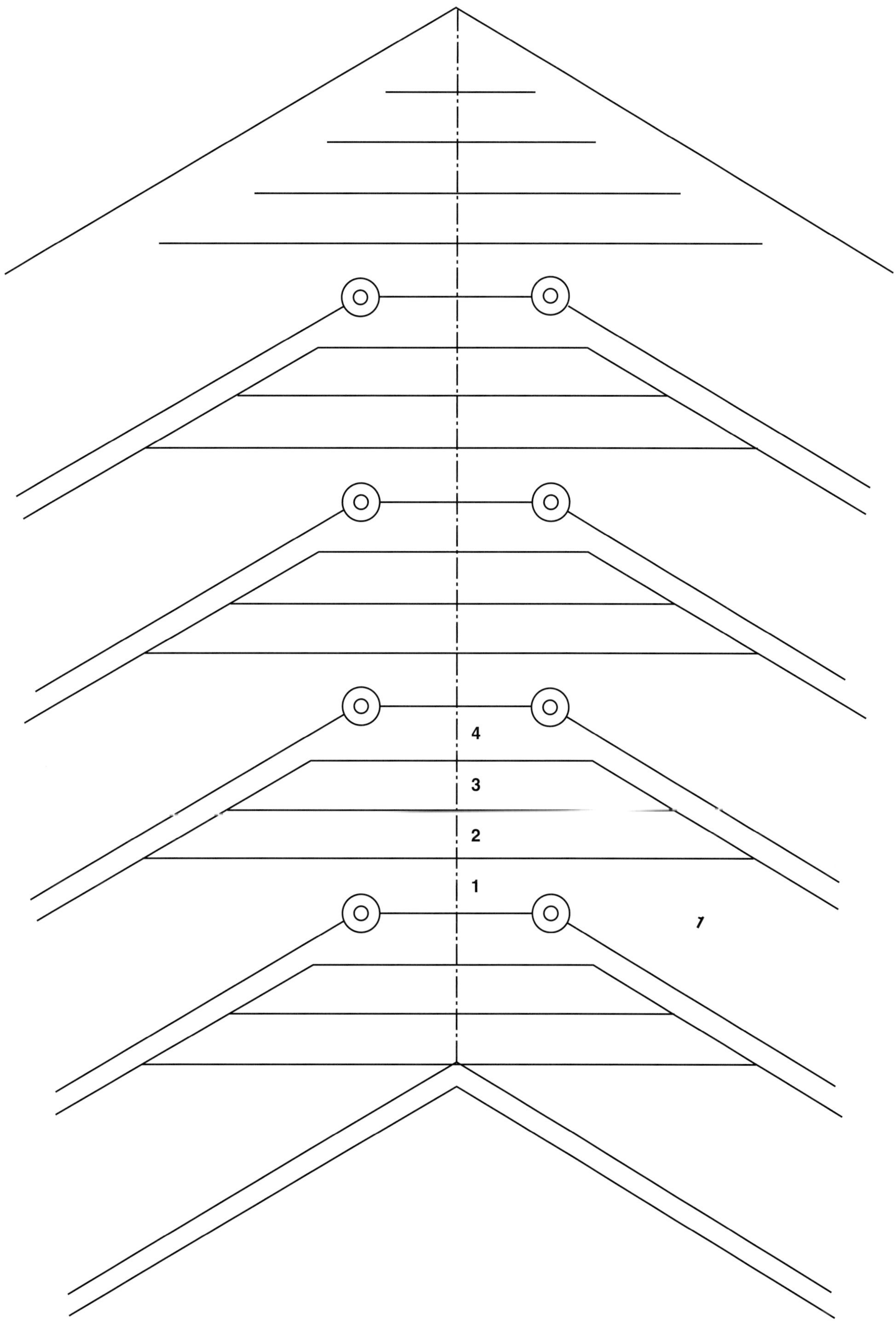

Abb. 4.76: Schematische Darstellung einer gleichhüftig eingebundenen Biberkehle in der Kronendeckung, Teilung 2:4

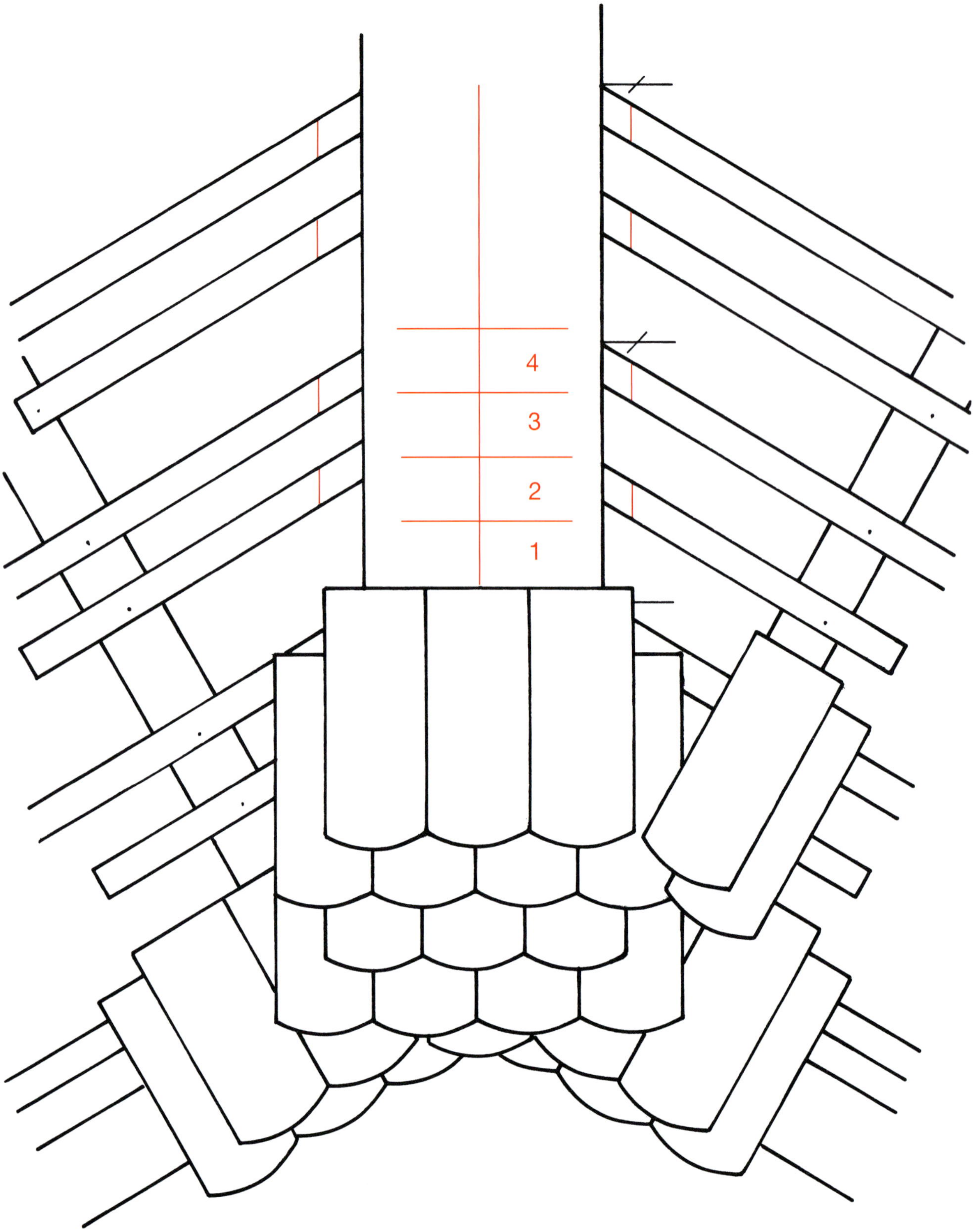

Abb. 4.77: Provisorisch angelegter Kehlanfang in der Kronendeckung, 3-Biber-breit, Teilung 2 : 4. Ermittlung der Schnittpunkte und Übertragung auf die Kehlschalung.

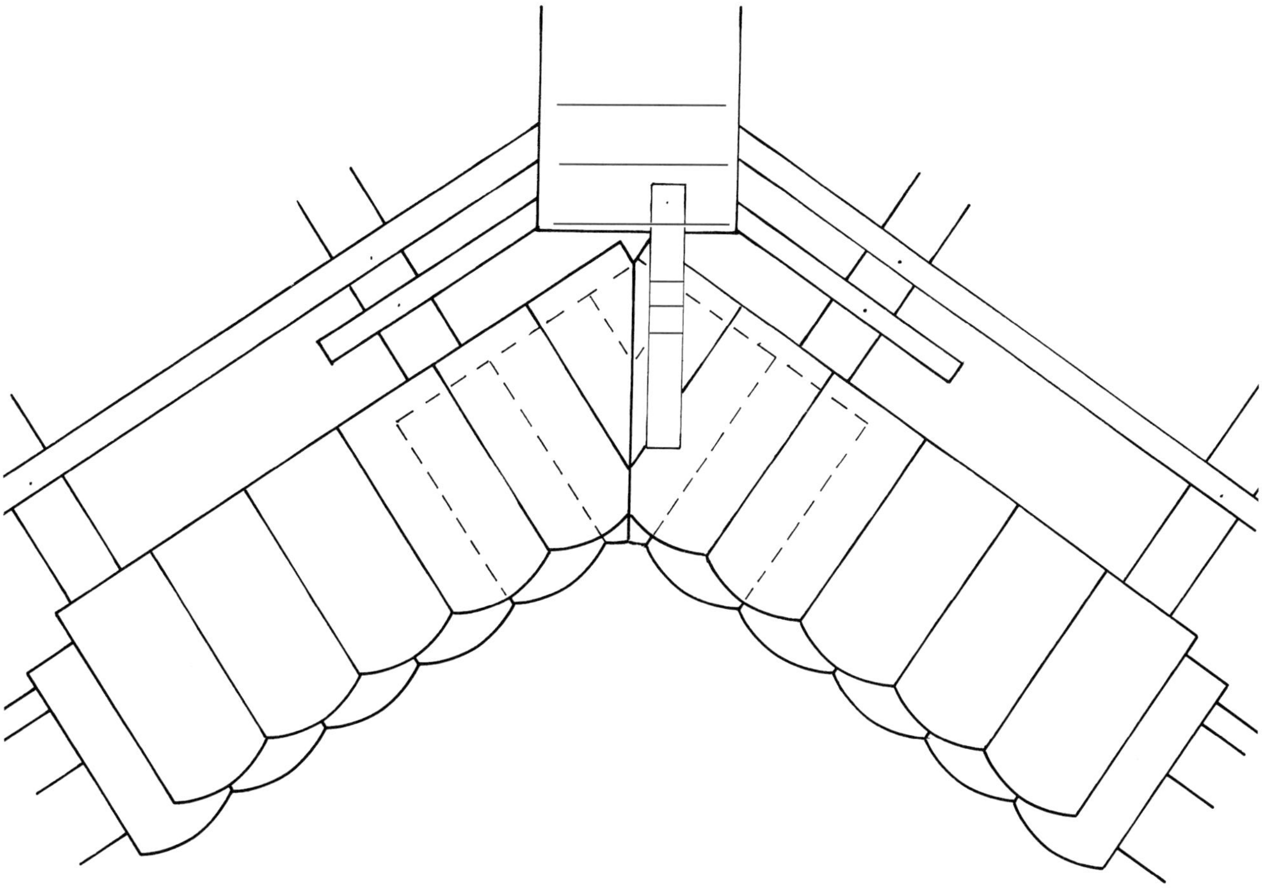

Abb. 4.78: Nachdem der provisorische Kehlanfang aufgenommen wurde, werden auf den Pappstreifen die einzelnen Kehlschichten aufgezeichnet.

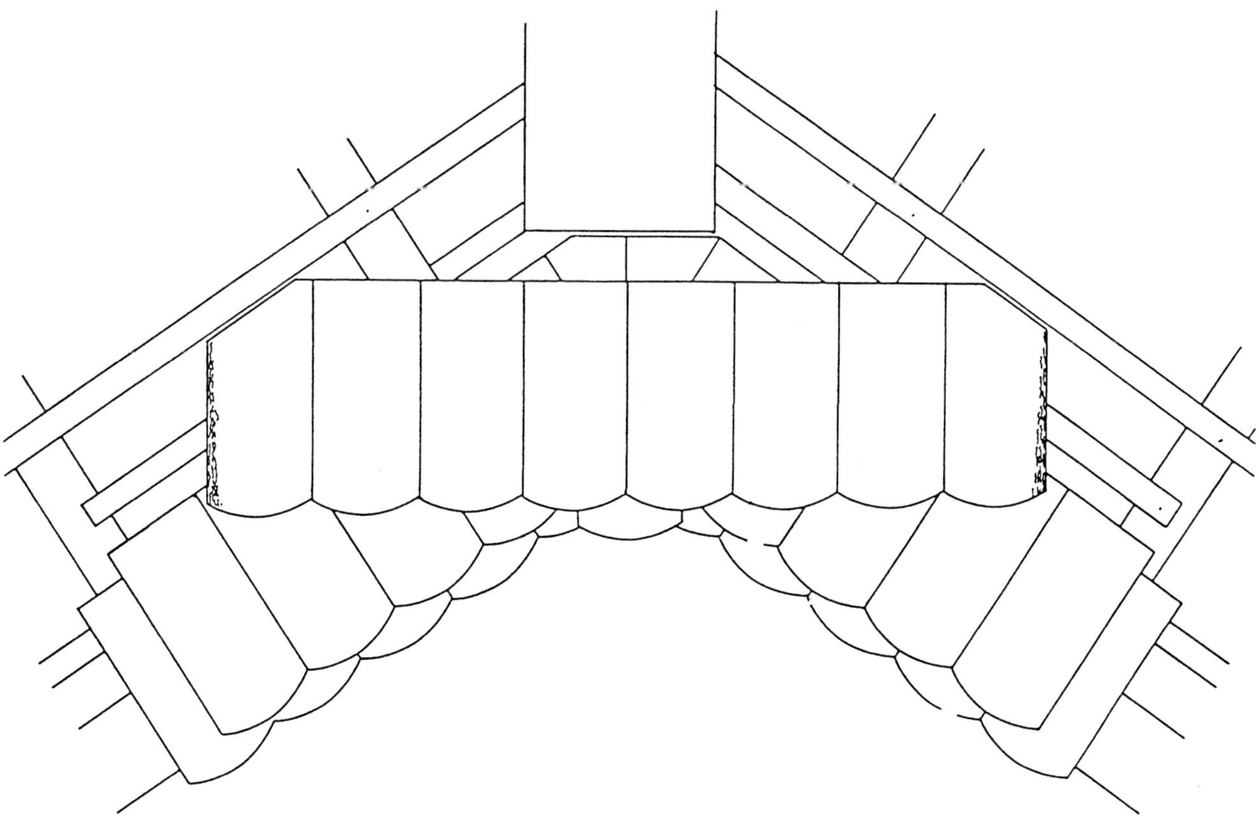

Abb. 4.79: Kehlanfang einer gleichhüftig eingebundenen Biberkehle in der Kronendeckung, Teilung 2:4, 3-Biber-breit. Erste Unterläuferschicht

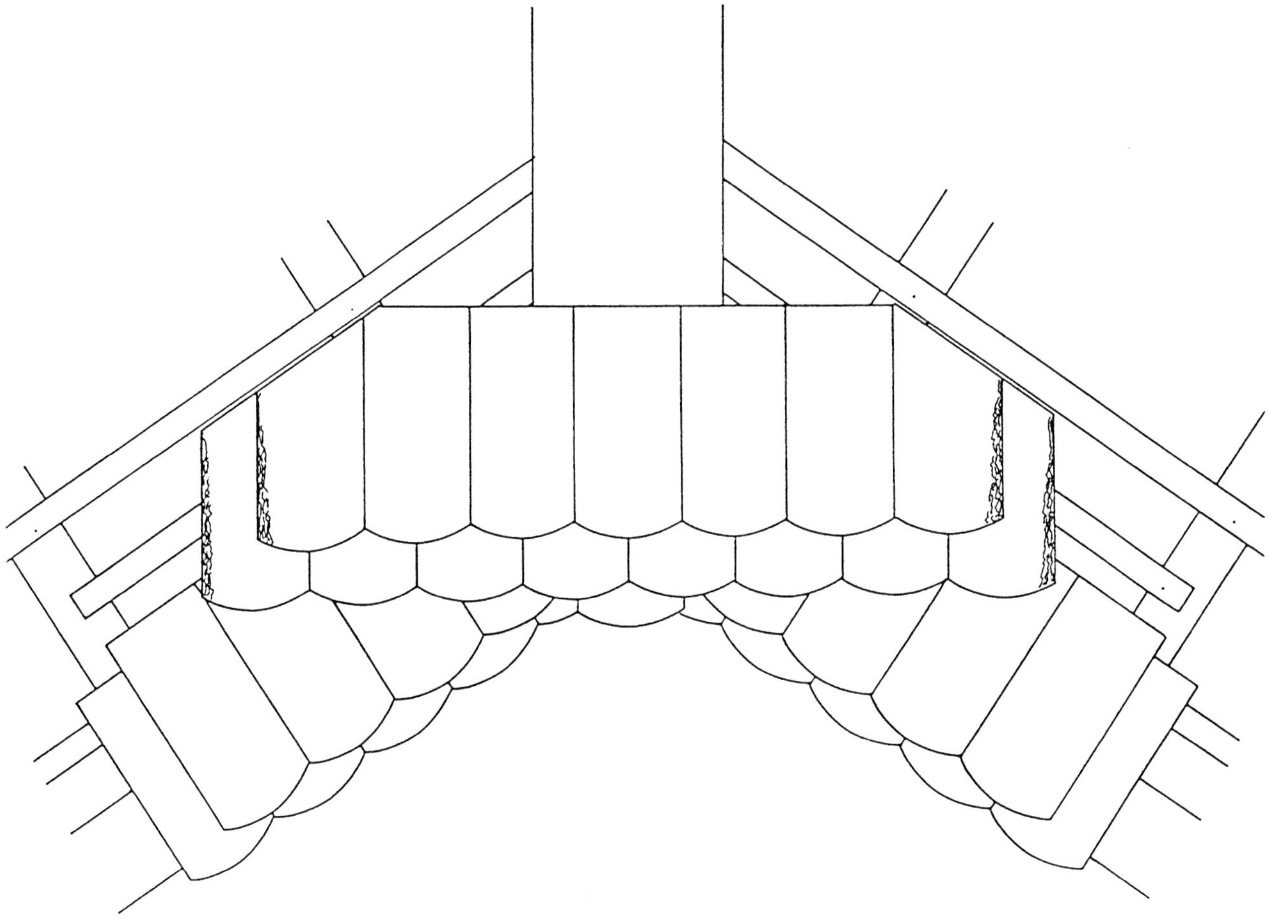

Abb. 4.80: Zweite Unterläuferschicht

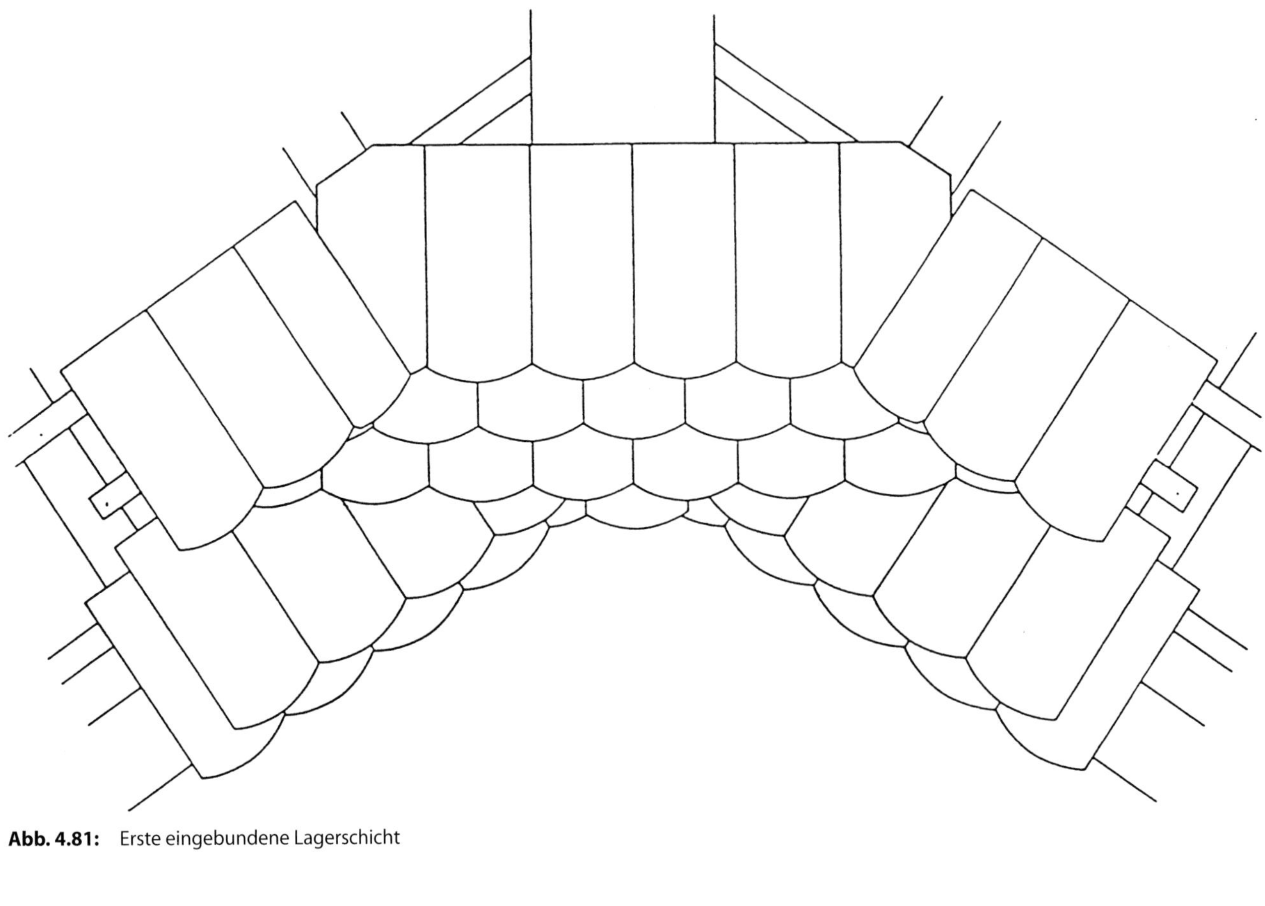

Abb. 4.81: Erste eingebundene Lagerschicht

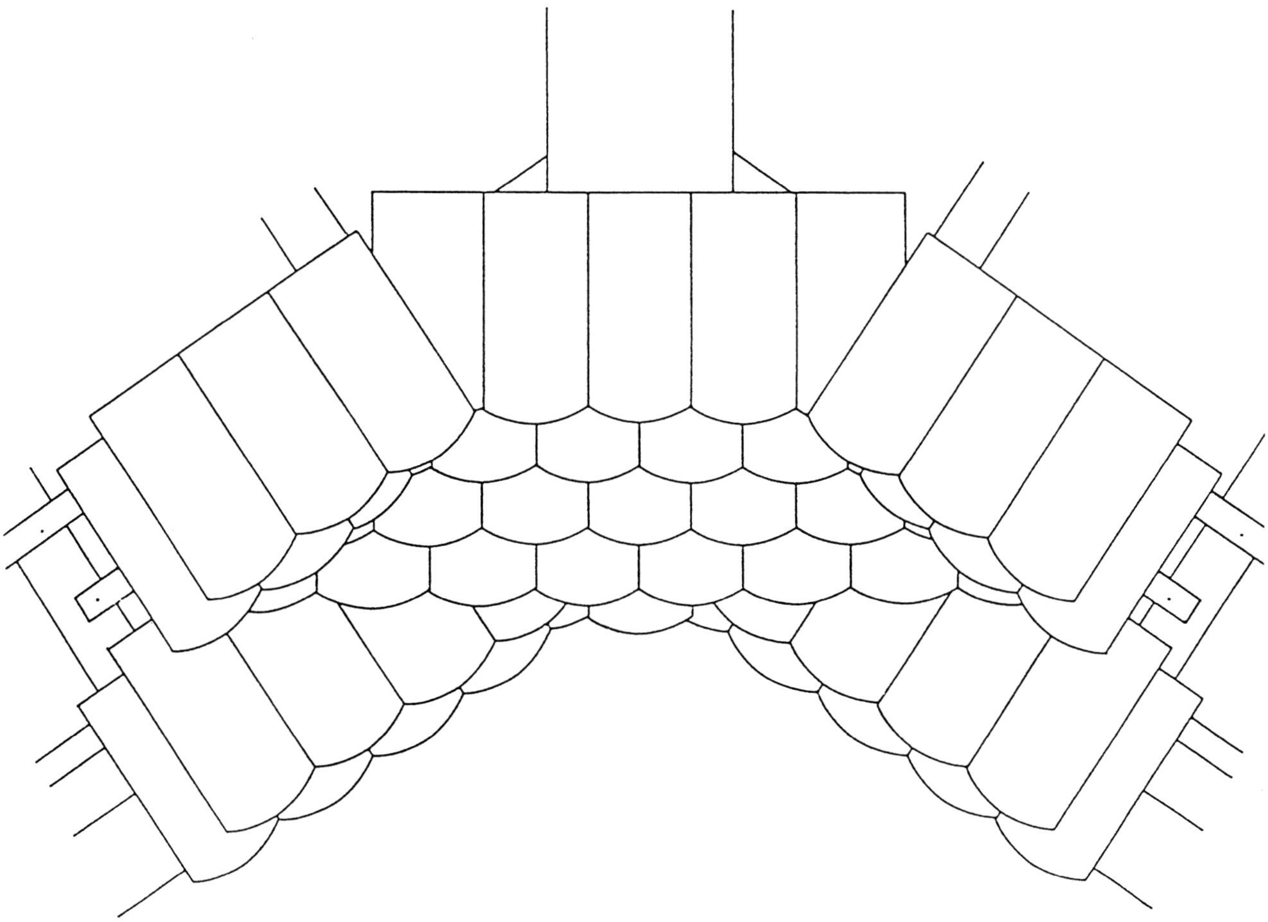

Abb. 4.82: Erste eingebundene Deckschicht

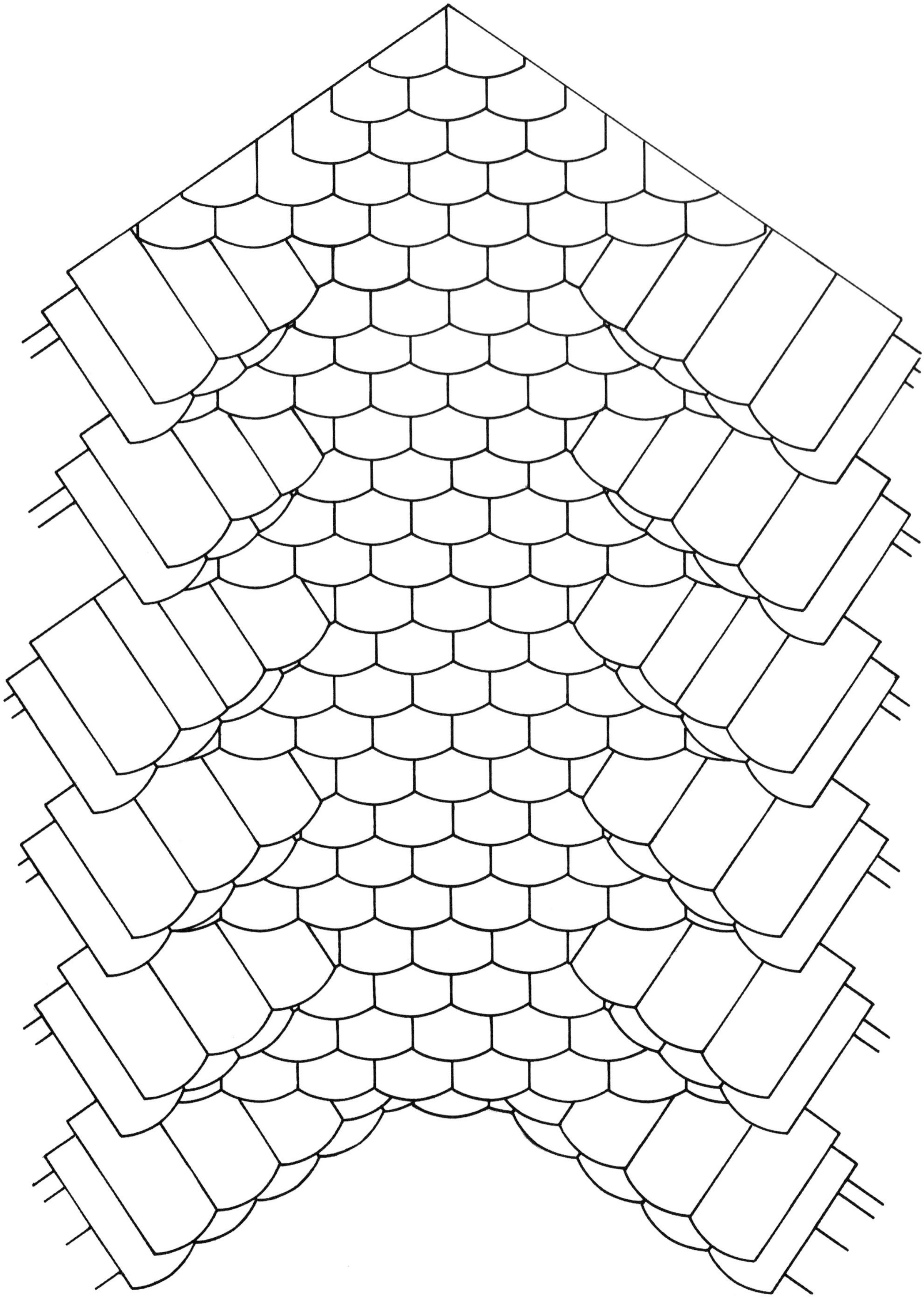

Abb. 4.83: Gleichhüftig eingebundene Biberkehle in der Kronendeckung, Teilung 2:4, 3-Biber-breit

4.5.2.5 Kronendeckung, 1 : 4, 2-Biber-breit

Ermittlung der Schnittpunkte bei der 2:4er-Teilung

Die Ermittlung erfolgt an dem ersten Deckgebinde über der Lagerschicht mit zwei Kehlziegeln.

Diese Kehle wird mit zwei Ausspitzerreihen und zwei Unterläuferreihen gedeckt. Darunter liegen in Summe drei Wasserziegel im Abstand von 2,5 cm bei Segmentschnitt. Ausspitzerreihe 1 trifft den Segmentpunkt. Auch bei dieser Kehle trifft Ausspitzer 2 nicht den Segmentschnittpunkt, die beiden Unterläuferreihen werden seitlich und am Kopfschnitt ausgedünnt.

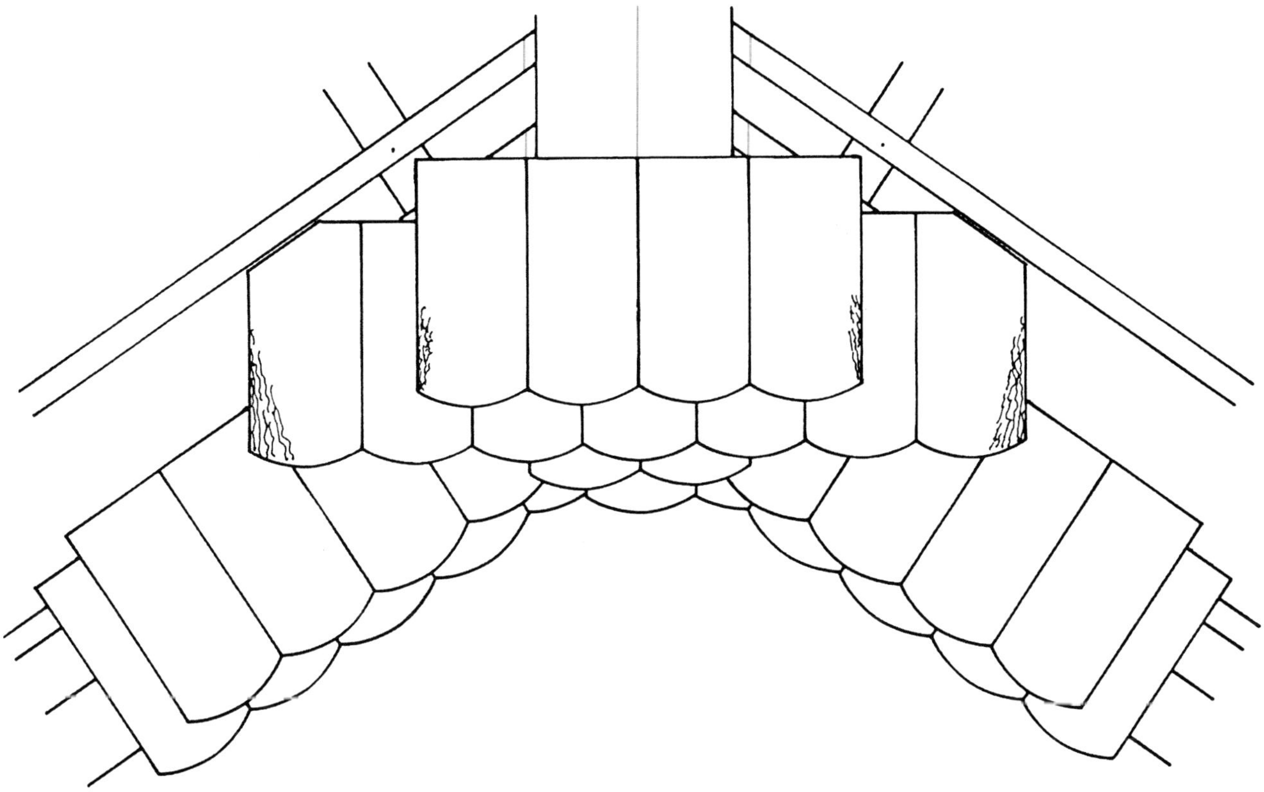

Abb. 4.84: Kehlanfang einer gleichhüftig eingebundenen Biberkehle in der Kronendeckung, Teilung 2 : 4, 2-Biber-breit. Erste und zweite Unterläuferschicht

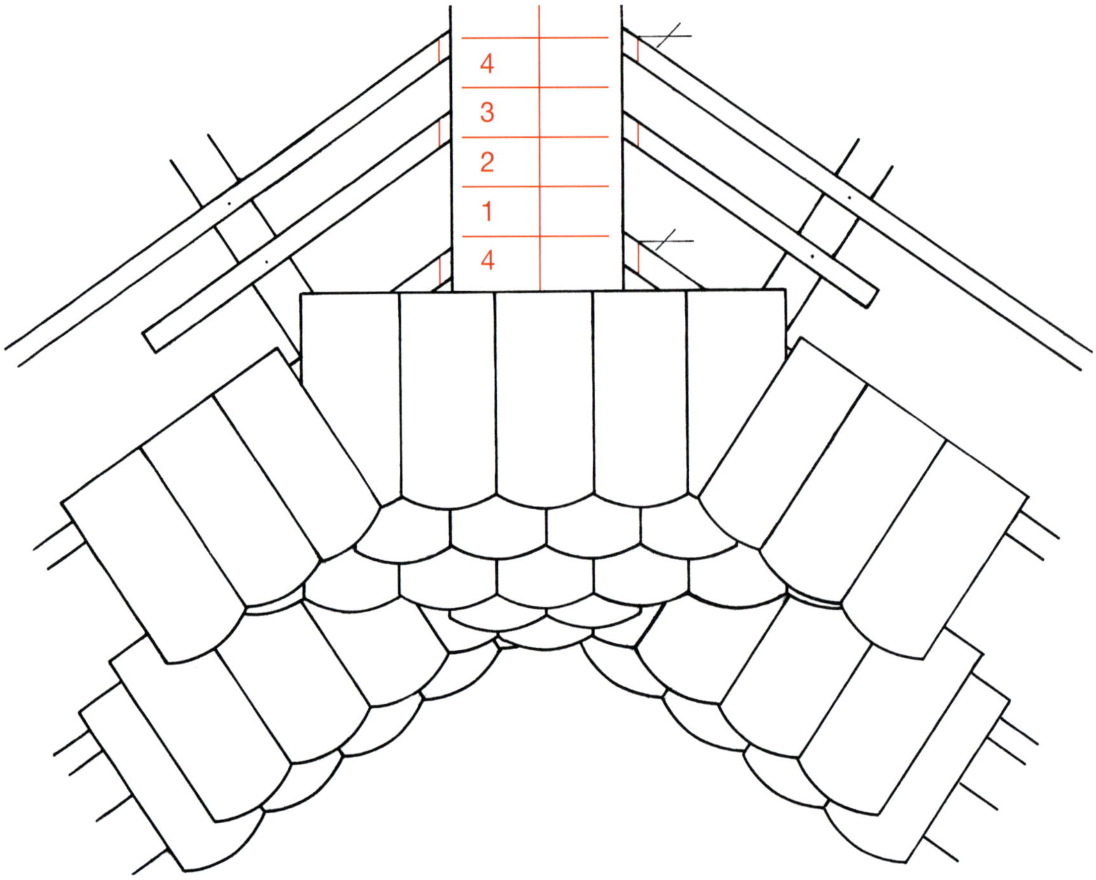

Abb. 4.85: Erste eingebundene Lagerschicht

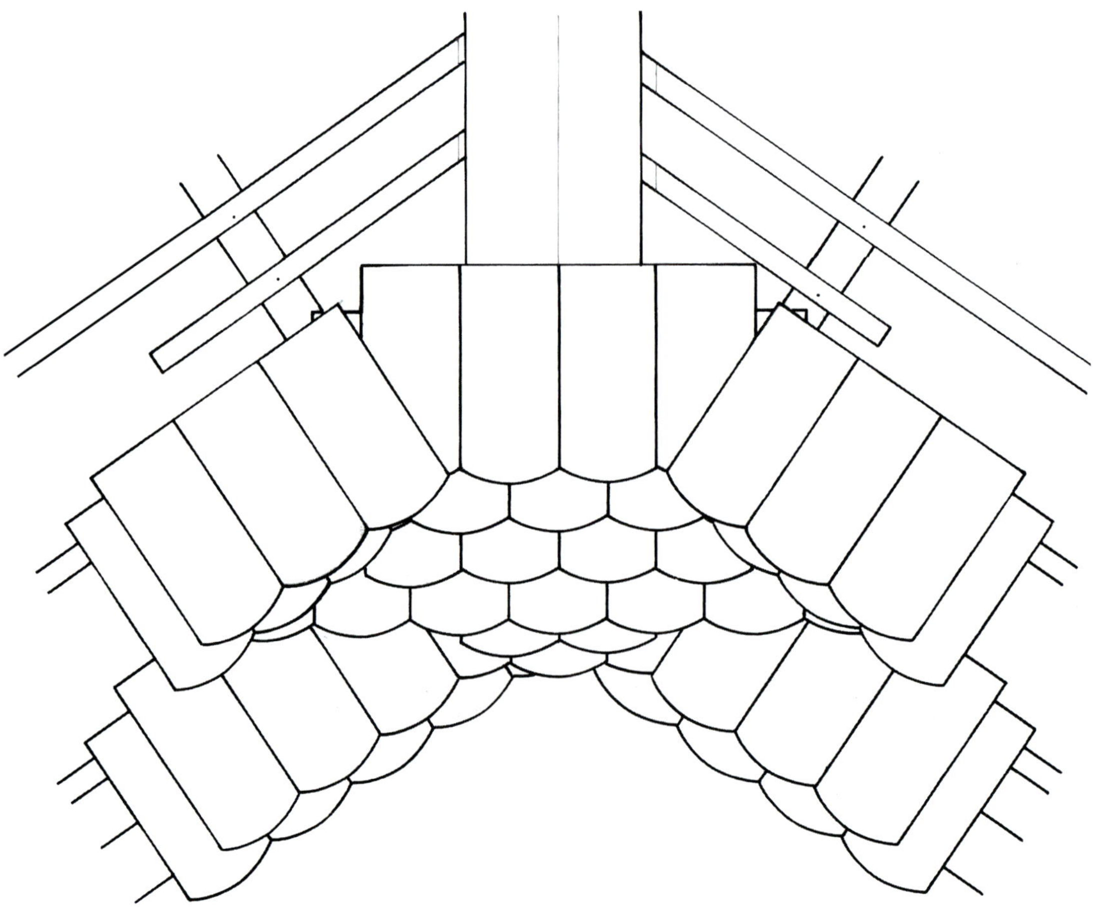

Abb. 4.86: Erste eingebundene Deckschicht

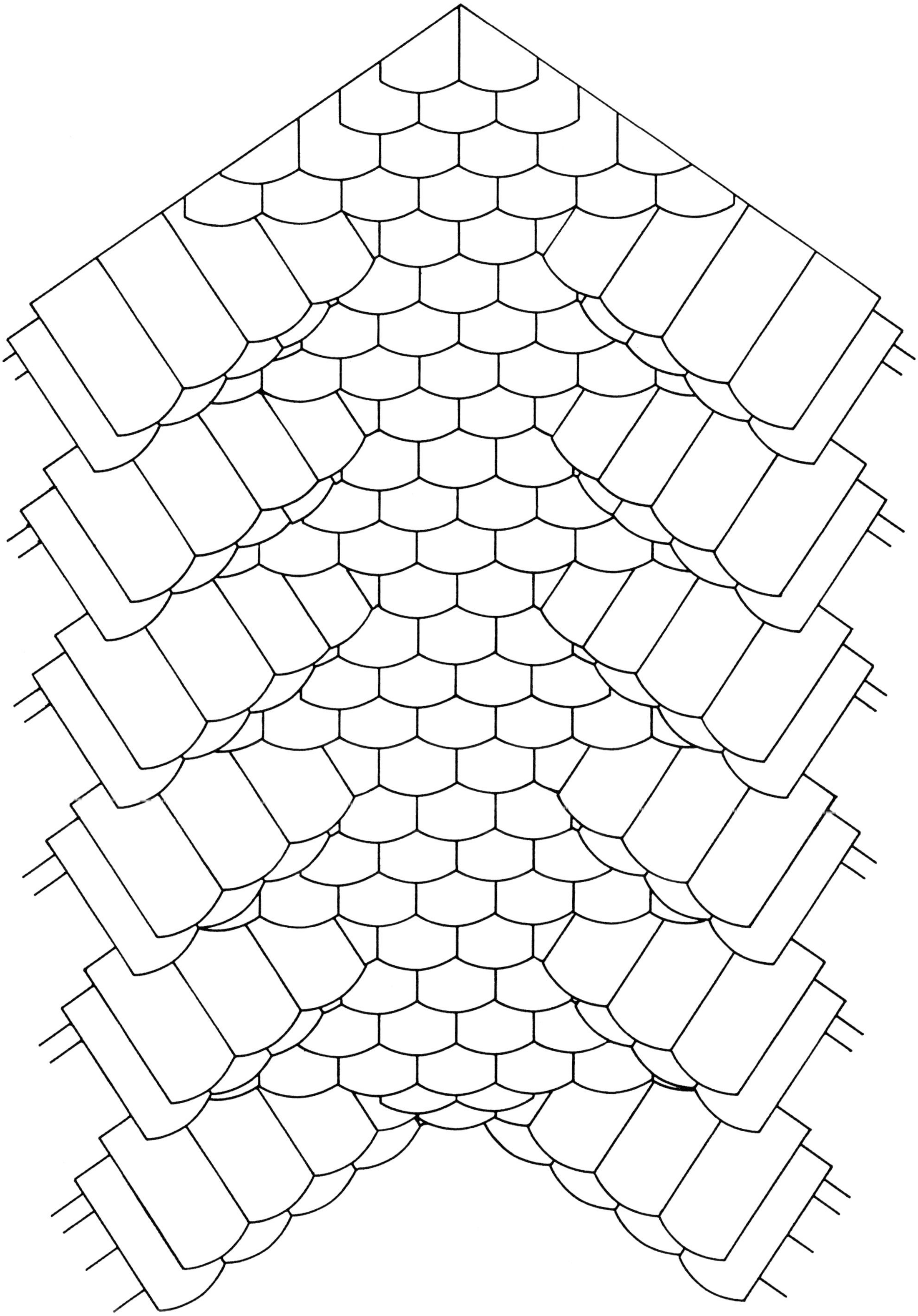

Abb. 4.87: Gleichhüftig eingebundene Biberkehle in der Kronendeckung, Teilung 2:4, 2-Biber-breit

4.5.2.6 Kronendeckung, 1 : 4, abwechselnde Teilung

Die abwechselnde Teilung in der Kronendeckung bietet sich an bei nicht exakter Lattung über dem Kehlwinkel, bei unterschiedlichen Traufhöhen und bei geringen Neigungsdifferenzen beider Dachflächen. So können Kehlschichten als Überläuferschichten zwischen Deckschicht und Lagerschicht und auch umgekehrt entstehen.

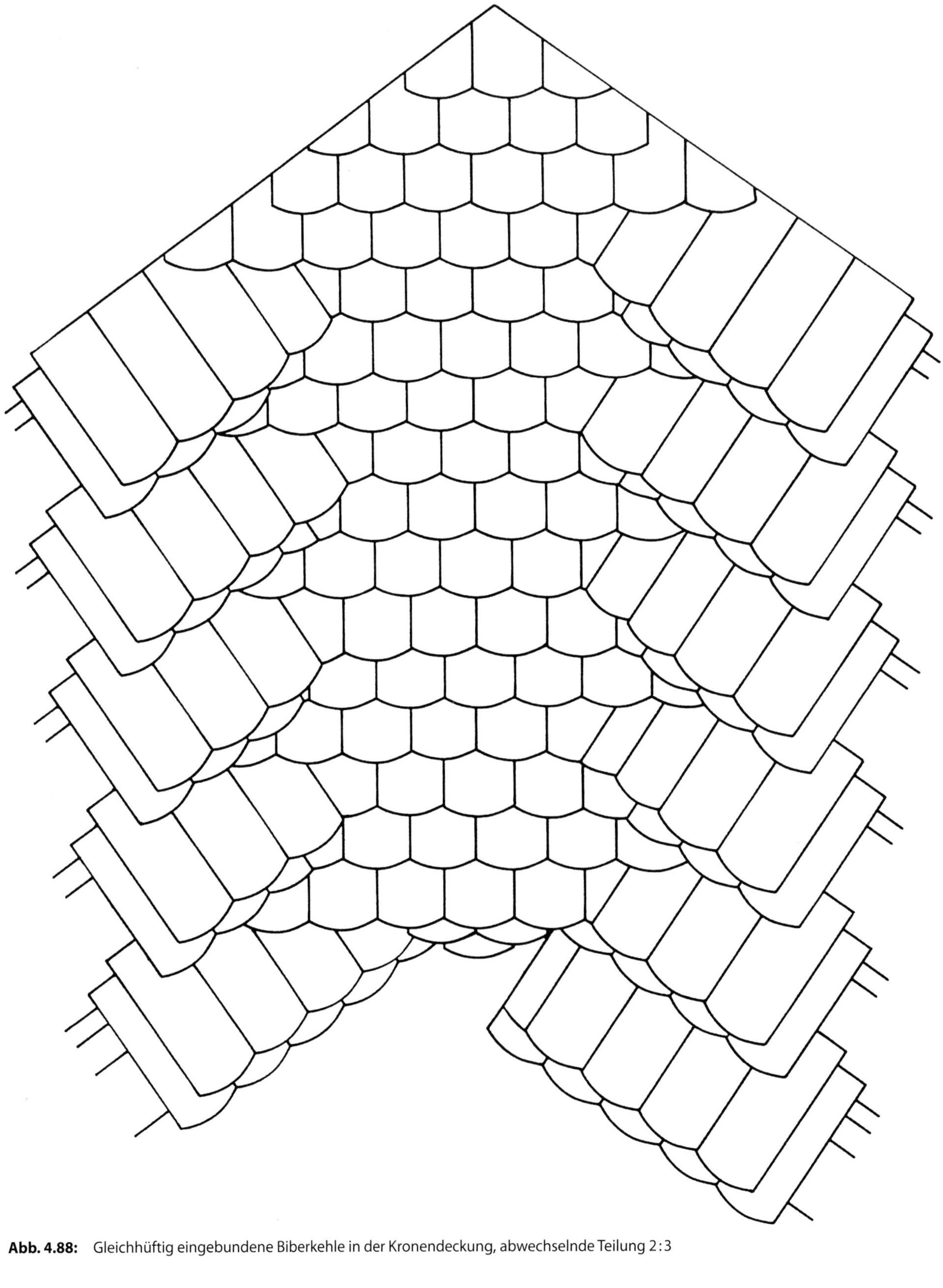

Abb. 4.88: Gleichhüftig eingebundene Biberkehle in der Kronendeckung, abwechselnde Teilung 2 : 3

4.5.2.7 Doppeldeckung, 2 : 3, 3-Biber-breit

- Kehlbrettbreite: ca. 37 cm
- Traufaufbau: 9 cm

Ermittlung der Schnittpunkte bei der 2 : 3er-Teilung

Die Ermittlung erfolgt am zweiten Deckgebinde mit drei Kehlziegeln, die am Segmentpunkt anlaufen. Es ist darauf zu achten, dass die Lattungen in der Kehlmitte Oberkante bündig aufeinandertreffen. In der übernächsten Flächenreihe laufen aber nur noch zwei Kehlziegel am Schnittpunkt an. Bei den beiden Deckgebinden ist auf die Rechtwinkligkeit zur Dachlattung zu achten, sonst verschiebt sich der Schnittpunkt in der Kehle.

Auch bei einer Teilung 2 : 3 sollte der Kehlanfang mit einer Teilung 1 : 2 beginnen. Dadurch wird vermieden, dass am Kehlanfang zwei Ausspitzer übereinanderliegen. Durch die fehlenden Unterläufer wären ansonsten Kreuzfugen nicht immer auszuschließen.

Wichtig ist, dass der vierte Biber den ersten Biber immer 1 cm überdecken muss. Es ist daher rechnerisch nach der Formel auf Seite 63 zu ermitteln, ob eine engere Lattung der gesamten Dachfläche zur Anwendung kommen soll, um damit Material in der Kehle zu sparen, oder eine Teilung 1 : 2 zu wählen ist, um dadurch weniger Biber und Lattung in der Fläche zu verbrauchen.

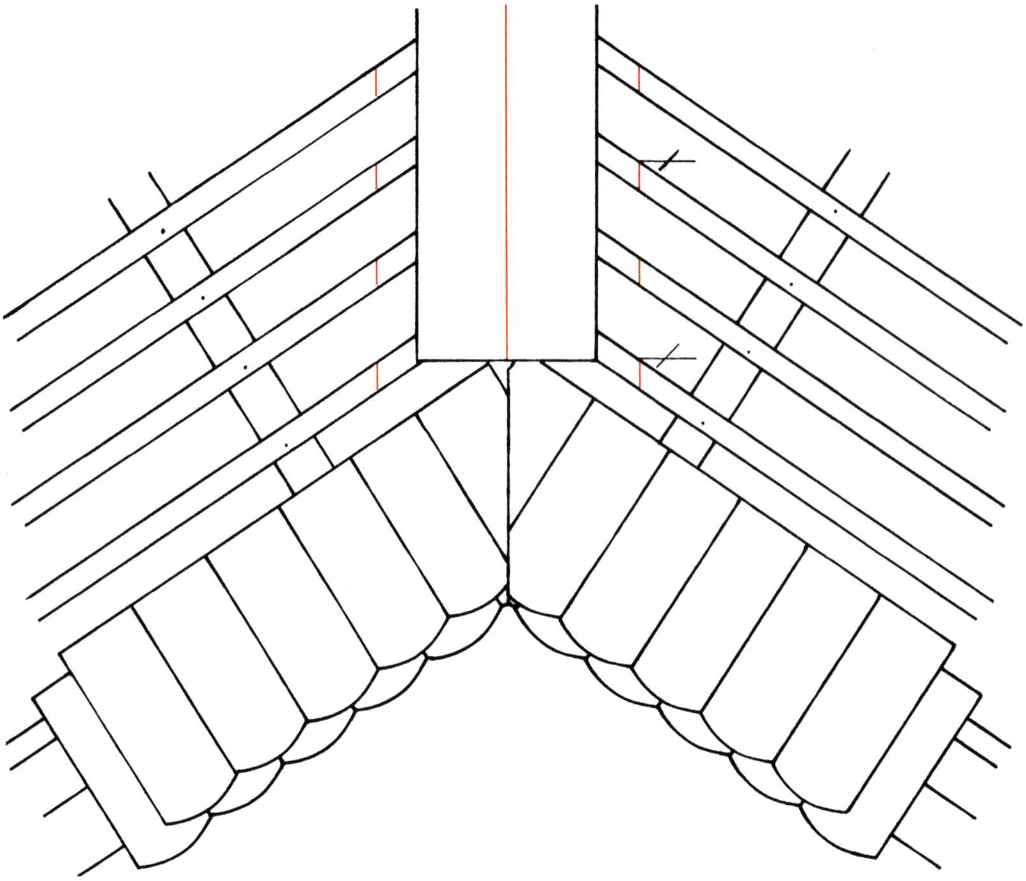

Abb. 4.89: Gleichhüftig eingebundene Kehle in der Doppeldeckung, Teilung 2:3, 3-Biber-breit. Ermittlung der Schnittpunkte und Teilung auf der Kehlschalung

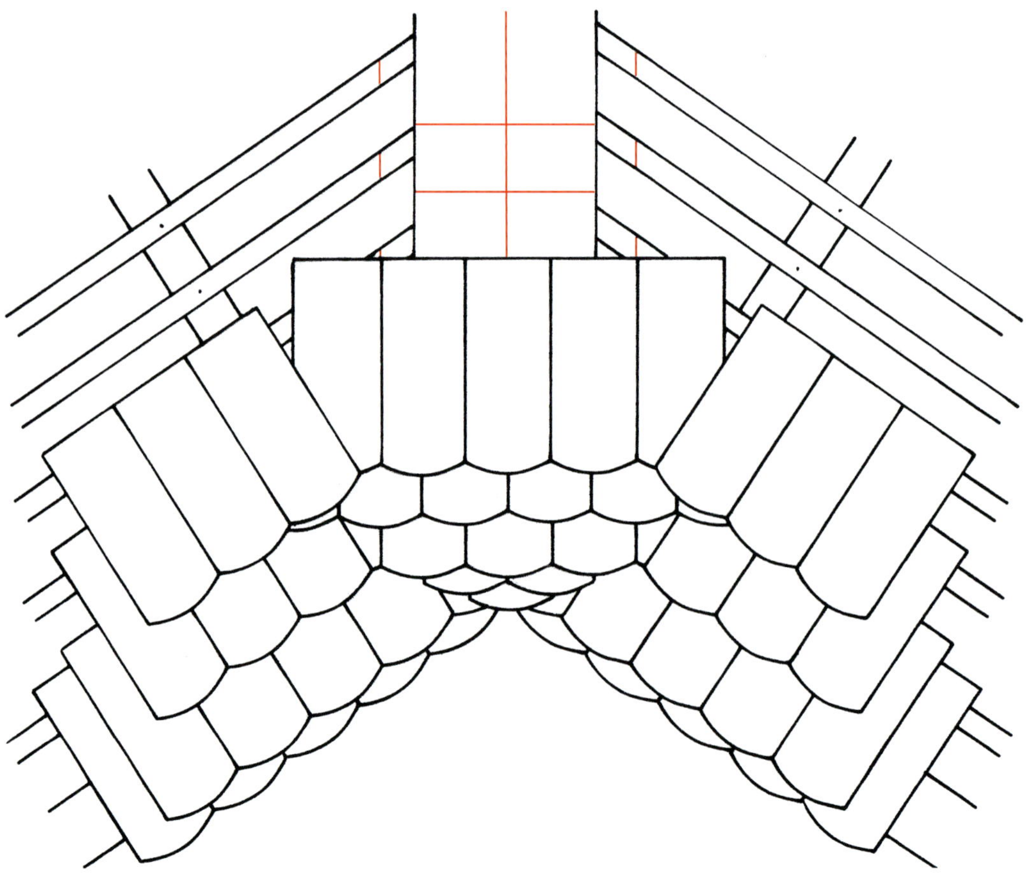

Abb. 4.90: Fortgeschrittene Kehldeckung

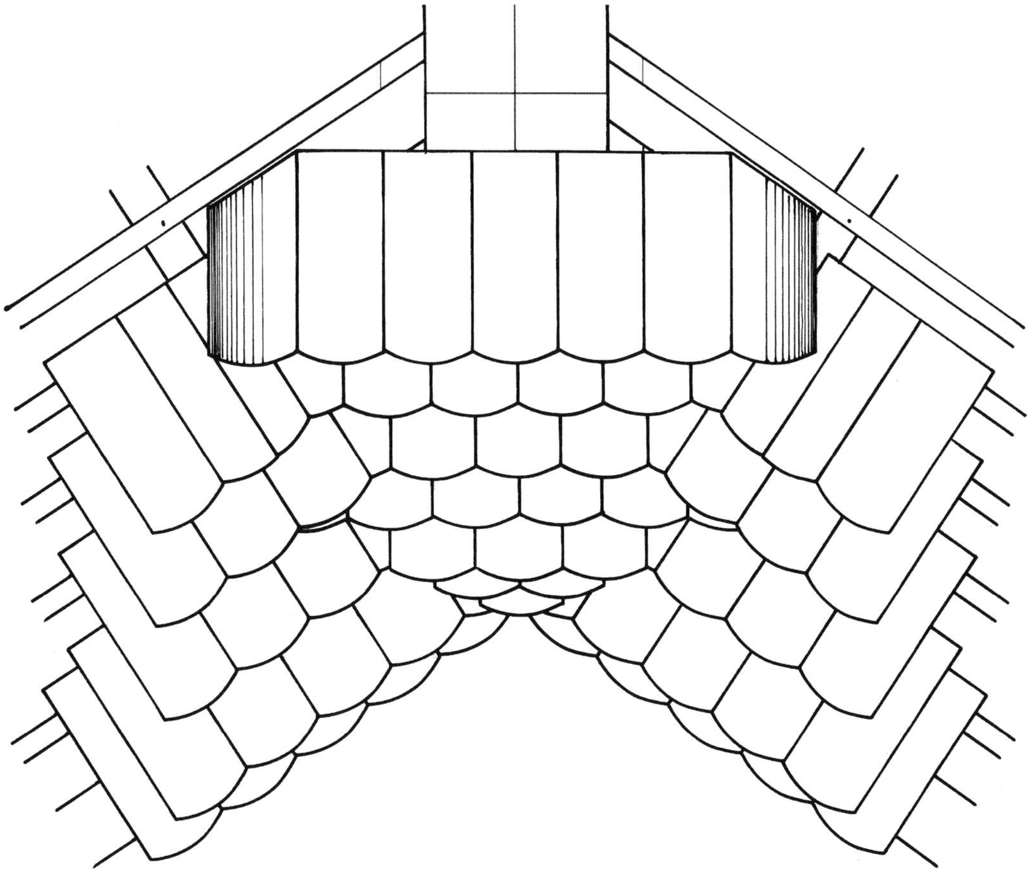

Abb. 4.91: Zweite Unterläuferschicht

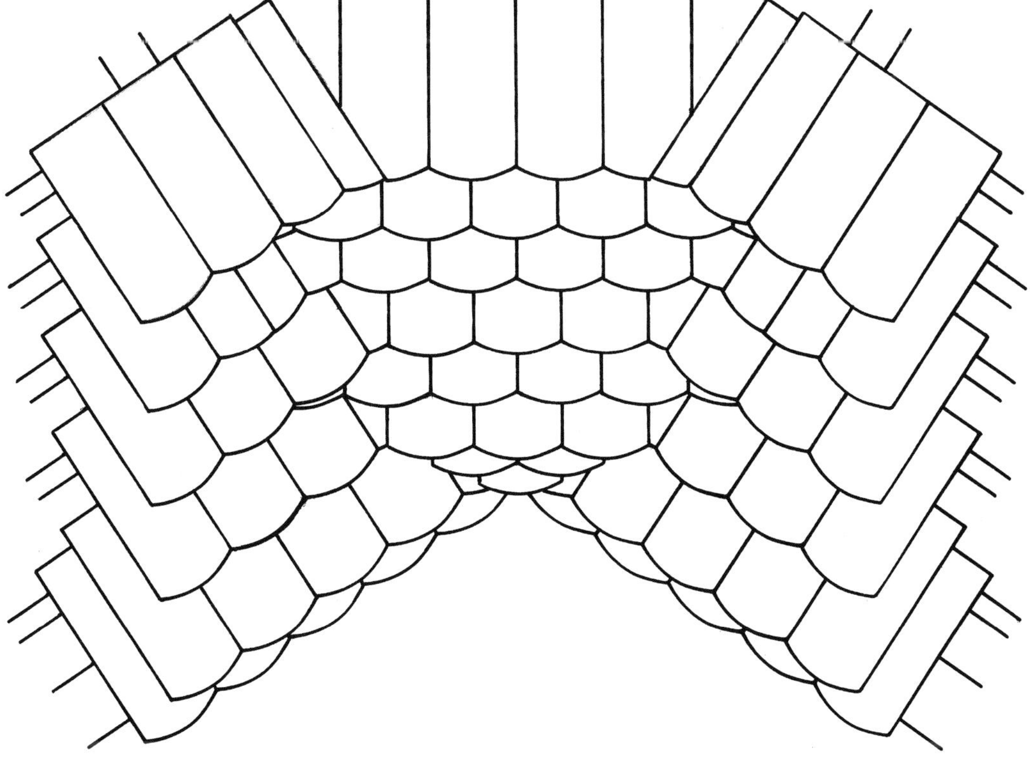

Abb. 4.92: Vierte eingebundene Deckschicht

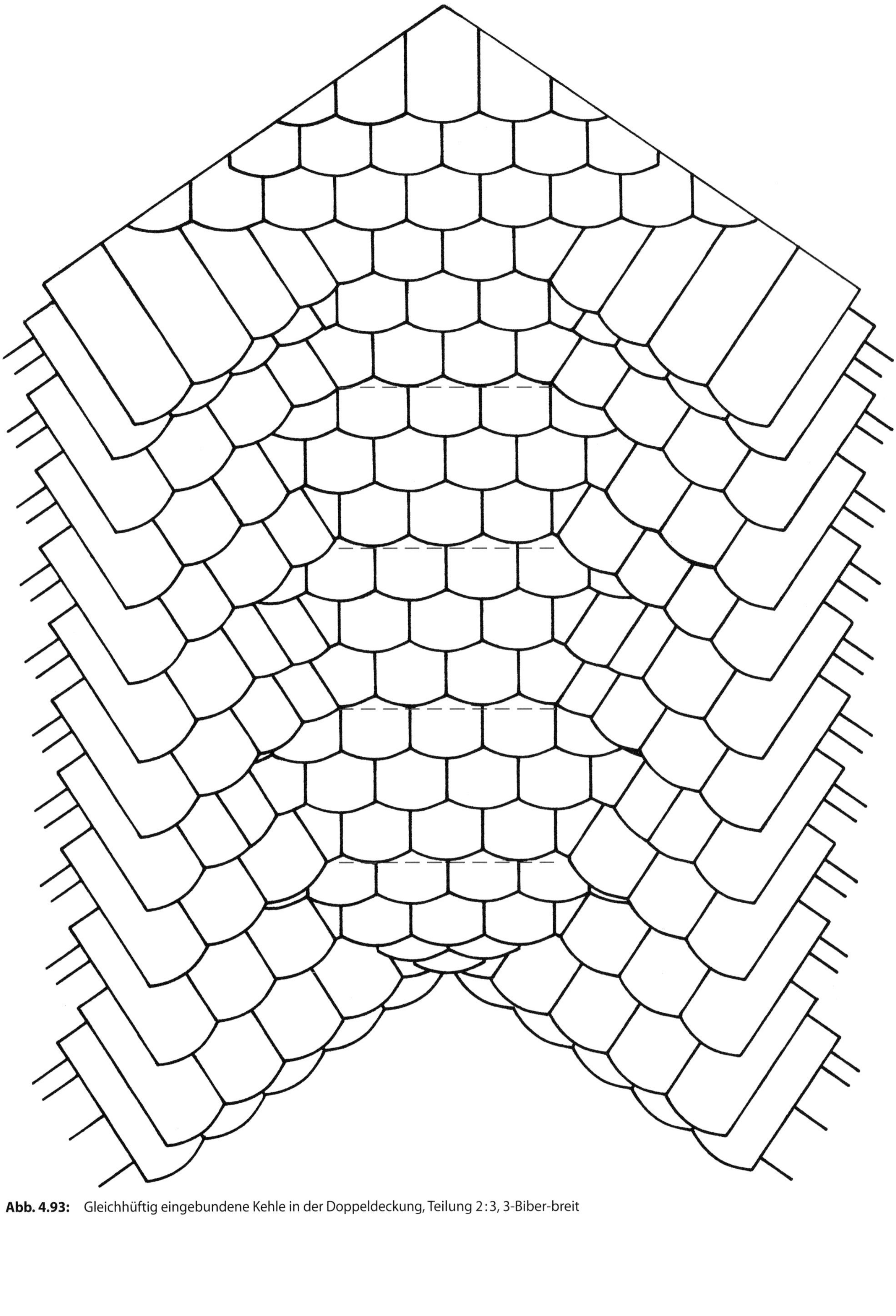

Abb. 4.93: Gleichhüftig eingebundene Kehle in der Doppeldeckung, Teilung 2:3, 3-Biber-breit

4.5.2.8 Doppeldeckung, 2 : 3, 2-Biber-breit

- Kehlbrettbreite: ca. 32 cm
- Traufaufbau: 7 cm

Ermittlung der Schnittpunkte bei der 2 : 3er-Teilung

Die Ermittlung erfolgt am zweiten Deckgebinde mit Kehlziegeln, die am Segmentpunkt anlaufen. Es ist darauf zu achten, dass die Lattungen in der Kehlmitte Oberkante bündig aufeinandertreffen. In der übernächsten Flächenreihe laufen aber nur noch zwei Kehlziegel am Schnittpunkt an. Bei den beiden Deckgebinden ist auf die Rechtwinkligkeit zur Dachlattung zu achten, sonst verschiebt sich der Schnittpunkt in der Kehle.

Anders als bei der Kehldeckung in 2-er Teilung wird bei der 3-er Teilung der erste Wasserziegel, gleich ob eingebunden oder aufgelegt, von einer Unterläuferschicht mit vier Kehlziegeln überdeckt (siehe Abb. 4.94).

Dann wird der erste Schnittpunkt in der ersten Deckschicht und der zweite Schnittpunkt in der zweiten Deckschicht festgelegt und durch zwei geteilt, das so ermittelte Maß nach unten angetragen und die erste Unterläuferschicht ggf. ausgerichtet, bevor sie befestigt und die Vordeckung des Kehlbretts darauf geführt wird.

Anschließend folgt die erste Deckschicht der Kehle. Um im Verband zu bleiben, schließen an dem mittig liegenden Wasserziegel rechts und links je mindestens halbziegelbreite Ausspitzer an (siehe Abb. 4.95). Die dritte Kehlschicht ist eine Unterläuferschicht (siehe Abb. 4.96), auf die die zweite Deckschicht (= vierte Kehlschicht) aus wiederum nur einem vollen und zwei halbziegelbreiten Ausspitzen gedeckt wird. Dritte und vierte Kehlschicht sind so identisch mit der ersten und zweiten Kehlschicht. Bis zur zweiten Deckschicht handelt es sich um eine 2-er Teilung, die, falls beibehalten, die 2-Ziegel-breite 11/2 angelaufene Kehle ergibt.

Im weiteren Kehlverlauf erfolgt die Teilung dann durch drei, wozu die Schnittpunkte der vierten, sechsten, achten Deckschicht usw. ermittelt werden.

Die fünfte Kehlschicht ist wiederum eine Deckschicht, die wegen des Deckverbandes jetzt aus zwei vollen Kehlziegeln besteht. Ab der sechsten Kehlschicht, das ist die dritte Unterläuferschicht aus fünf Kehlziegeln, wiederholen sich die Arbeitsschritte unter Beachtung des Verbands im weiteren Kehlverlauf in einem Rhythmus:

- Deckschicht (wie 3. Deckschicht)
- Deckschicht (wie 2. Deckschicht)
- Unterläuferschicht (wie 2. Unterläuferschicht)
- Deckschicht (wie 2. Deckschicht)
- Deckschicht (wie 3. Deckschicht)
- Unterläuferschicht (wie 3. Unterläuferschicht)

und so weiter (siehe Abb. 4.97).

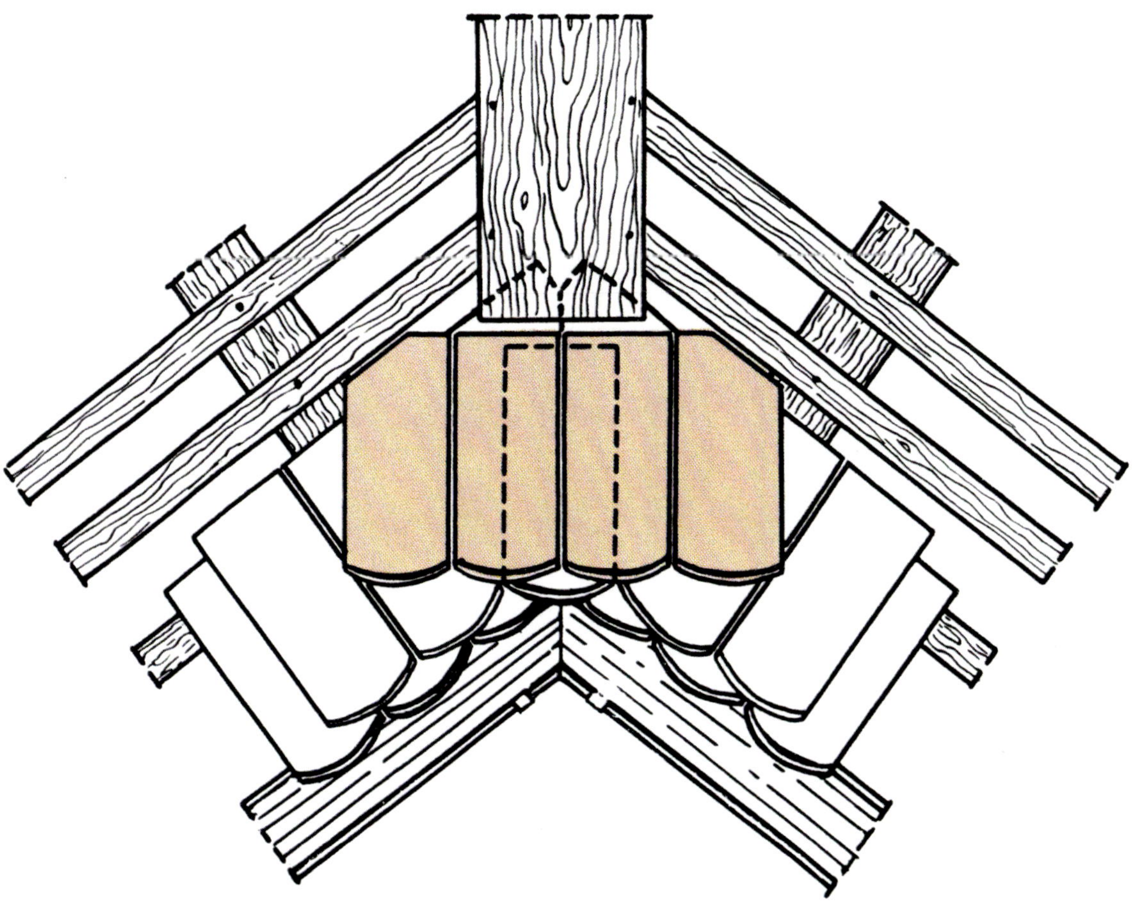

Abb. 4.94: Die erste Unterläuferschicht

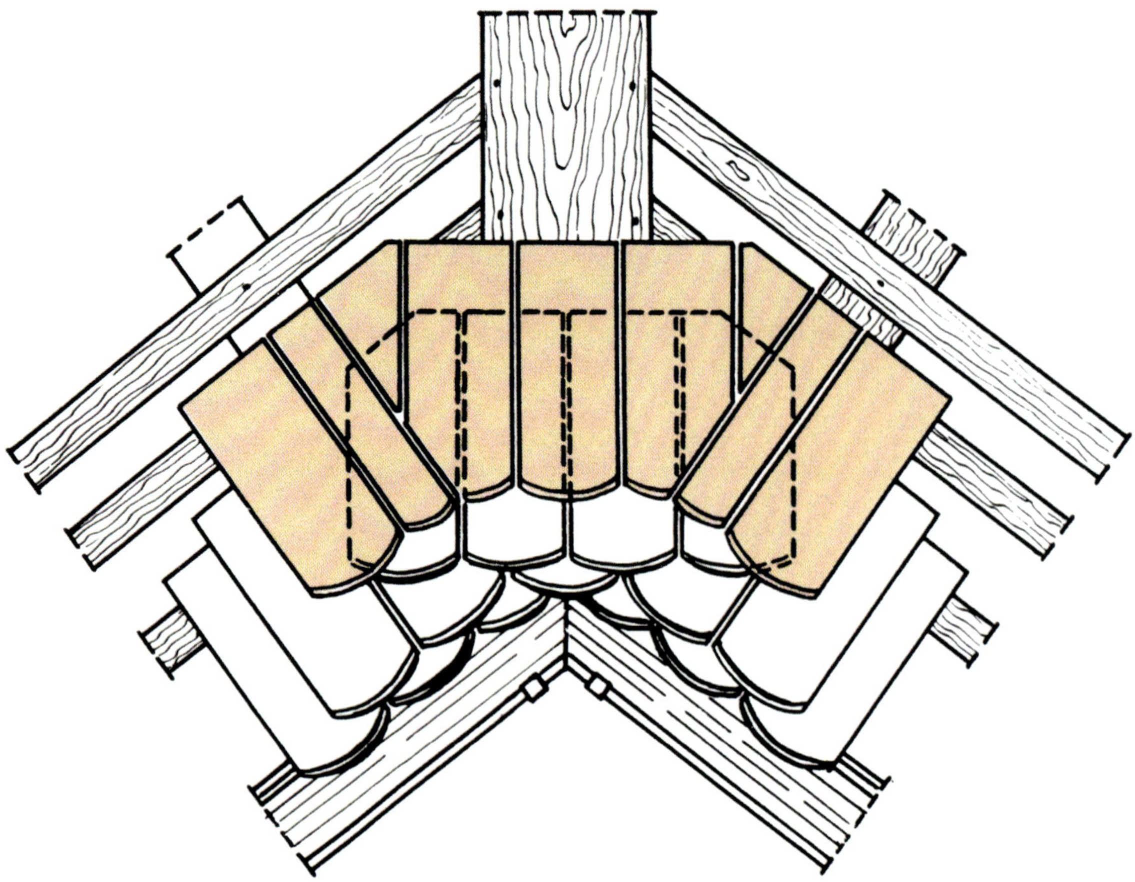

Abb. 4.95: Die erste Deckschicht

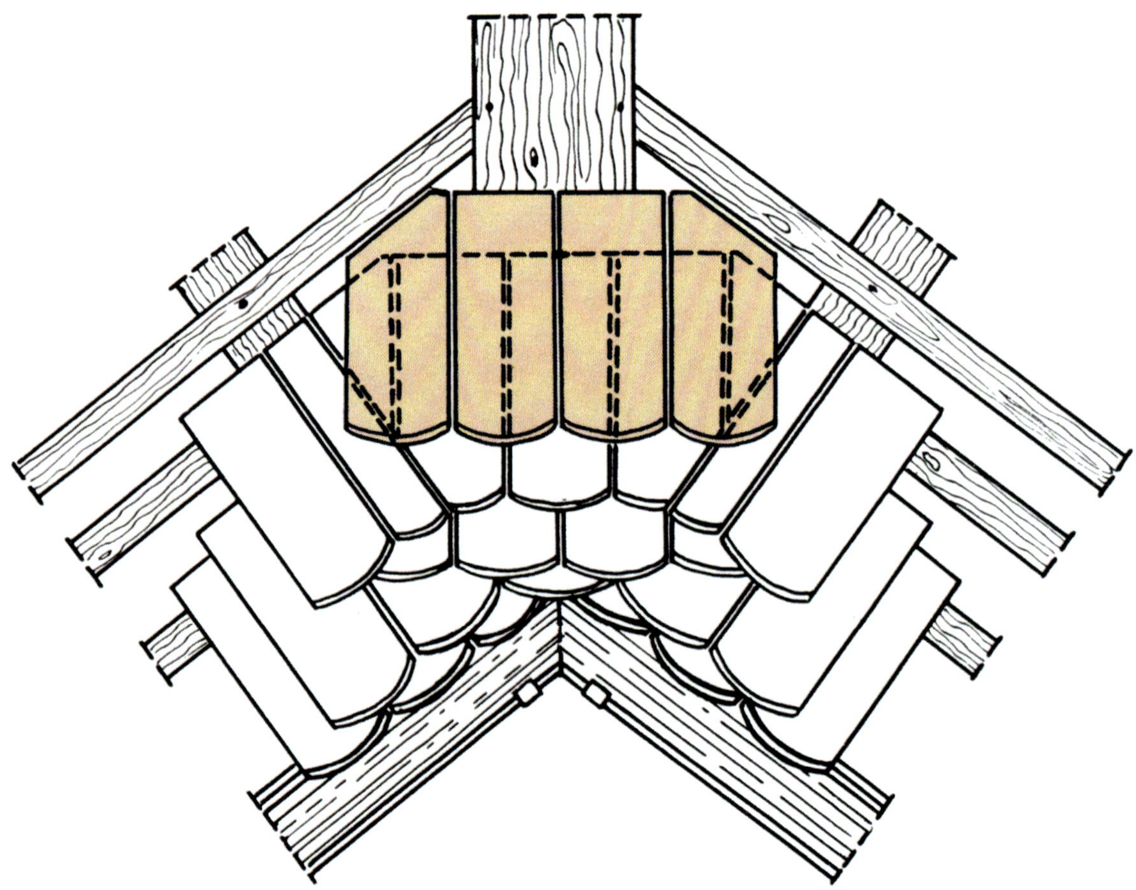

Abb. 4.96: Die zweite Unterläuferschicht deckt sich mit der ersten.

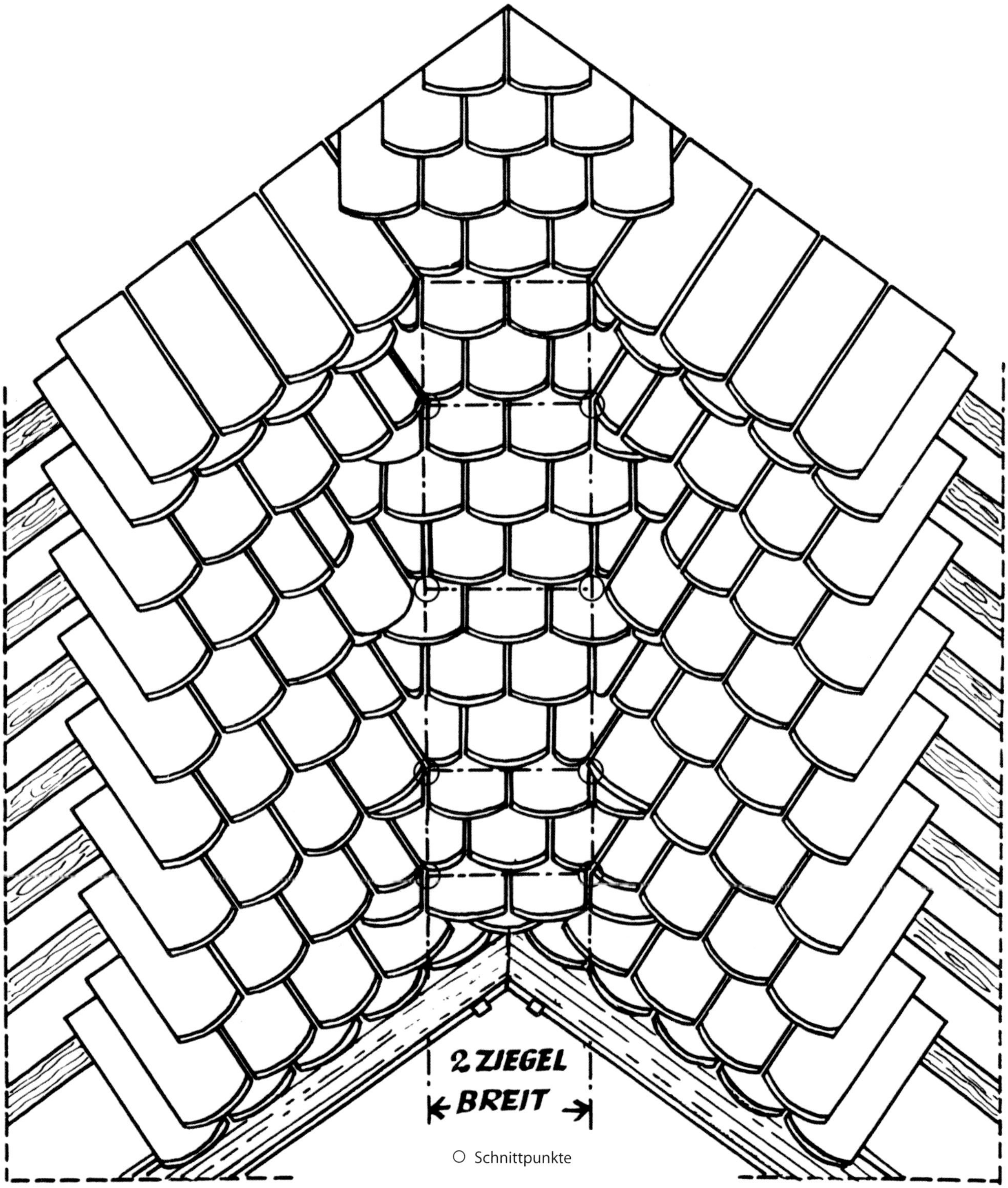

Abb. 4.97: Die zweiziegelbreite Kehle, Dreierteilung mit Einzeichnung der Kehlbreite und der Schnittpunkte, Biber „Normalformat“ 15,5/36,5 Segmentschnitt.

4.5.2.9 Kronendeckung, 1 : 3, 3-Biber-breit

- Kehlbrettbreite: ca. 37 cm
- Traufaufbau: 9 cm

Ermittlung der Schnittpunkte bei der 2 : 3er-Teilung

Der Kehlanfang beginnt mit einem über der eingespitzten Traufschicht aufgelegten Wasserbiber. Dieser bietet gegenüber dem eingebundenen Wasserbiber den Vorteil, dass man am Kehlanfang im Abstand der Kehlschichten mehr variieren kann.

Dadurch wird ein Drängen der Kehlschichten vermieden. Um eine bessere Lage des Wasserbibers zu ermöglichen, kann er auch konisch bearbeitet werden.

Darüber folgen zwei Kehlbiber und danach die erste Kehlschicht als Unterläuferschicht. Die zweite Kehlschicht wird mit der Lagerschicht eingebunden. Die dritte Kehlschicht wird mit der Deckschicht eingebunden und bildet somit den ersten Schnittpunkt. Die Kopfenden der Kehldeckschicht werden auf der Kehlschalung markiert. Der Kehlanfang sollte daher erst provisorisch aufgelegt werden.

Nun werden ein Biber an die geschnürte Kehldeckbreite auf das Kehlbrett gelegt und zwei Biber übereinander auf die Dachfläche ebenfalls an den Schnurschlag gehängt. Die beiden Längskanten des Bibers der Deckschicht und des Bibers auf dem Kehlbrett ergeben den zweiten Schnittpunkt. Das Kopfende des Maßbibers wird wieder auf dem Kehlbrett markiert. Das so ermittelte Ergebnis wird durch drei geteilt und auf die Kehlschalung übertragen. Nachdem diese Abstände auf dem Kehlbrett markiert sind, kann mit der Kehldeckung begonnen werden. Die Schnittpunkte sollten auf jeder folgenden Latte ermittelt werden. Schon geringe Differenzen in der Lattweite führen sonst zu unschönen Kehlübergängen. Diese Einteilung erfolgt weiter bis zu den Kehlauslaufschichten.

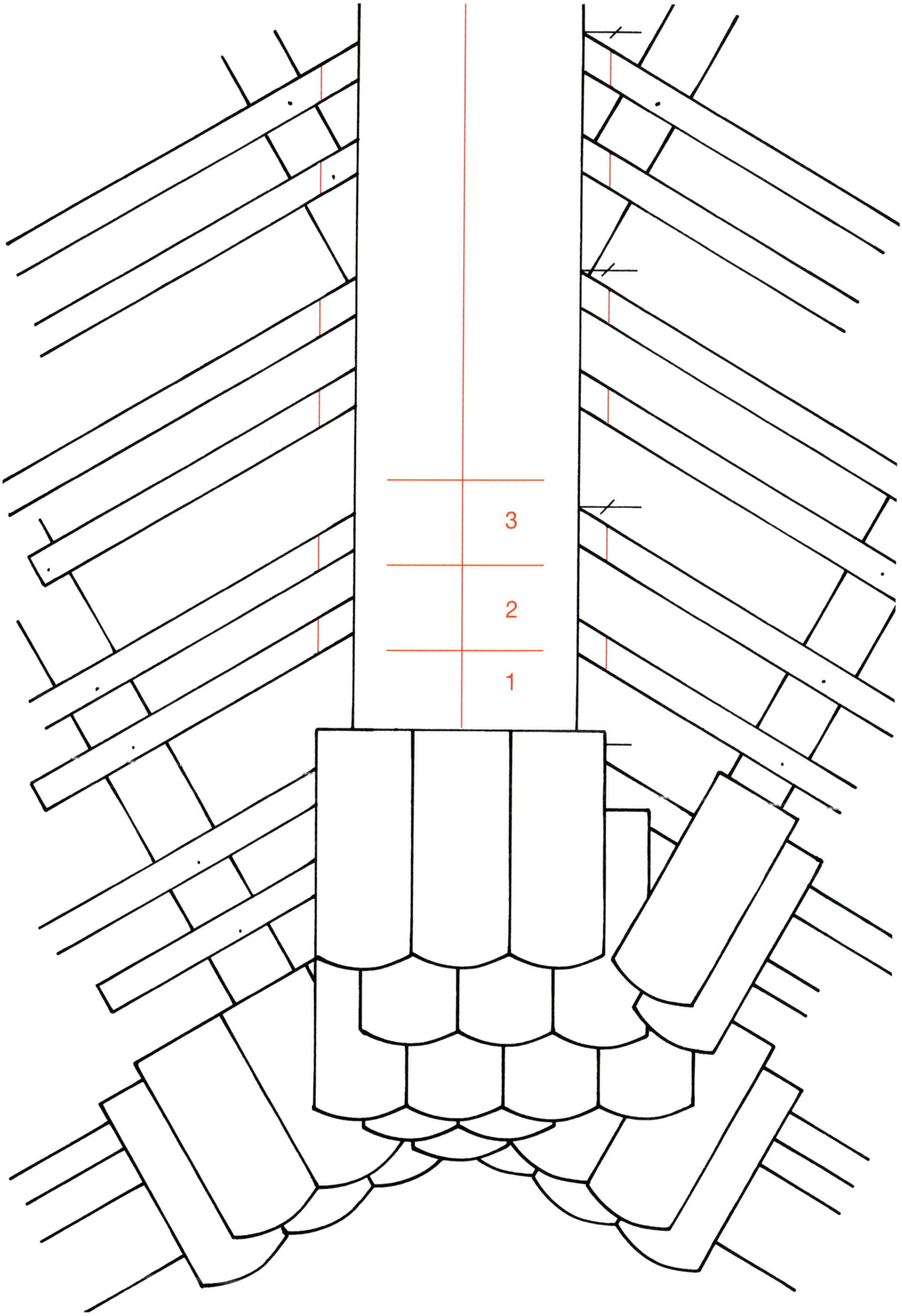

Abb. 4.98: Provisorisch angelegter Kehlanfang in der gleichmittig eingebundenen Kehle in der Kronendeckung, 3-Biber-breit mit Einteilung der Kehlschichten

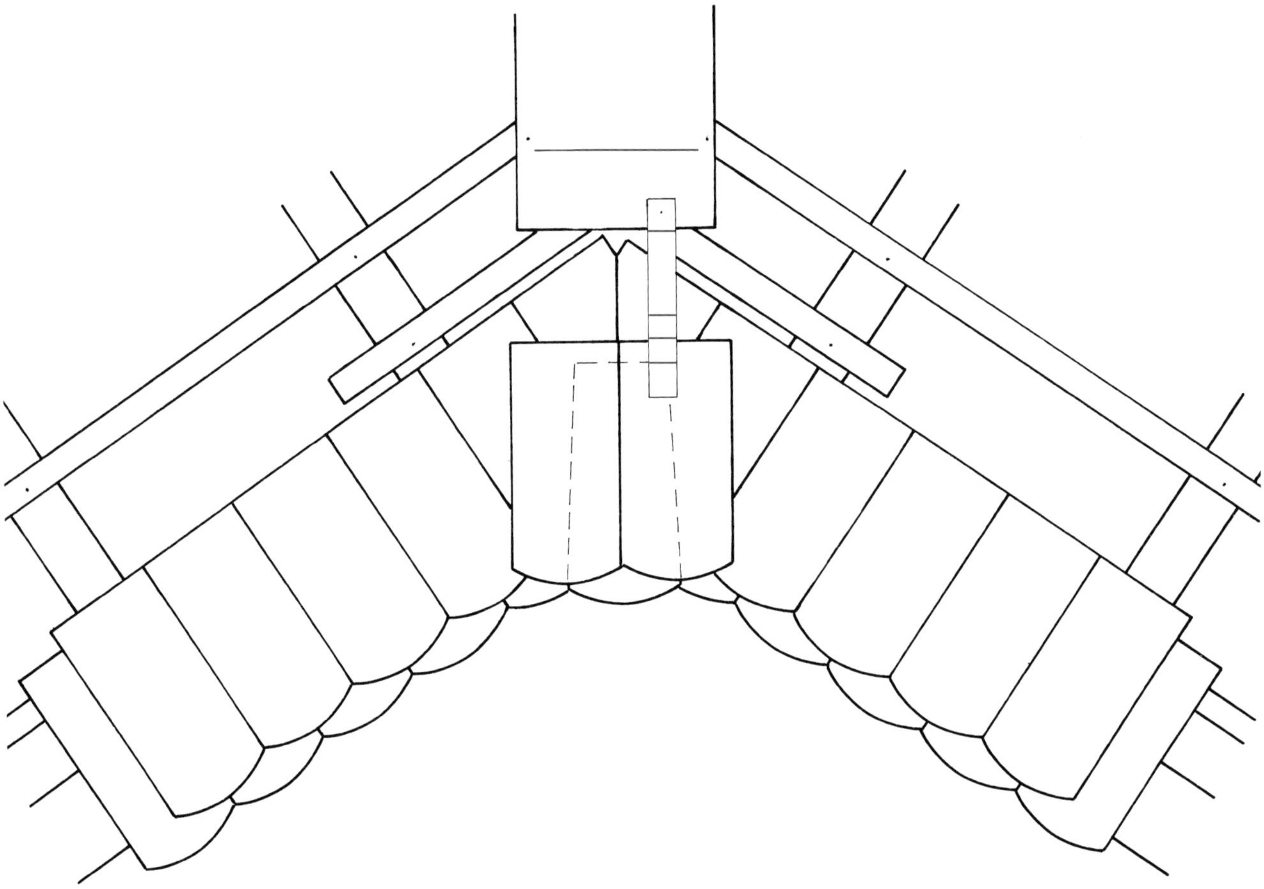

Abb. 4.99: Aufgelegter Wasserbiber, darüber zwei Kehlbiber mit angebrachten Pappstreifen und Einteilung der Kehlschichten

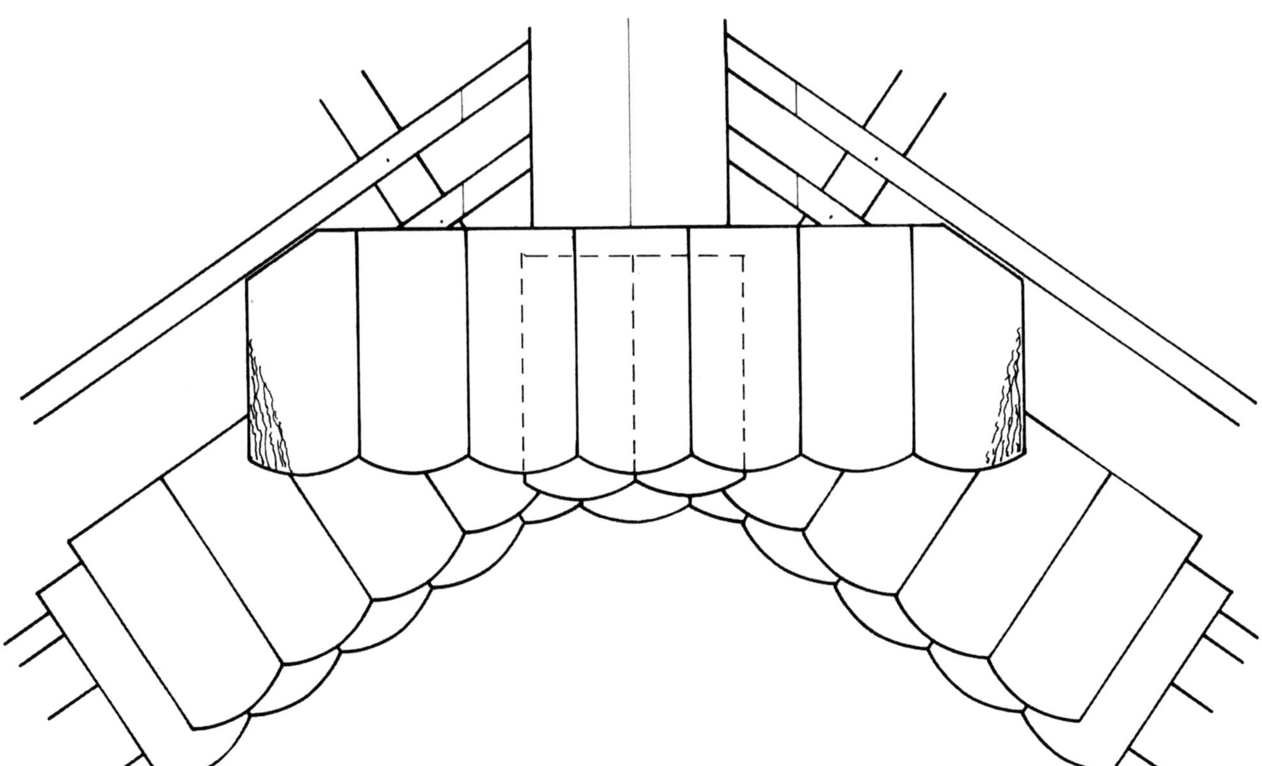

Abb. 4.100: Erste Unterläuferschicht

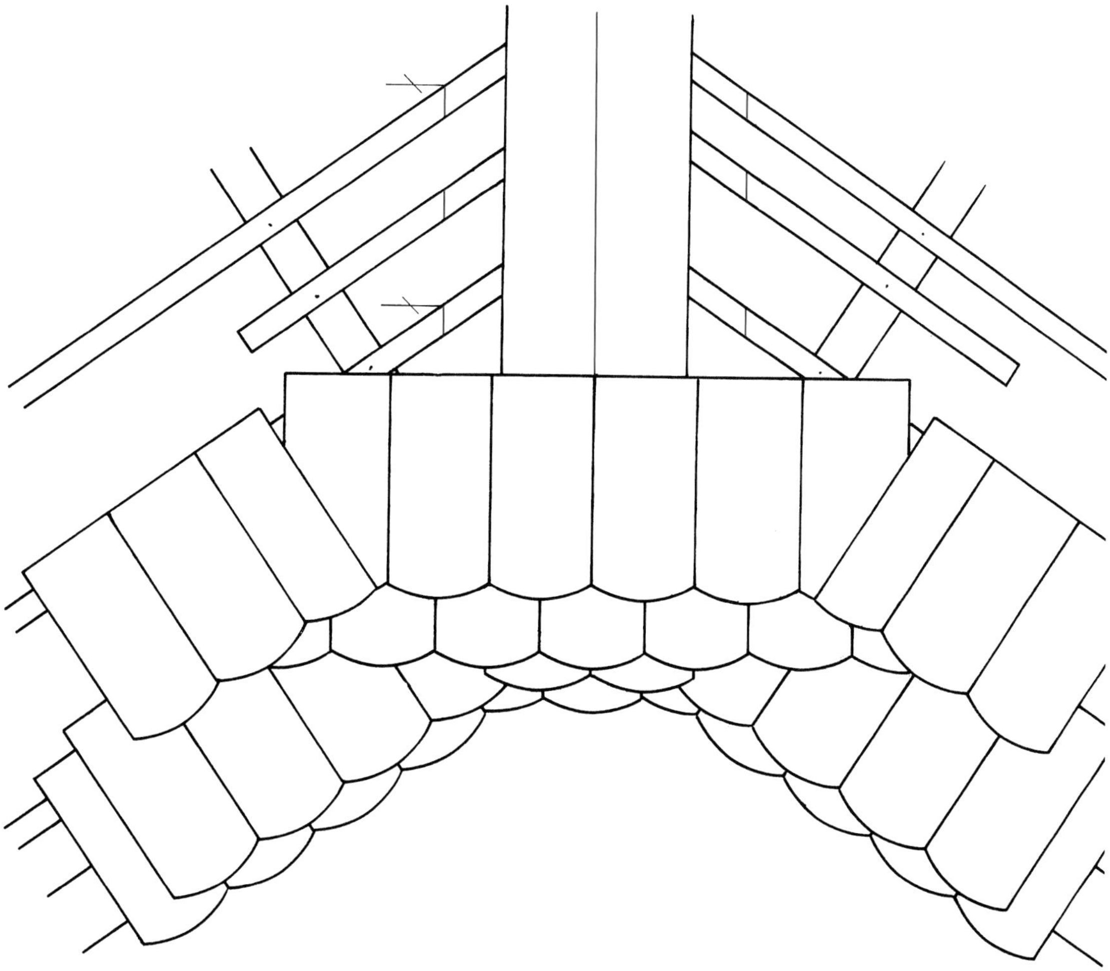

Abb. 4.101: Erste eingebundene Lagerschicht

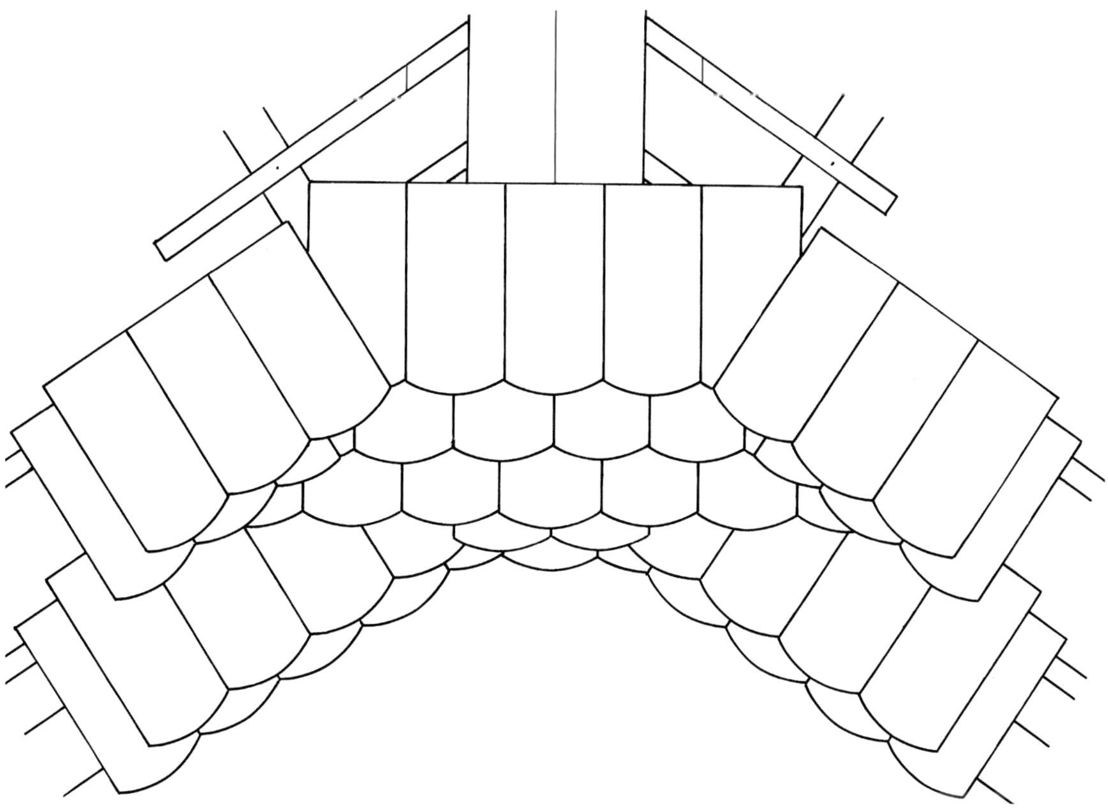

Abb. 4.102: Erste eingebundene Deckschicht

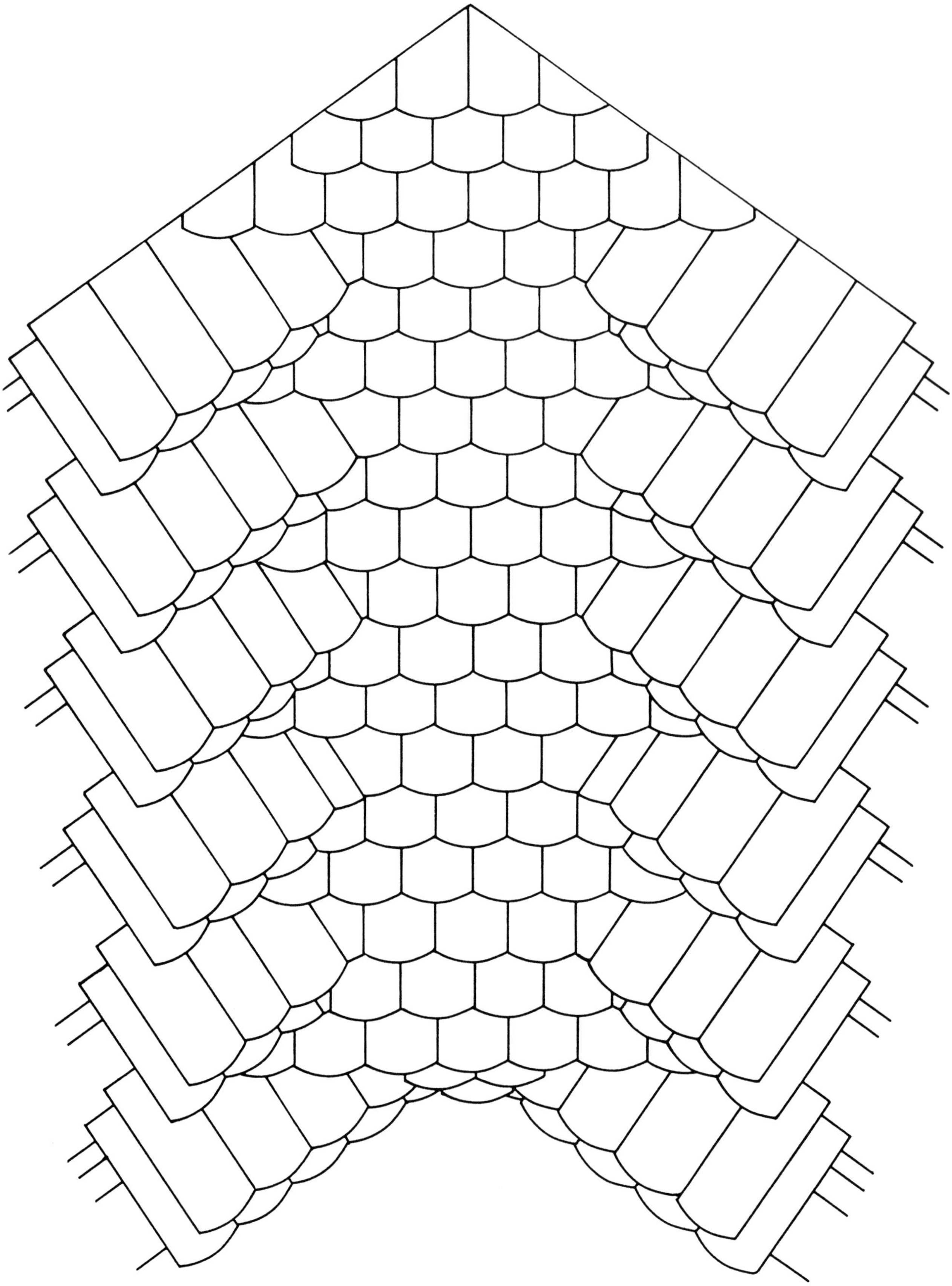

Abb. 4.103: Gleichhüftig eingebundene Biberkehle in der Kronendeckung, Teilung 2:3, 3-Biber-breit

4.5.2.10 Kronendeckung, 1 : 3, 2-Biber-breit

- Kehlbrettbreite: ca. 32 cm
- Traufaufbau: 7 cm

Ermittlung der Schnittpunkte bei der 2 : 3er-Teilung

Die Dreierteilung in der 2-Biber-breiten Ausführung hat ihre eigene Gesetzmäßigkeit. Um im Halbverband zu bleiben, muss bei den Kehlschichten Folgendes beachtet werden:

Im Hauptwasserlauf der Kehle besteht jede übernächste Kehldeckschicht aus einem Wasserbiber und jeweils einem halb-Biber-breiten Ausspitzer. Dadurch ist die Gefahr von Kreuzfugen größer als bei der Viererteilung. Kreuzfugen lassen sich durch keilförmige Ausspitzer und Anschlussbiber vermeiden.

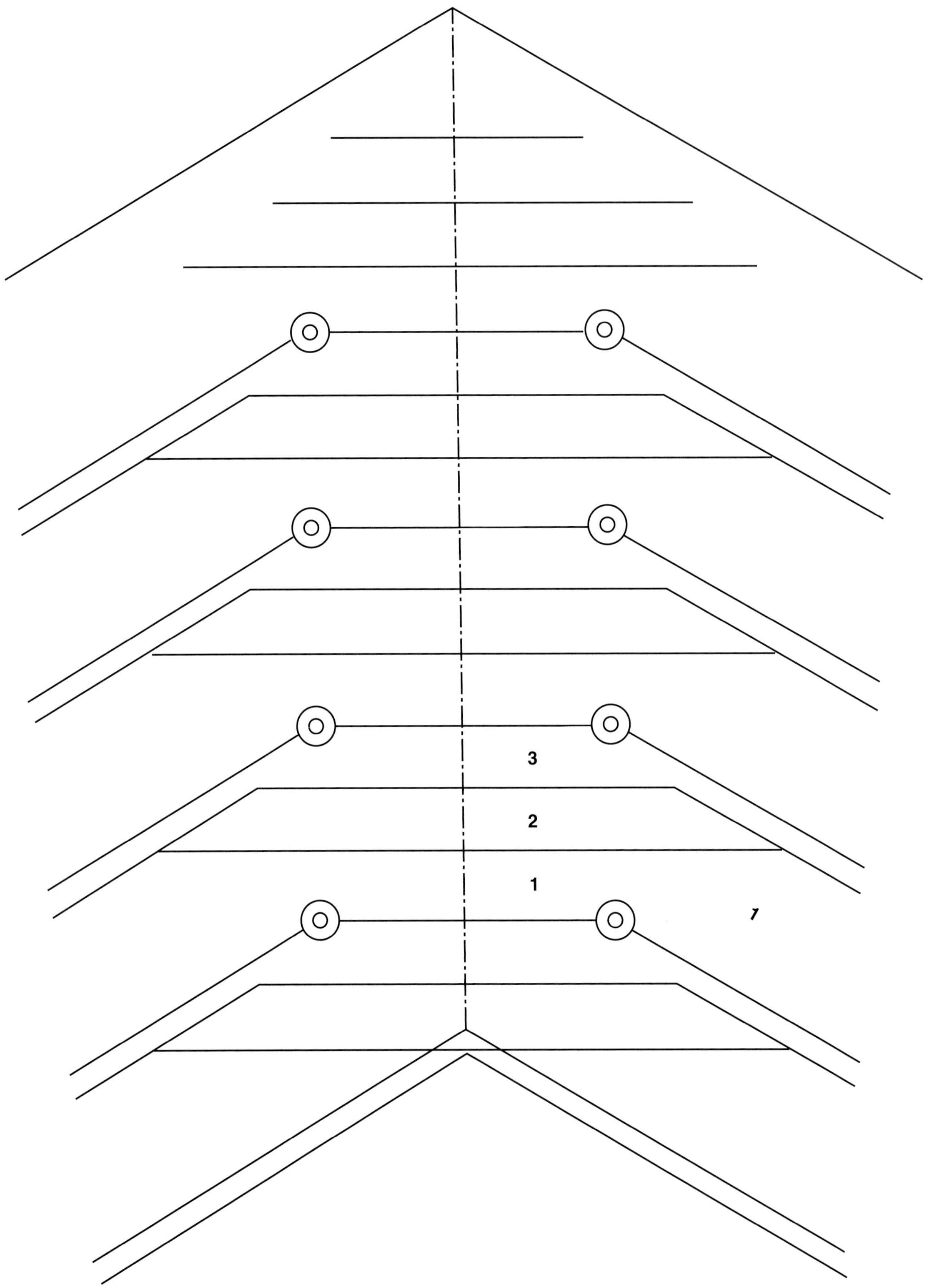

Abb. 4.104: Schematische Darstellung in der Kronendeckung, Teilung 2 : 3

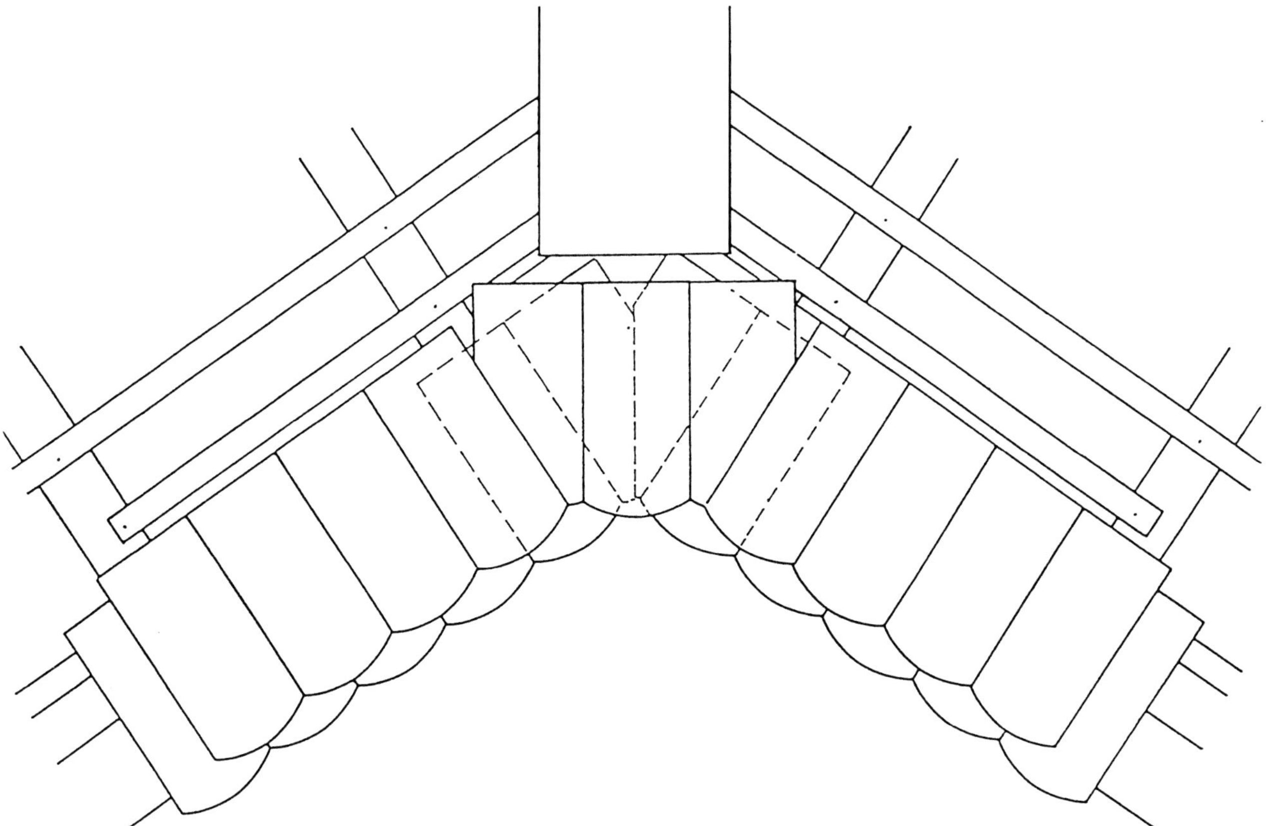

Abb. 4.105: Kehlanfang in der Kronendeckung mit eingebundenem Wasserbiber

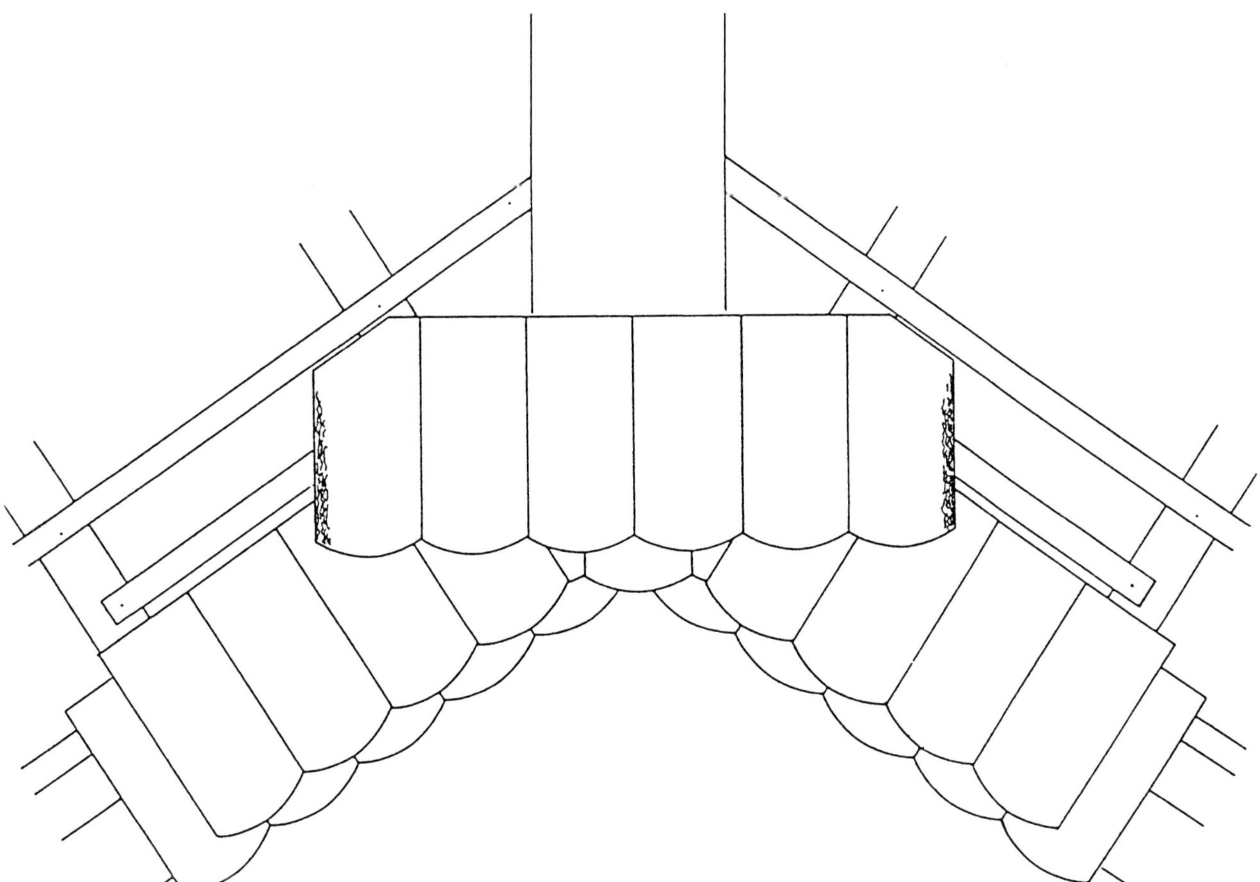

Abb. 4.106: Erste Unterläuferschicht

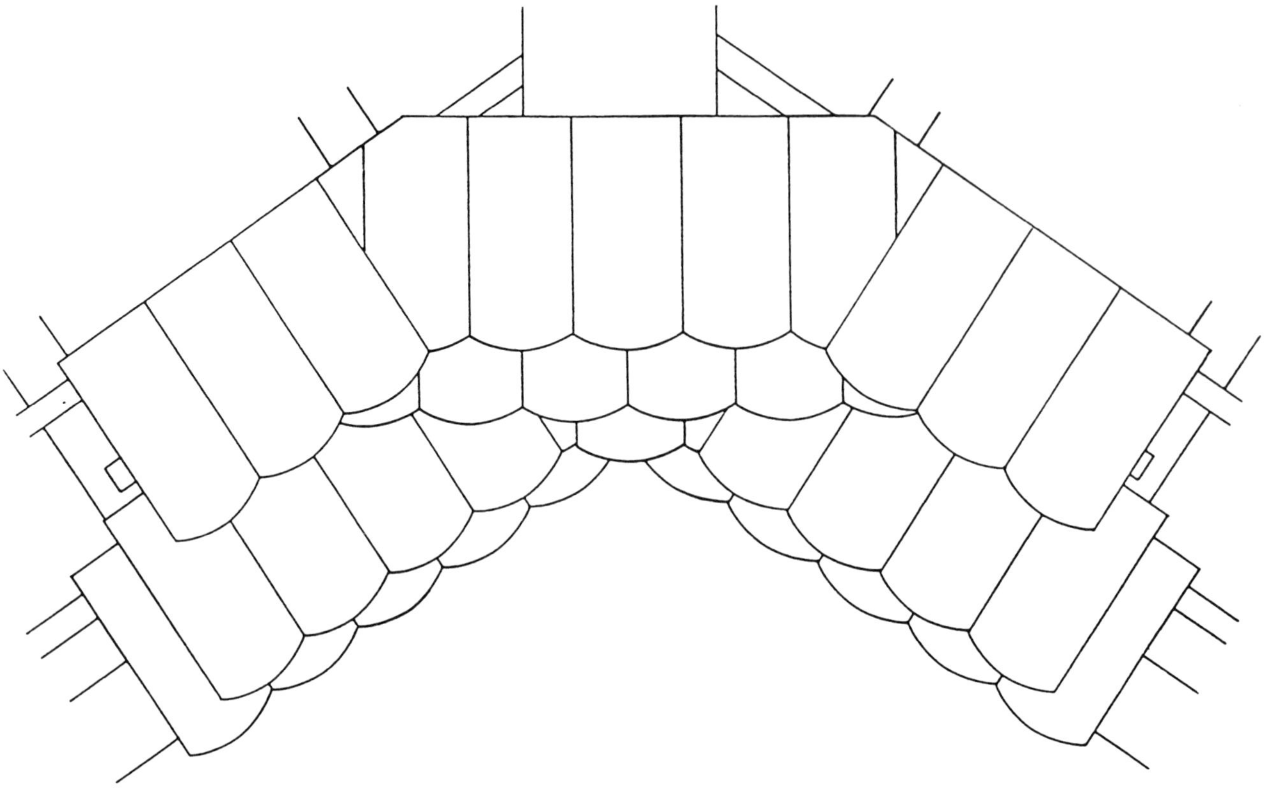

Abb. 4.107: Erste eingebundene Lagerschicht

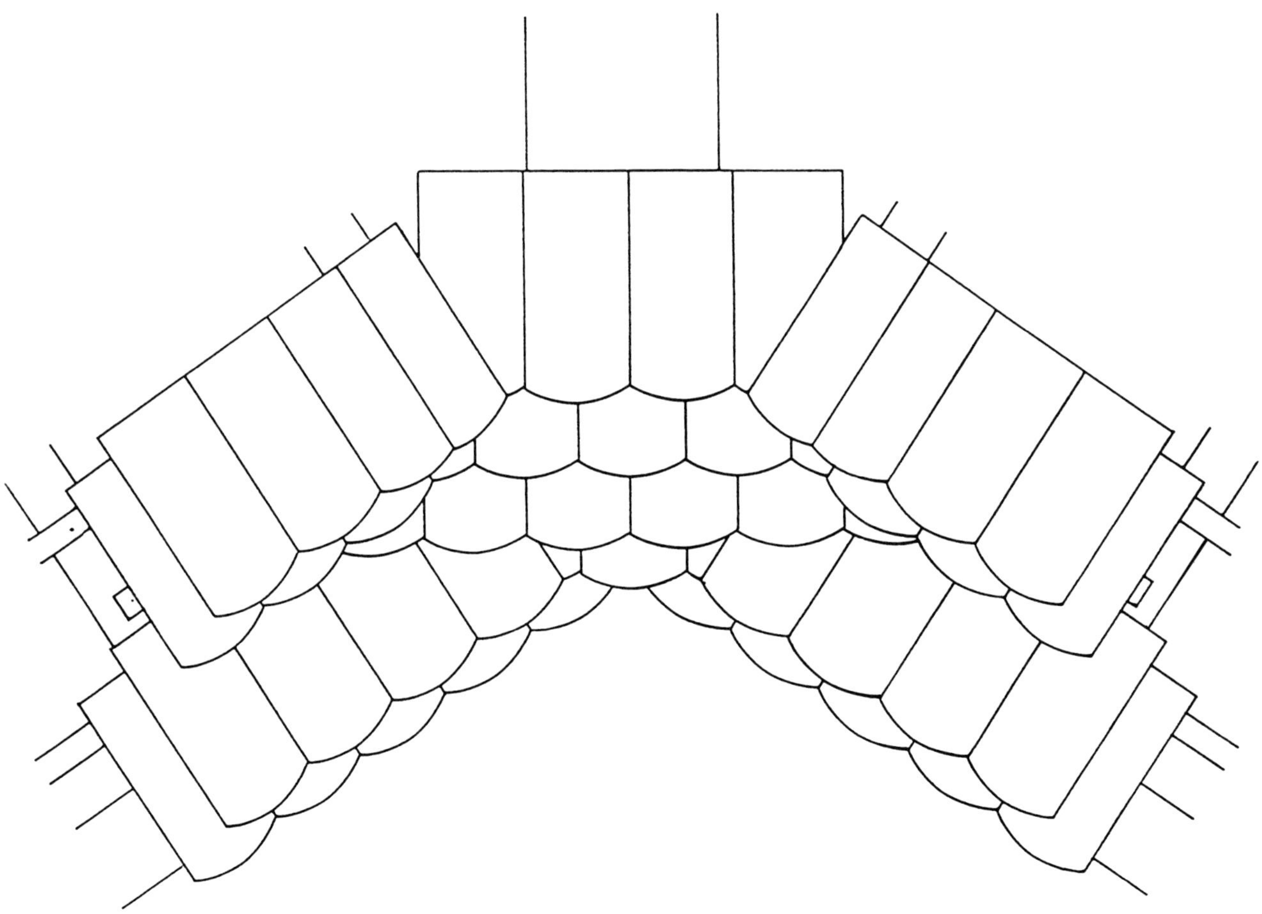

Abb. 4.108: Erste eingebundene Deckschicht

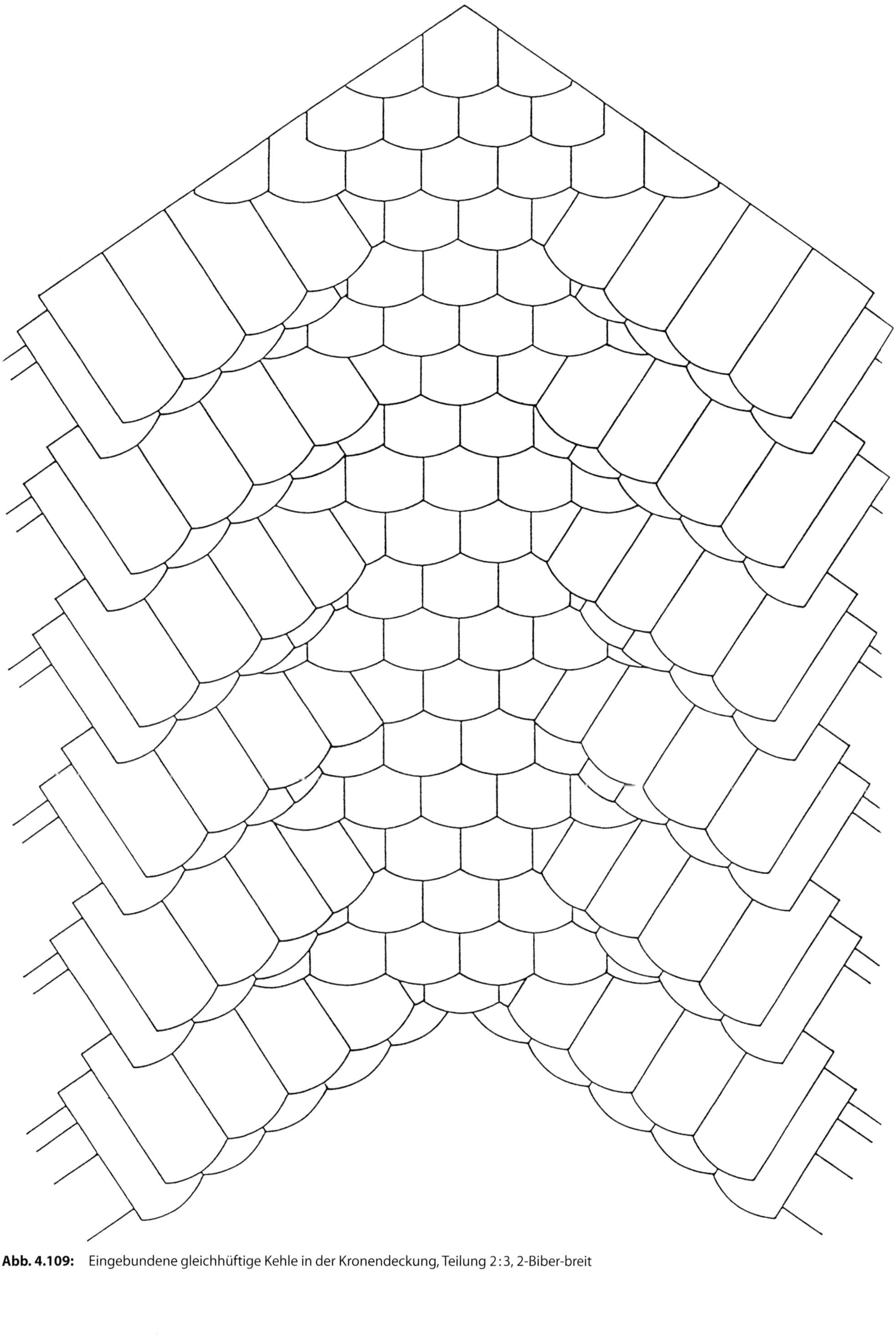

Abb. 4.109: Eingebundene gleichhüftige Kehle in der Kronendeckung, Teilung 2:3, 2-Biber-breit

4.5.3 Eingebundene Biberkehlen, ungleichhüftig

Bei einer ungleichhüftig eingebundenen Kehle richtet sich die Kehleinteilung immer nach der steilen Dachseite, hier wird die Kehle regelmäßig eingebunden. Auf der flachen Seite benötigt es Erfahrung, um die Kehle regensicher in die Fläche einzubinden.

Aber zuerst kommt das Kehlbrett. Dieses sollte ca. 1,5 bis 2 cm in die steilere Seite eingedreht werden, um die Kehlmitte so zu verschieben, dass die Kehlbiber nicht mehr sperren. Bei der Wahl der Kehlbrettbreite ist nicht die Kehlbreite verantwortlich, sondern auch der Neigungsunterschied. Dieser sollte aber nicht mehr als 15° betragen.

4.5.3.1 Doppeldeckung, 2-Biber-breit

Die Breite der Kehle wird am ersten Ausspitzer des Deckgebindes bestimmt. Wenn die Kehle als 2-Biber-breite Kehle angedeckt wird, verbreitert sich die Kehle meist bei maximalem Neigungsunterschied, somit wird daraus eine 3-Biber-breite Kehle.

Fazit: Eine ungleichhüftige Biberkehle wird je nach Kehllänge und Wasseranfall in der Breite gewählt und angedeckt. Zudem wird die Kehle um einen Biber breiter, aber sie darf nicht schmaler werden als ein Biber auf der Kehlmittellinie.

Die Breite der Kehlschalung richtet sich nach dem wahren Kehlwinkel. Bei Dachneigungen von 45° und 60° und einer Biberbreite von 18 cm beträgt sie ca. 32/37 cm. Bei einer Biberbreite von 15,5 cm und gleichen Neigungsverhältnissen beträgt sie ca. 26 cm. Größere Neigungsunterschiede erfordern eine breitere Kehlschalung, geringere Neigungsunterschiede schmalere Kehlschalungen. Die Kehlschalung kann aus mehreren Brettern bestehen oder ein 27-cm-Kehlbrett wird mit einer oder zwei Dachlatten verbreitert.

Die Kehlschalung beginnt über den Kopfenden der Traufschicht der steileren Dachfläche und wird etwas höher über der Winkelhalbierenden in die steilere Dachfläche verschoben und befestigt. Nun wird die Kehlmitte geschnürt.

Die Kehlbreite ist rechts und links von der Kehlmittellinie je zur Hälfte festzulegen. Der Kehlanfang wird zuerst provisorisch angelegt, um den ersten Schnittpunkt zu ermitteln. Der Kehlanfang kann mit einer Unterläuferschicht oder Deckschicht beginnen. Der Abstand der Schnittpunkte auf der steileren Seite wird so eingeteilt, dass die Mindestüberdeckung (Dreifachdeckung) eingehalten wird.

Die Teilung der Kehlschichten erfolgt nun, indem man einen Biber in seiner Richtung vom First zur Traufe so auf die Latten hängt, dass die untere nach der Kehle zeigende Ecke des Segmentschnittes oder die Längsseite bei anderen Schnittformen an die Markierung der Kehldeckbreite anstößt. Auf der Kehlschalung wird entsprechend ein Biber ohne Nase an diesem Punkt angelegt und am Kopfende auf der Kehlschalung markiert. Dieser Abstand wird nun durch zwei geteilt. Dieser Vorgang wiederholt sich bis zu den Kehlauslaufschichten. Sollte es vorkommen, dass der erste Kehlbiber nicht mehr um die Mindestüberdeckung überdeckt wird, ist es vorzuziehen, die steilere Dachfläche enger zu latten, um das Einfügen einer dritten Kehlschicht zu vermeiden. Es wird empfohlen, auf der flacheren Dachfläche die Kehlbreite zu vergrößern.

Auf keinen Fall sollte neben dem Wasserbiber ein Ausspitzer anschließen. Auf der steileren Dachfläche ergeben sich gleichgeteilte regelmäßige Kehlschichten, welche sich bis zum First wiederholen. Auf der flacheren Dachfläche zeigt sich infolge der ausgleichenden Überläuferschichten keine Gleichmäßigkeit. Je größer die Neigungsunterschiede beider Dachflächen sind, umso weniger Unter- oder Überläuferschichten entstehen auf der flacheren Dachfläche.

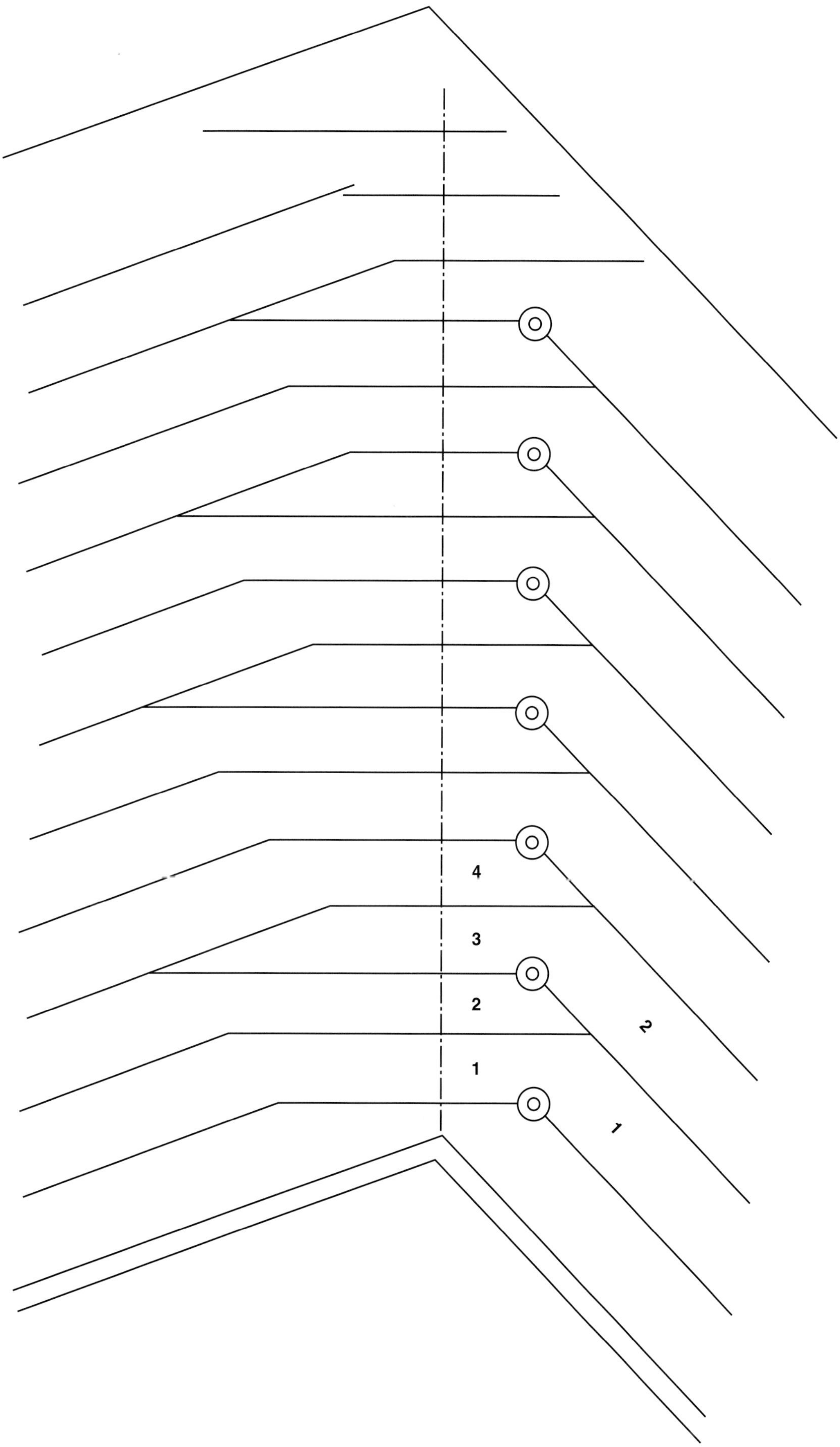

Abb. 4.110: Schematische Darstellung einer ungleichhüftig eingebundenen Biberkehle in der Doppeldeckung, Teilung 2:4

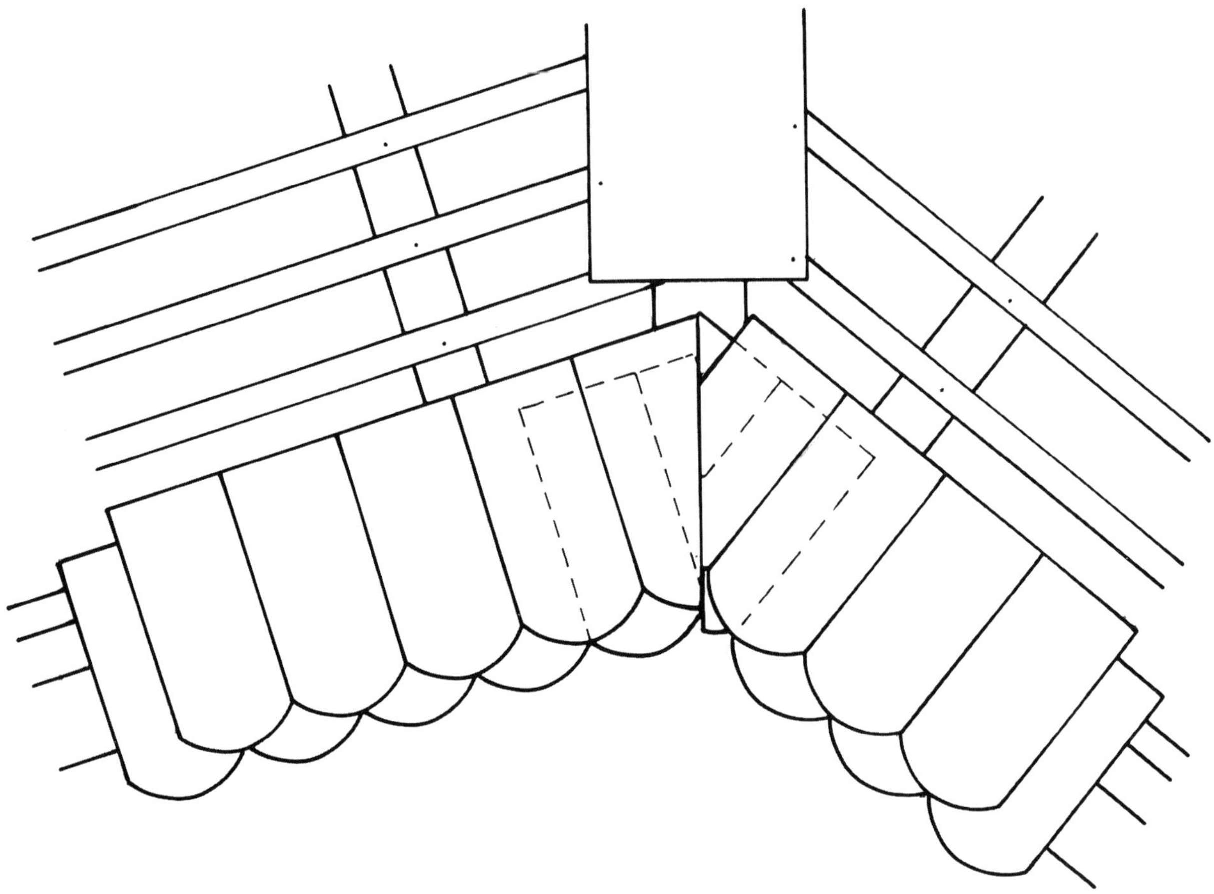

Abb. 4.111: Eingespitzter Kehlanfang

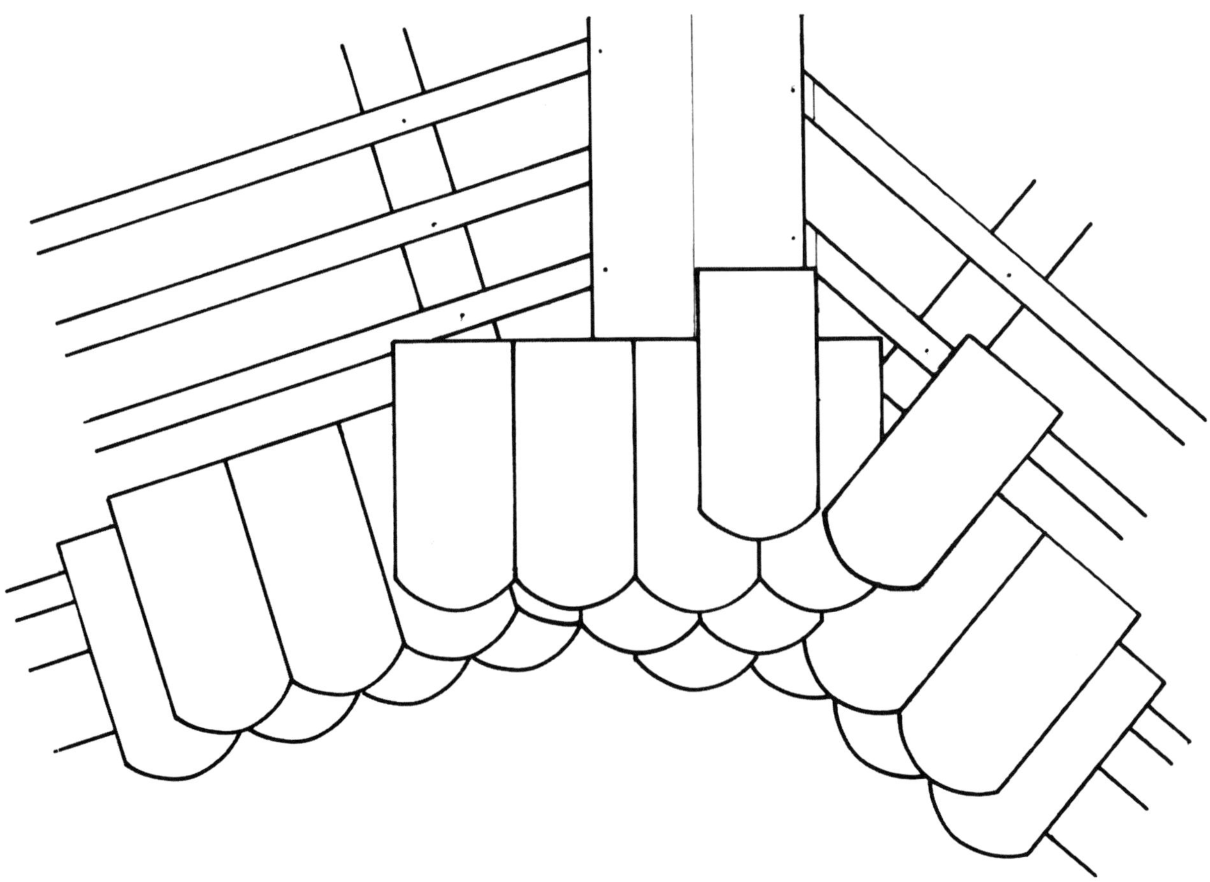

Abb. 4.112: Ermittlung des ersten Schnittpunktes

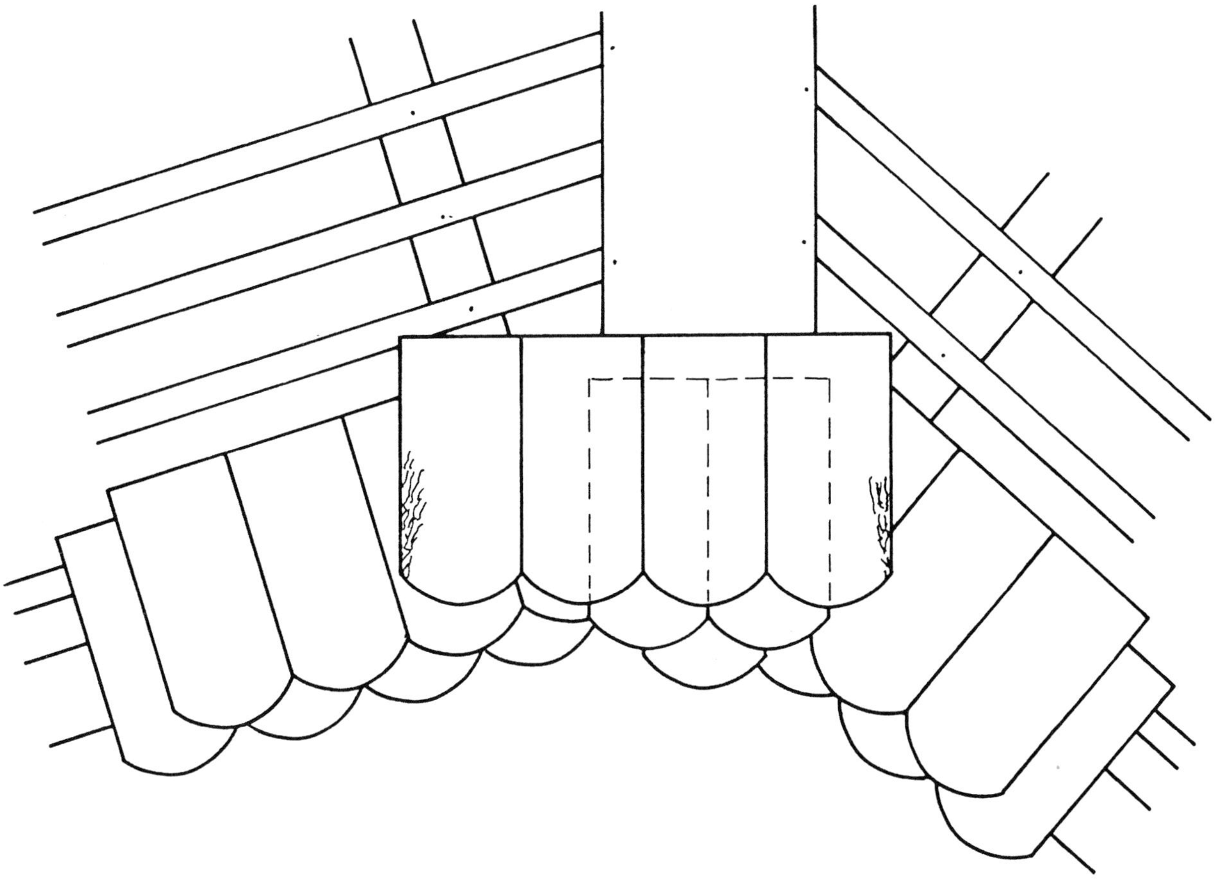

Abb. 4.113: Erste Unterläuferschicht

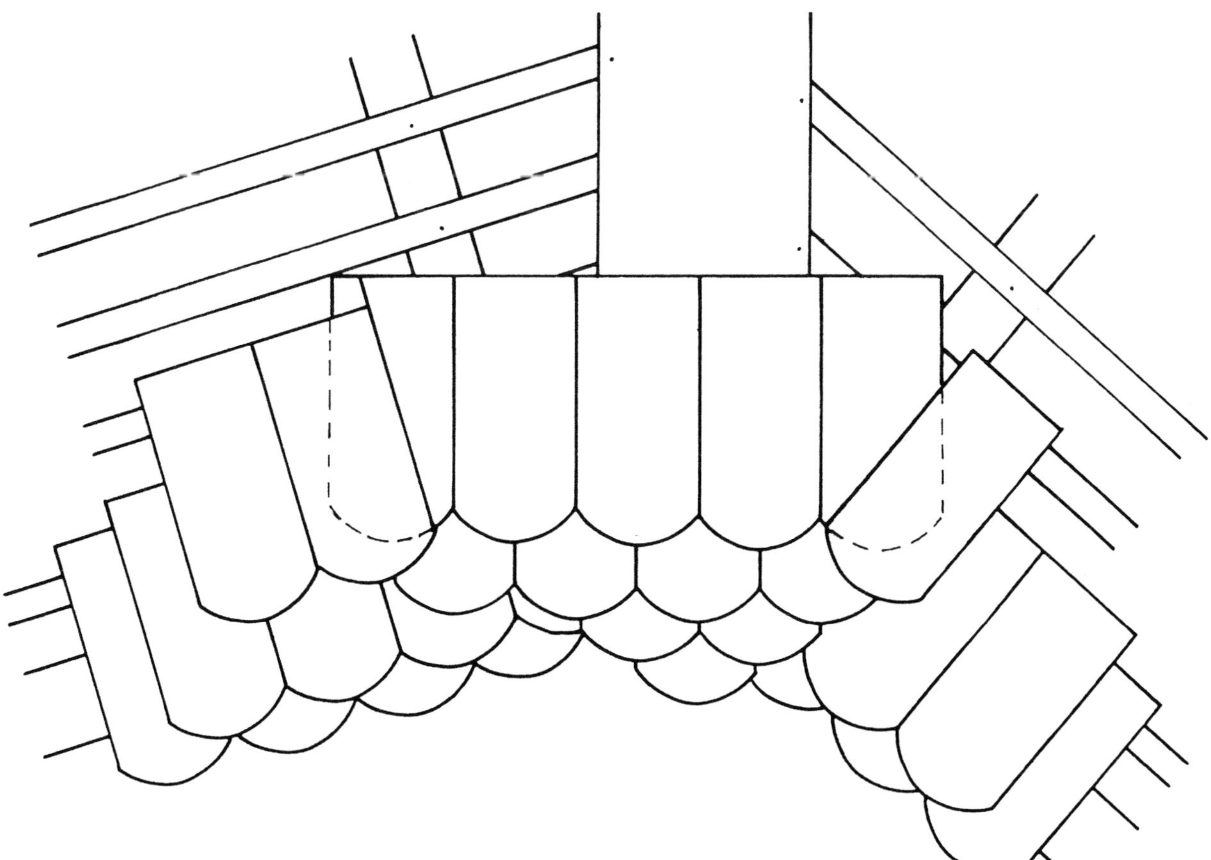

Abb. 4.114: Erste angelegte Deckschicht, bei der die Ausspitzer noch nicht geschnitten sind

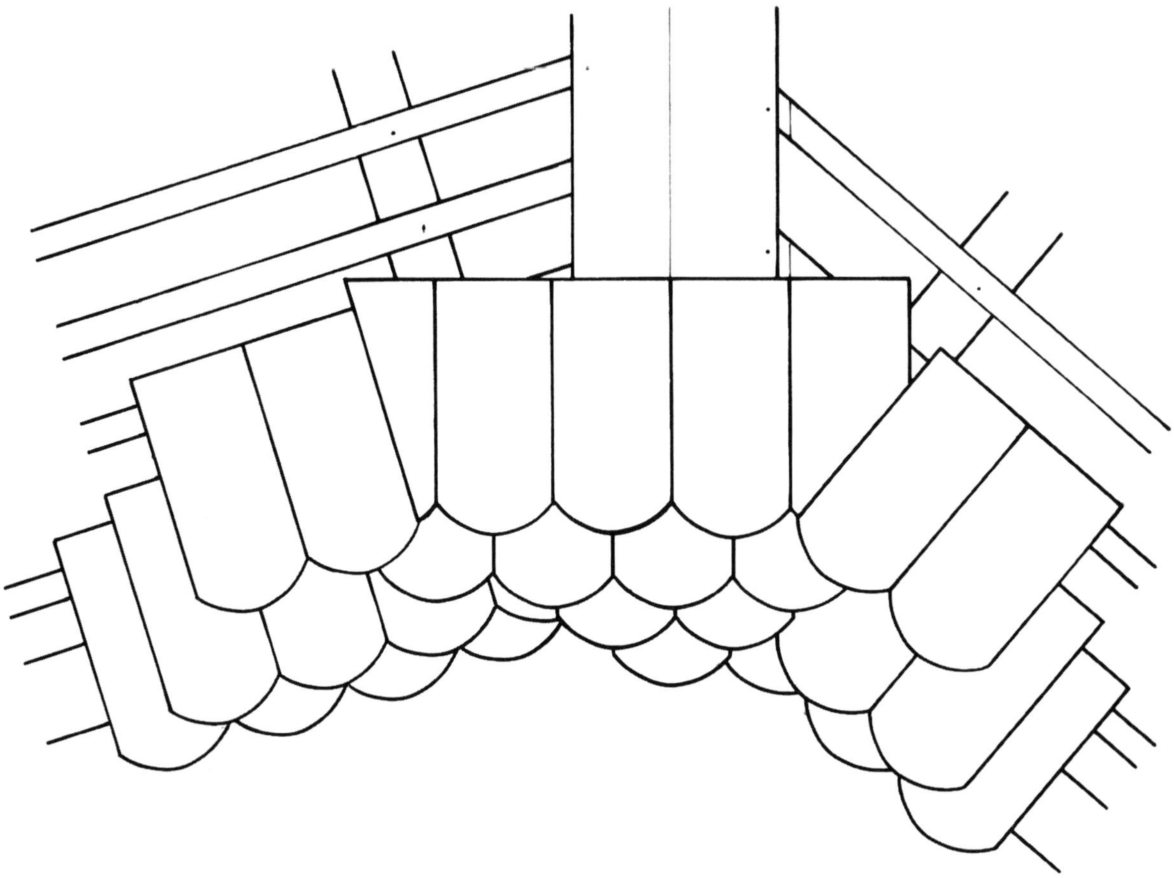

Abb. 4.115: Erste eingebundene Deckschicht

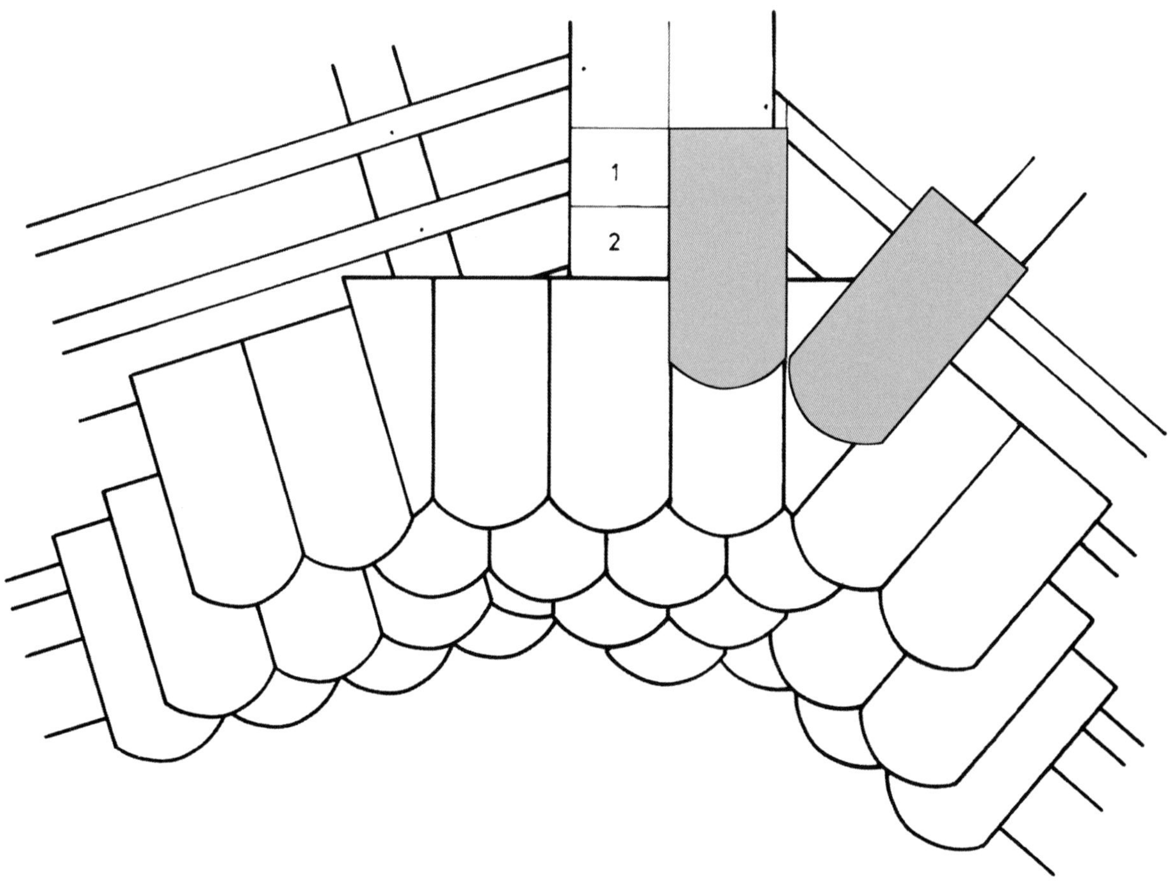

Abb. 4.116: Ermittlung des zweiten Schnittpunktes und Einteilung auf der Kehlschalung

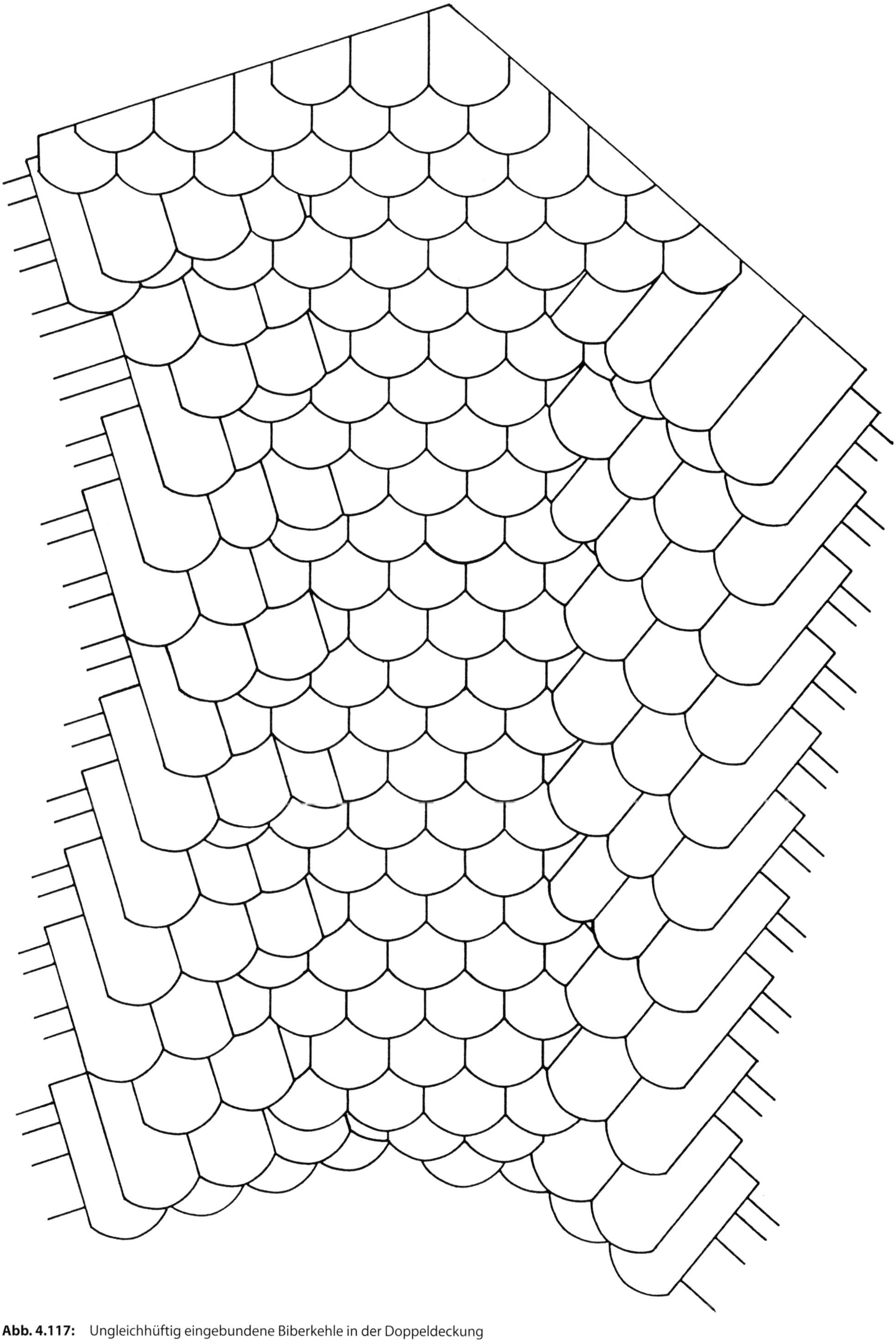

Abb. 4.117: Ungleichhüftig eingebundene Biberkehle in der Doppeldeckung

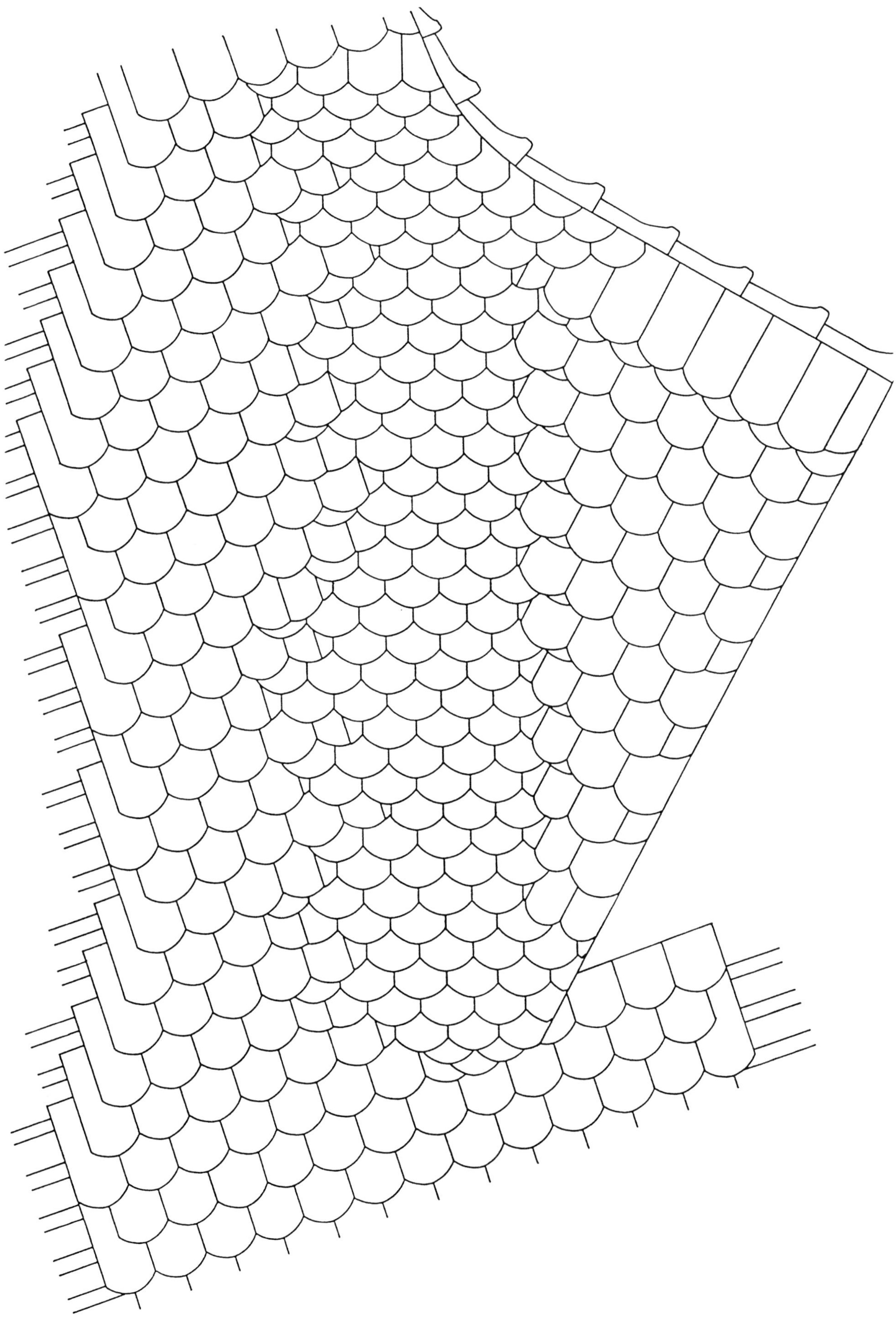

Abb. 4.118: Ungleichhüftig eingebundene Biberkehle in der Doppeldeckung an einer Spitzgaube

4.5.3.2 Kronendeckung, 2-Biber-breit

Die Breite der Kehle wird am ersten Ausspitzer des Deckgebindes bestimmt. Wenn die Kehle als 2-Biber-breite Kehle angedeckt wird, verbreitert sich die Kehle meist bei maximalem Neigungsunterschied, somit wird daraus eine 3-Biber-breite Kehle.

Vor dem Anbringen der Kehlschalung ist es bei der Kronendeckung erforderlich, zwischen den Lattenabständen Latten zur sicheren Auflage der Unterläuferschichten anzubringen. Dabei ist darauf zu achten, dass die Zwischenlatten genug Platz für die Kopfenden der darunterliegenden Deckschicht lassen. Zudem muss auf die Lattweite geachtet werden, da die Lochung der Biber zu einem Wassereintrag führen kann. Auch bei den Übersetzungen mit 13,5er Biberschwanzziegeln kann es zu diesem Problem kommen. Die Kehlschalung beginnt über den Kopfenden der Traufschicht der steileren Dachfläche. Sie wird analog der Kehlschalung der Doppeldeckung angebracht. Diese kann aus mehreren Brettern oder aus einem Brett und ergänzend mit Dachlatten verbreitert werden. Nun wird die Kehlmittellinie geschnürt. Danach wird die Kehldeckbreite rechts und links festgelegt und abgeschnürt.

Der Kehlanfang wird zuerst provisorisch ausgelegt, um den ersten Schnittpunkt zu ermitteln. Die Einteilung erfolgt stets nur auf der steileren Dachfläche. Zwei Biber übereinander werden auf die Latten der steileren Dachfläche an die Markierung der Kehldeckbreite gehängt, auf der Kehlschalung wird ein Biber an diese Linie gelegt. Die Längskante des Bibers der Deckschicht und die Längskante des Kehlbibers ergeben jeweils den Schnittpunkt, der am Kopfende des Kehlbibers auf der Kehlschalung angezeichnet wird. Dieser Abstand wird durch vier geteilt. Wird dabei die Mindestüberdeckung (Dreifachdeckung) nicht erreicht, muss eine weitere Kehlschicht eingefügt werden.

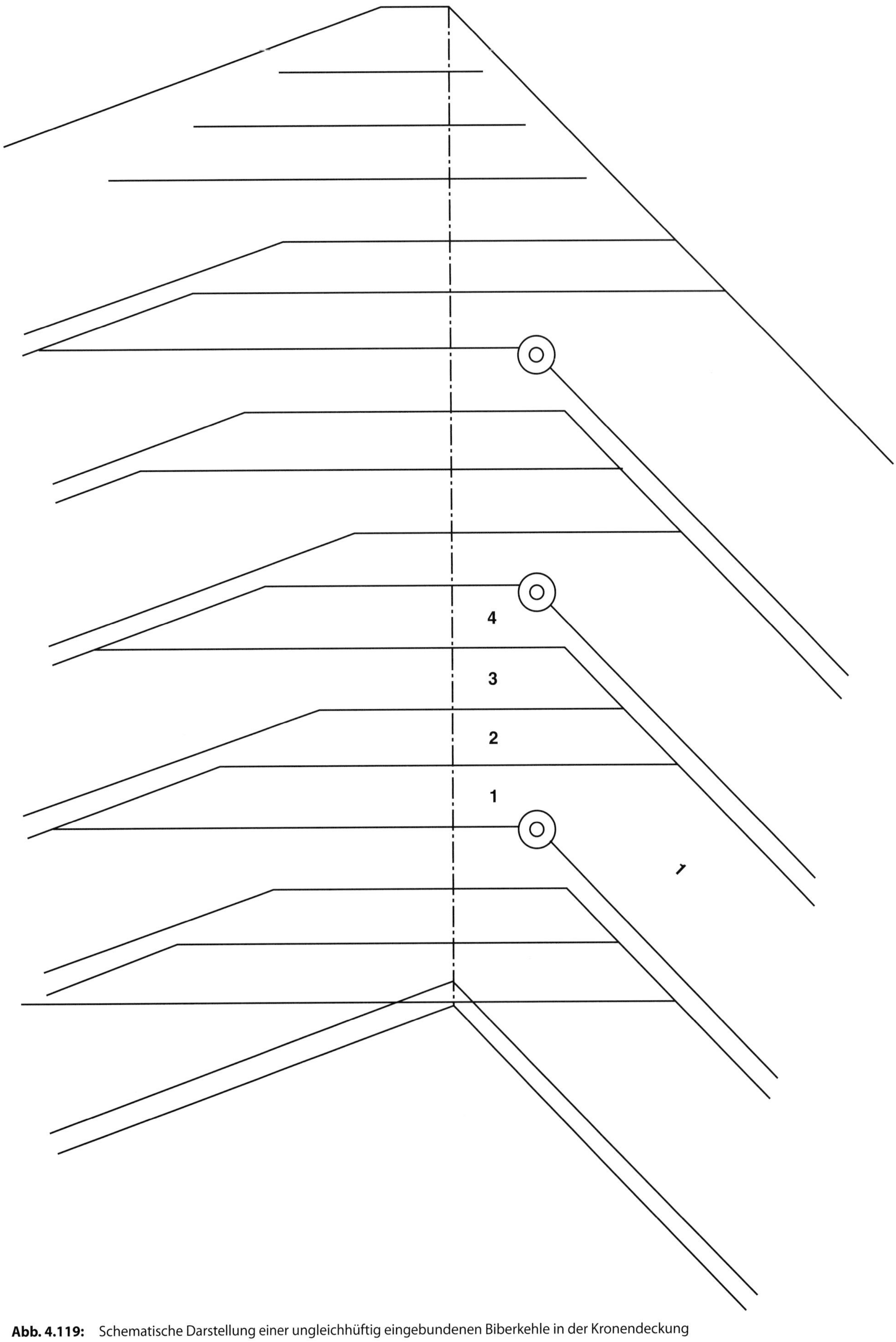

Abb. 4.119: Schematische Darstellung einer ungleichhüftig eingebundenen Biberkehle in der Kronendeckung

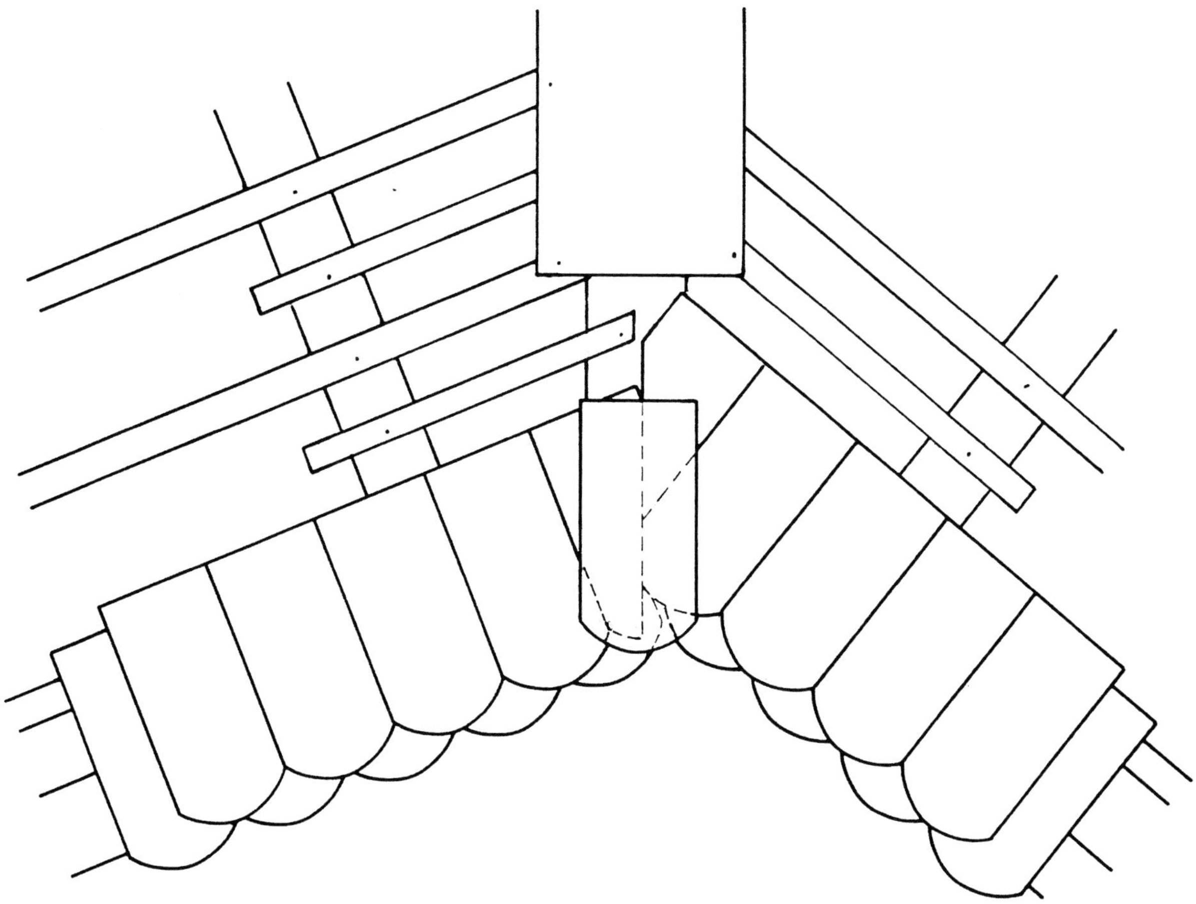

Abb. 4.120: Eingespitzter Kehlanfang mit aufliegendem Wasserbiber

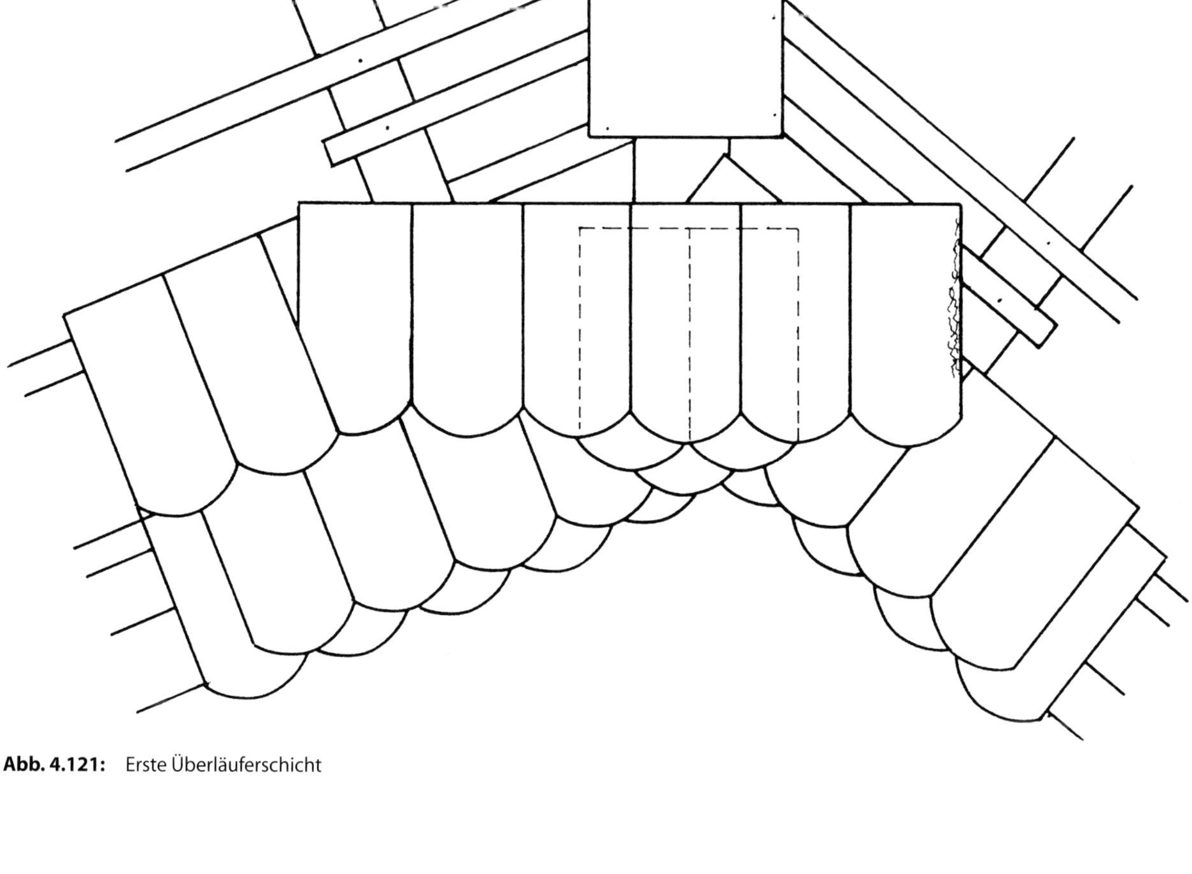

Abb. 4.121: Erste Überläuferschicht

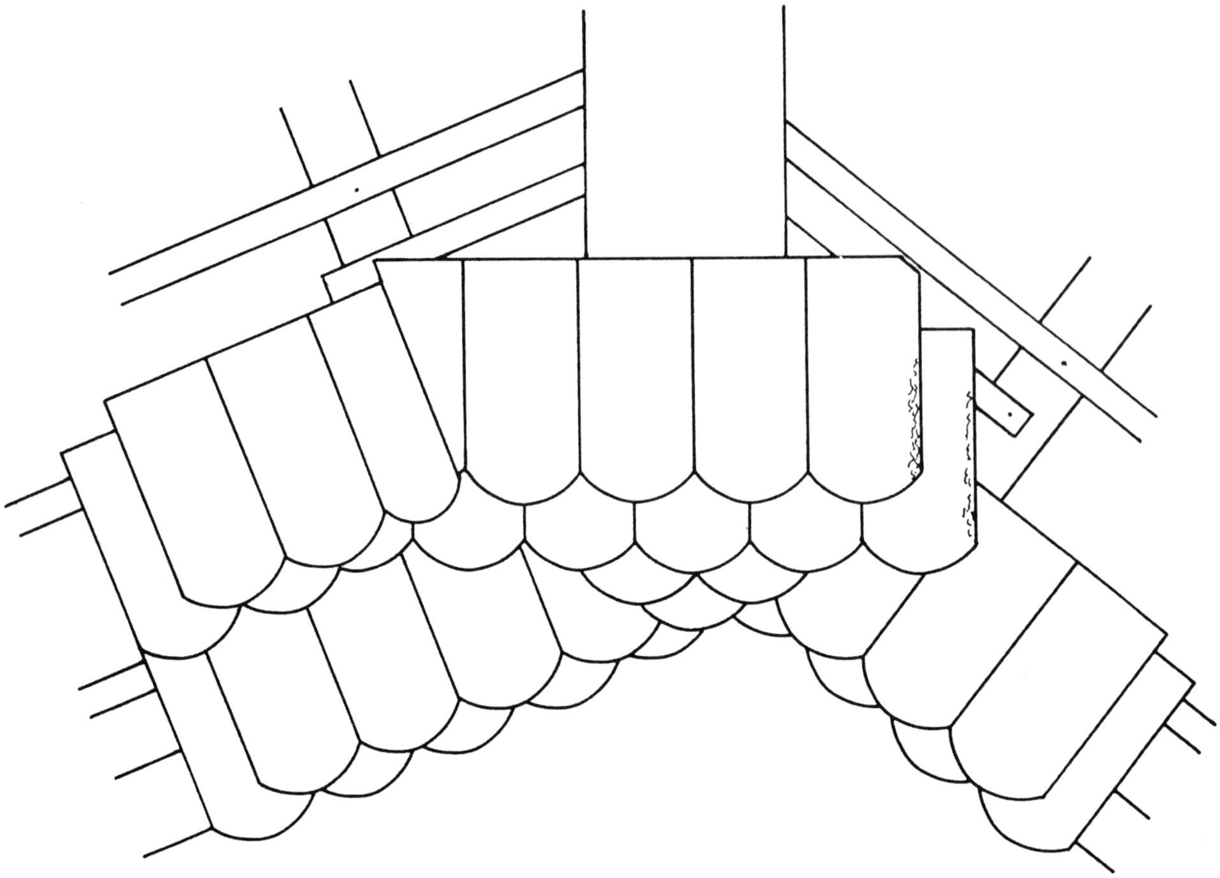

Abb. 4.122: Die erste und die zweite Überläuferschicht sind auf der flacheren Seite eingebunden.

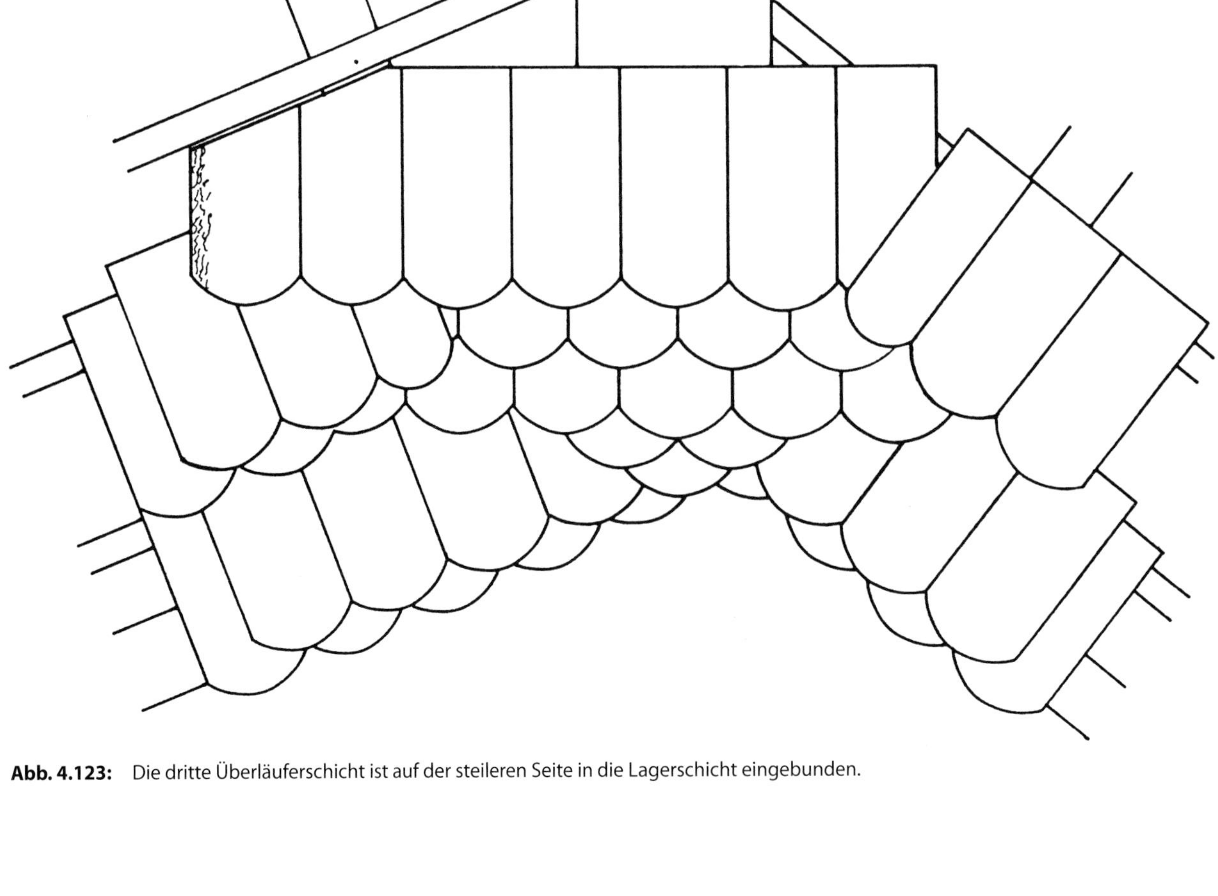

Abb. 4.123: Die dritte Überläuferschicht ist auf der steileren Seite in die Lagerschicht eingebunden.

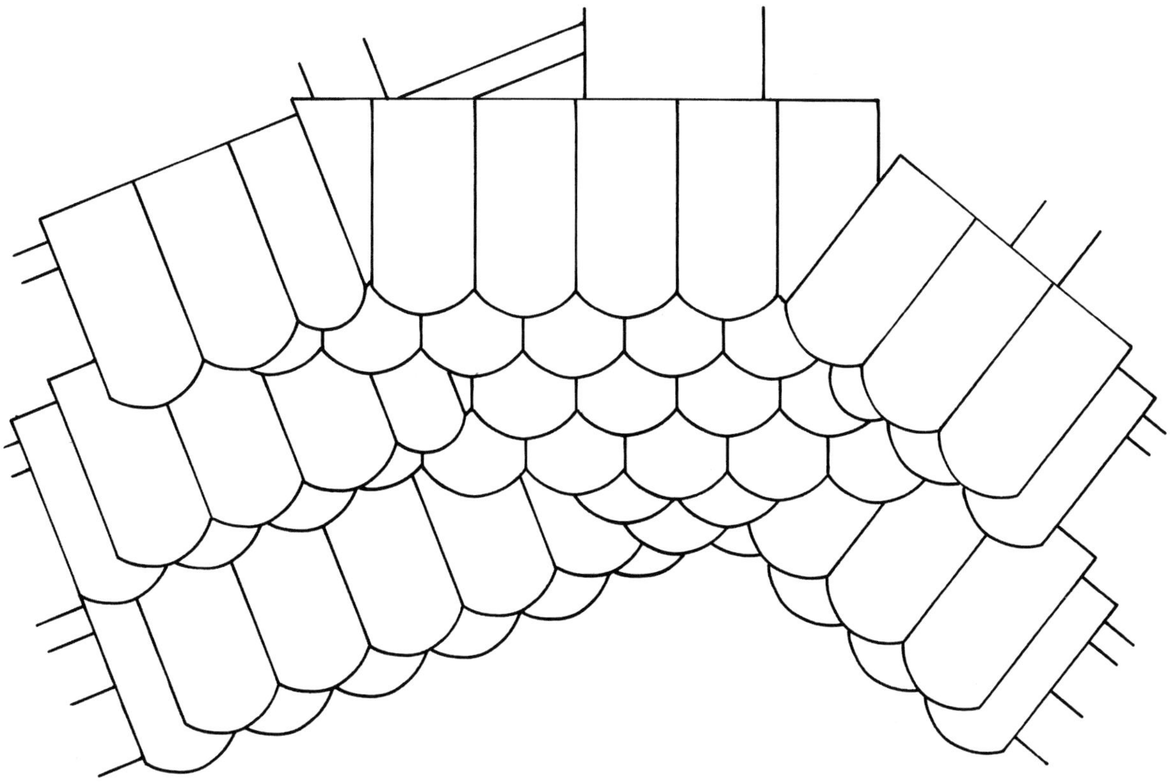

Abb. 4.124: Erste eingebundene Deckschicht, die gleichzeitig den ersten Schnittpunkt darstellt

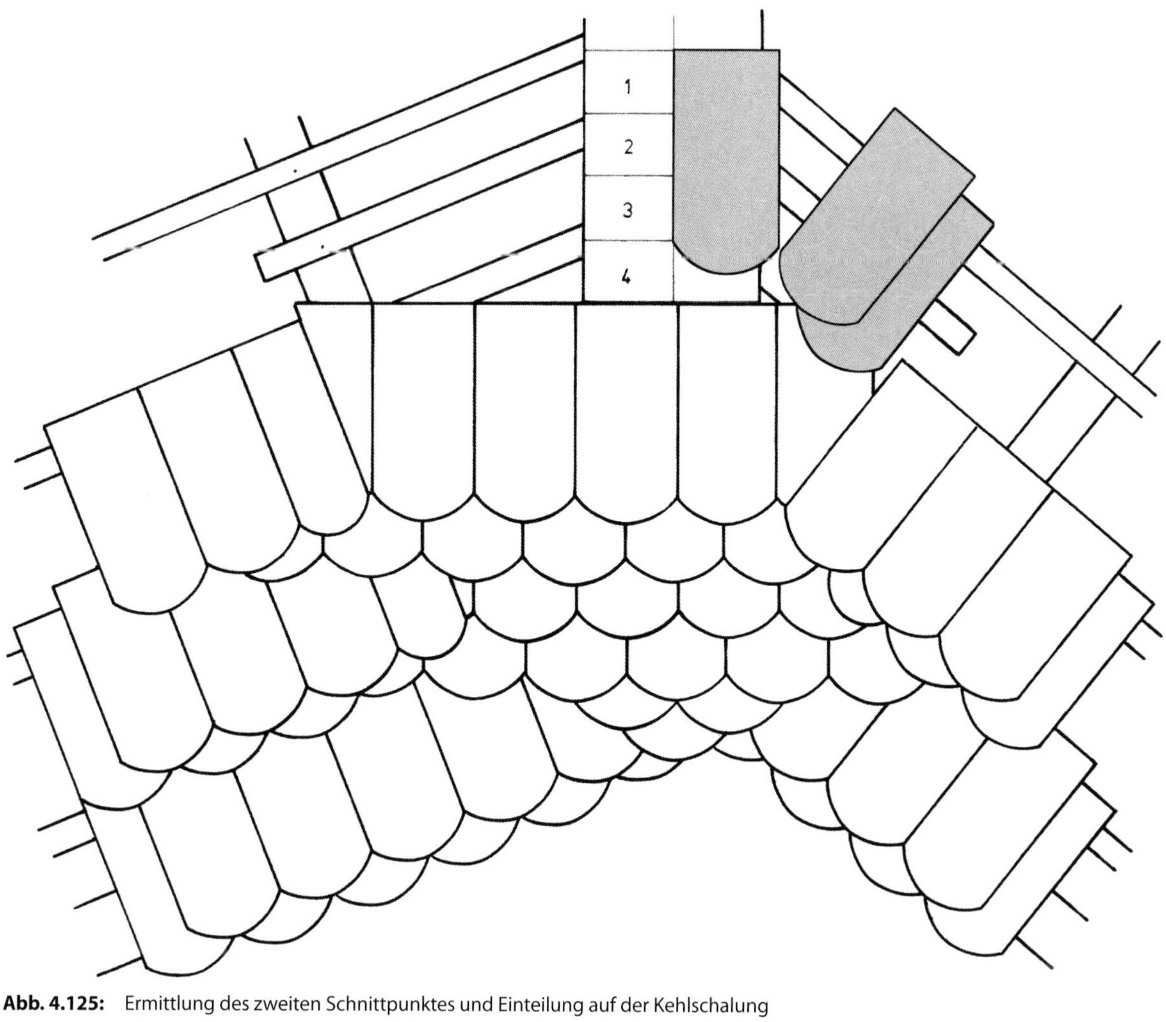

Abb. 4.125: Ermittlung des zweiten Schnittpunktes und Einteilung auf der Kehlschalung

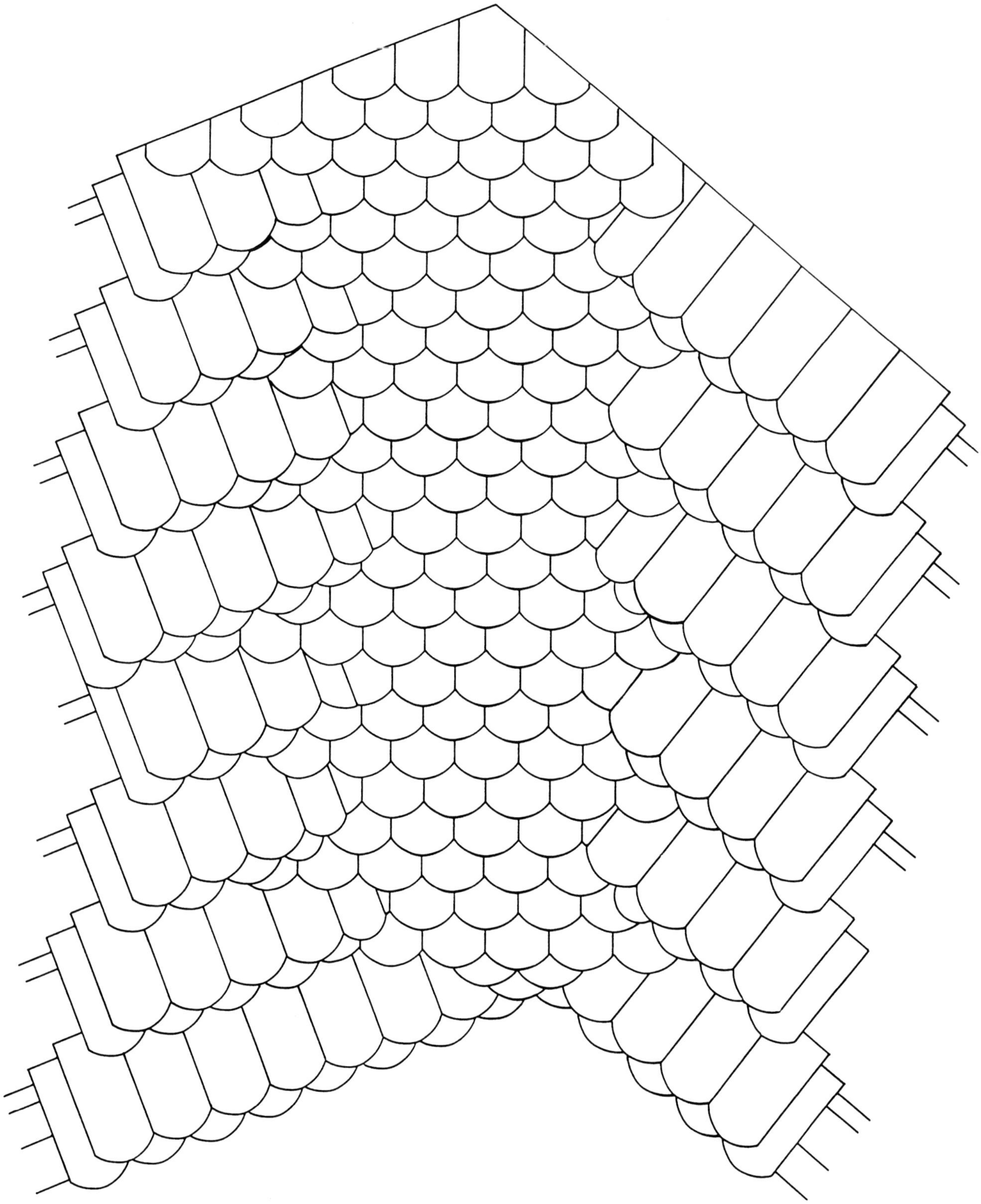

Abb. 4.126: Ungleichhüftig eingebundene Biberkehle in der Kronendeckung

4.6 Eingebundene Herzkehlen

4.6.1 Allgemeines

Bei der Herzkehle handelt es sich um eine Sonderkehle, die bei denkmalgeschützten Gebäuden zum Einsatz kommt. Hier ergibt sich auch beim Rundschnitt ein schönes Deckbild. Leider ist diese Sonderkehle nicht im Regelwerk aufgeführt und deshalb sollte unbedingt der Auftraggeber seine schriftliche Bestätigung abgeben. Bedenken bezüglich der Regensicherheit gibt es nicht, wenn die Kehle im Verhältnis 2:4 gedeckt wird. Die Kehlbreite kann 2- oder 3-Biber-breit gewählt werden.

Im Regelwerk des Deutschen Dachdeckerhandwerks wird die Herzkehle nicht erwähnt. Sie gehört zu den historischen Kehldeckungsarten. In antiquarischen Fachbüchern wird diese Ausführung schon vor 1912 beschrieben. Herzkehlen werden ebenso mit Ausspitzern, Anschlussbibern und Unterläufern in die anlaufenden Deckschichten eingebunden.

Merke:

In jedem Fall sollte eine gewünschte abweichende Ausführung vom Auftraggeber schriftlich bestätigt werden, um anschließende Rechtsstreitigkeiten auszuschließen.

4.6.2 Eingebundene Herzkehle in Doppeldeckung, 2-Biber-breit

Eingebundene Herzkehlen unterscheiden sich nur optisch von den anderen eingebundenen Biberkehlen. Für die Herzkehlen gilt auch: Die vierte Kehlschicht muss die erste Kehlschicht mindestens um 1 cm überdecken. Die 2-Biberbreite Herzkehle überdeckt die Ausspitzer fast gänzlich. Die Wasserbiber werden jeweils bis unter die einzubindende Deckschicht gedeckt. Die Unterläuferschicht wird im Halbverband um ca. Nasenlänge höher gedeckt, wobei die beiden Unterläufer mit den Fugen neben den Kehlbibern mit geringem Abstand decken.

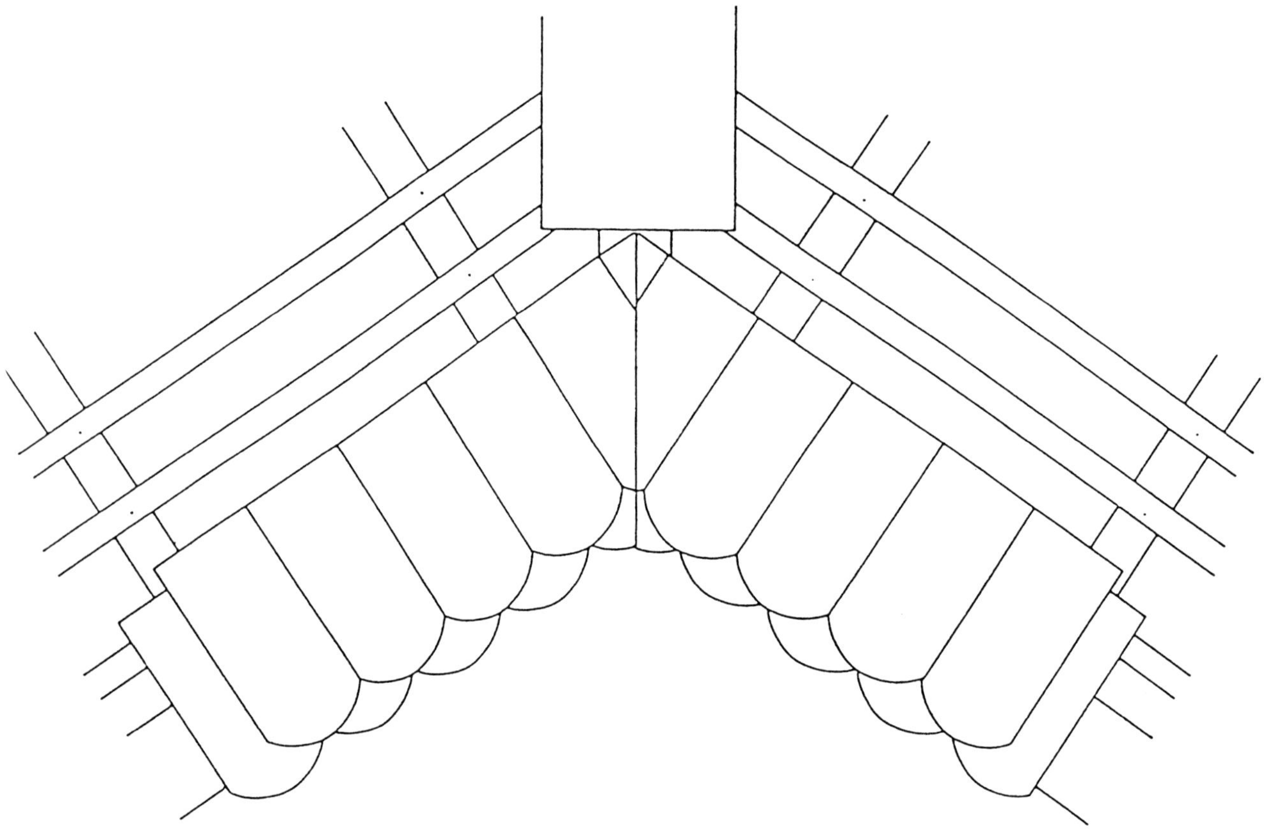

Abb. 4.127: Eingespitzter Kehlanfang einer gleichhüftig eingebundenen Herzkehle in der Doppeldeckung

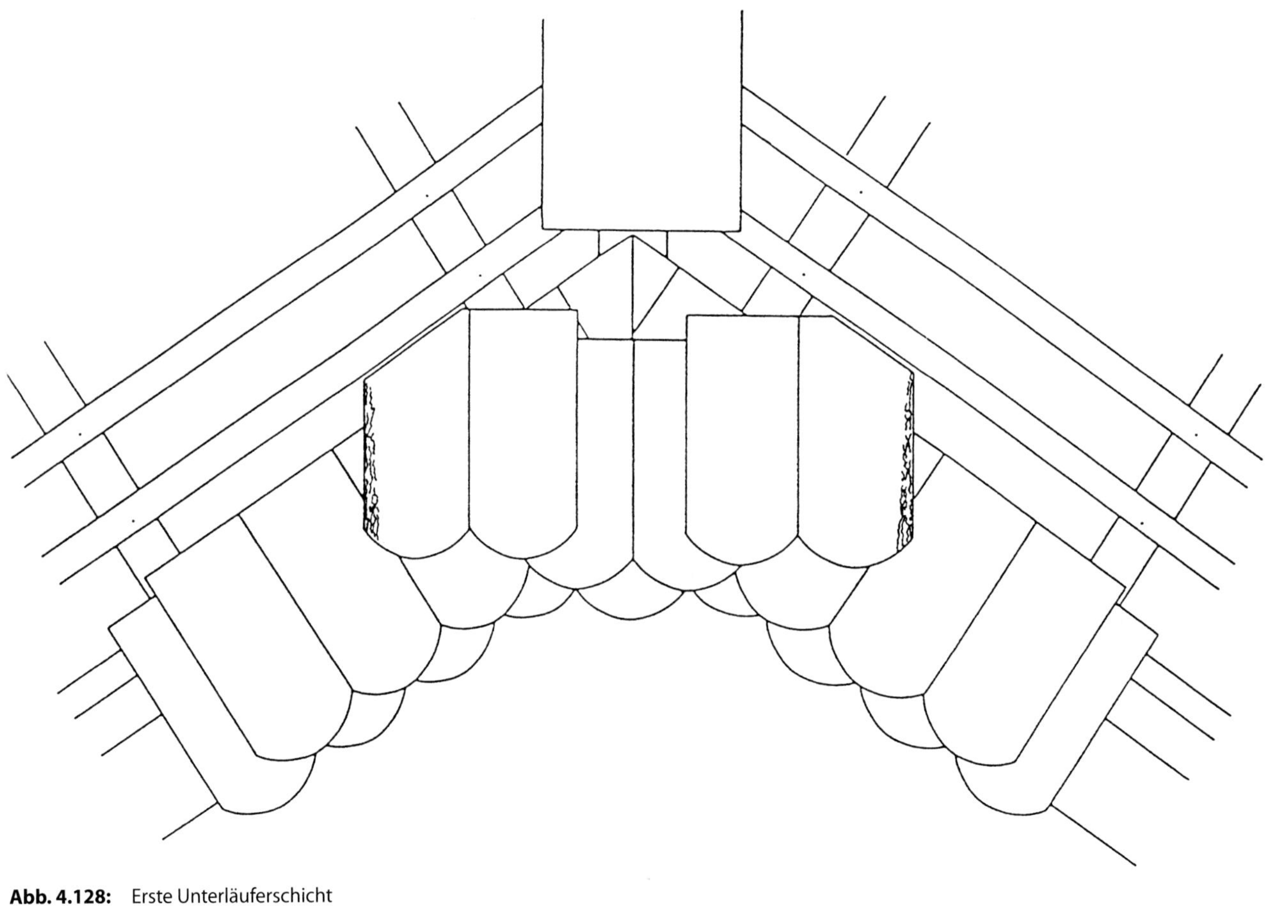

Abb. 4.128: Erste Unterläuferschicht

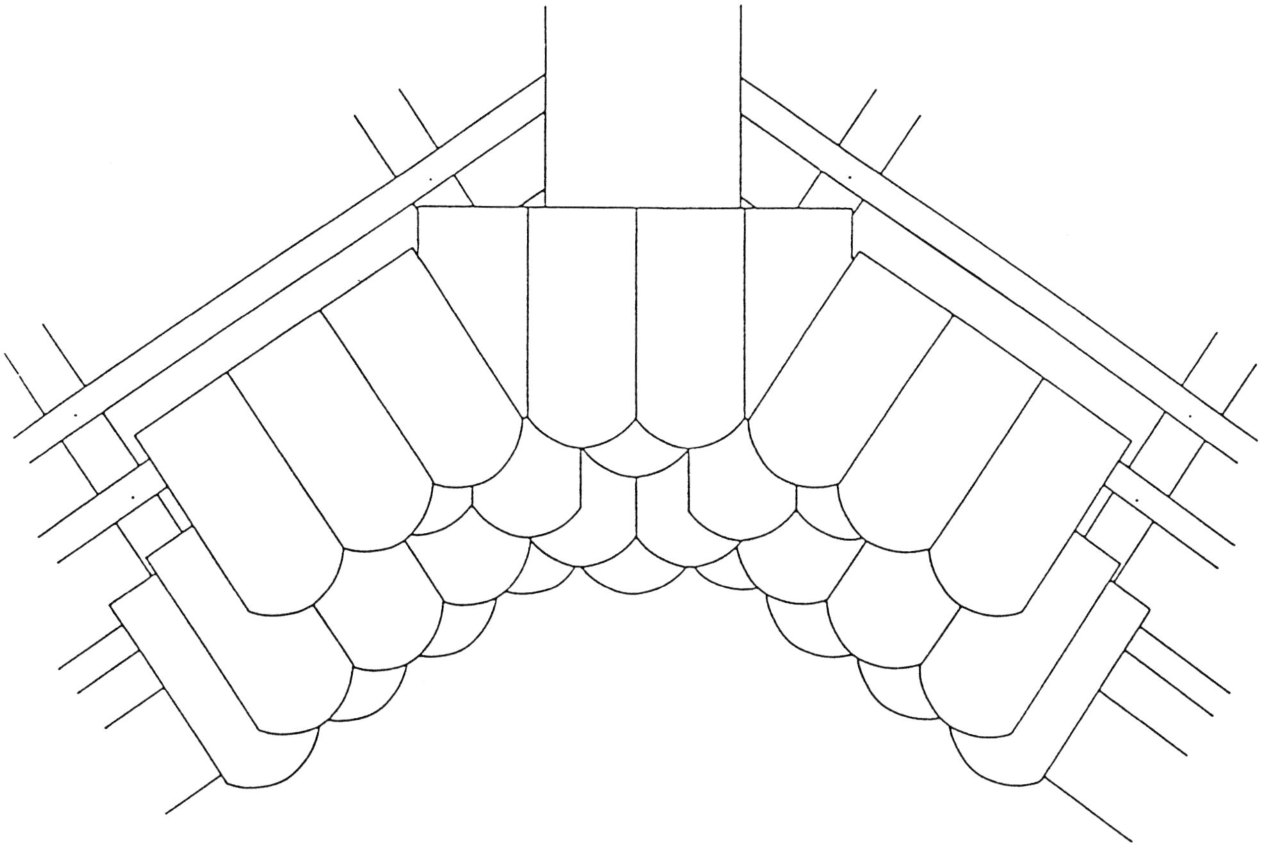

Abb. 4.129: Erste eingebundene Deckschicht

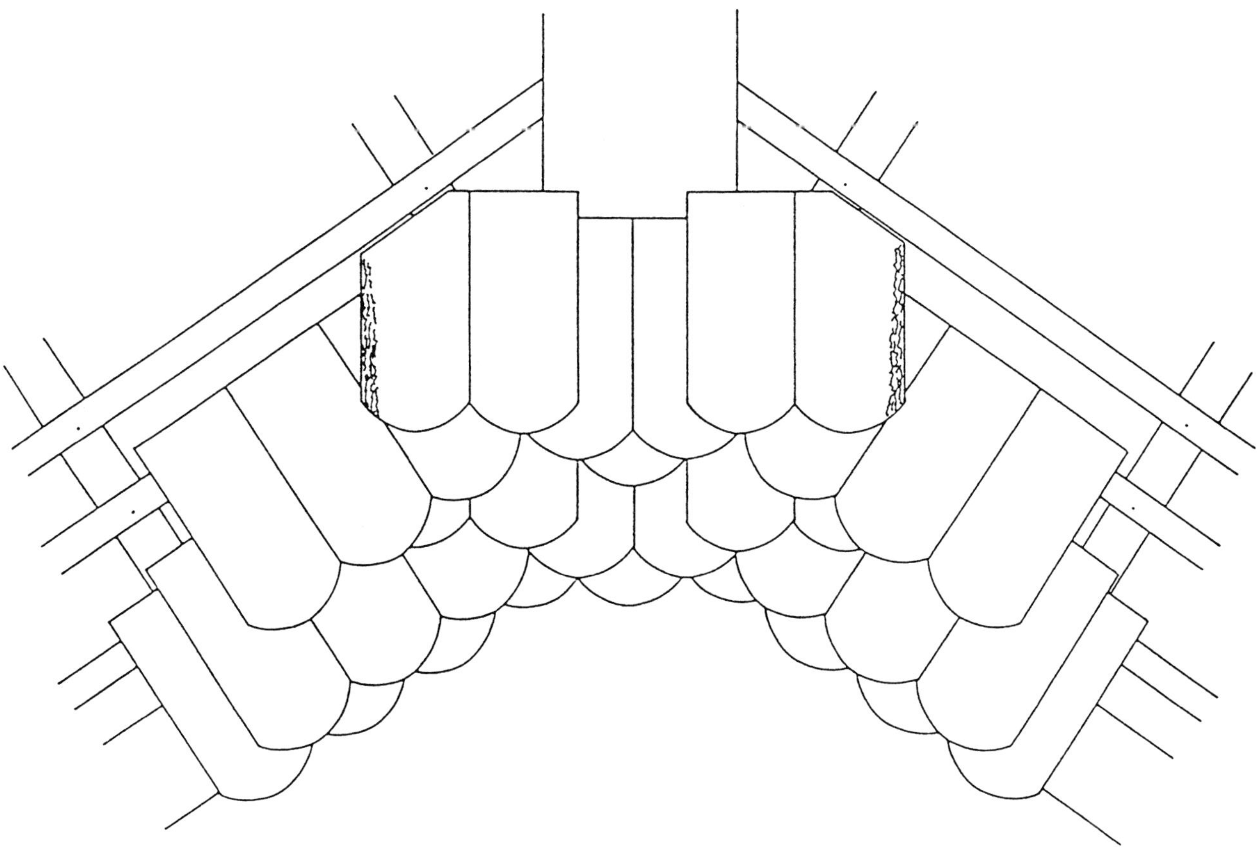

Abb. 4.130: Zweite Unterläuferschicht

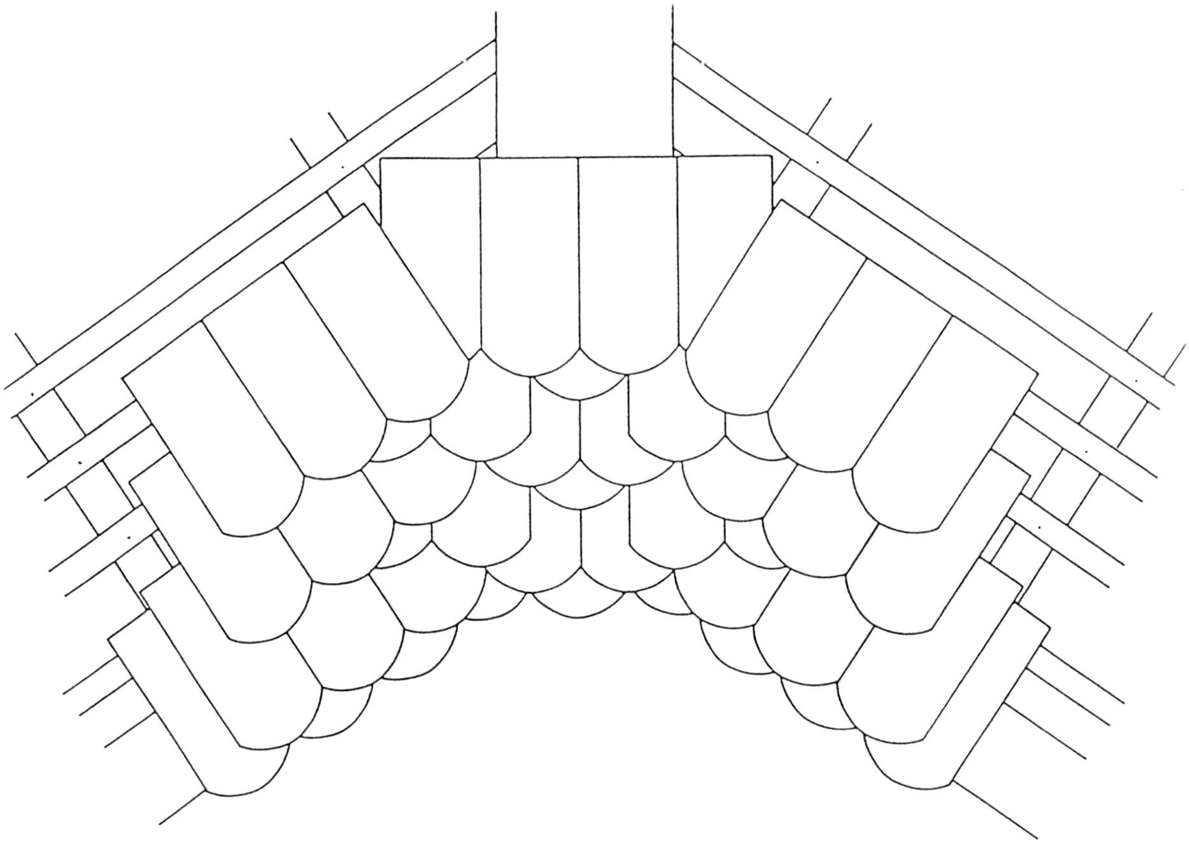

Abb. 4.131: Zweite eingebundene Deckschicht

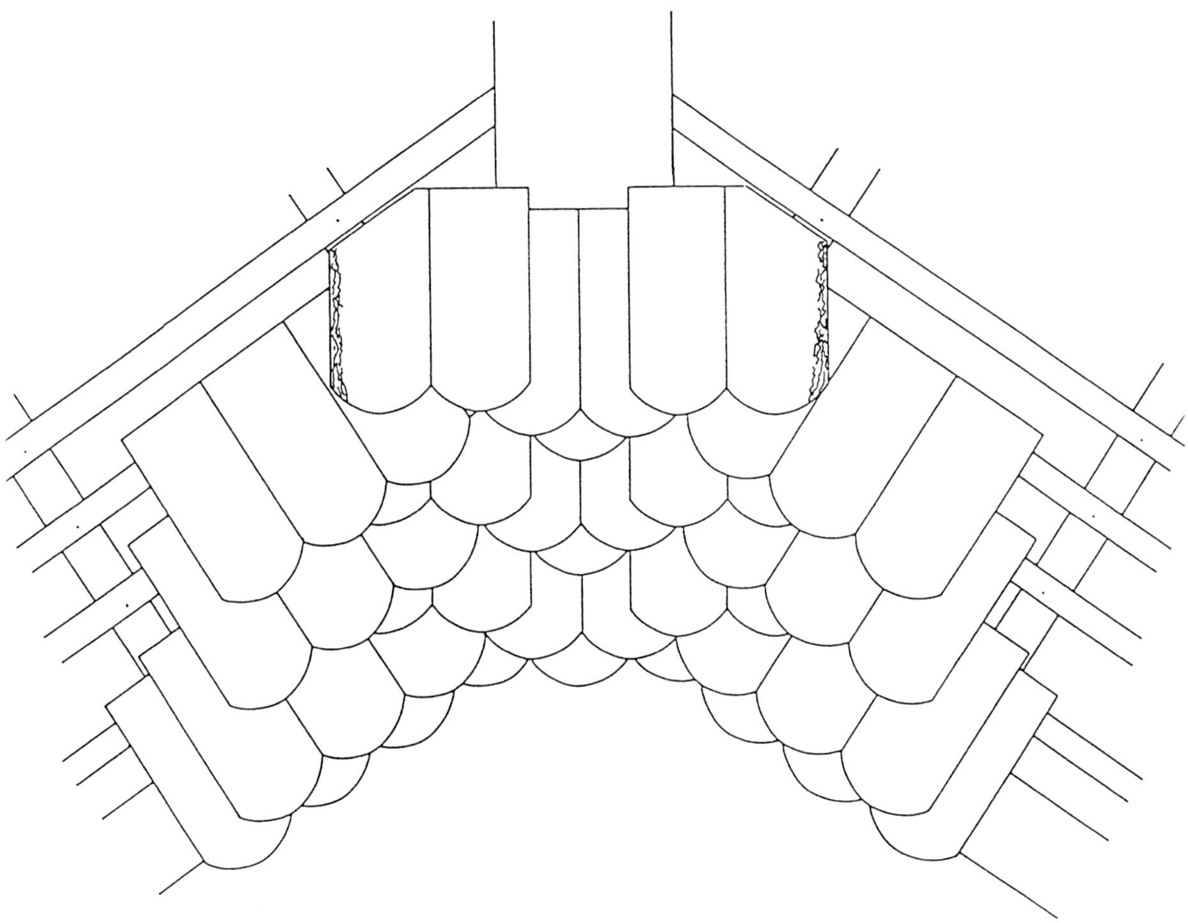

Abb. 4.132: Dritte Unterläuferschicht

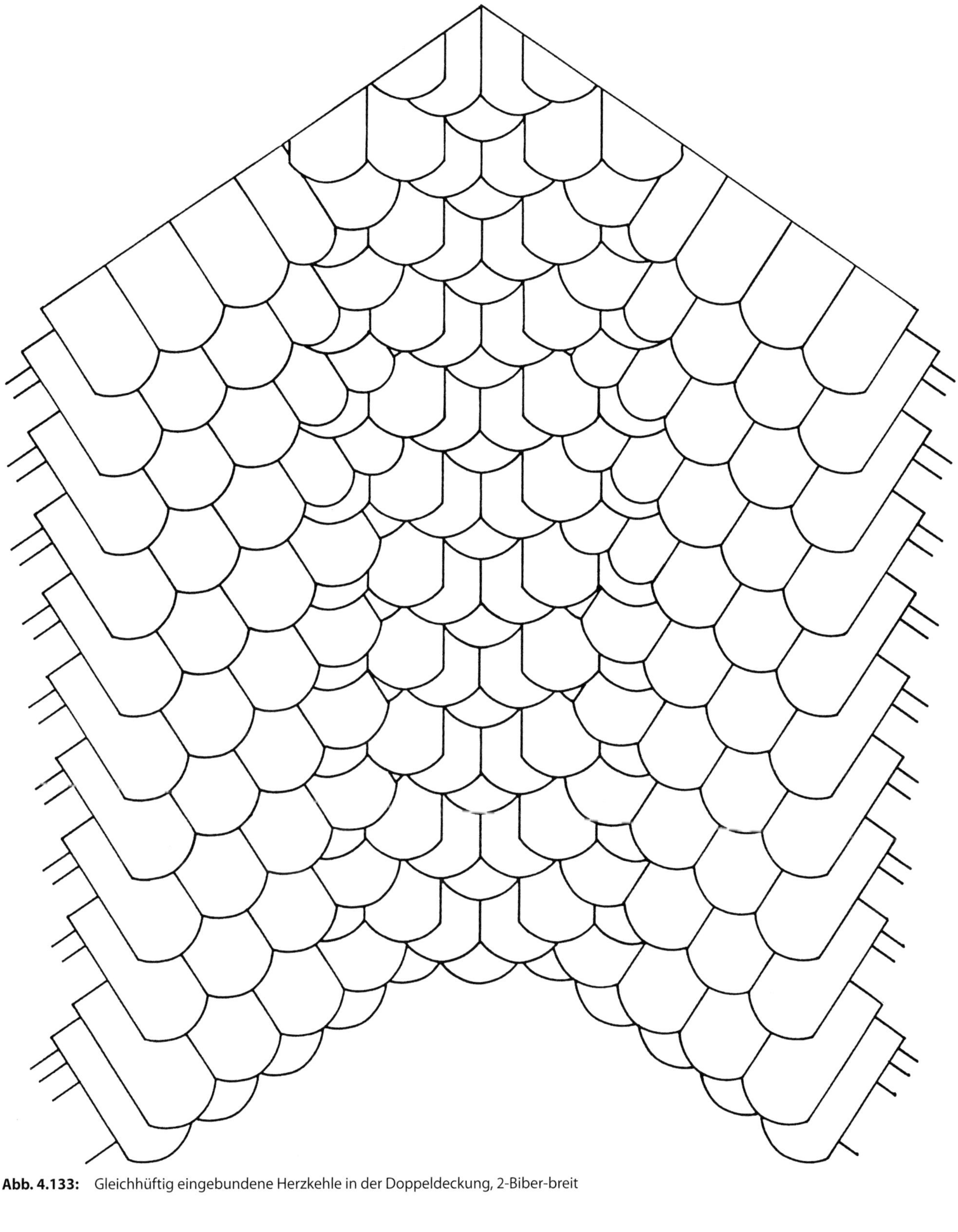

Abb. 4.133: Gleichhüftig eingebundene Herzkehle in der Doppeldeckung, 2-Biber-breit

4.6.3 Eingebundene Herzkehle in Doppeldeckung, 3-Biber-breit

Bei der 3-Biber-breiten Herzkehle sind die Ausspitzer voll sichtbar. Die Unterläuferschicht wird – um Nasenlänge versetzt – unter die Kehlbiber der Deckschicht gedeckt.

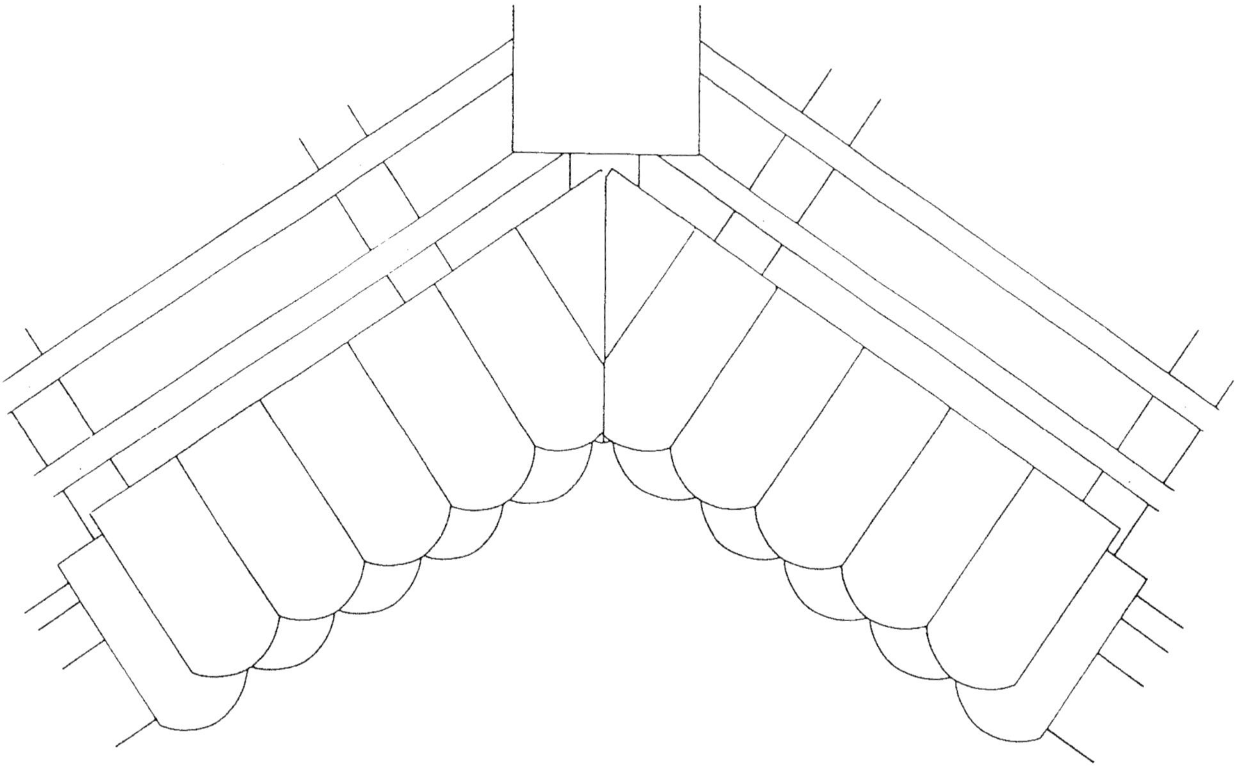

Abb. 4.134: Zusammengespitzte Traufschicht mit darüberliegendem Traufbrett, 32 cm breit, für die dreiziegelbreite Herzkehle.

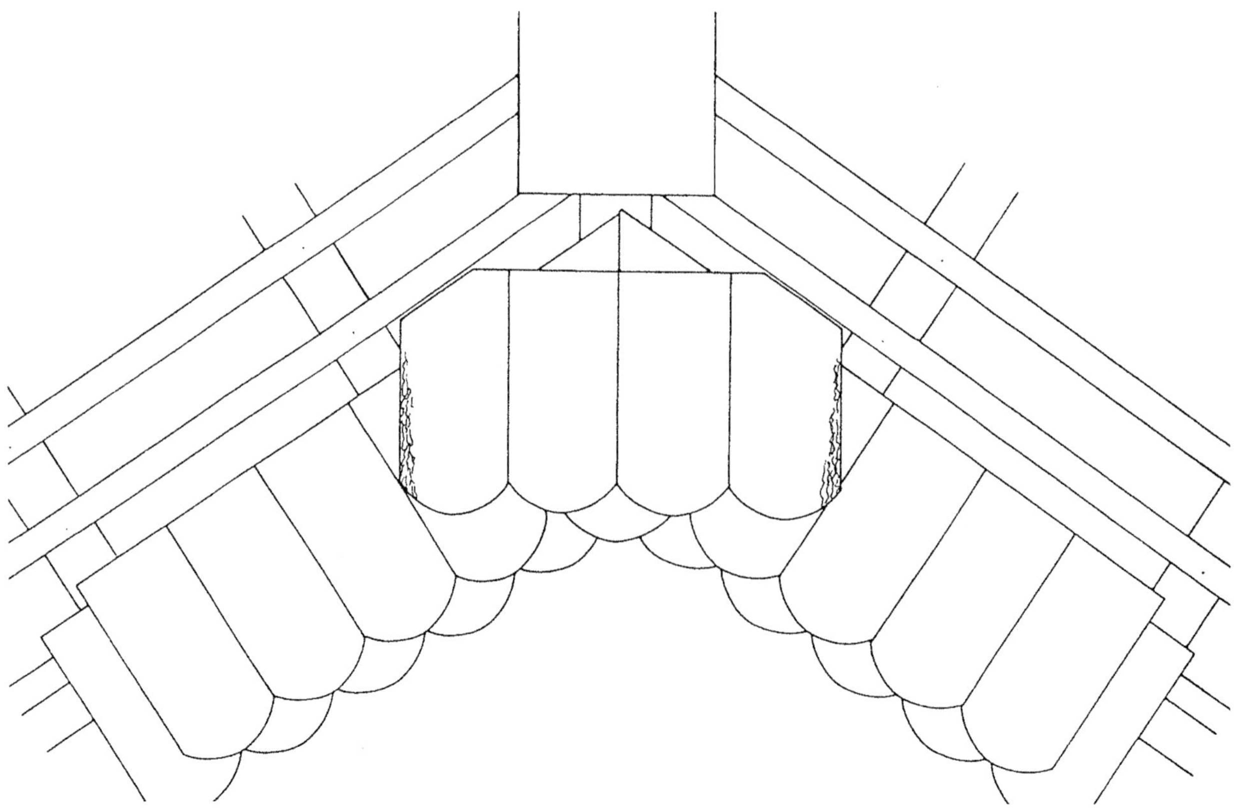

Abb. 4.135: Erste Unterläuferschicht, bestehend aus zwei Kehlziegeln und jeweils linken und rechten Unterläufer.

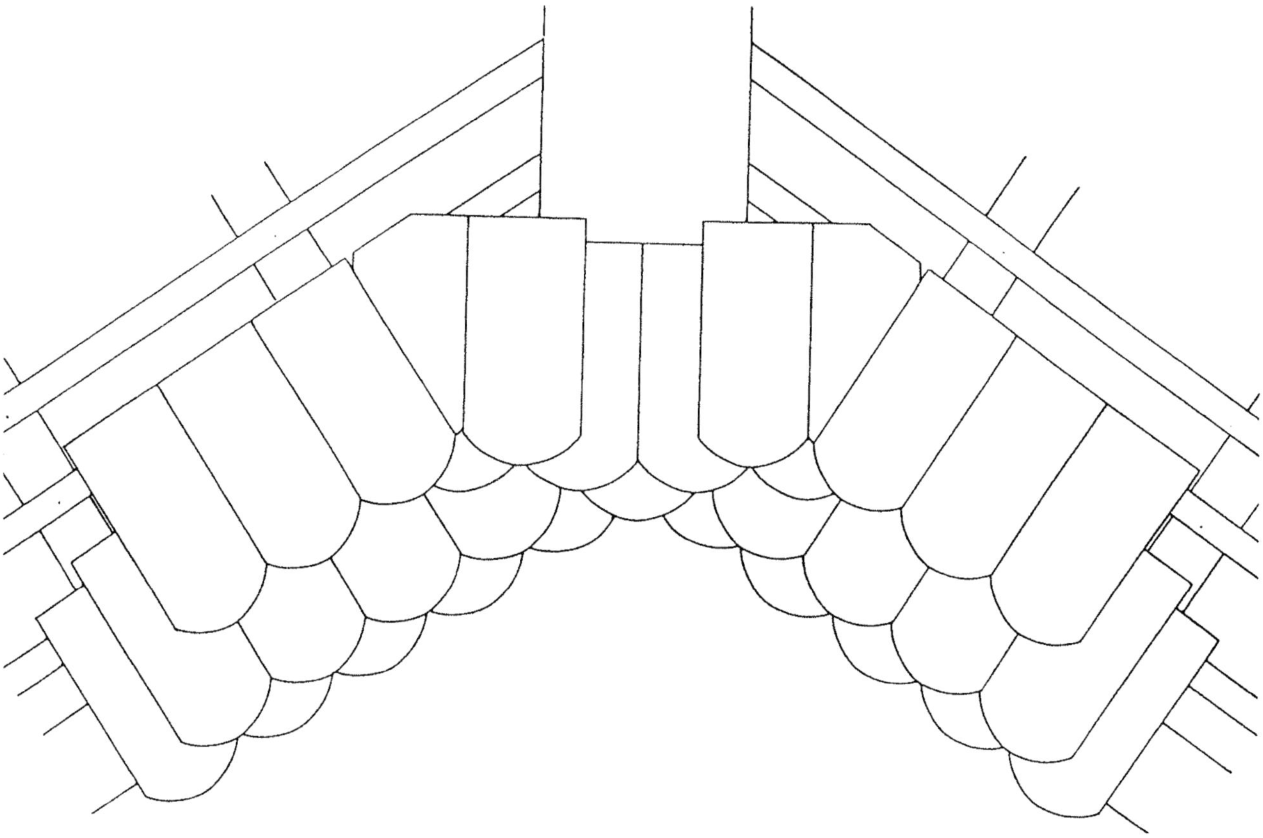

Abb. 4.136: Erste Deckschicht mit jeweils erstem Schnittpunkt. Die Deckschicht liegt um 4 cm (Nasenlänge) über der Unterläuferschicht. Der Wasserziegel wird entsprechend den Schnittpunkten nach oben verlagert.

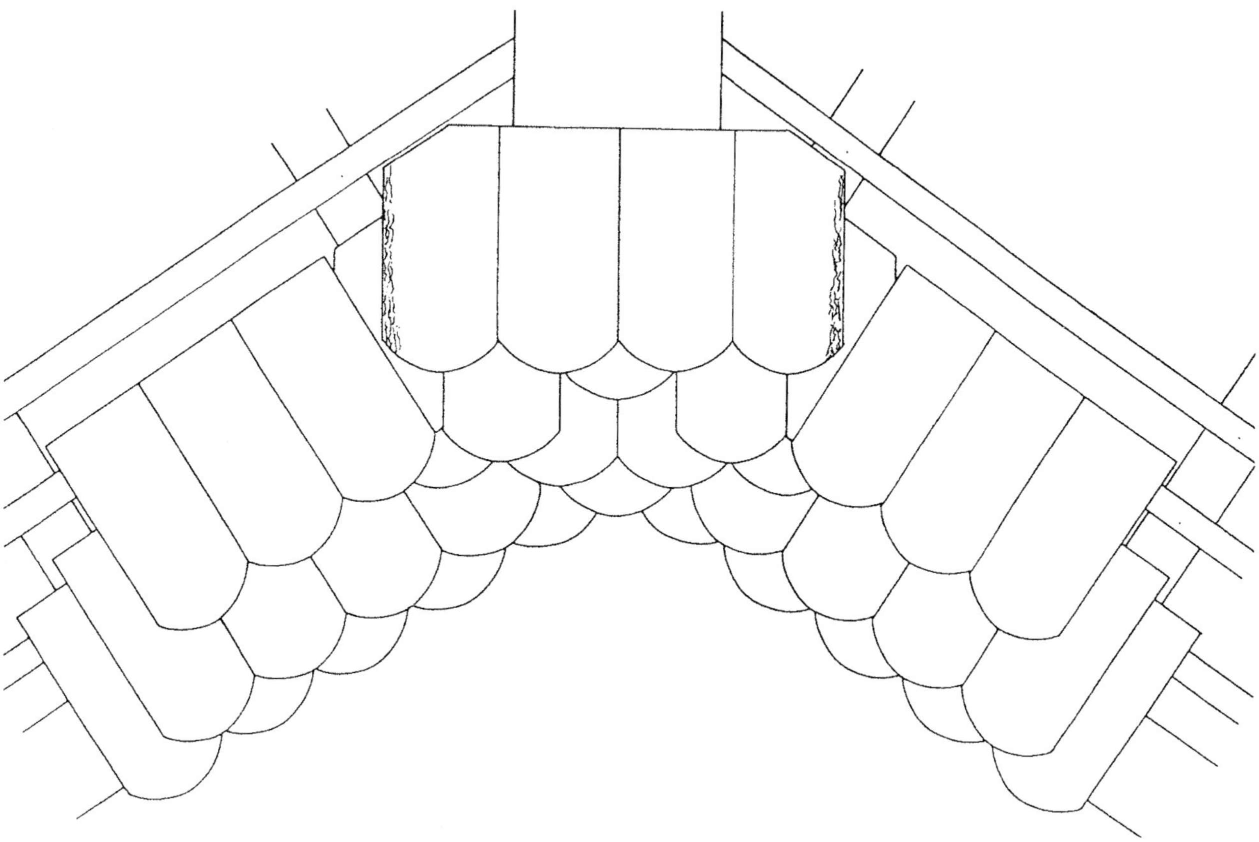

Abb. 4.137: Zweite Unterläuferschicht, die wieder um eine Nasenlänge höher liegt als der Wasserziegel.

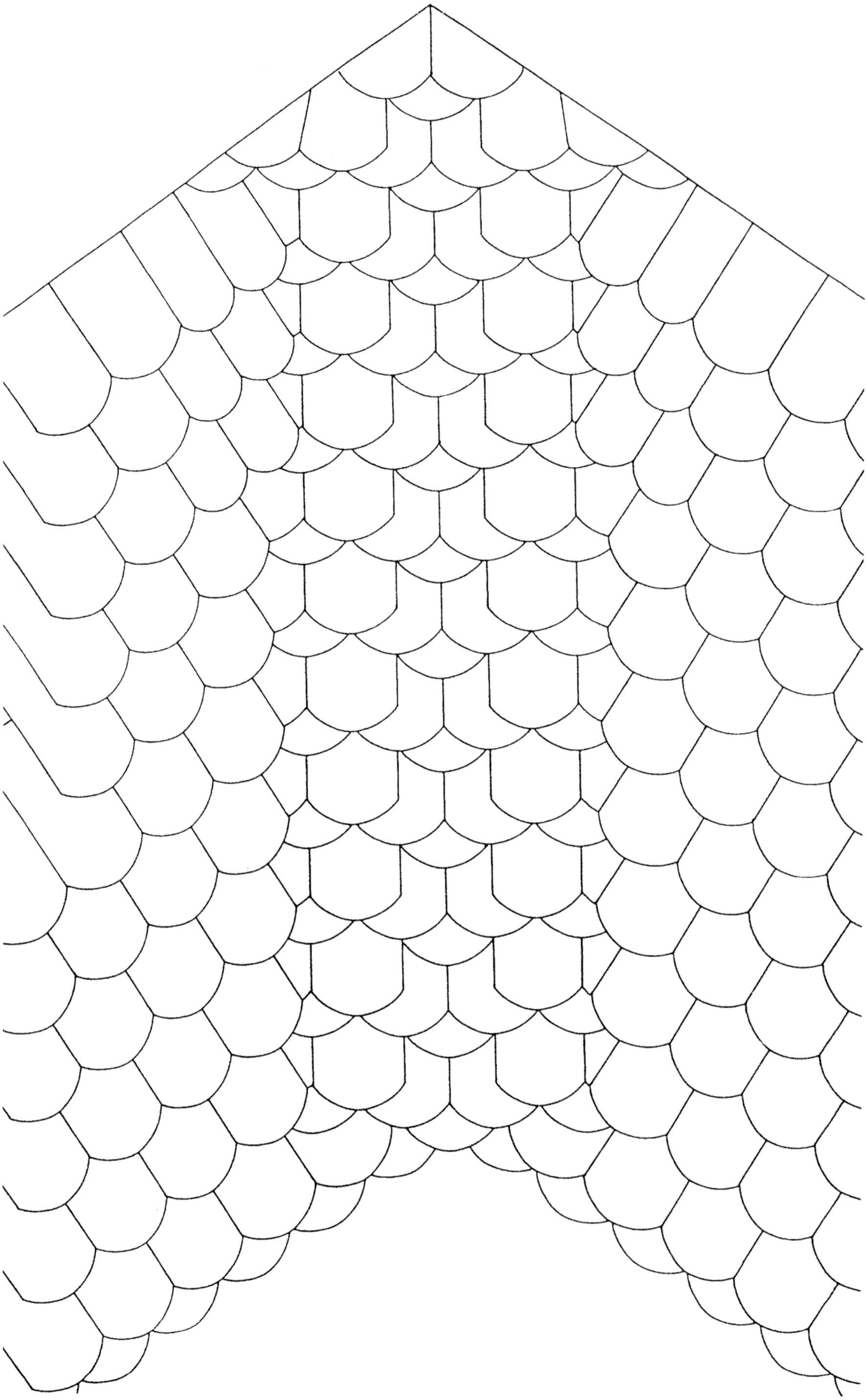

Abb. 4.138: Fertiggedeckte dreiziegelbreite Herzkehle. Ausbildung des Firstes mit Firstplatten.

4.6.4 Eingebundene Herzkehle in Kronendeckung, 2-Biber-breit

Eingebundene Herzkehlen in der Kronendeckung unterscheiden sich ebenfalls nur optisch von eingebundenen Biberkehlen in der Teilung 2:3.

Über dem Wasserbiber werden im Halbverband zwei oder drei Biber der Unterläuferschicht um ca. Nasenlänge höher gedeckt. Die beidseitigen Unterläufer werden neben die letzten in der Höhe versetzten Kehlbiber gedeckt. Die Lager- und Deckschichten werden wieder um ca. Nasenlänge nach oben gedeckt und in die Lager- und Deckschichten eingebunden. Den Abschluss am Kehlende bilden die Kehlauslaufschichten.

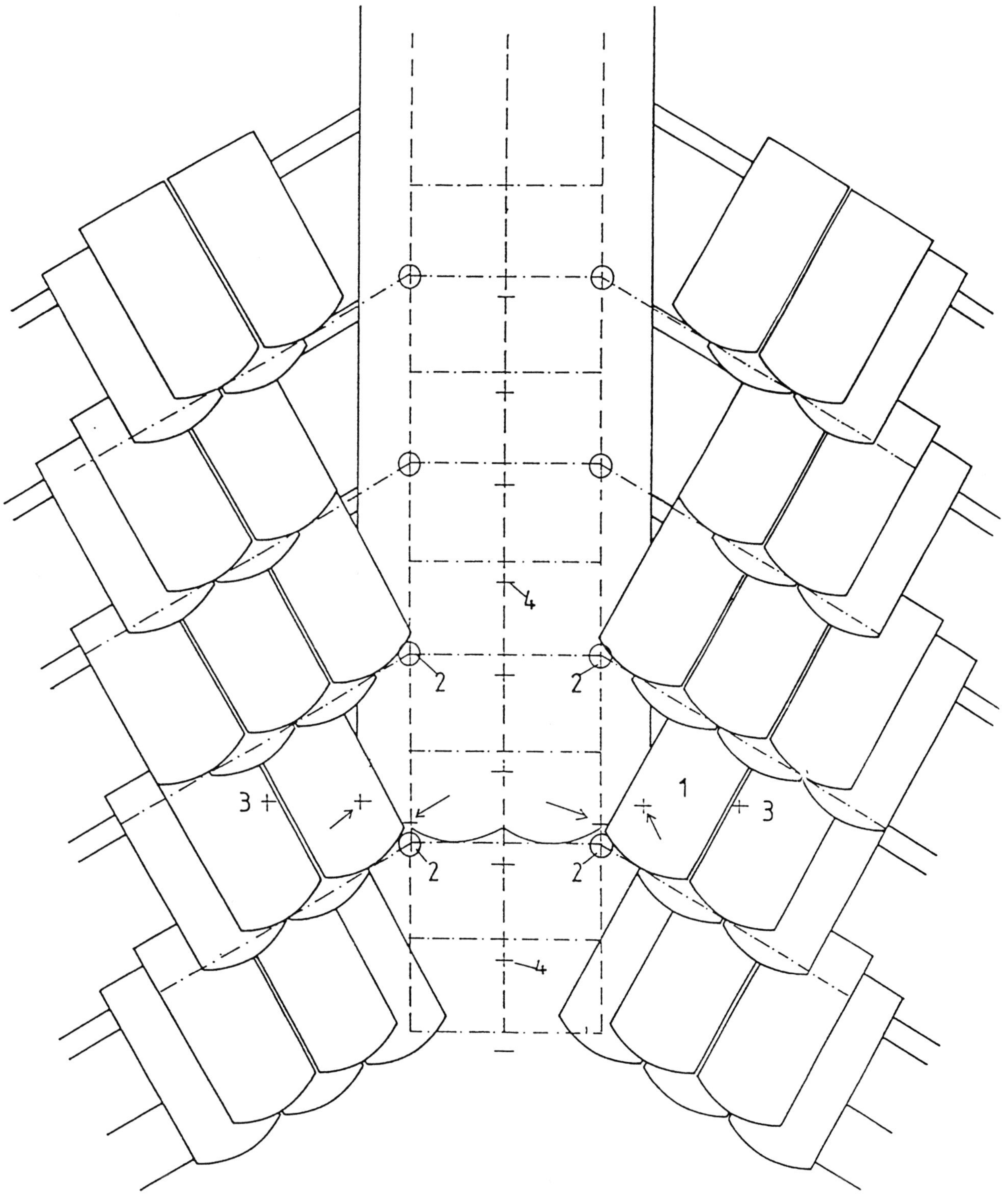

Abb. 4.139: Schnürschema einer gleichhüftig eingebundenen Herzkehle in der Kronendeckung, 2-Biber-breit (1 = provisorisch aufgehängter Biber; 2 = Kehlschnittpunkte; 3 = Fluchtlinie für die Schwanzenden der Kehlbiber bzw. der Unterläufer mit der Breitenlinie; 4 = Fluchtlinie der Schwanzenden der Wasserbiber)

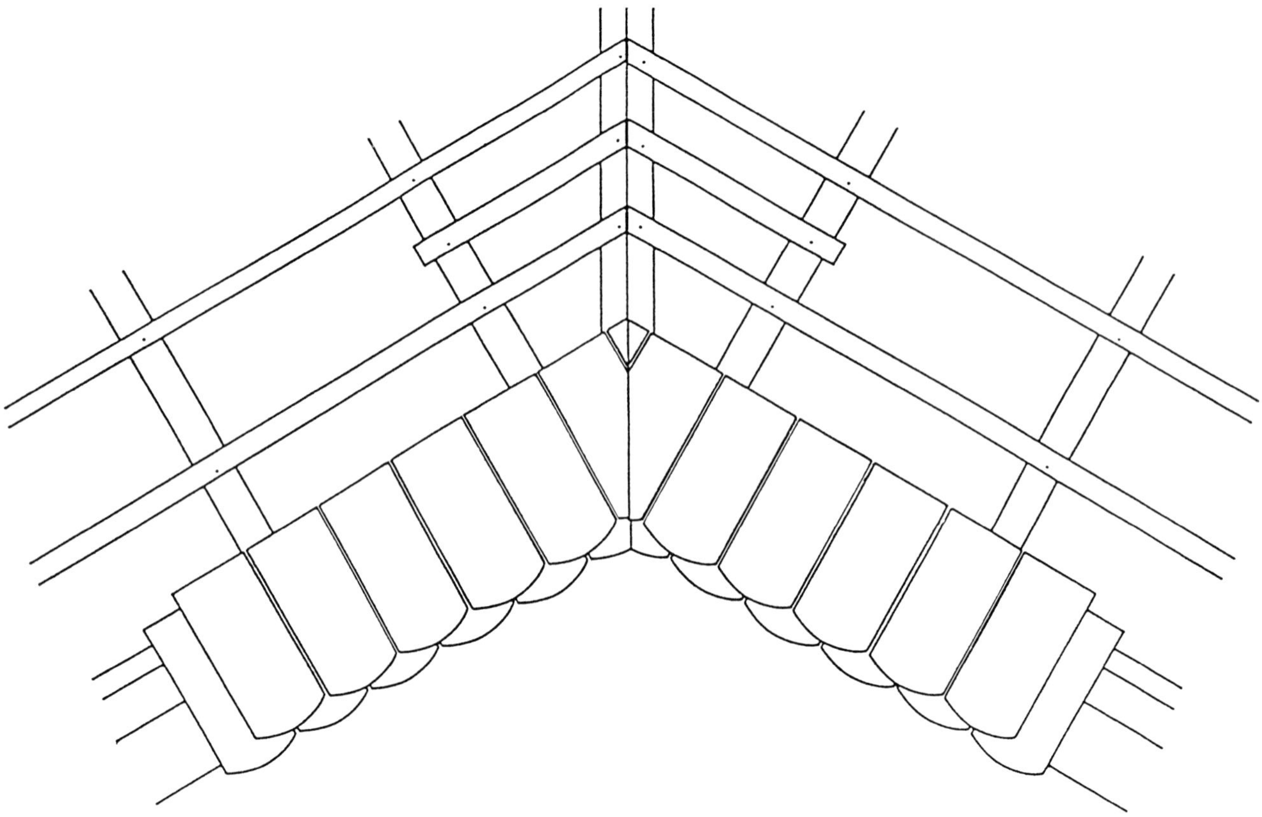

Abb. 4.140: Eingespitzter Kehlanfang

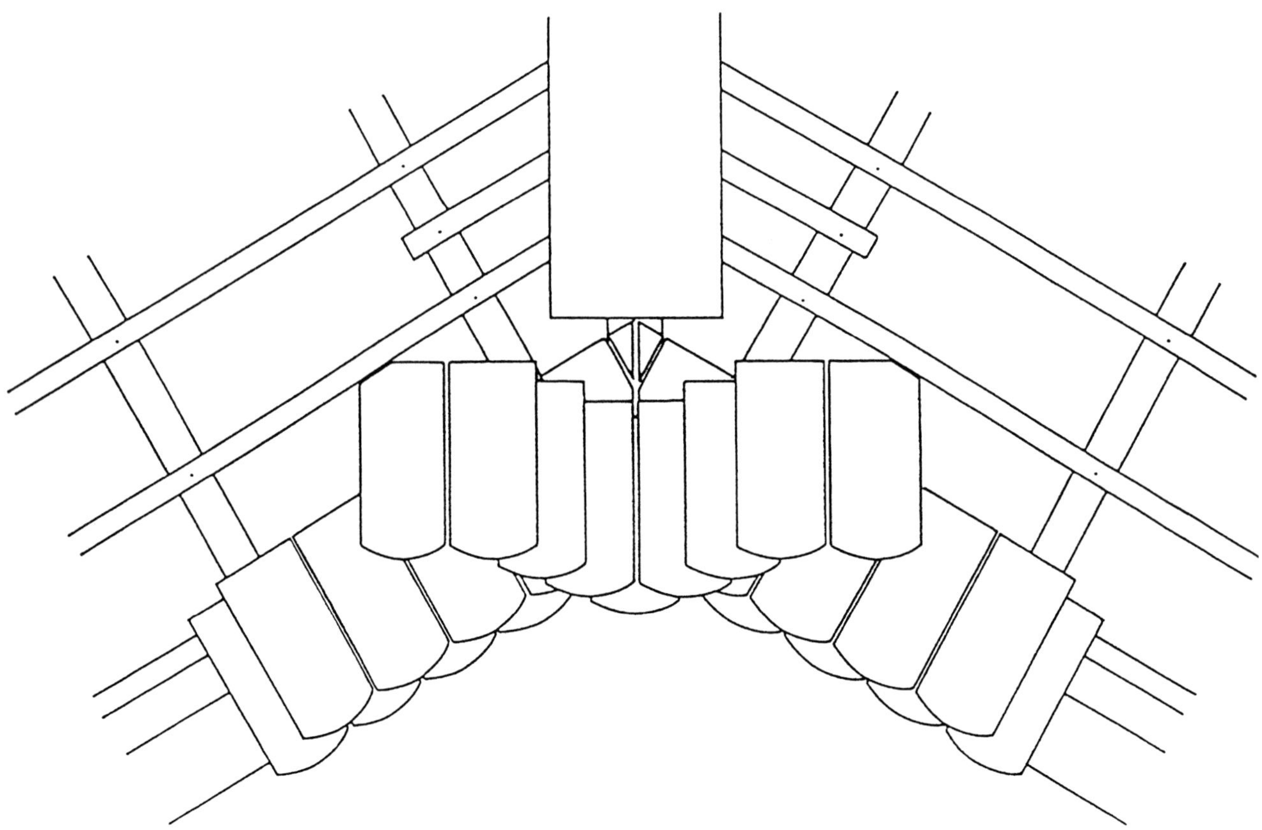

Abb. 4.141: Erste Unterläuferschicht

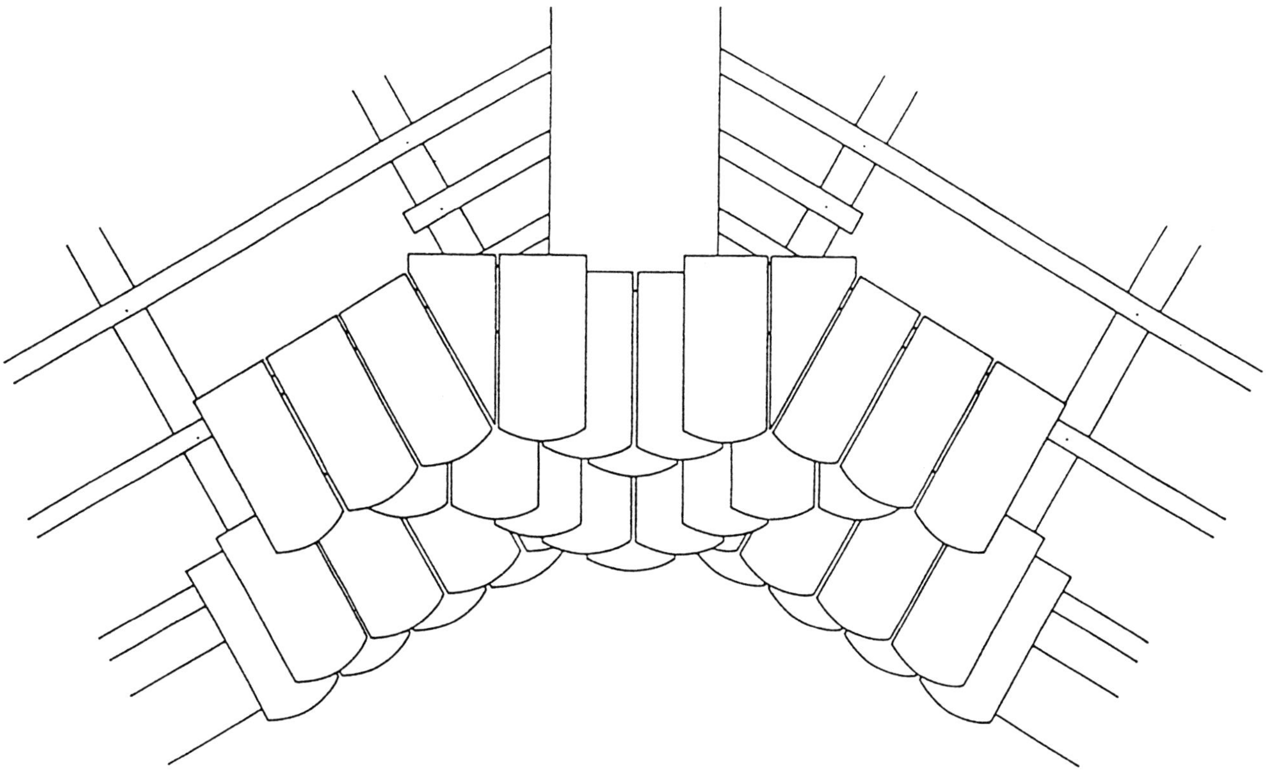

Abb. 4.142: Erste eingebundene Lagerschicht

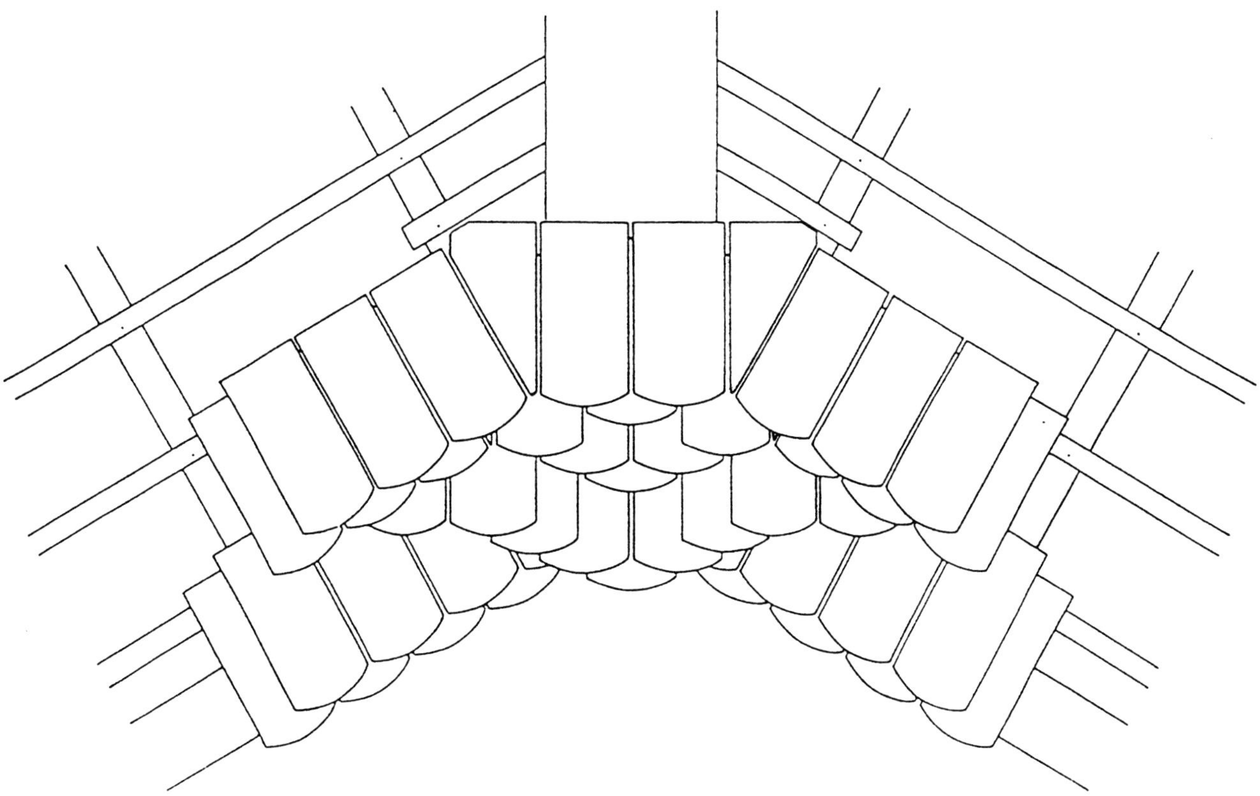

Abb. 4.143: Erste eingebundene Deckschicht

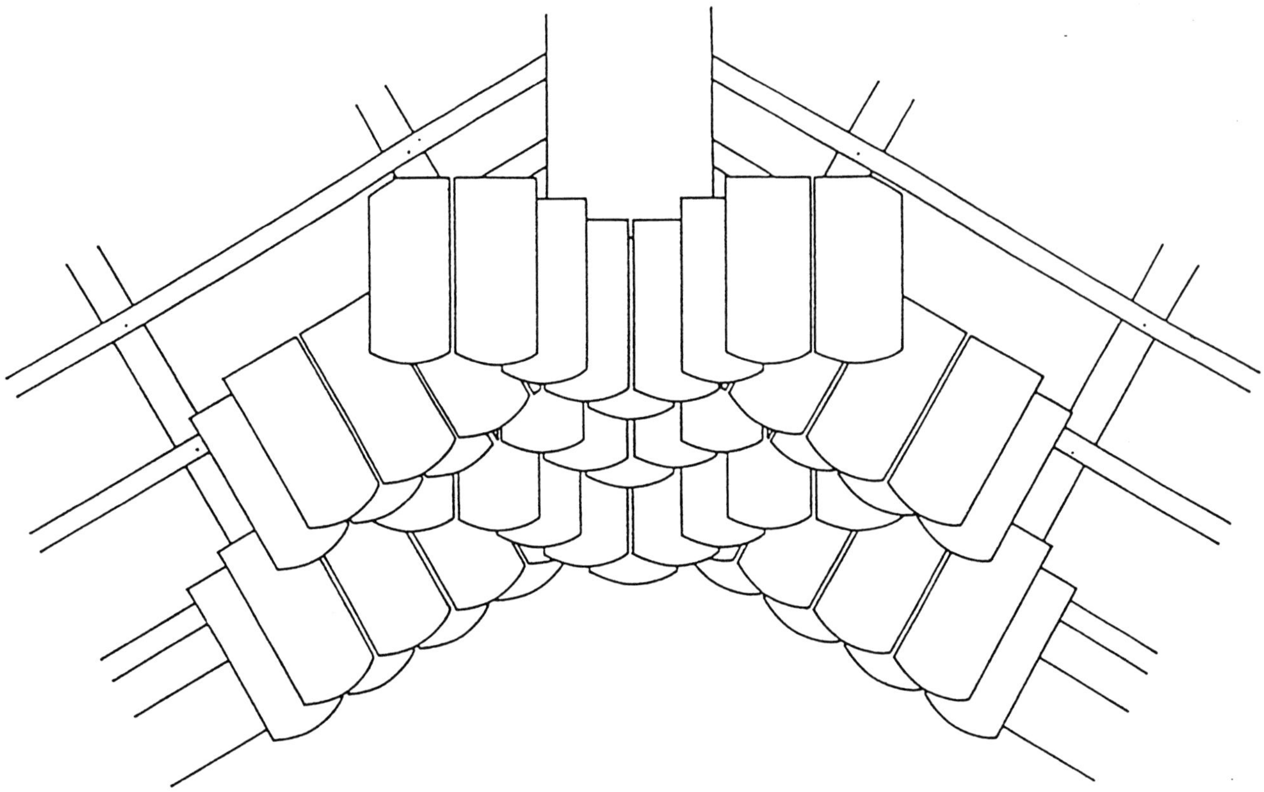

Abb. 4.144: Zweite Unterläuferschicht

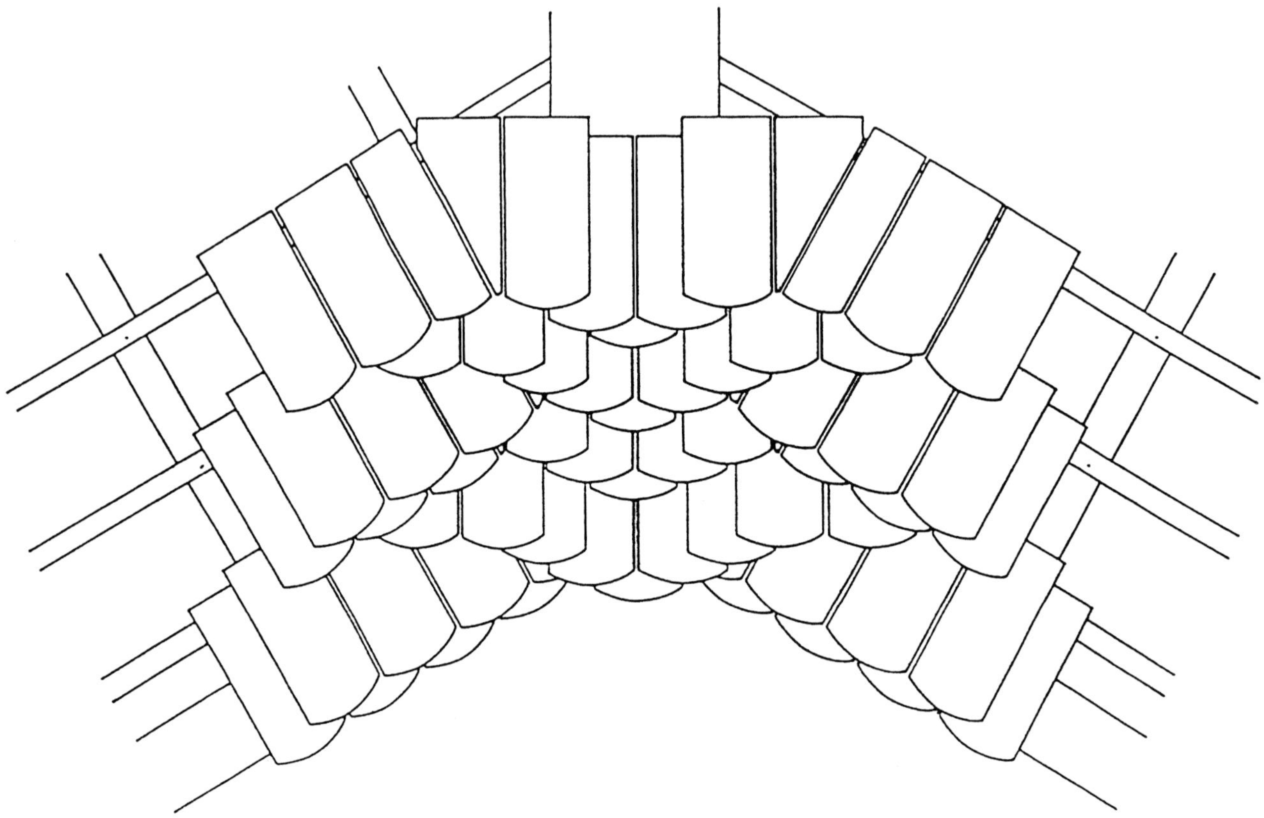

Abb. 4.145: Zweite eingebundene Lagerschicht

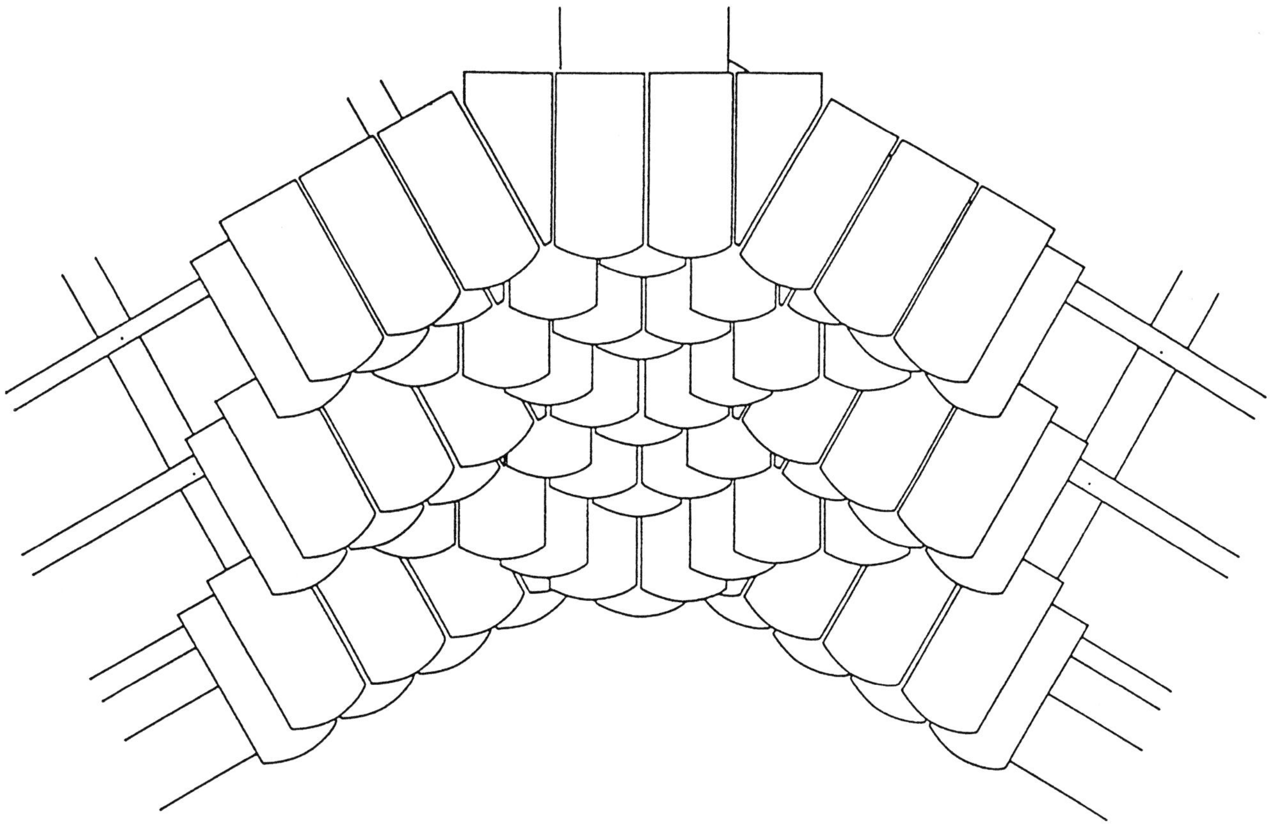

Abb. 4.146: Zweite eingebundene Deckschicht

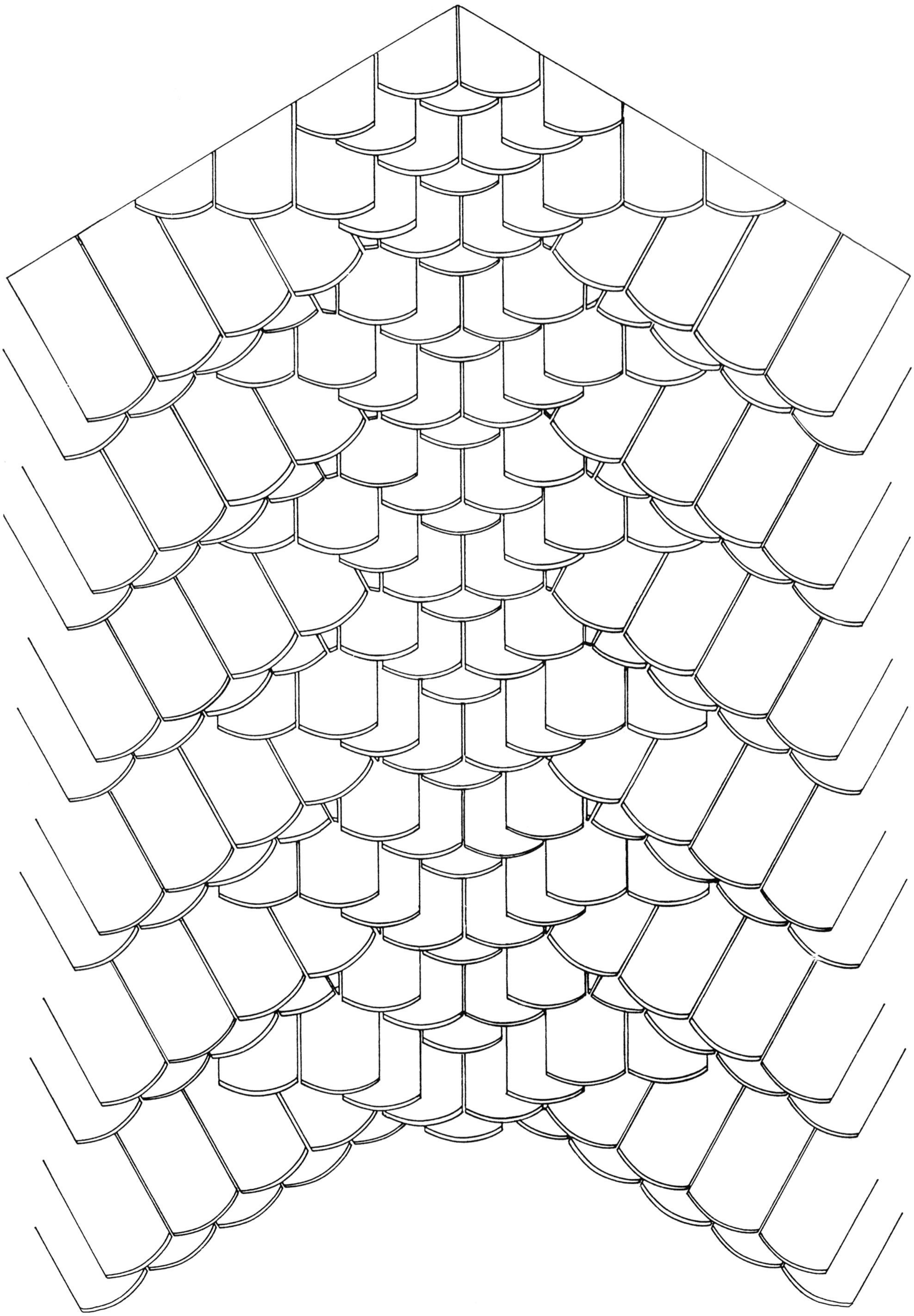

Abb. 4.147: Gleichhüftig eingebundene Herzkehle in der Kronendeckung, 2-Biber-breit

4.6.5 Eingebundene Herzkehle in Kronendeckung, 3-Biber-breit

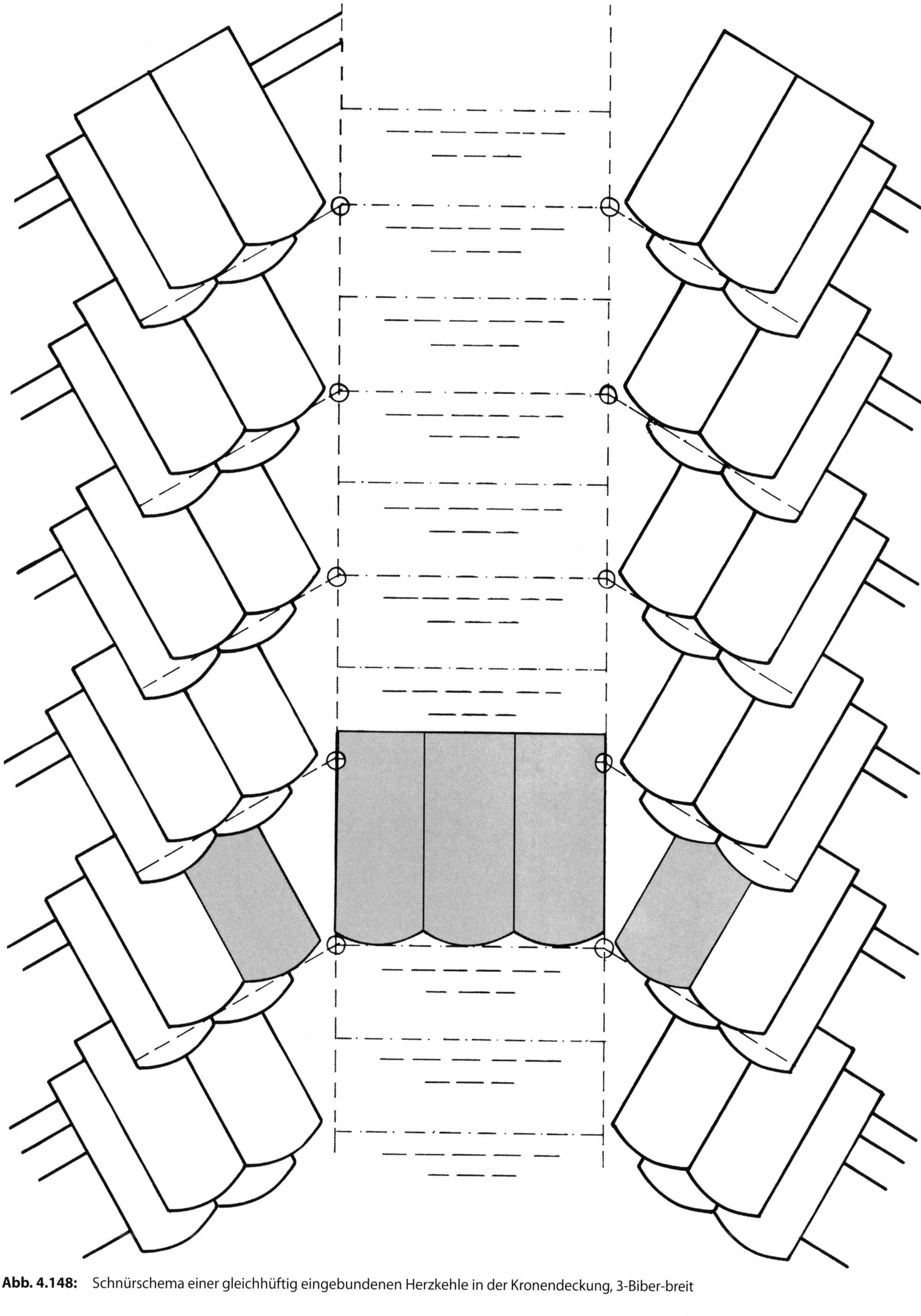

Abb. 4.148: Schnürschema einer gleichhüftig eingebundenen Herzkehle in der Kronendeckung, 3-Biber-breit

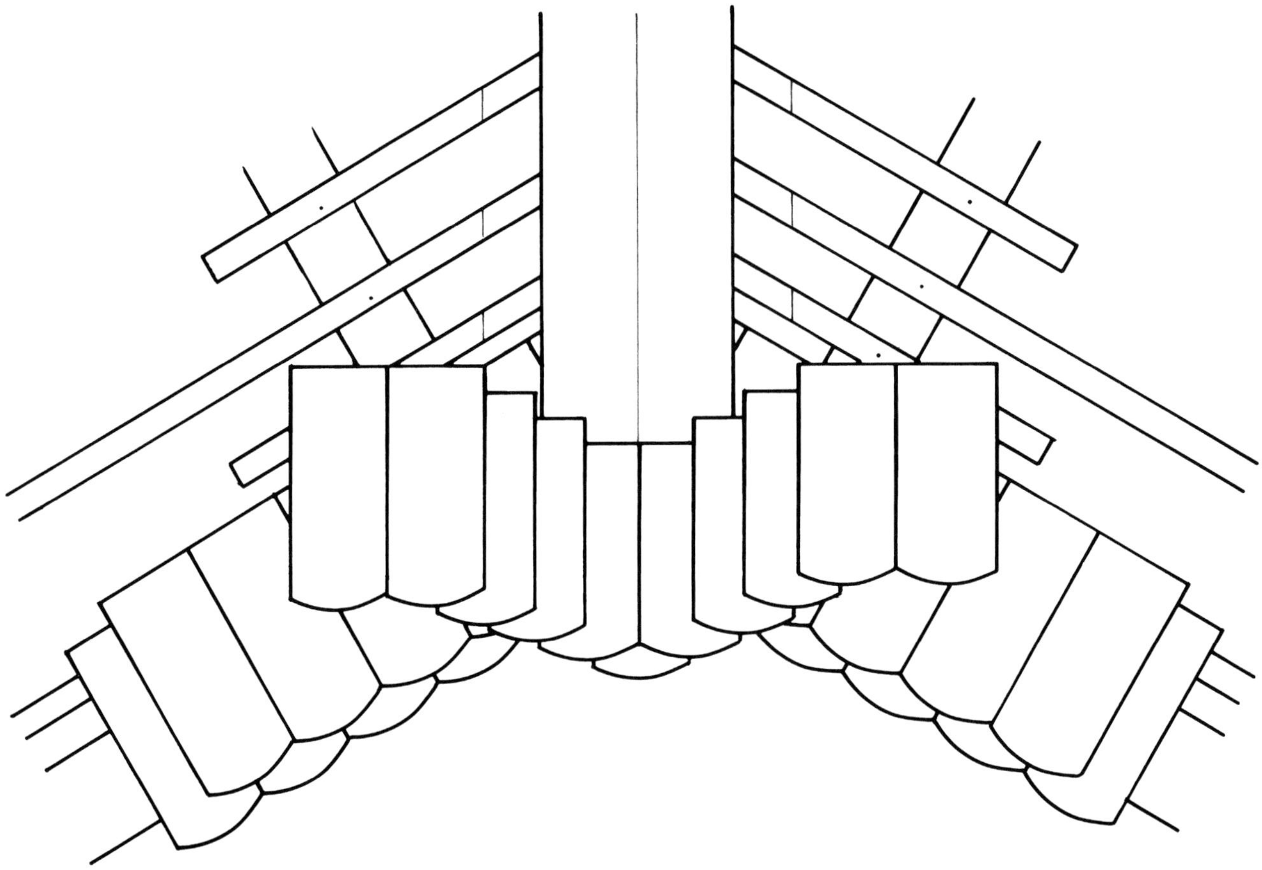

Abb. 4.149: Erste Unterläuferschicht

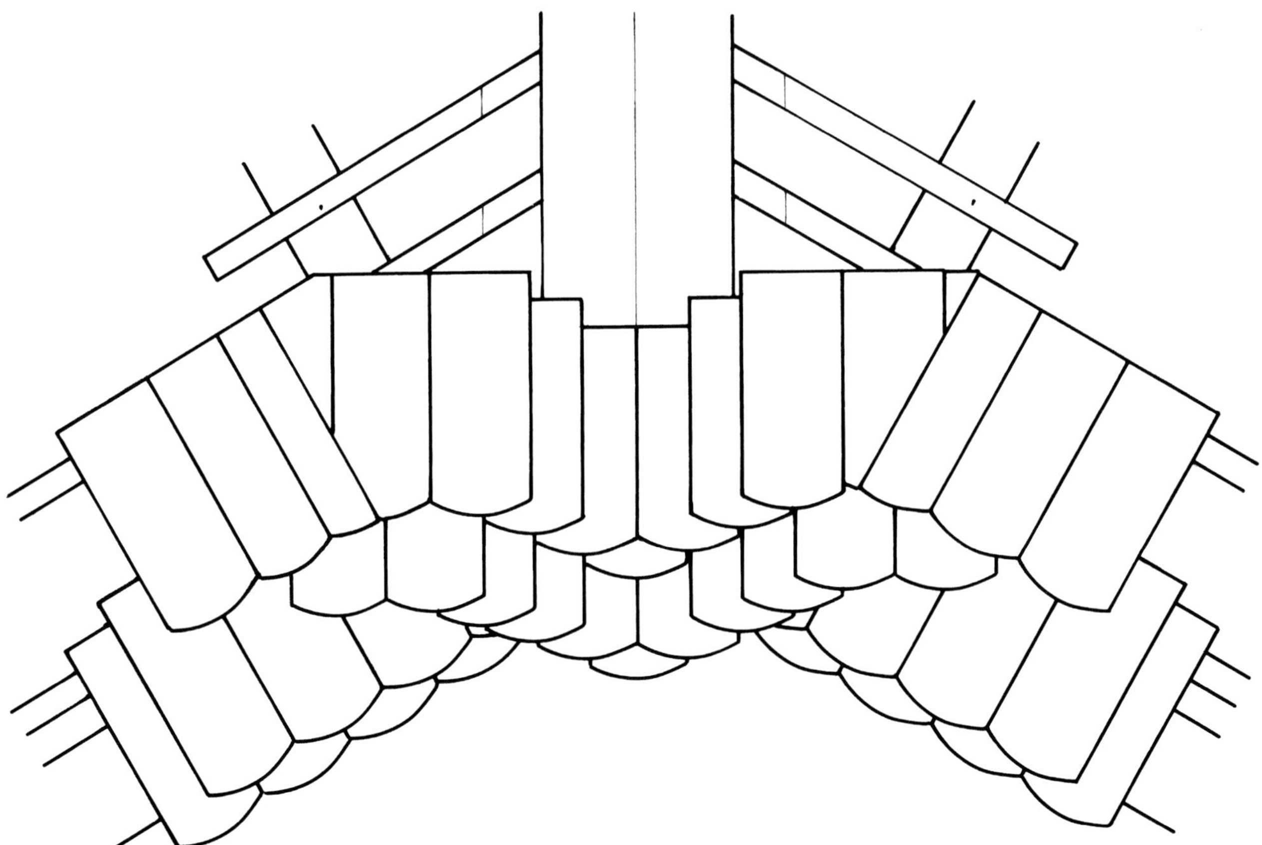

Abb. 4.150: Erste eingebundene Lagerschicht

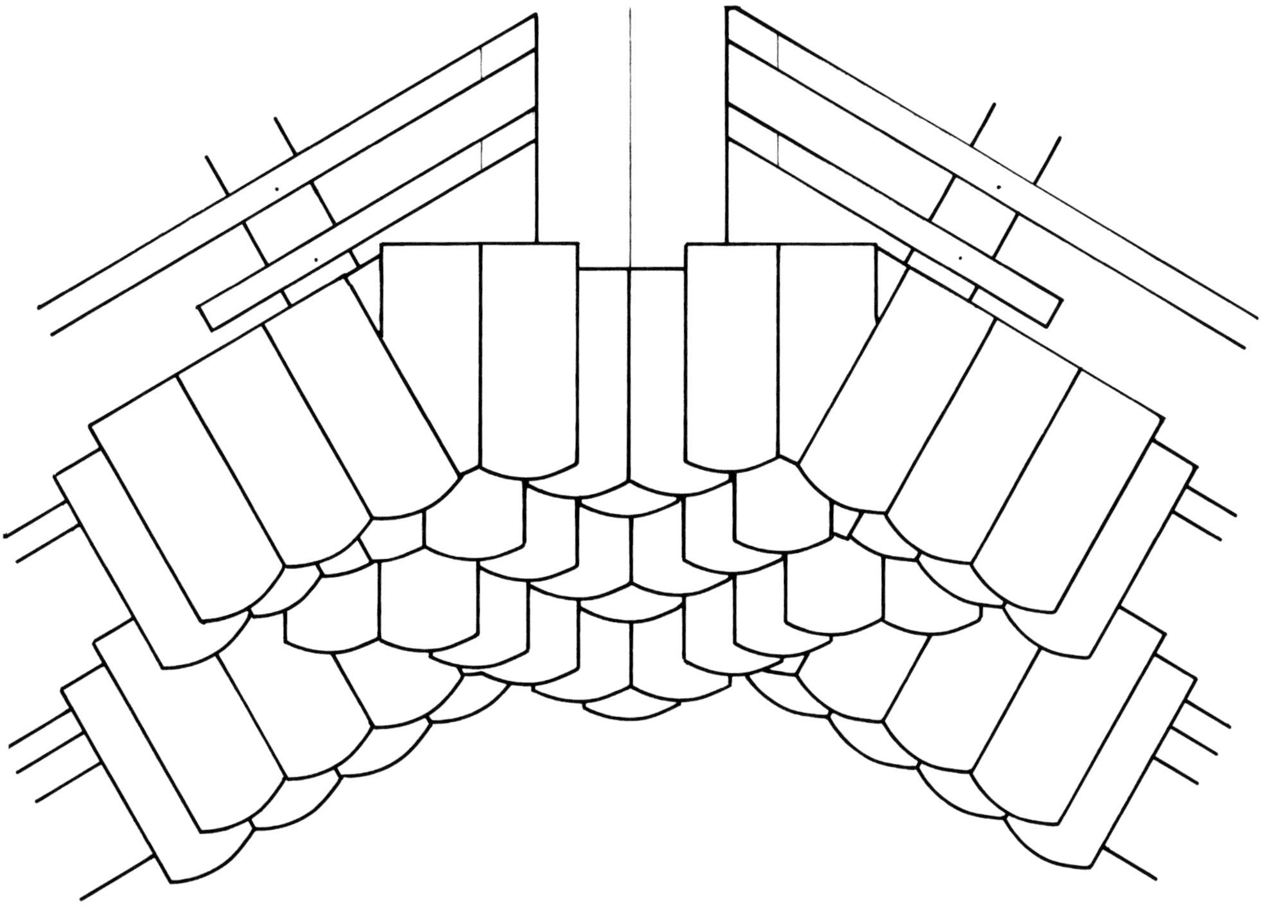

Abb. 4.151: Erste eingebundene Deckschicht

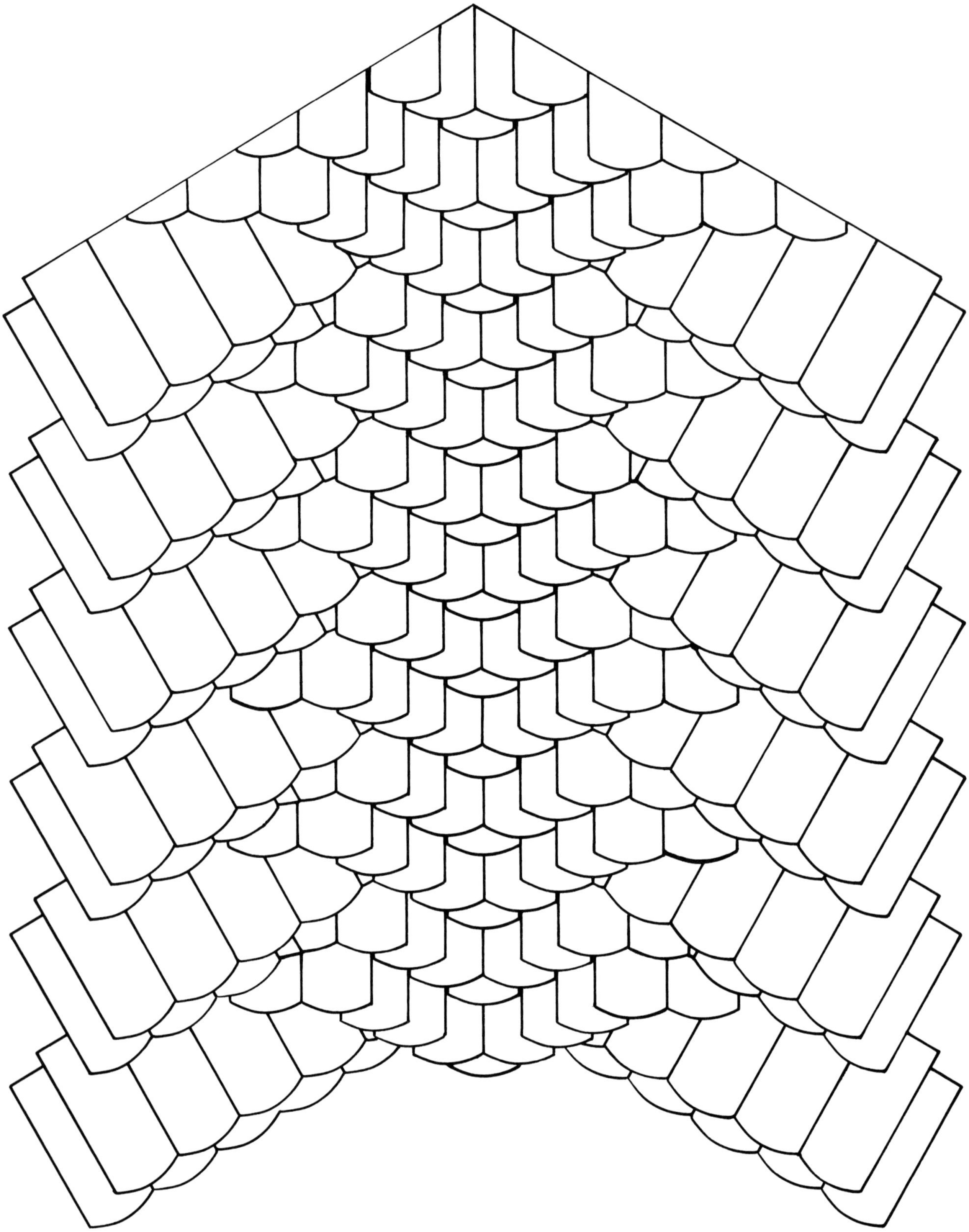

Abb. 4.152: Gleichhüftig eingebundene Herzkehle in der Kronendeckung, 3-Biber-breit

4.7 Eingebundene Einfäller- oder versetzt gedeckte Kehle

Für die eingebundene Einfäller- oder versetzt eingebundene Kehle in der Biberschwanzdoppeldeckung gilt das Gleiche wie für die eingebundenen Herzkehlen in der Biberschwanzdoppeldeckung. Die Deckung erinnert an eine Schieferdeckung und ist auch ähnlich schwierig.

4.7.1 Allgemeines

Die Einfällerkehle kann als rechte oder linke Kehle gedeckt werden. Eingebunden wird dabei jeweils schon in der Deckschicht des Traufgebindes als Einspitzer.

Die erste Kehlschicht muss dabei zur besseren Lage über dem Kehlwinkel mit einem Biber unterlegt werden. Die Kehlbiber werden im Halbverband um ca. Nasenlänge höher gedeckt und in der zweiten Deckschicht der anschließenden Dachfläche eingebunden. Die Kehlschichten beginnen mit einem Unterläufer. Neben dem vierten Kehlbiber jeder Kehlschicht wird auf gleicher Höhe ein Unterläufer gedeckt. Die Kehldeckbreite sollte 3-Biber-breit sein.

4.7.2 Eindeckung der Einfällerkehle

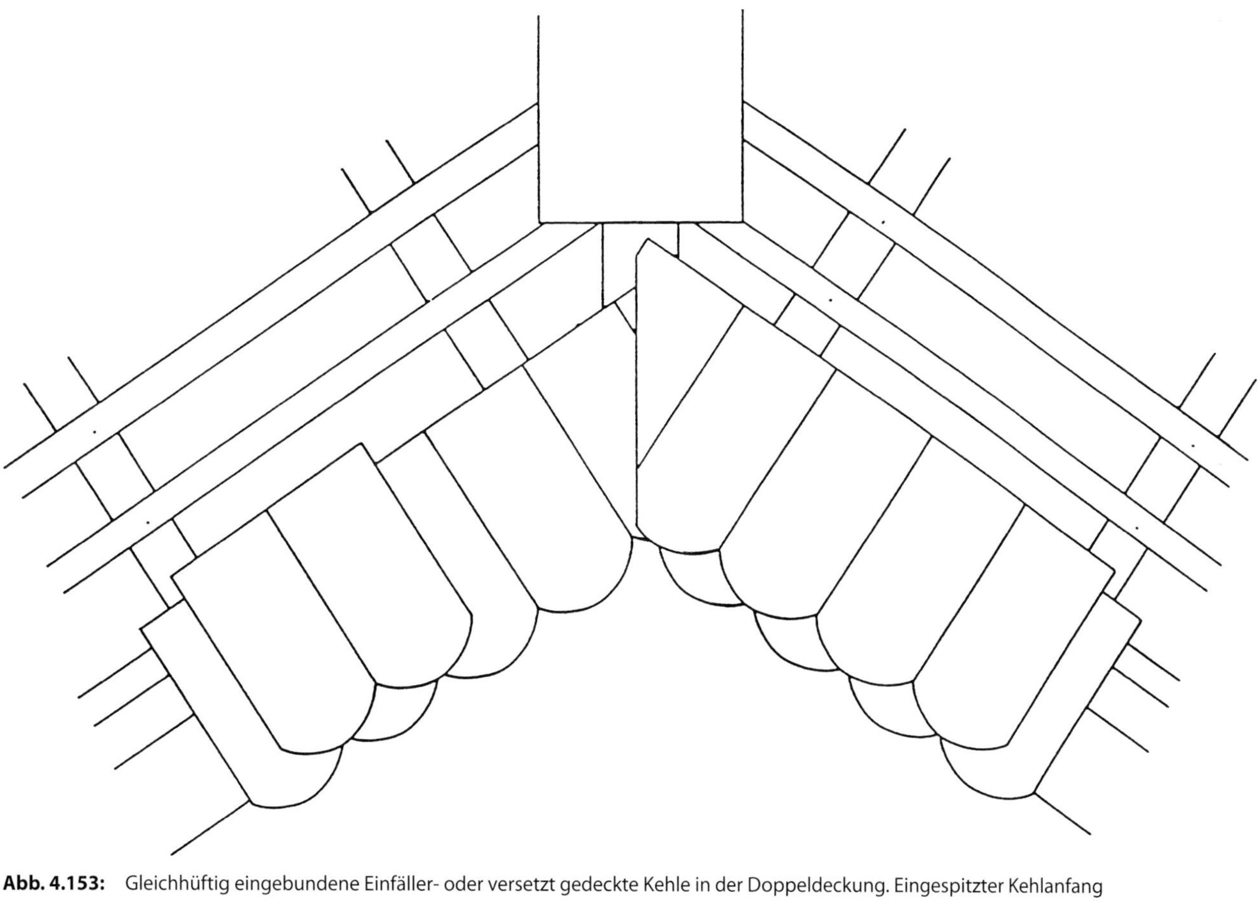

Abb. 4.153: Gleichhüftig eingebundene Einfäller- oder versetzt gedeckte Kehle in der Doppeldeckung. Eingespitzter Kehlanfang

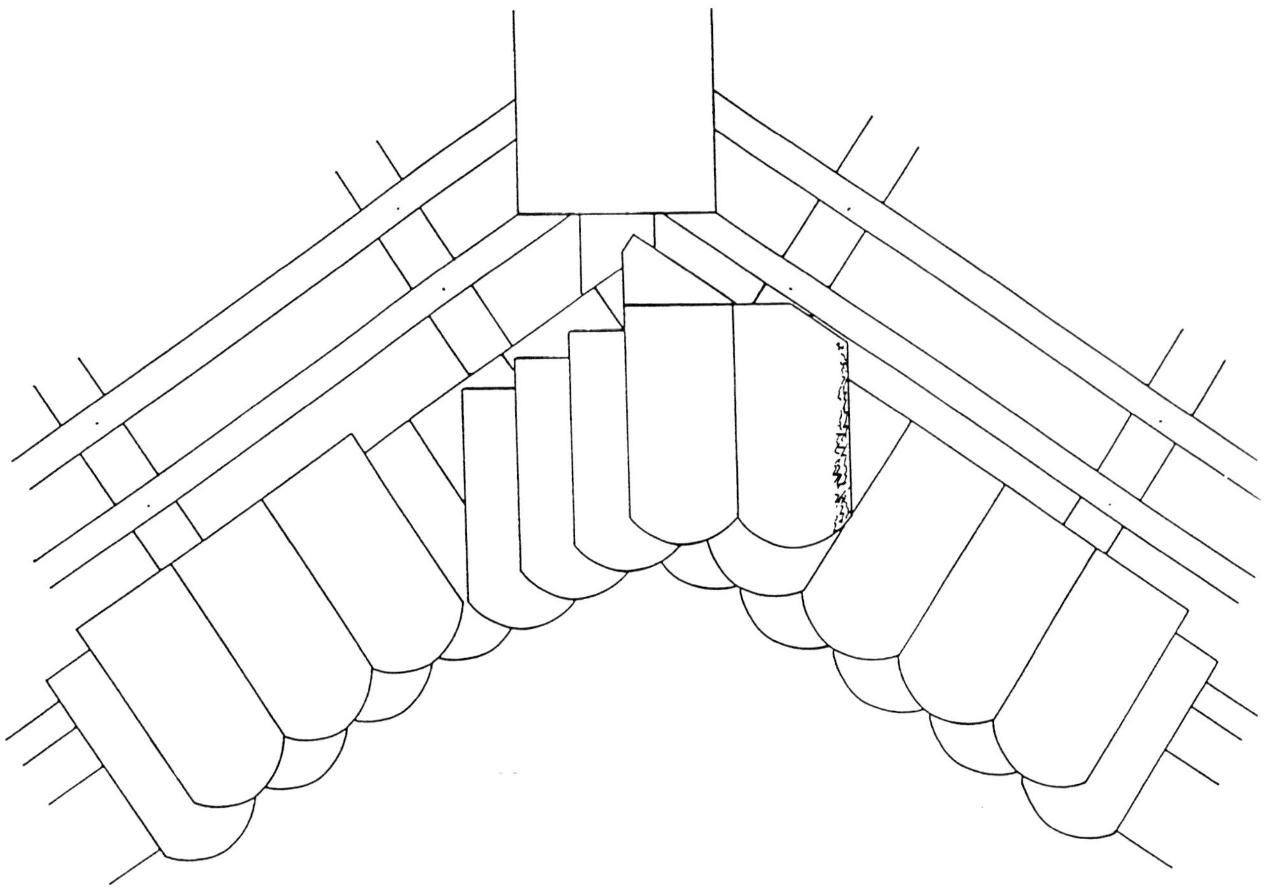

Abb. 4.154: Erste Kehlschicht, wobei auf der rechten Seite der erste Unterläufer liegt

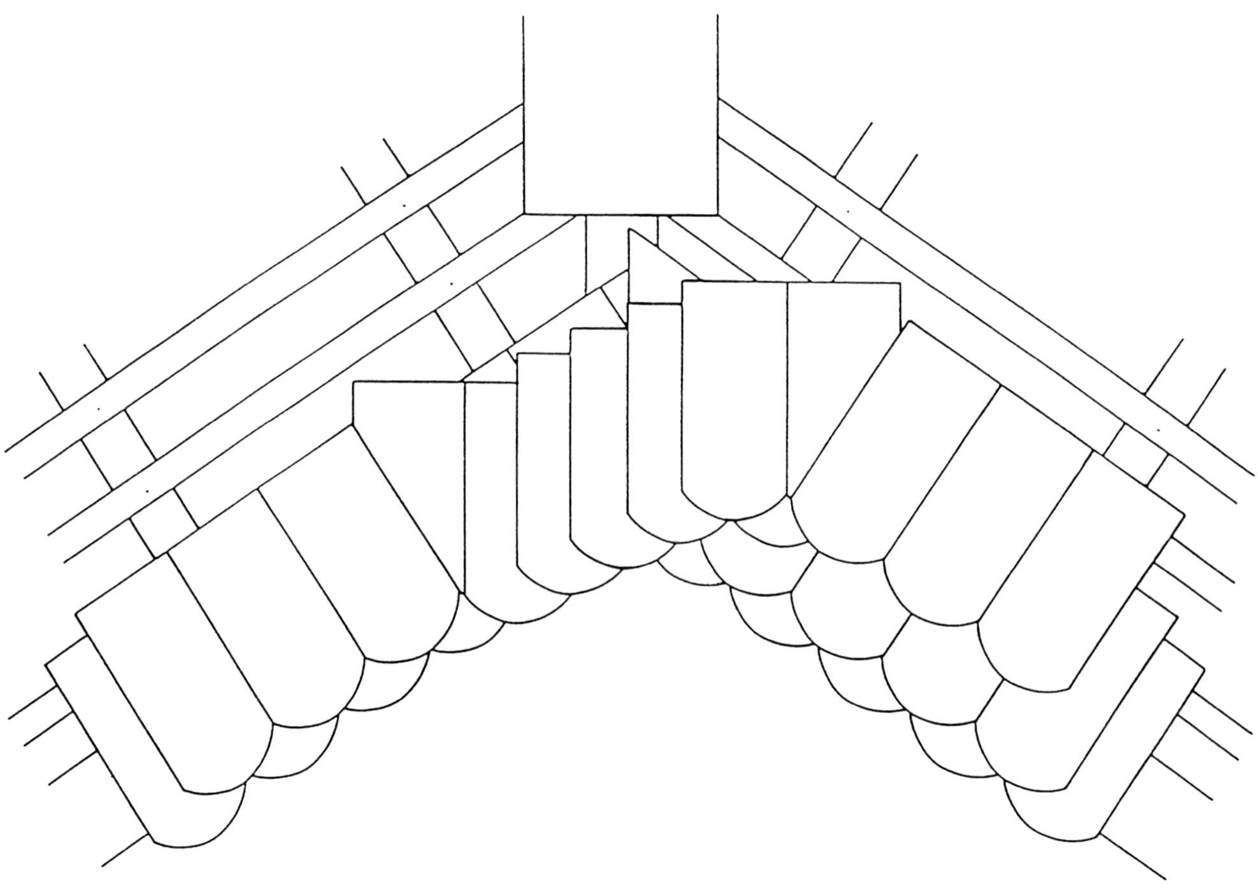

Abb. 4.155: Erste beidseitig eingebundene Kehldeckschicht

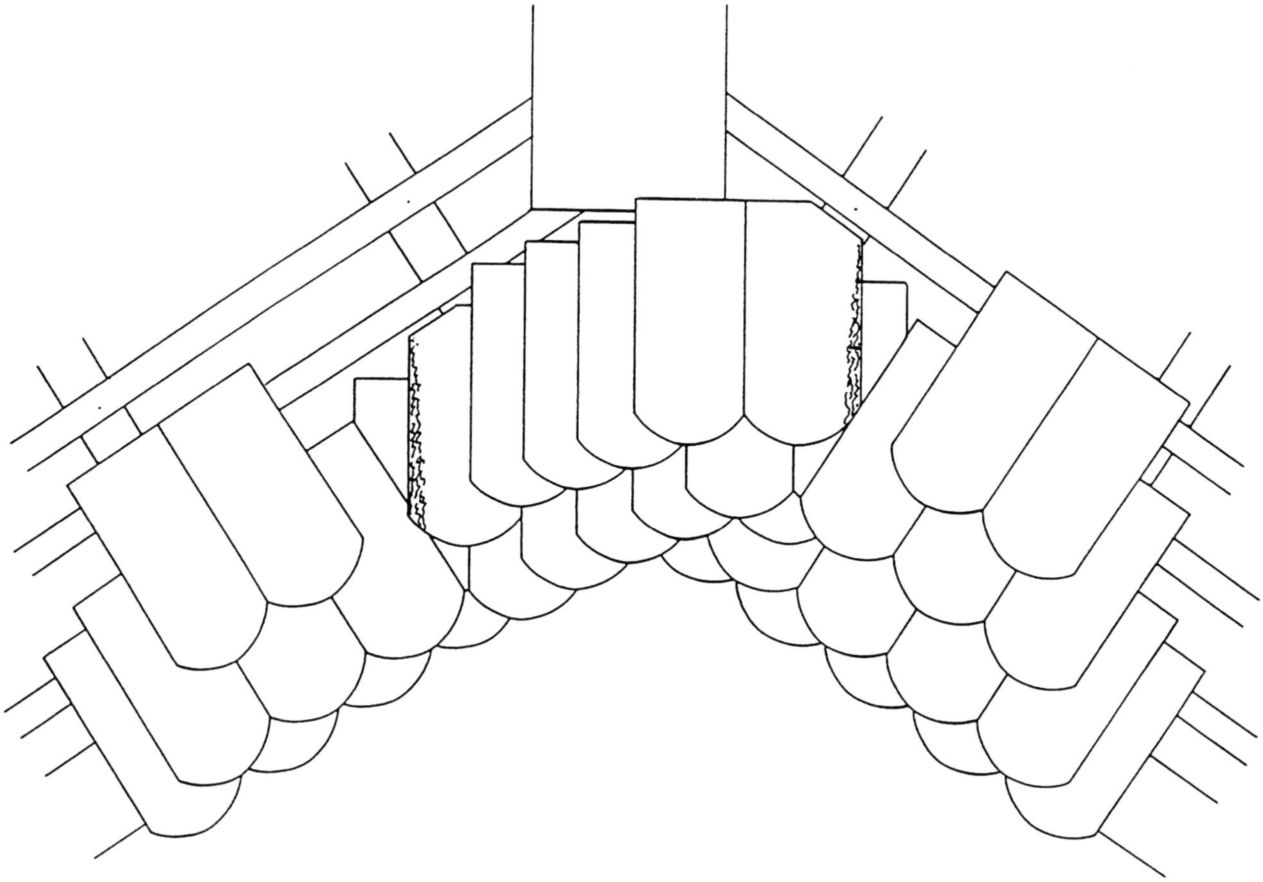

Abb. 4.156: Zweite Kehldeckschicht, bei der die Unterläufer von den Ausspitzern noch nicht überdeckt sind

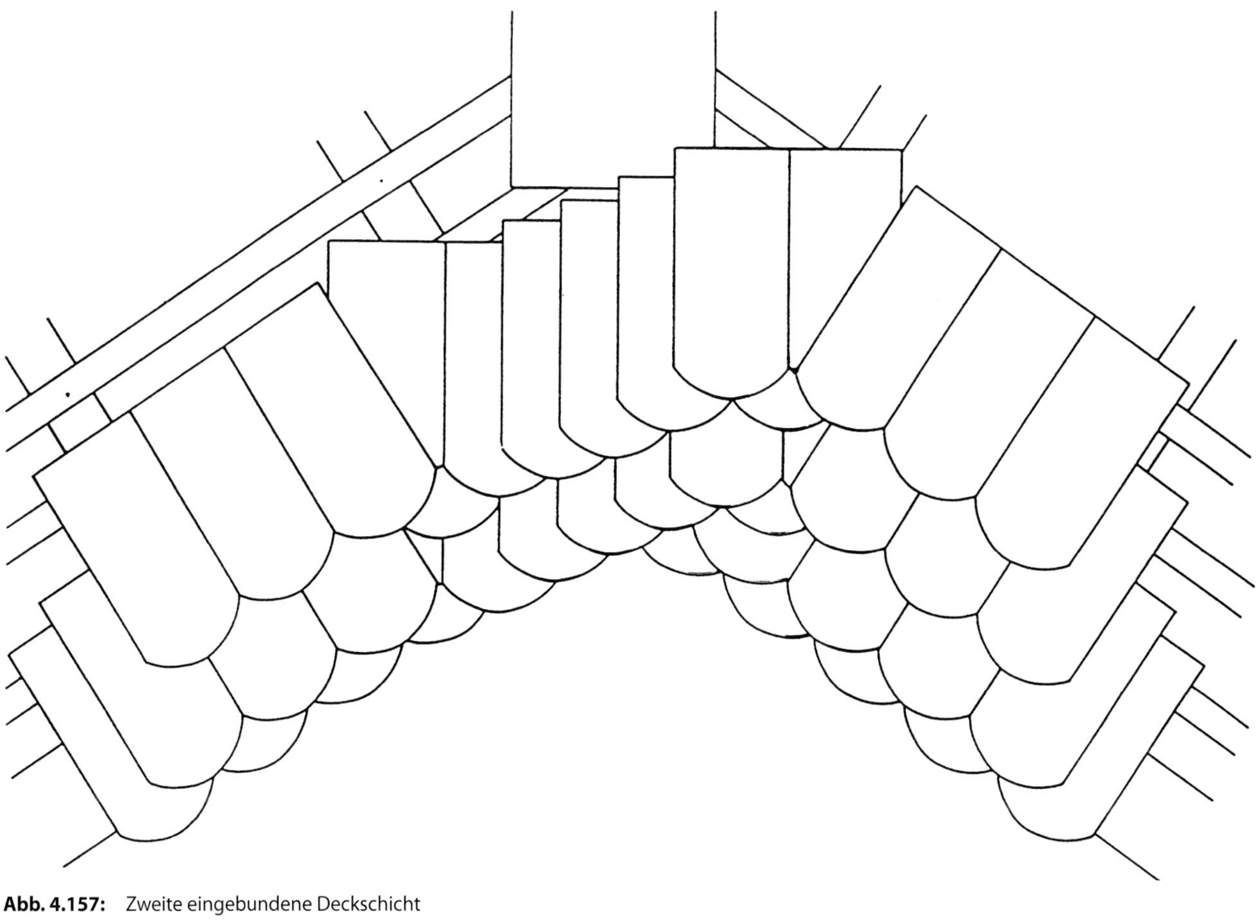

Abb. 4.157: Zweite eingebundene Deckschicht

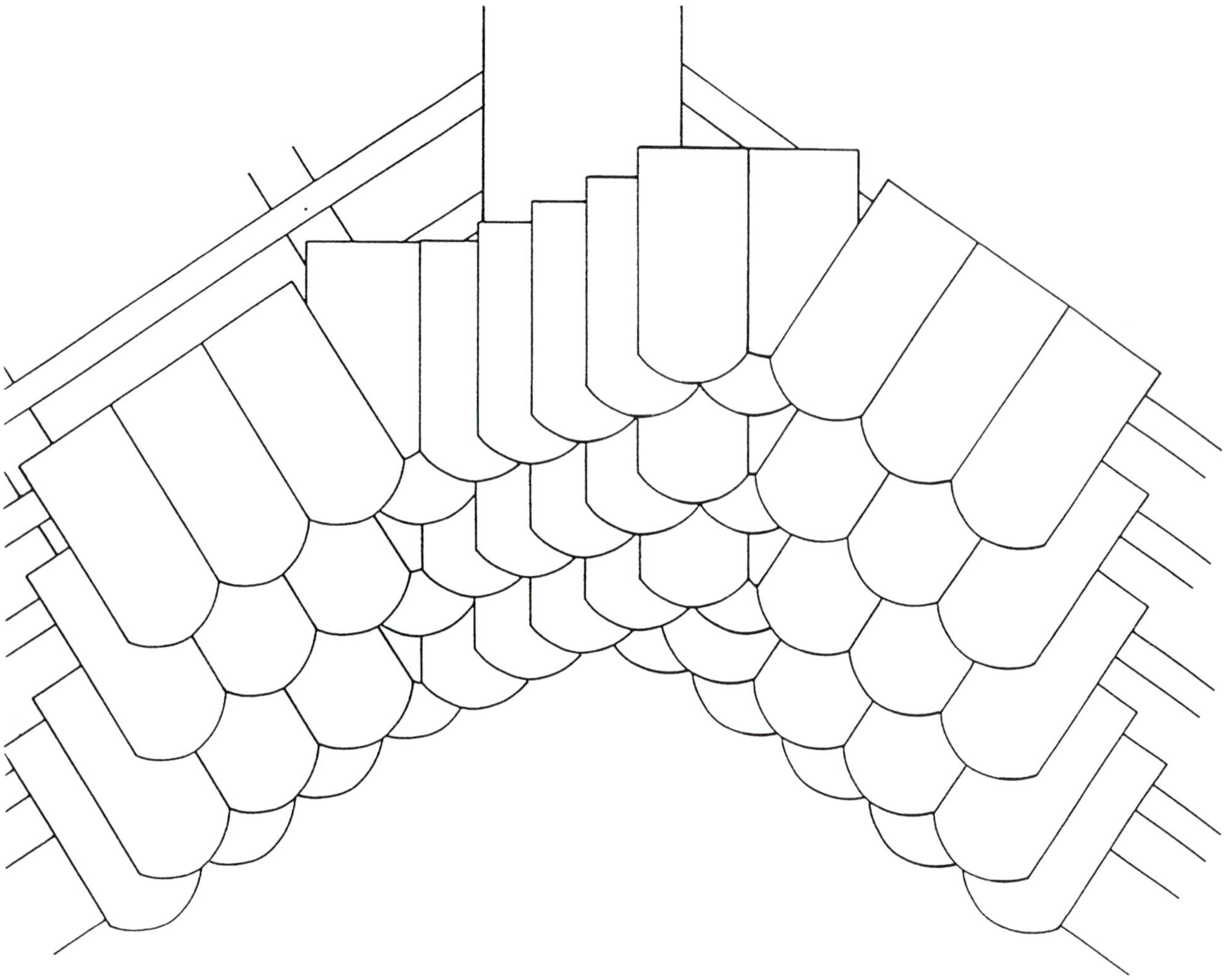

Abb. 4.158: Dritte eingebundene Deckschicht

Abb. 4.159: Kehldeckung einer rechtsversetzten Kehle in der Doppeldeckung

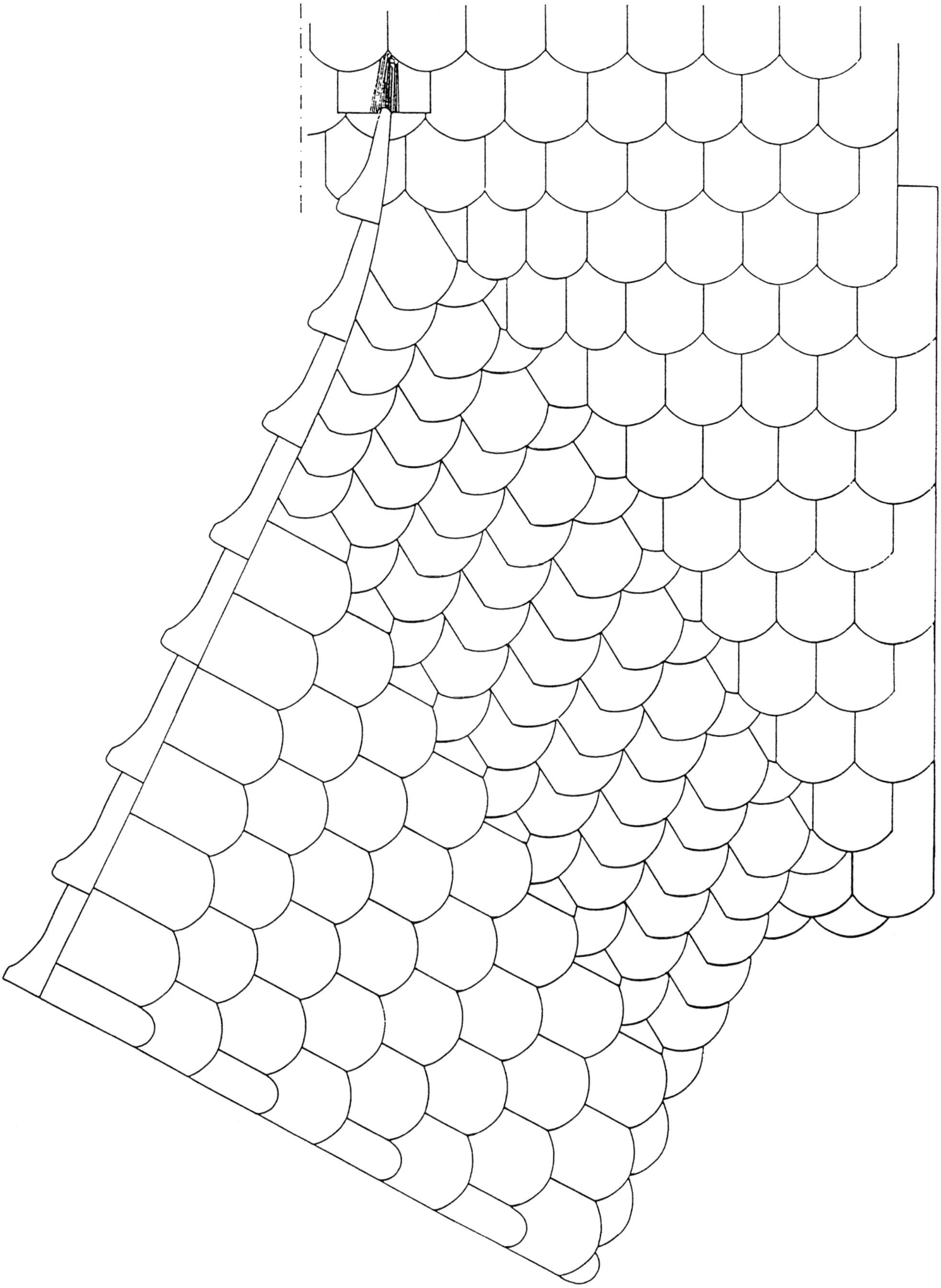

Abb. 4.160: Gleichhüftig eingebundene Einfäller- oder versetzt gedeckte Kehle in der Doppeldeckung

4.8 Eingebundene Schnittkehlen

4.8.1 Allgemeines

Das Verbreitungsgebiet dieser Kehlendeckung ist der Großraum Magdeburg mit seinen angrenzenden Gebieten. Die eingebundene Schnittkehle ist im Regelwerk des Deutschen Dachdeckerhandwerks nicht aufgeführt.

Die eingebundene Schnittkehle kann sowohl in der Doppeldeckung als auch in der Kronendeckung 2- oder 3-Biber-breit ausgeführt werden.

Auch bei der eingebundenen Schnittkehle muss die vierte Deckschicht die erste Deckschicht mindestens 1 cm überdecken.

Die Kehlschalung entspricht der der eingebundenen Biberkehle. Die Deckbreite der Kehle wird vorher geschnürt. Die Deckung von eingebundenen Schnittkehlen sollte ausschließlich bei Gleichhüftigkeit oder nur geringem Neigungsunterschied erfolgen.

4.8.2 Eingebundene Schnittkehlen in Doppeldeckung

Um Rechtsstreitigkeiten zu vermeiden, sollte diese Ausführung vorher schriftlich vereinbart werden.

Für die Einteilung in der Doppeldeckung sind die Fluchtlinien der Deckschichtschwanzenden mit den Schnittlinien der Kehldeckbreite maßgebend. In der Doppeldeckung werden sie durch zwei geteilt, wovon dann jeder Teil eine Schicht der Kehle darstellt.

Die Kehlschalung wird entsprechend den anderen eingebundenen Biberkehlen ausgeführt. Der Kehlanfang beginnt bei der 2-Biber-breiten Schnittkehle mit einem aufgelegten Wasserbiber und zwei darüberliegenden Kehlbibern. Danach folgen die erste Kehlschicht und zugleich der erste Schnittpunkt. Die Einspitzer müssen bündig mit dem Segment der Unterläufer zusammenlaufen. Der Abstand zwischen der ersten und zweiten Deckschicht wird durch zwei geteilt, was sich im weiteren Verlauf der Kehldeckung fortsetzt.

Die 3-Biber-breite Schnittkehle beginnt mit einem aufgelegten Wasserbiber, danach folgt die erste Kehlschicht und somit der erste Schnittpunkt. Die Einteilung erfolgt dann entsprechend der 2-Biber-breiten Schnittkehle.

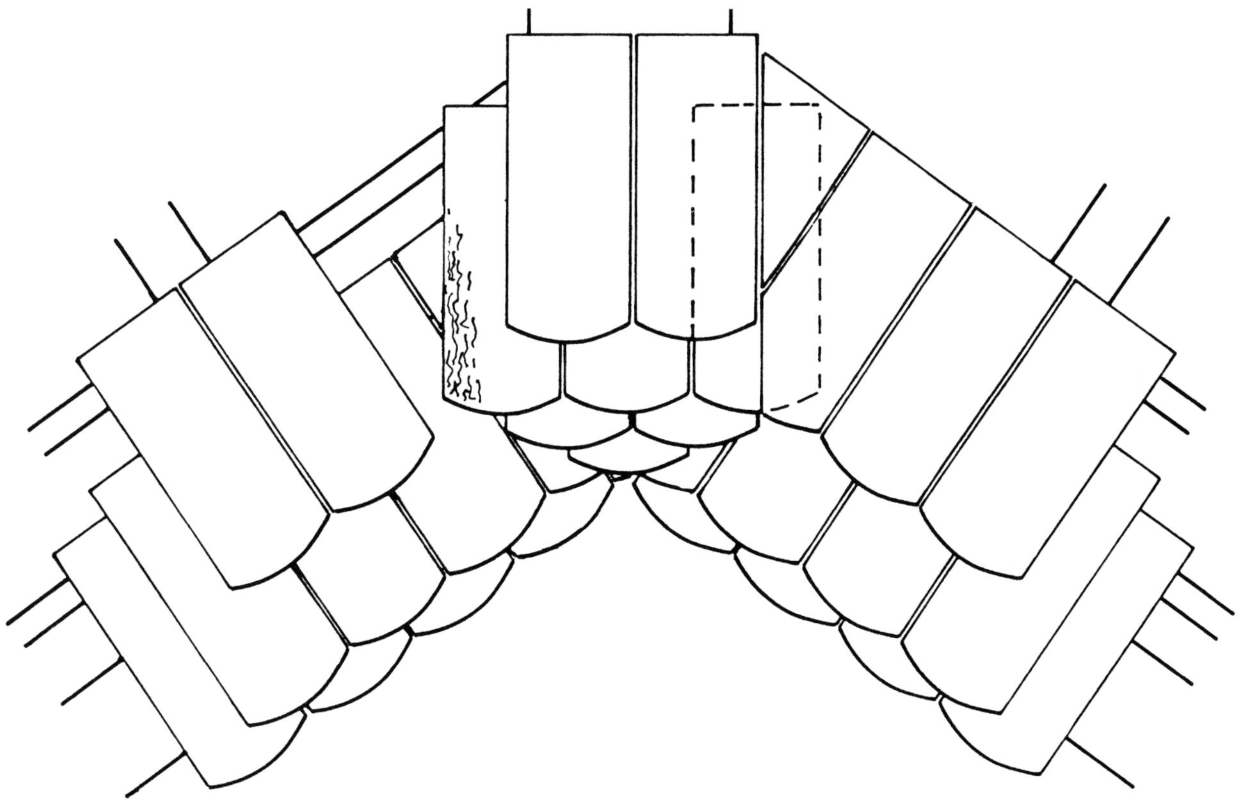

Abb. 4.161: Kehlanfang einer eingebundenen Schnittkehle, 2-Biber-breit, mit erster Unterläuferschicht. Auf der rechten Seite ist die erste Deckschicht eingebunden.

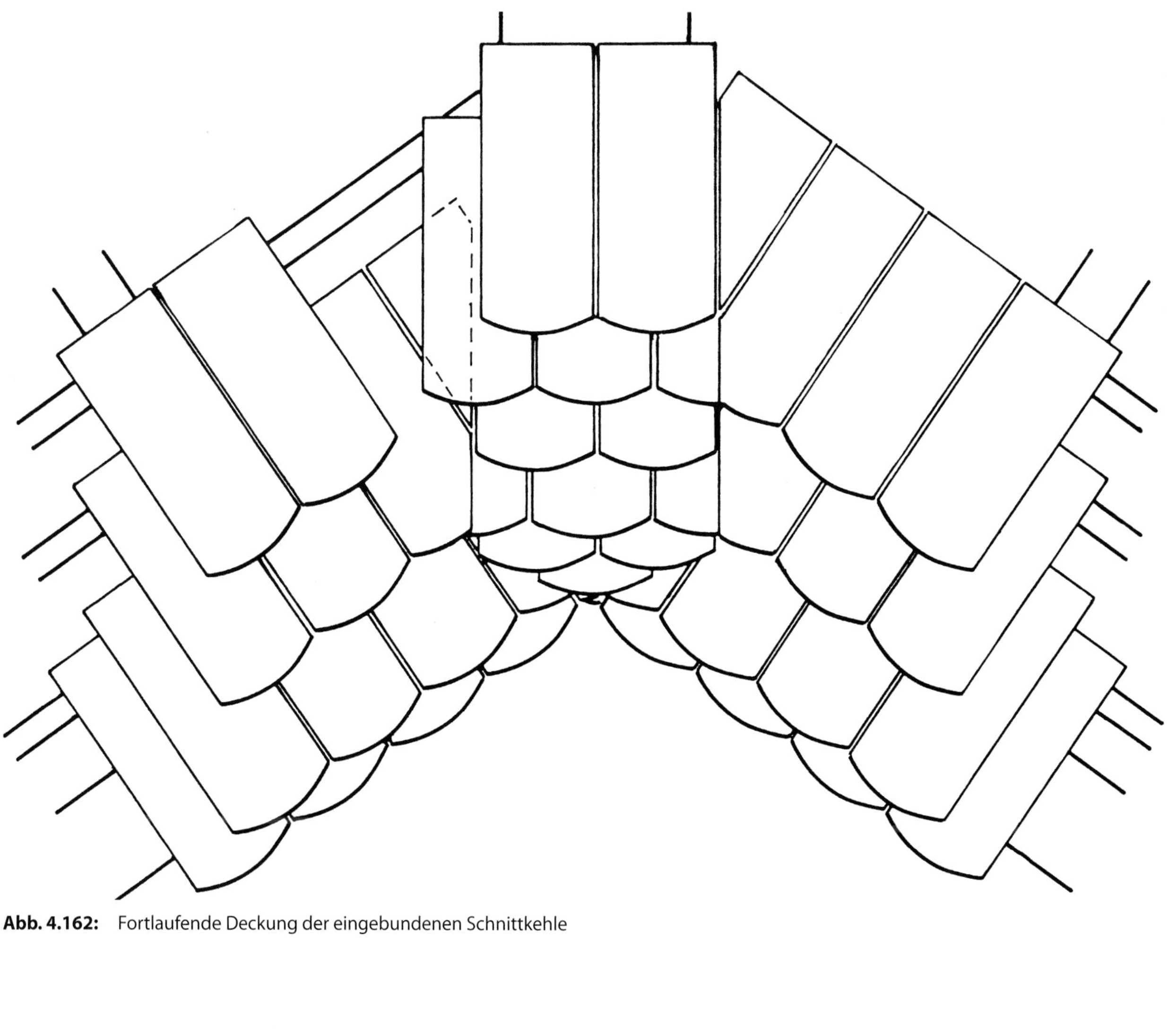

Abb. 4.162: Fortlaufende Deckung der eingebundenen Schnittkehle

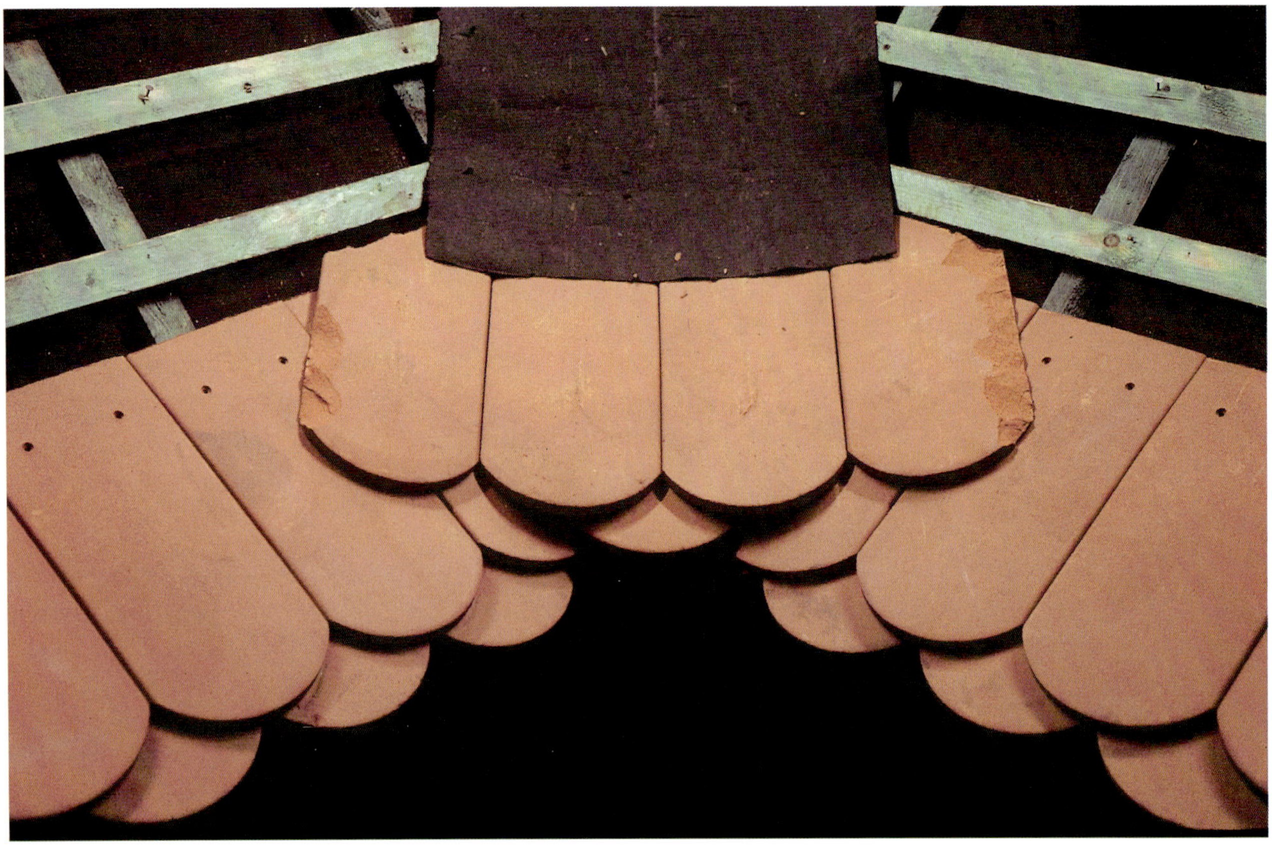

Abb. 4.163: Kehlanfang einer eingebundenen Schnittkehle in der Doppeldeckung, 3-Biber-breit. Erste Unterläuferschicht

Abb. 4.164: Links befindet sich der erste Schnittpunkt mit der Deckschicht.

Abb. 4.165: Erste eingebundene Deckschicht

Abb. 4.166: Zweite Unterläuferschicht

Abb. 4.167: Zweite eingebundene Deckschicht

Abb. 4.168: Eingebundene Schnittkehle, 3-Biber-breit

4.8.3 Eingebundene Schnittkehlen in Kronendeckung

Der Kehlanfang der eingebundenen Schnittkehle in der Kronendeckung gleicht der 2- und 3-Biber-breiten Schnittkehle in der Doppeldeckung.

> **Merke:**
>
> Für die Einteilung ist stets die Lagerschicht maßgebend. Der Abstand von zwei Lagerschichten wird durch drei geteilt. Auch bei der eingebundenen Schnittkehle muss die vierte Kehlschicht die erste Kehlschicht mindestens um 1 cm überdecken.

Abb. 4.169: Kehlanfang einer eingebundenen Schnittkehle in der Kronendeckung, 3-Biber-breit. Erste Unterläuferschicht

Abb. 4.170: Erste Schnittpunkte, gleichzeitig auch erste Kehlschicht, mit einer Lagerschicht eingebunden

Abb. 4.171: Die zweite Unterläuferschicht liegt unter der Deckschicht der Dachfläche.

Abb. 4.172: Die zweite eingebundene Deckschicht

Abb. 4.173: Die dritte Unterläuferschicht liegt unter der Lagerschicht. Anschließend erfolgt die dritte Deckschicht.

4.9 Schwenkziegelkehlen

Die Schwenkziegelkehle wird mit speziell dafür angefertigten Formziegeln und nur in der Kronendeckung ausgeführt. Die Deckschichten der Dachflächen durchlaufen die Kehlschnittlinien und vermitteln dadurch ein harmonisches Gesamtbild.

Abb. 4.174: Schwenkziegelkehle in der Kronendeckung.

5 Eingebundene Anschlüsse mit Biberschwanzziegeln

Seitliche Anschlüsse an aufgehende Bauteile können nicht nur mit Fremdmaterial ausgebildet werden, sondern auch mit Biberschwanzziegeln als Wandkehlen gedeckt werden. Als Deckunterlage wird eine Kehlschalung, etwa 1 bis 2 cm aus der Mitte, zur Dachfläche hin versetzt angebracht. Die Breite der Kehlschalung ist abhängig von der Breite der Kehlbiber und sollte nicht mehr als 25 cm betragen. Die Kehlschalung beginnt über dem Kopfende des ersten Wasserbibers. Der erste Wasserbiber wird mittig über dem Kehlwinkel auf keilförmigen Lattenstücken so befestigt, dass er um die Deckwerkstoffdicke tiefer als das folgende Deckgebinde liegt. Die einzelnen Deckgebinde der Hauptdachfläche werden mit einem Abstand von ungefähr einer Biberbreite zur Kehlschalung hin eingedeckt. Die Kehle selbst sollte mit 3/4-breiten Biberschwanzziegeln eingedeckt werden. Dabei ist darauf zu achten, dass der Verband eingehalten wird. Die Ziegel im Wandbereich sind gegen Abrutschen zu sichern. Der obere Abschluss ist mit einem Überhangblech regensicher zu verwahren.

5.1 Wandkehle in Doppel- und Kronendeckung

Doppeldeckung

Das ca. 15 bis 20 cm breite Kehlbrett wird auf einer hochkant stehenden Latte befestigt. Der erste Kehlbiber wird im Halbverband auf die Deckschicht des Kronengebindes (wenn vorhanden) gedeckt. Dann werden die folgenden Kehlbiber wieder im Halbverband, jeweils um ca. Nasenlänge, höher gedeckt und mit korrosionsbeständigen Schrauben befestigt. Die zweite Deckschicht deckt mit geringem Fugenabstand an den ersten Kehlbiber. Die dritte Deckschicht deckt auf den ersten Kehlbiber. Nun folgt die zweite Kehlschicht usw. Die Wandkehle sollte mindestens drei vollbreite Biber oder auch mehr betragen. Der Anschluss zum Mauerwerk kann beweglich, mit Schichtstücken aus Metall und Kappleiste oder im Denkmalbereich mit Überkragung des Mauerwerks und einer Mörtelleiste erfolgen.

Kronendeckung

Das Kehlbrett wird wie bei der Doppeldeckung angebracht. Der erste Kehlbiber liegt auf dem Biber der Lagerschicht des Traufgebindes. Der zweite Kehlbiber wird im Halbverband um ca. Nasenlänge höher versetzt gedeckt. Der letzte Biber der zweiten Deckschicht der Dachfläche, hier der Lagerschicht, deckt an den zweiten Kehlbiber der ersten Kehlschicht. Der erste Kehlbiber der zweiten Kehlschicht deckt nun an den Flächenbiber der zweiten Deckschicht der angrenzenden Dachfläche.

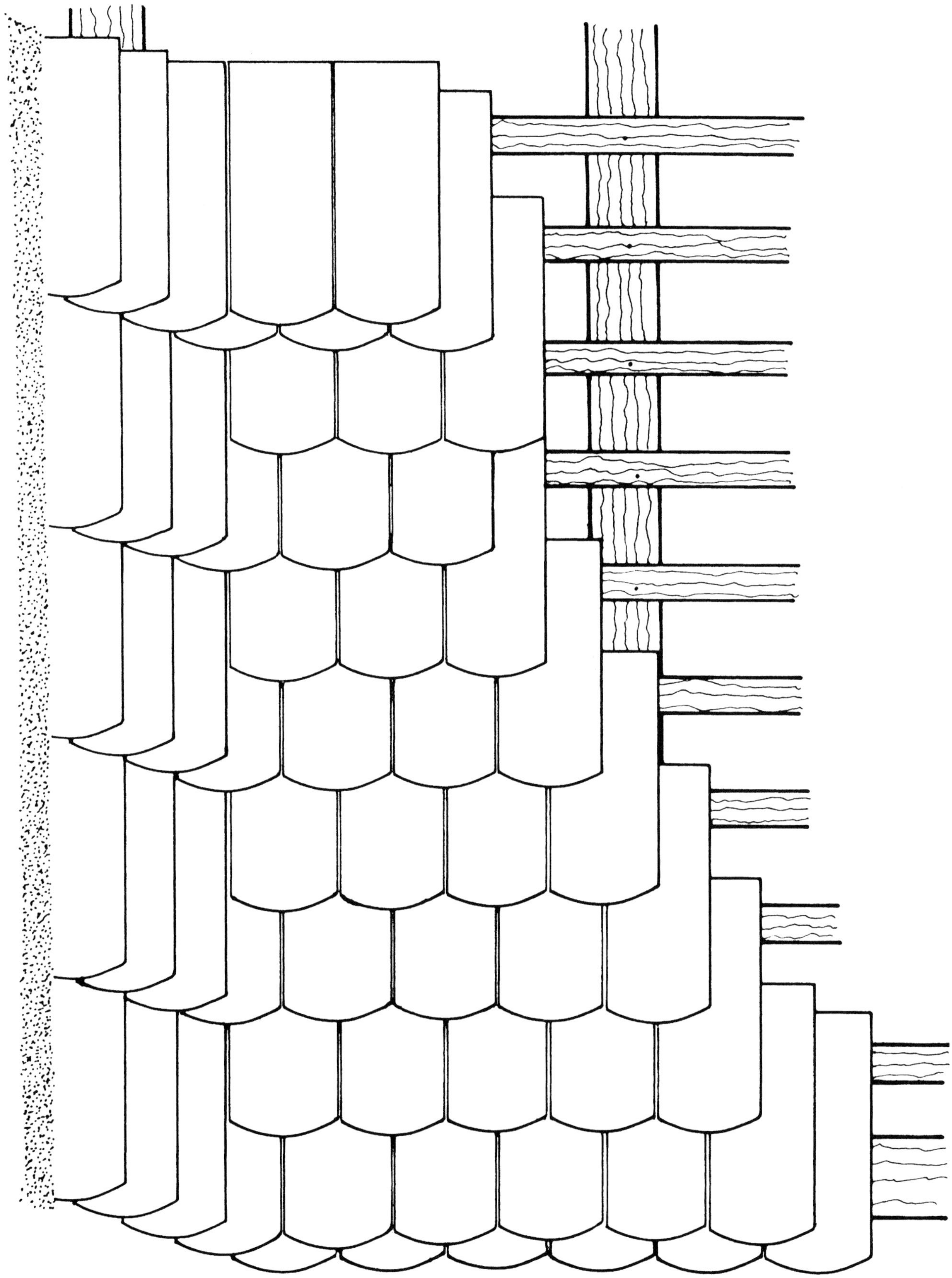

Abb. 5.1: Wandkehle in der Biberschwanz-Doppeldeckung

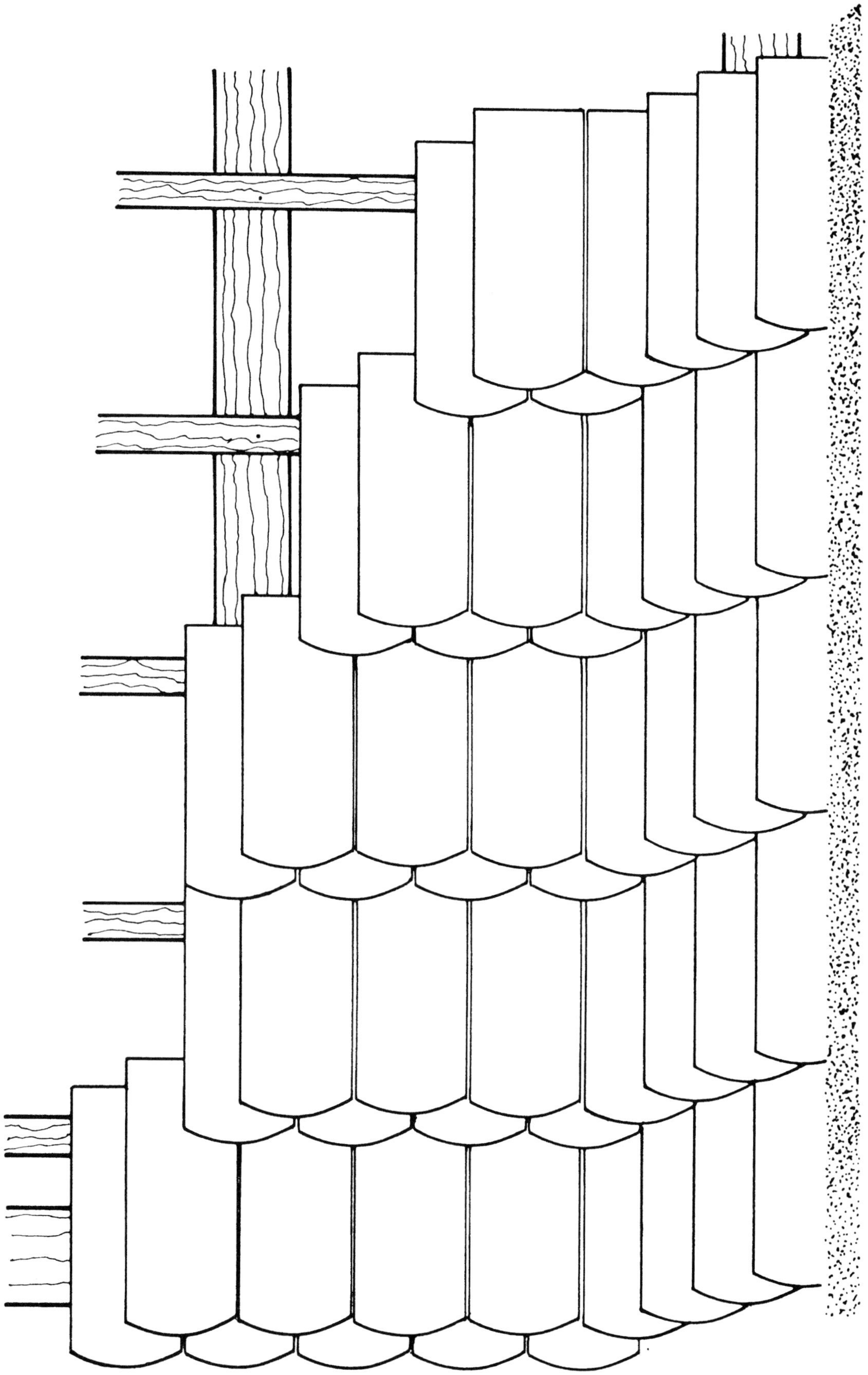

Abb. 5.2: Wandkehle in der Biberschwanz-Kronendeckung

5.2 Durchgedeckte Wangenkehlen

Als Alternative zur eingebundenen Wangenkehle bei Dachhäuschen mit Satteldach- oder Walmflächen sowie an Wandflächen bietet sich die durchgedeckte Wangenkehle bei Schleppgauben an. Nach erfolgter Einlattung der Dachfläche werden an der Wange Konterlatten angebracht. Darauf wird parallel zur Dachneigung der Gaubenfläche die Wange eingelattet. Anschließend wird über der Winkelhalbierenden ein ca. 22 cm breites Kehlbrett angebracht, auf dem zwei Konterlatten verschraubt werden. Das Kehlbrett beginnt über dem Kopfende des ersten Wasserbibers, der hier auf einer dem Winkel angepassten Latte verschraubt wird und um eine Ziegelstärke flacher liegt. Die Unterkonstruktion (Lattung) für die Wange wird aus z. B. 10 mm dickem, wasserfest verleimtem Sperrholz auf 2 cm Breite zugeschnitten. Ausgehend von der Lattung der Hauptdachfläche werden die Leisten an der Wange hochgeführt und mit korrosionsgeschützten Schrauben auf jeder Konterlattung befestigt.

Es gibt noch weitere Möglichkeiten, um die Lattung im Kehlbereich einfacher zu biegen. Gängige Praxis ist es z. B., die Latten ausgiebig über Nacht zu wässern oder alternative Materialien als Traglattung zu verwenden. Hier bieten sich Kunststoffe oder Topanplatten an.

Die Hauptdachfläche wird jeweils bis ca. eine Ziegelbreite vor dem Kehlbrett eingedeckt. Die Wange selbst wird mit den im Lieferprogramm der Dachziegelindustrie gefertigten Dreiviertelbibern eingedeckt und mit korrosionsgeschützten Schrauben befestigt. Damit sie im Verband bleiben, müssen hier, wie bei der eingebundenen Wangenkehle, die Ziegel jeder zweiten anlaufenden Deckschicht geschmälert werden. Hier eignen sich die 7/8-breiten Biber.

Die Deckschichten der Hauptdachflächen werden nacheinander jeweils an der Wange bis zur Ortgangkante der Schleppgaube fertig eingedeckt.

Als Abschluss jeder Deckschicht kann ein konischer Unterläufer als industrieller Formbiber angebracht werden. Hierdurch liegen die auslaufenden Deckschichten flach am Wangenabschluss an. Um von den Ortgangbibern ausreichend überdeckt zu werden, werden sie dementsprechend weit hochgedeckt. Wird diese Überdeckung nicht erreicht, kann der obere Abschluss mit Firstplatten gedeckt werden. Der Übergang der Gaubenfläche vom Ortgang in die Hauptdachfläche wird als ausgehender Kragen gedeckt. Vom letzten Ortgangbiber wird – jeweils um eine halbe Ziegelbreite im Verband nach außen versetzt – so weit nach oben in die Hauptdachfläche gedeckt, bis sich die Ziegel bündig legen, ohne zu sperren. Die Gaubenecken (-kanten) lassen sich formschön mit passenden First-/Gratziegeln abdecken. Weitere regional typische Ausführungsarten sind möglich.

Abb. 5.7: Bis an die Gaube gedeckte Dachfläche

Abb. 5.8: Beginn der Kehlschalung am Gaubenpfosten

Abb. 5.9: Traglattung auf einer Unterkonstruktion mit Kehlschalung und Konterlattung. Die Traglattung an der Wange besteht aus Topanleisten.

Abb. 5.10: Eindeckung einer linken durchgedeckten Wange

Abb. 5.11: Rechte Wangenkehle mit einem Abschluss aus First-Gratziegeln

Abb. 5.12: Schleppgaube mit Ortgangbibern an den seitlichen Abschlüssen. Übergang der Schleppgaube in die Dachfläche mit ausgehendem Kragen

5.3 Eingebundene Wangenkehlen

Die Einlattung an der Wange erfolgt stets von oben nach unten. Um Kreuzfugen zu vermeiden, sollte der Lattenabstand an der Wange geringer als in der Hauptdachfläche gewählt werden. Die ersten drei bis vier Traglatten der Dachfläche werden an der Wangenfläche hochgeführt, und darüber wird die Traglattung der Wange befestigt. Nach Einlattung der Wangenfläche wird das ca. 20 cm breite Kehlbrett über der Winkelhalbierenden etwa 1 bis 2 cm an der Wange hochführend befestigt. Unterhalb des Kehlbrettes werden zwei Lattenstücke, die jeweils um Ziegelstärke flacher liegen als das Kehlbrett, zugeschnitten und mit Schrauben befestigt. Die Kehle selbst sollte mit Dreiviertelbibern gedeckt werden, um durch die enge Rundung verursachte Sperrungen zu reduzieren. Die Biber sollten werkseitig gefertigt sein, da deren Schnitt auf den der normal breiten Biber abgestimmt ist. Auf der Baustelle zusammengeschnittene Biber würden sich unvorteilhaft auf die Gesamtästhetik auswirken. Dabei ist darauf zu achten, dass, um im Verband zu bleiben, in jeder zweiten anlaufenden Deckschicht die Ziegel geschmälert werden müssen. Die Befestigung erfolgt im Kehlbereich mit korrosionsbeständigem Bindedraht (0,7 mm dick), korrosionsbeständigen Breitkopfstiften und an der Wange mit Schrauben. Von großem Vorteil sind dabei die fabrikmäßig gefertigten Unterläufer, die so flach liegen, dass kaum noch ein Sperren erfolgt.

Die Gaubenecken können in Gegenden, in denen die Mörteldeckung üblich ist, mit einer Unterplattung versehen werden. Zu empfehlen ist bei der Trockendeckung die Ausführung mit Gratziegeln, die in verschiedenen Größen zur Verfügung stehen. Dabei ist ein zusätzliches Loch im Gratziegel zur Befestigung herzustellen. Die Befestigung erfolgt, außer mit der Gratklammer, mit einer Holzschraube mit Kopflochbohrung, die mit einer entsprechend gefärbten Kappe abgedeckt wird.

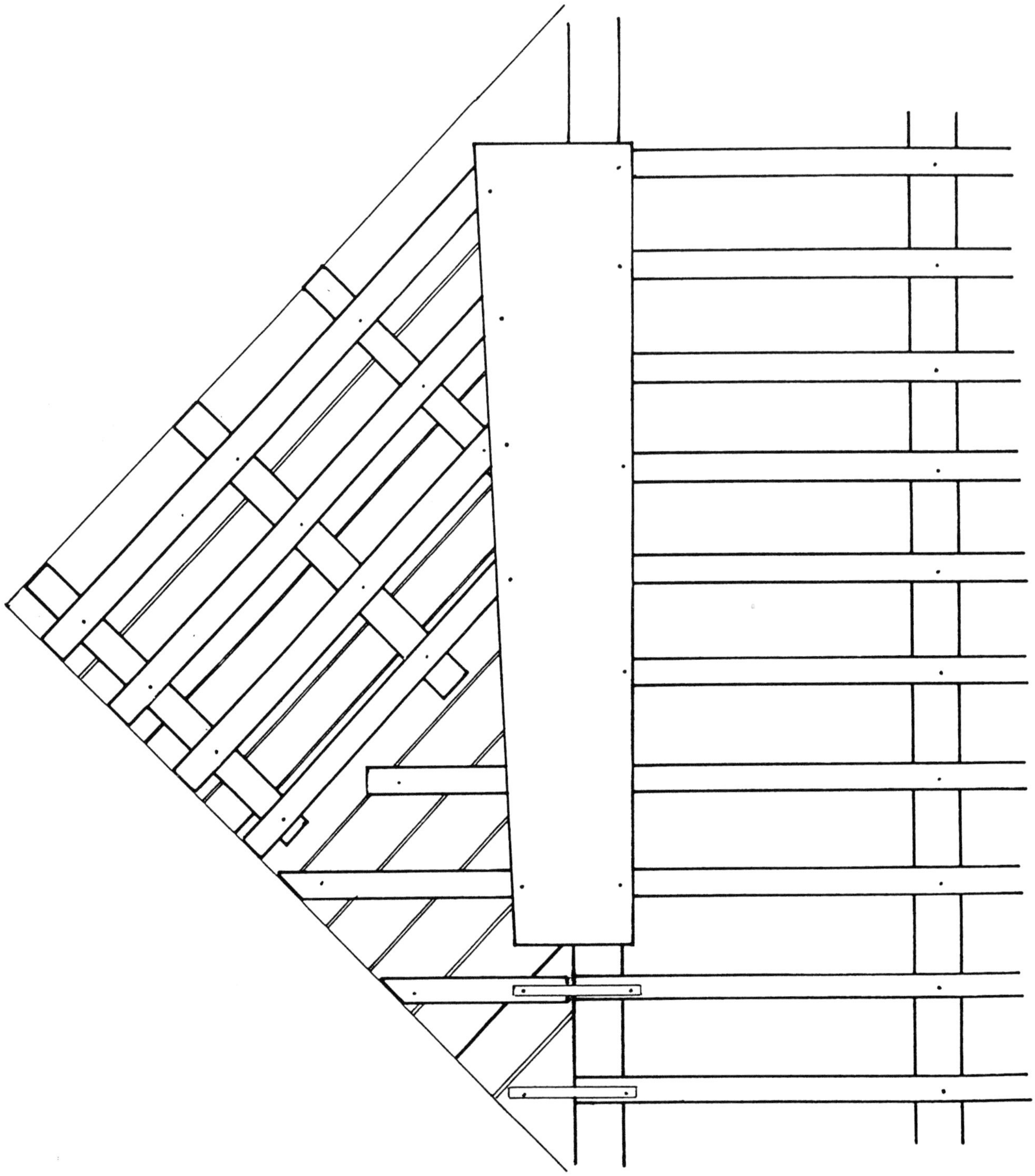

Abb. 5.13: Unterkonstruktion mit Konterlattung, Traglattung und Kehlschalung

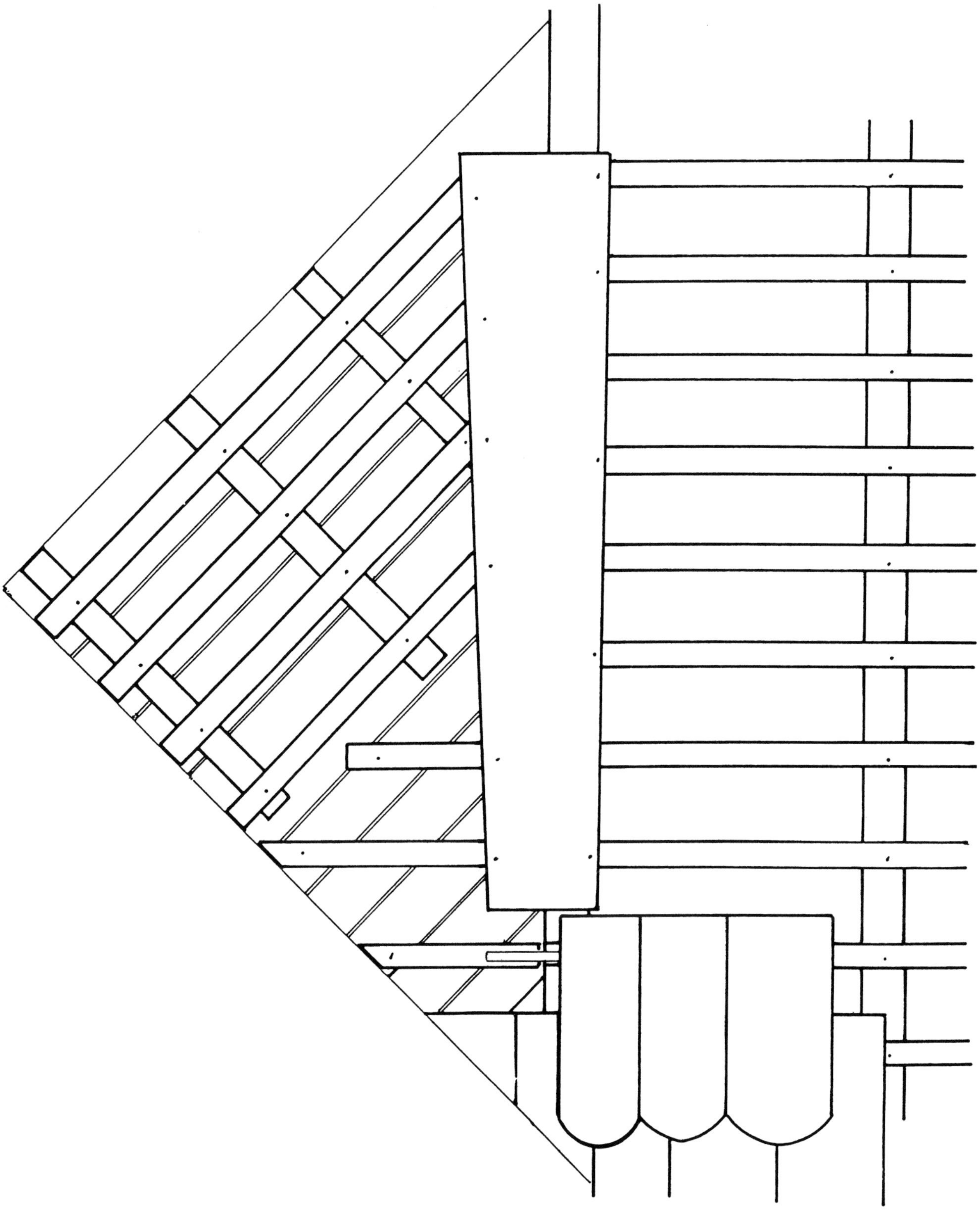

Abb. 5.14: Die zwei ersten anlaufenden Deckschichten

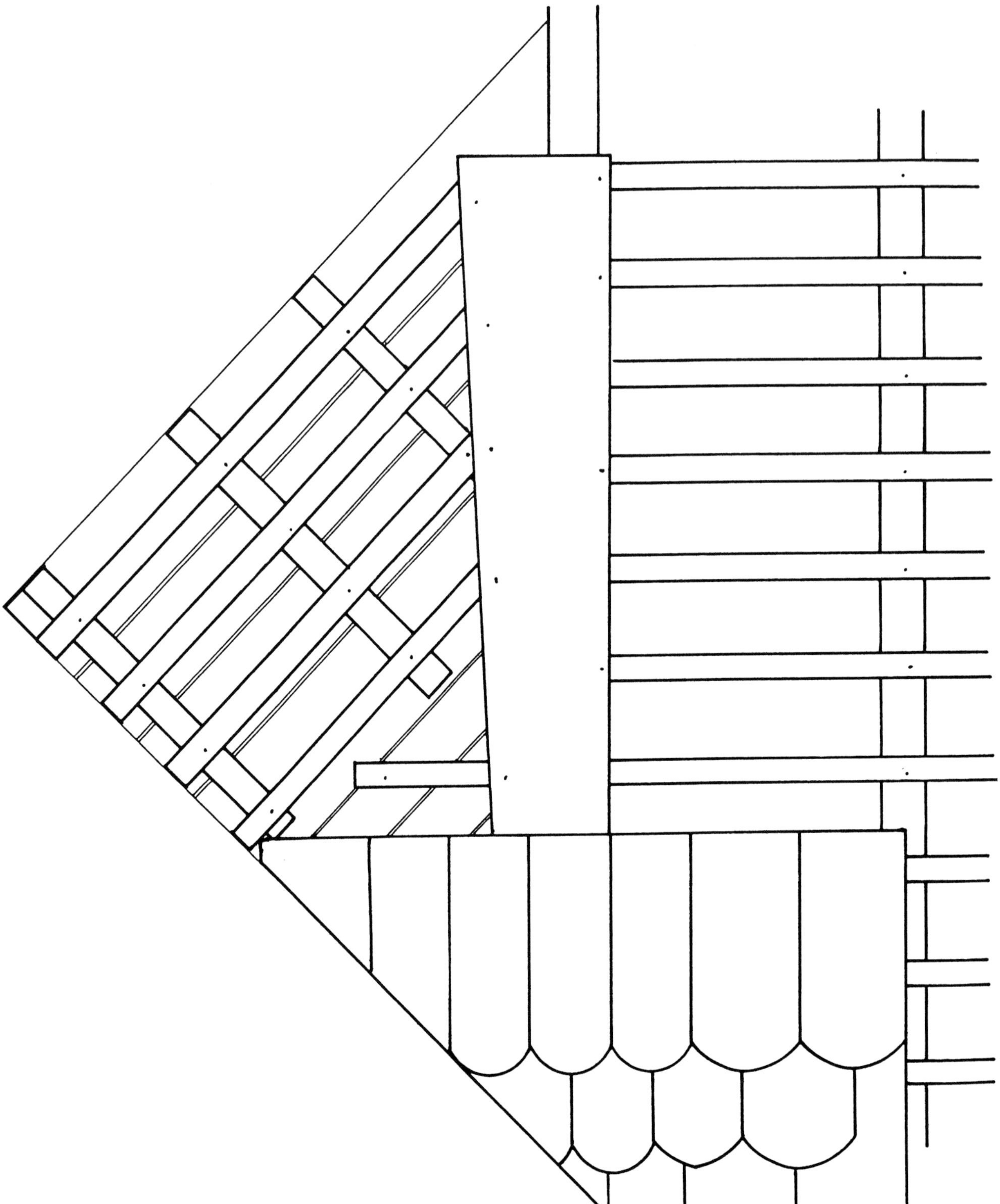

Abb. 5.15: Dritte anlaufende Deckschicht

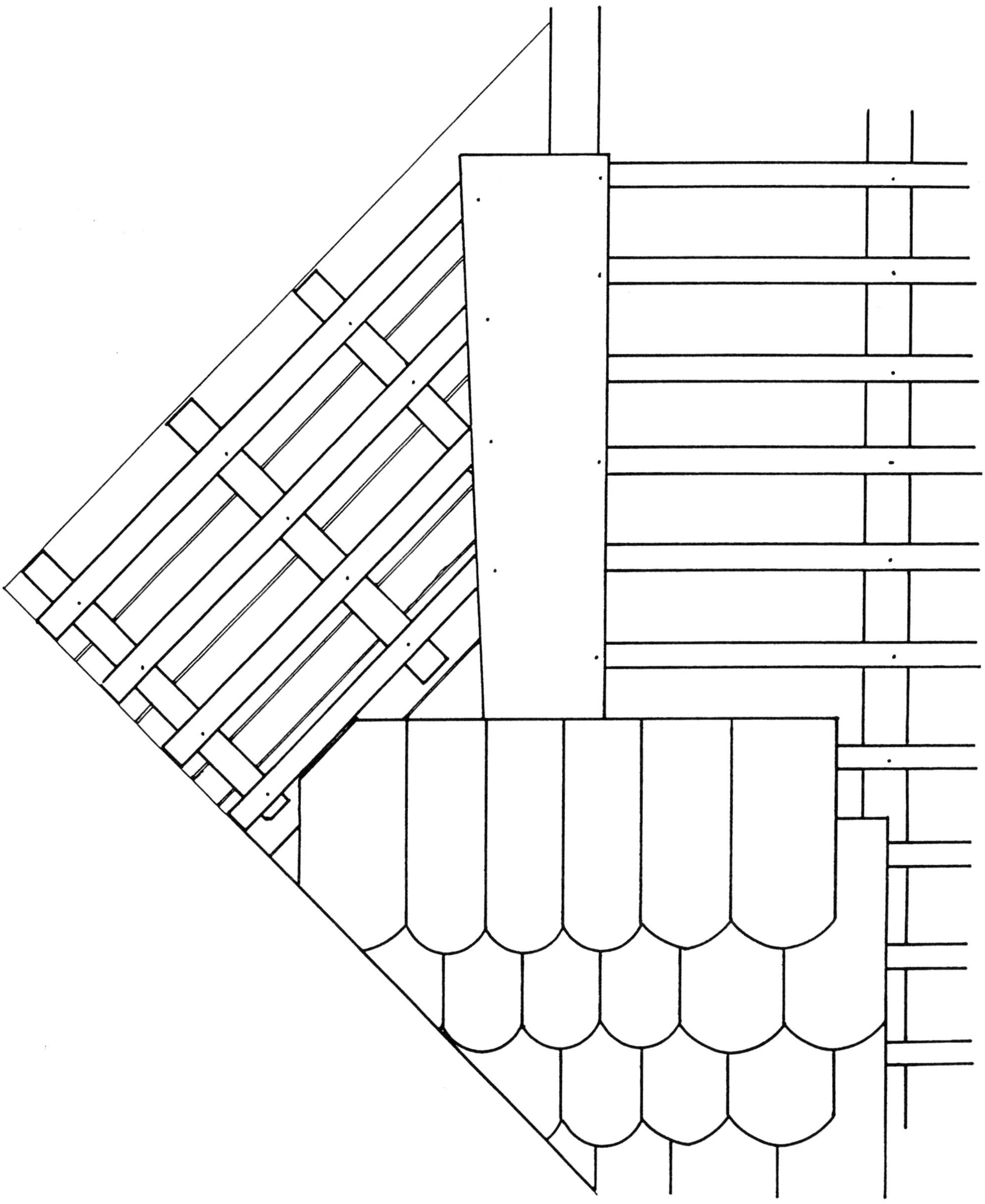

Abb. 5.16: Vierte anlaufende Deckschicht

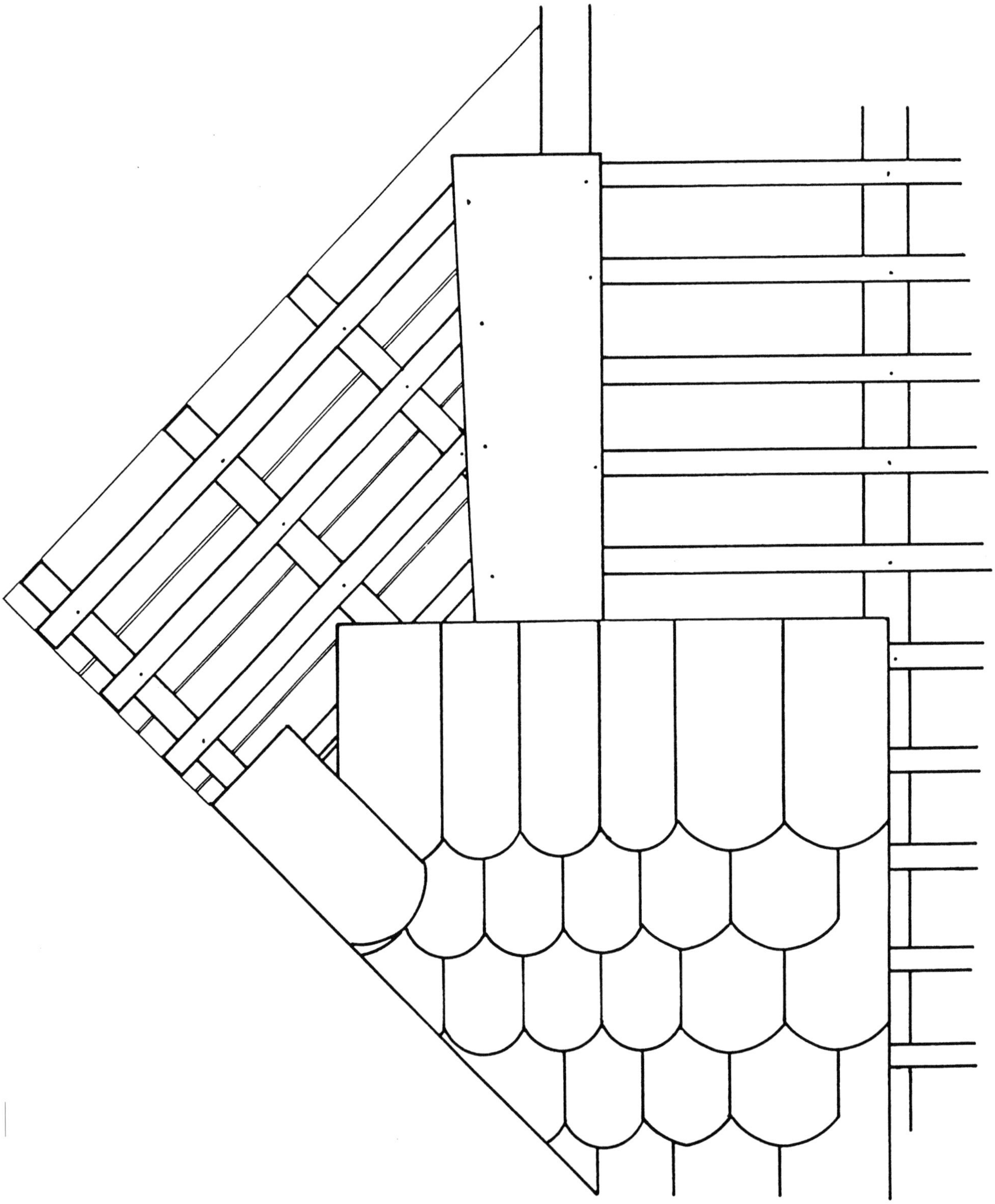

Abb. 5.17: Fünfte Deckschicht mit eingebundenem Ausspitzer an der Wange

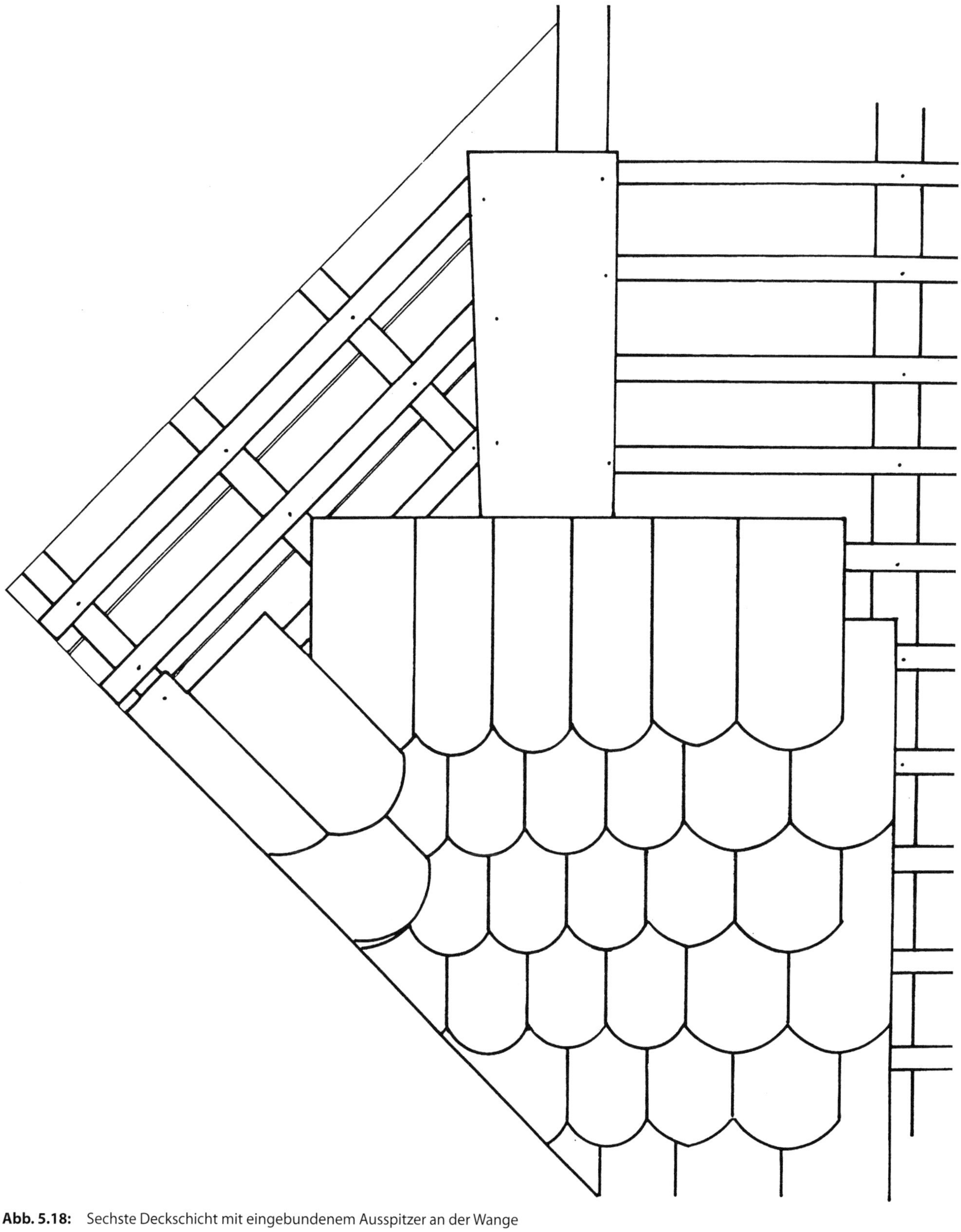

Abb. 5.18: Sechste Deckschicht mit eingebundenem Ausspitzer an der Wange

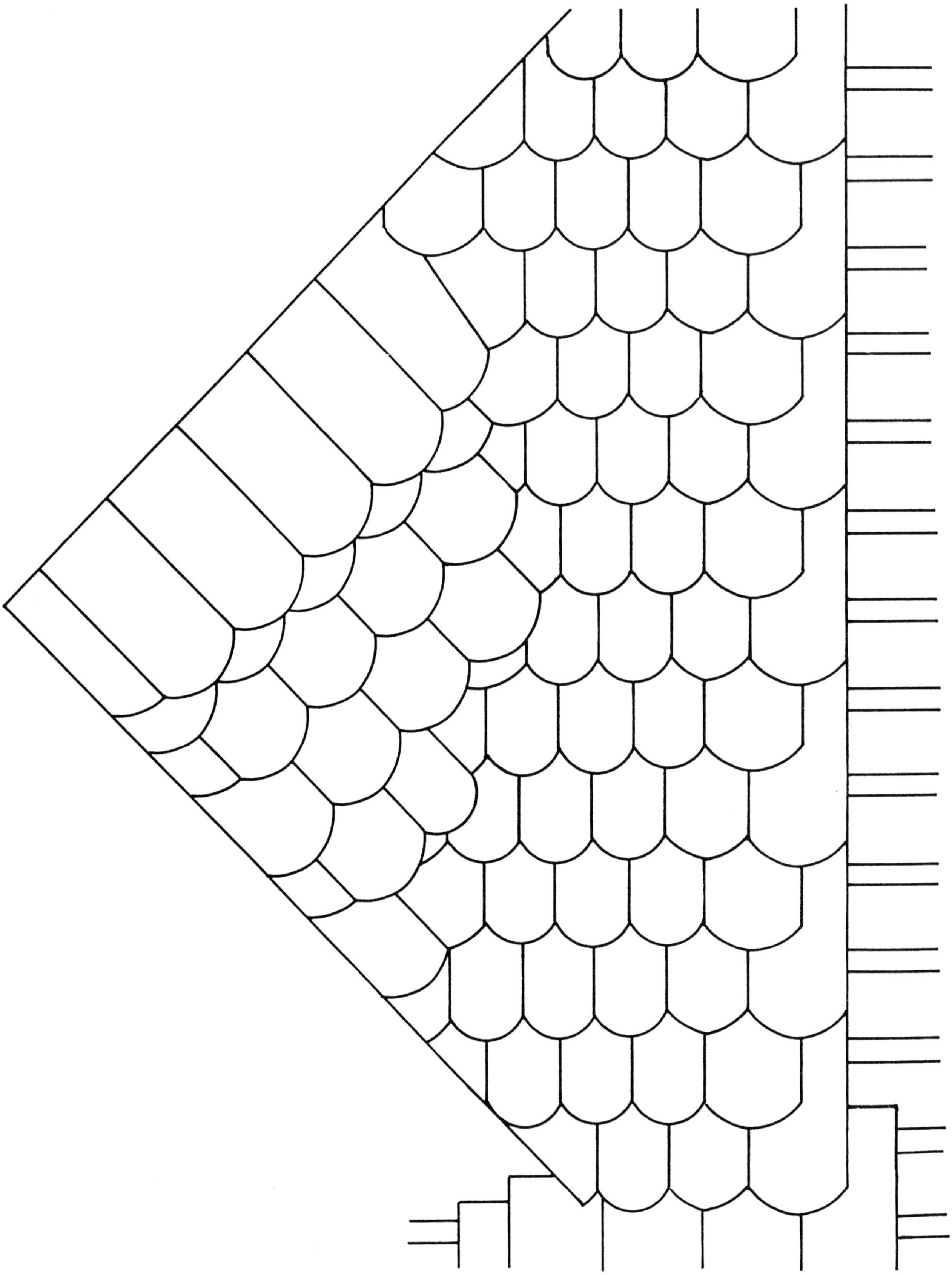

Abb. 5.19: Eingebundene Wangenkehle in der Doppeldeckung

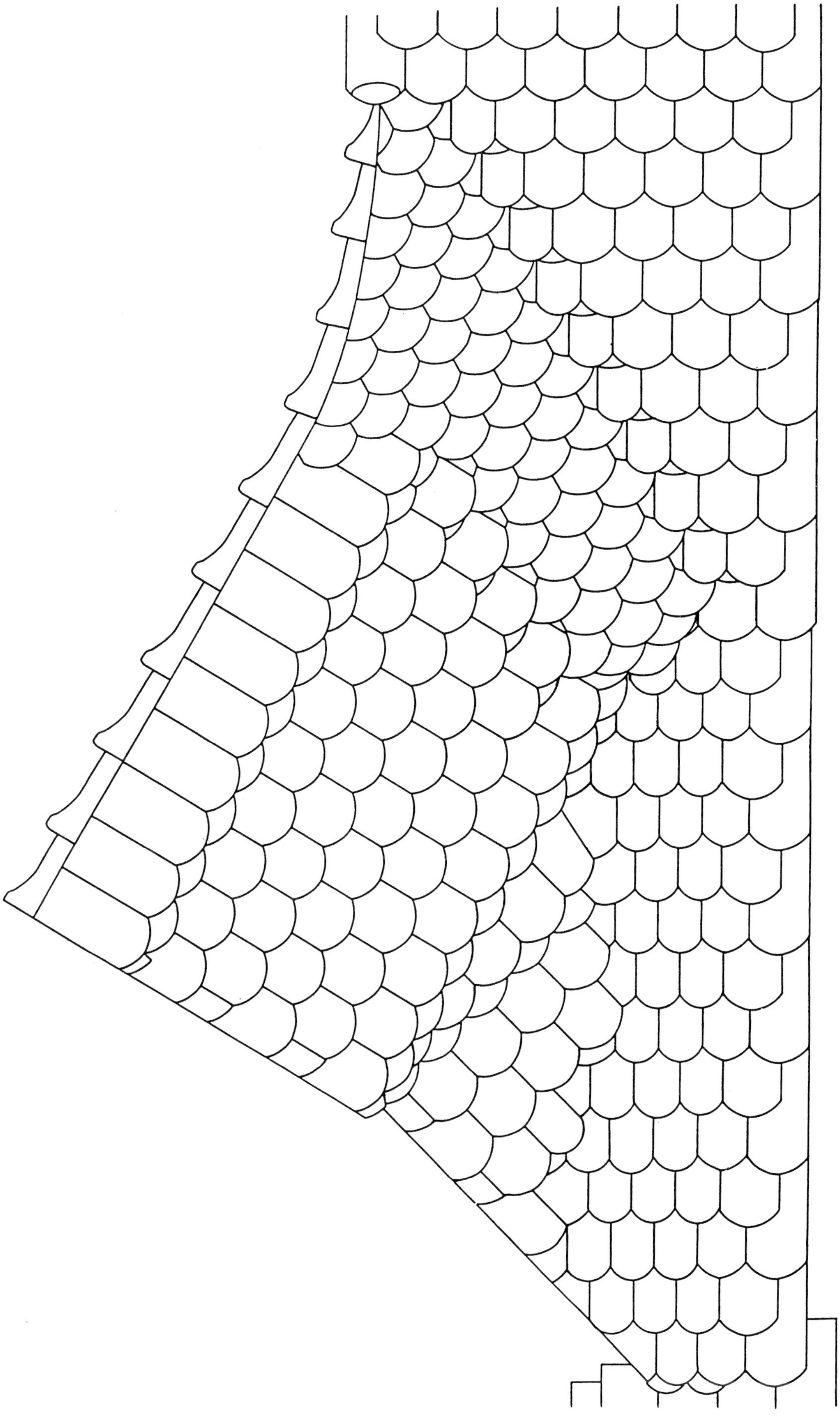

Abb. 5.20: Eingebundene Wangenkehle an einer Sattelgaube mit gleichhüftig eingebundener Biberkehle, 2-Biber-breit, Teilung 2:4

Abb. 5.21: Eingebundene Wangenkehle an einer Schleppdachgaube mit Domfirstziegeln

Abb. 5.22: Eingebundene Wangenkehle wie oben mit einem Wohnraumfenster

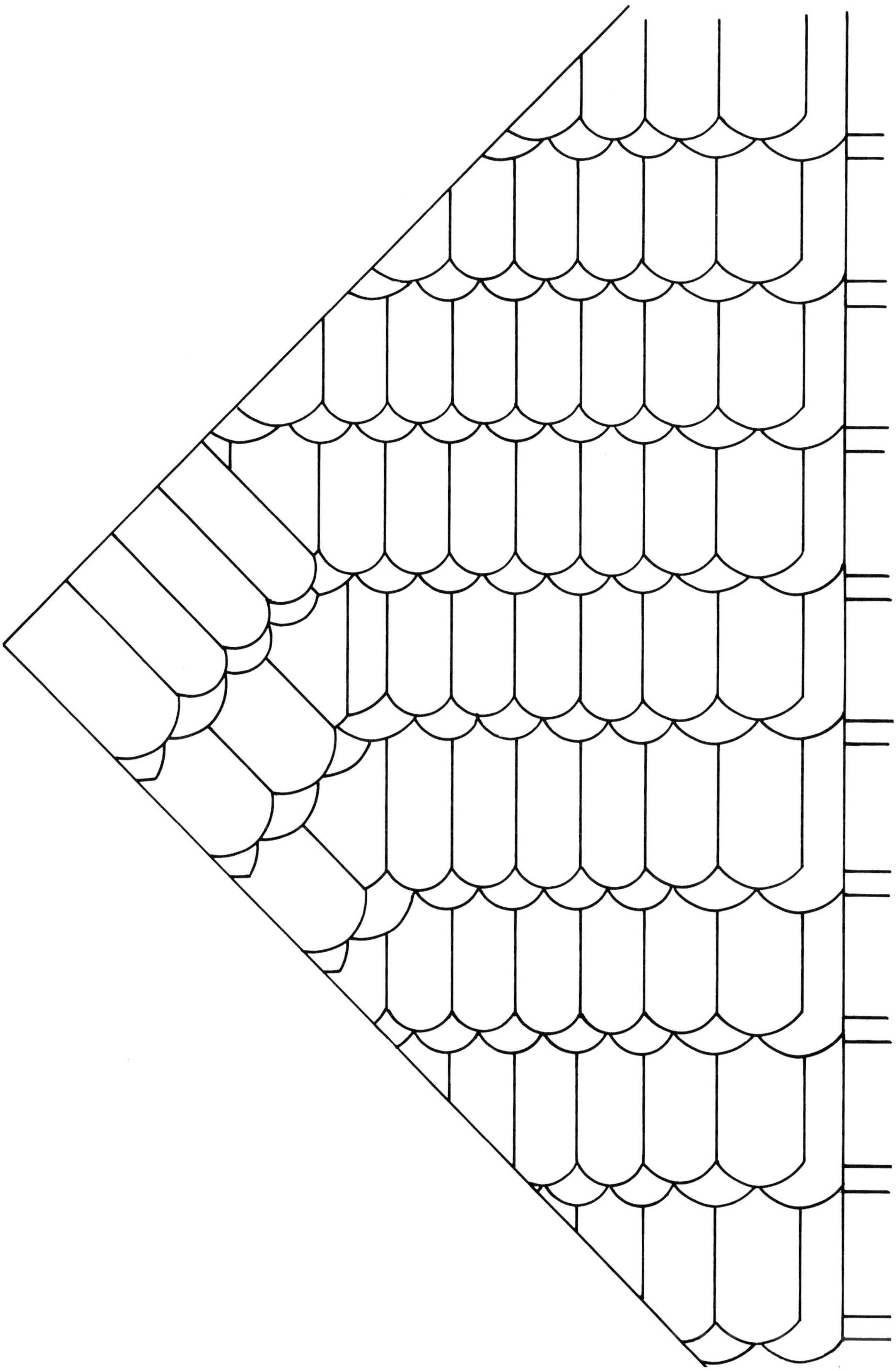

Abb. 5.23: Eingebundene Wangenkehle in der Kronendeckung

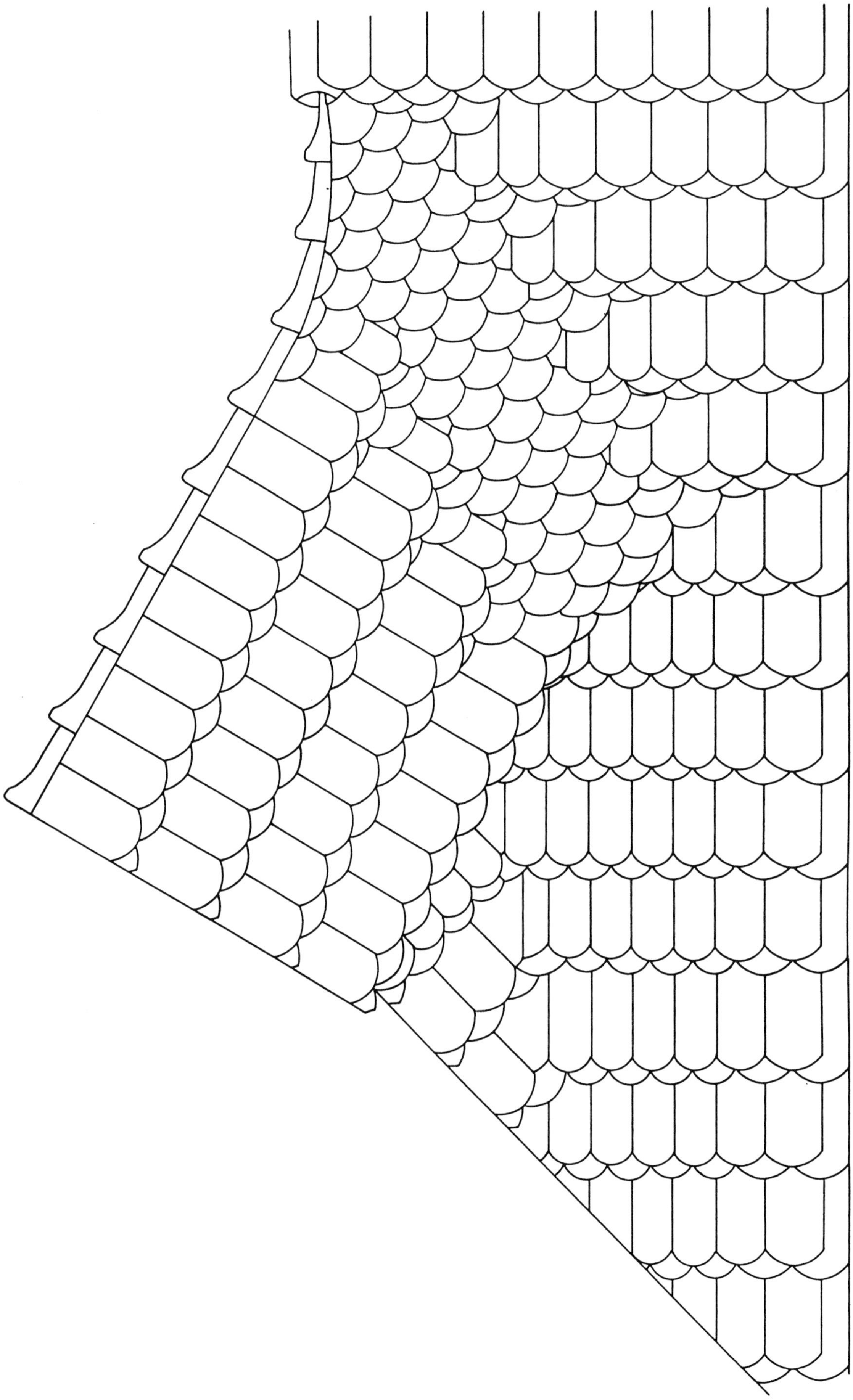

Abb. 5.24: Eingebundene Wangenkehle an einer Sattelgaube mit gleichhüftig eingebundener Biberkehle in der Kronendeckung, 2-Biber-breit, Teilung 2:4

6 Gauben

6.1 Allgemeines

Gauben dienen im Wohnungsbau als Lichtquellen und schaffen zusätzlichen Bewegungsfreiraum. Des Weiteren ermöglichen sie traditionell die Belüftung von nicht ausgebauten Dachgeschossen und Speicherräumen. Nicht zuletzt setzen sie architektonische Akzente bei der Gestaltung von Dächern. Folgende Punkte sind bei der Eindeckung von Gauben mit Biberschwanzziegeln besonders zu beachten:

Kleinere Gauben, wie Schwalbenschwanzfenster/Fledermausgaube und Gauben mit geteiltem Stirnbogen, bereiten weder bei der Lattung noch bei der Eindeckung Schwierigkeiten. In der Regel werden diese Gauben in den Arbeitsgängen der Hauptdachfläche durchgedeckt. Werden die Gauben vom Zimmerer erstellt, ist eine Schalung am zweckmäßigsten. Dabei ist eine gute Zusammenarbeit mit dem Architekten bereits bei der Planung Voraussetzung. Die Gaubenstirnwand sollte beim Aufstellen bis zu 8 cm nach vorne aus der Senkrechten erstellt werden. Es bewirkt besonders bei größeren Gauben ein besseres Aussehen und mindert an der nicht so weit überstehenden Traufschicht die Gefahr von Sturmschäden.

Die Wärmedämmung der verschalten Fledermausgaube wird zwischen dem Innenrahmen und der Deckenschale der Gaube verlegt. Über die Fledermausgaube wird eine Schalungsbahn vorgedeckt, danach wird die Konterlattung, beginnend mit den ersten Latten über der gedachten Kehllinie, fächerförmig zur Scheitelmitte angebracht. Die Konterlattung endet beidseitig ca. 15 bis 20 cm von der Scheitelmitte, um eine gute Rundung der Traglattung in diesem Bereich zu erwirken. Die Traglattung wird z. B. aus wasserfest verleimtem Sperrholz, Dicke 10 bis 12 mm, auf entsprechende Breite zugeschnitten und über Nacht gewässert. Des Weiteren kann die Traglattung aus getrennten Dachlatten oder Kunststoffprofilen bestehen. Die Befestigung erfolgt mit in der Länge angepassten korrosionsgeschützten Schrauben. Da in diesen Punkten klar vom Regelwerk abgewichen wird, muss ein Einzelnachweis über die abweichenden Punkte sowie eine sondervertragliche Vereinbarung mit dem Kunden getroffen werden.

An der Traufe sind kurze Lattenstücke auf die Konterlattung anzubringen, um eine gute Lage der ersten Deckschicht über der Kronenschicht zu erreichen. Um bei der Doppeldeckung ein Sperren durch die zusätzliche Lagerschicht des Traufgebindes zu vermeiden, ist zu beachten, dass die Trauflatte am Ansatz nach innen versetzt wird und auf dem Scheitel eventuell mit geringerem Querschnitt angebracht wird. Die Stöße werden mit dem Stechbeitel abgerundet (bewährt hat sich hier auch die Rinneisenhalterfräse oder ein Hobel).

Nun folgt die Verschraubung der Traglattung. Alle Latten der Dachfläche führen auch über die Gaube. Zuvor wird die Lattweite auf der Scheitellinie eingeteilt. Bei der Ermittlung der Lattenabstände auf der Gaube wird der Abstand der ersten durchgehenden Latte bis zur ersten durchgehenden Latte oberhalb der Gaube zugrunde gelegt. Der gemessene Abstand wird durch die Anzahl der seitlich anschließenden Latten der Hauptdachfläche geteilt. Das ermittelte Maß ergibt die Lattweite auf dem Scheitelpunkt der Gaube. Kontinuierlich wird der Unterschied dann rechts und links auf den Seitenflächen ausgeglichen. Um ein gutes Aussehen bei normalen Gauben zu erreichen, beginnt die Eindeckung mit einem dreiziegelbreiten Gang auf der Gaubenmitte. Anschließend wird die Traufschicht nach beiden Seiten von der Mitte aus nach unten durchgedeckt. Bei der Trockendeckung wird jeder Ziegel der Lagerschicht verschraubt, ebenso die Ziegelreihe über der Deckschicht des Kronengebindes. Auf der rechten Seite wird die linke Aufhängenase, links die rechte Aufhängenase abgeschlagen.

> **Merke:**
>
> Die Ziegel auf der Gaube werden wie auf der Hauptdachfläche stets nur in Sparrenrichtung eingedeckt. Die Ziegel dürfen dabei **nie konisch beigeschrotet** und am Segment bearbeitet werden.

Die in der Kehllinie liegenden Ziegel werden am Kopfende innerhalb der Überdeckung abgekämmt. Dadurch ergibt sich eine gute Lagerung an diesen Punkten. Gleichzeitig kann man das Abkämmen der Ziegel durch den Einsatz von Formbibern (An- und Absetzer/links- und rechtsflüglige Biber) vermeiden. Bei der Eindeckung der seitlichen Flächen eignen sich Dreiviertel- und Siebenachtelbiber zum Ausgleichen hervorragend. Schneidearbeiten auf der Baustelle erübrigen sich dadurch nahezu vollständig. Müssen zum Einpassen Ziegel mit dem Schneidegerät bearbeitet werden, sollte der längere Schnitt zur flacheren Seite gedeckt werden. Werden beim Eindecken z. B. auf einem Lattenstoß beide Nasen des Ziegels entfernt, wird dieser Ziegel verschraubt. Beim Einlaufen der Ziegel in die Kronenschicht beginnt der erste Ziegel der Lagerschicht genau ziegelbreit über einem Ziegel der Dachfläche unter der durchlaufenden Deckschicht vor der Gaube. Dieser Ziegel ist ein als Formziegel gefertigter Unterläufer. Bei exakter Unterkonstruktion wird die Eindeckung von geschweiften

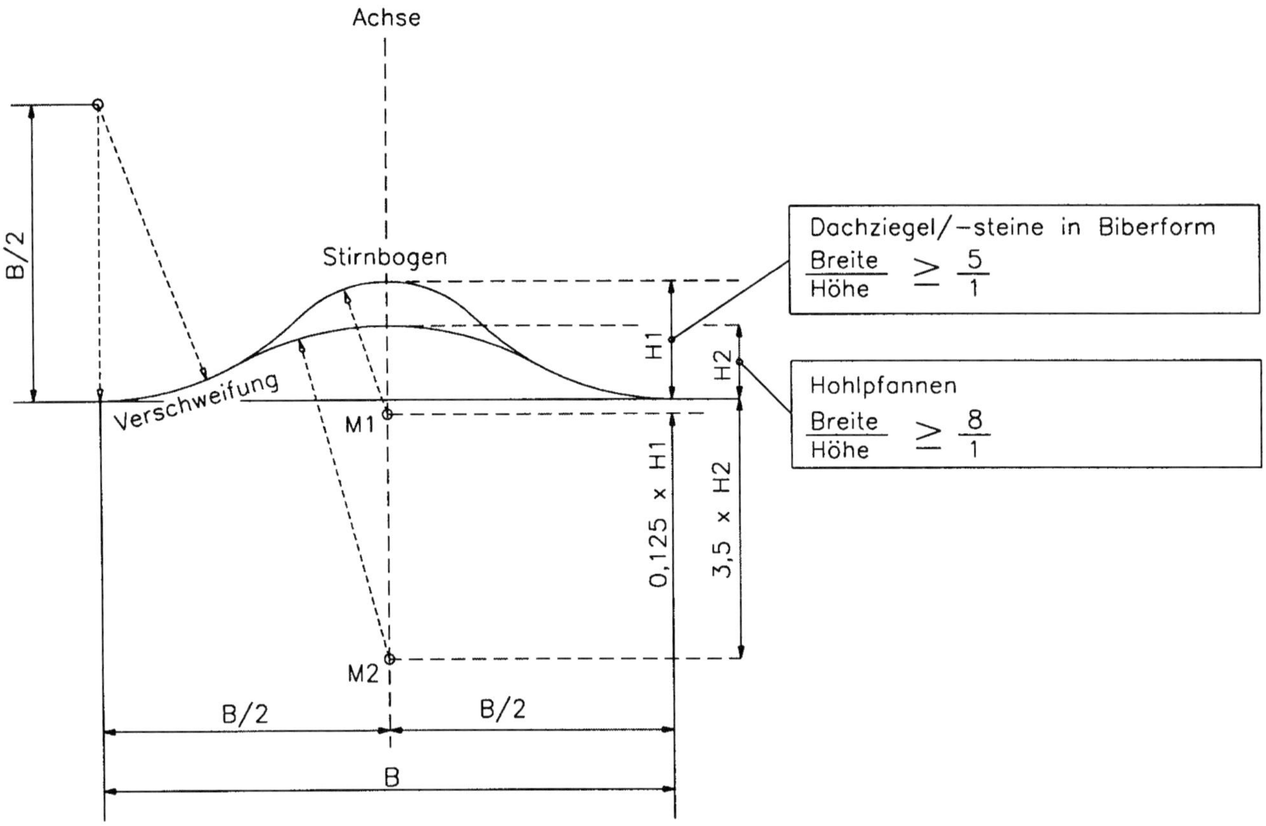

Abb. 6.1: Höhen- zu Breitenverhältnis bei der Konstruktion von Fledermausgauben

Gauben kaum Schwierigkeiten bereiten. Dies gilt für beide Deckungsarten, also auch für die Biberschwanzkronendeckung. Bei stärker geschweiften Gauben, vor allen Dingen bei den geschweiften Schleppgauben, eignen sich am Übergang (Knickpunkt) muldige Formbiber besonders gut.

6.2 Fledermausgauben und Gauben mit geschweiften Wangen in Doppeldeckung

Für die Fledermausgaube sind auch andere Bezeichnungen üblich, etwa Ochsenauge oder Schwalbenschwanzfenster.

Das Verhältnis zwischen Breite und Höhe des Stirnbogens sollte beim Biberschwanzdach 1 : 5 nie überschreiten. Damit wird sichergestellt, dass ein optisch ansprechendes Gesamtbild entsteht. Bei der Überschreitung des Verhältnisses von 1 : 5 gestaltet sich die Eindeckung sehr schwierig oder funktioniert gar nicht mehr. Des Weiteren ist darauf zu achten, dass die Neigung des Gaubenscheitels die Regeldachneigung von 30° nicht unterschreitet. Der Dachneigungsunterschied zwischen Scheitellinie Gaube und Hauptdach sollte nicht mehr als 12° betragen.

Beim Ansatz der Traufschicht der Fledermausgaube ist darauf zu achten, dass der erste Biber in der Lagerschicht genau über einem Biber Fuge auf Fuge mit dem Biber der Deckschicht, die als Kronenschicht unterhalb der Fledermausgaube gedeckt ist, liegt. Von Vorteil ist dabei ein Formziegel als Unterläufer (siehe hierzu Abb. 6.8).

Abweichend von der Fledermausgaube ist die Hechtgaube mehr eine lang gezogene, flacher gehaltene und annähernd trapezförmig gestaltete Gaube.

Die Übergänge von den Wangen zu den ebenen Flächen sind besonders bei historischen Gebäuden oft stark geknickt. Ein geschmeidiges Überfließen der Deckung kann auch hier nahezu sperrungsfrei durch den Einbau von muldigen Bibern erreicht werden.

Auch bei der geschweiften Schleppgaube ist die Mindestdachneigung der Schleppdachfläche zu beachten. Alle seitlich anlaufenden Latten müssen über die Gaube geführt werden. Beim Übergang der Lattung von der Schweifung zur Schleppdachfläche dürfen keine starken Knicke entstehen. Die Stöße müssen gut gerundet werden. Muldige Formbiber erleichtern die Eindeckung wesentlich. Im Übrigen gilt hier das für die Eindeckung von Fledermausgauben Beschriebene.

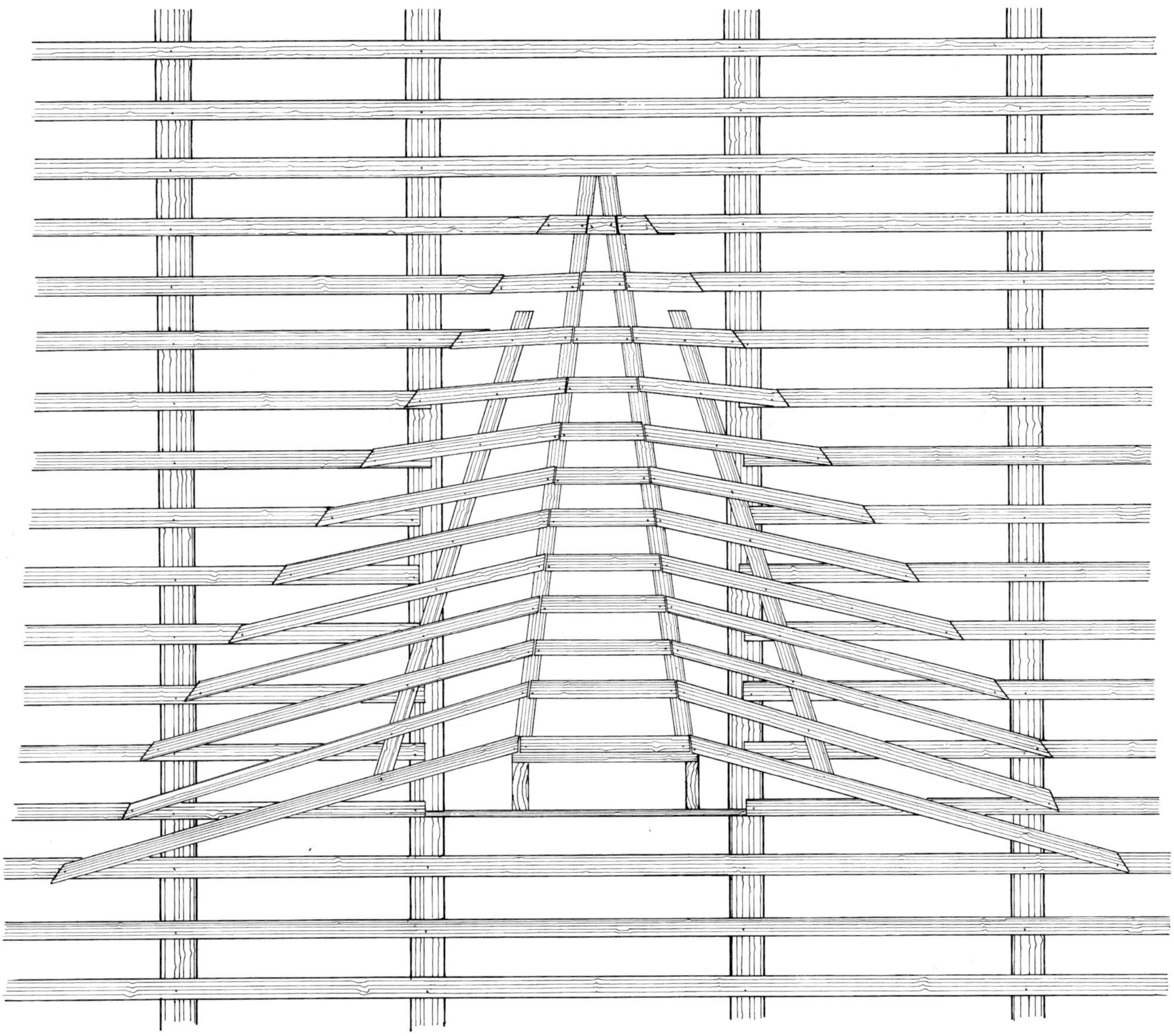

Abb. 6.2: Unterkonstruktion für die Fledermausgaube (Schwalbenschwanzgaube). Die Einteilung der Traglattung wurde entsprechend den Vorgaben für die Doppeldeckung der Dachfläche vorgenommen.

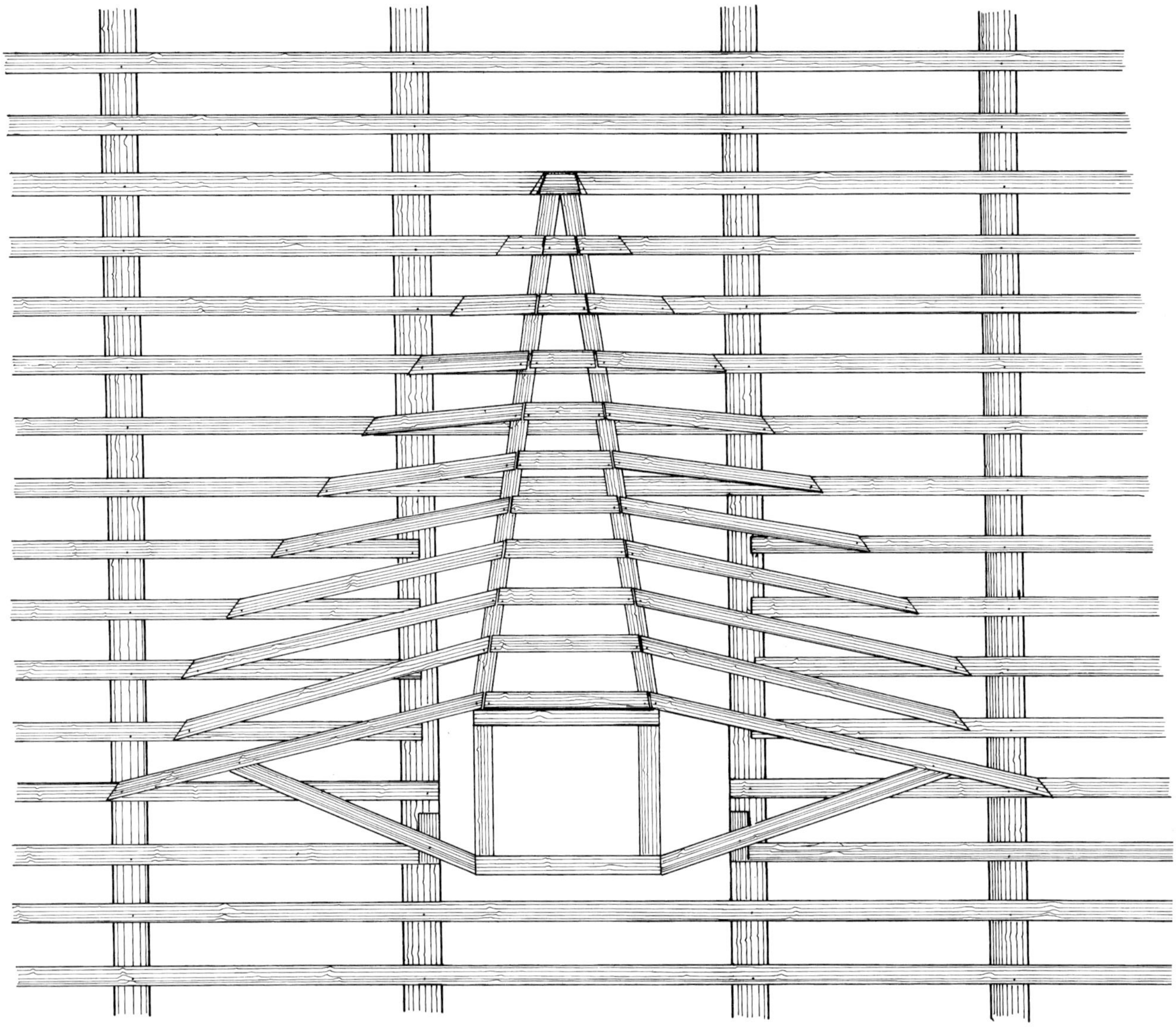

Abb. 6.3: Unterkonstruktion für die Fledermausgaube mit geteiltem Stirnbogen

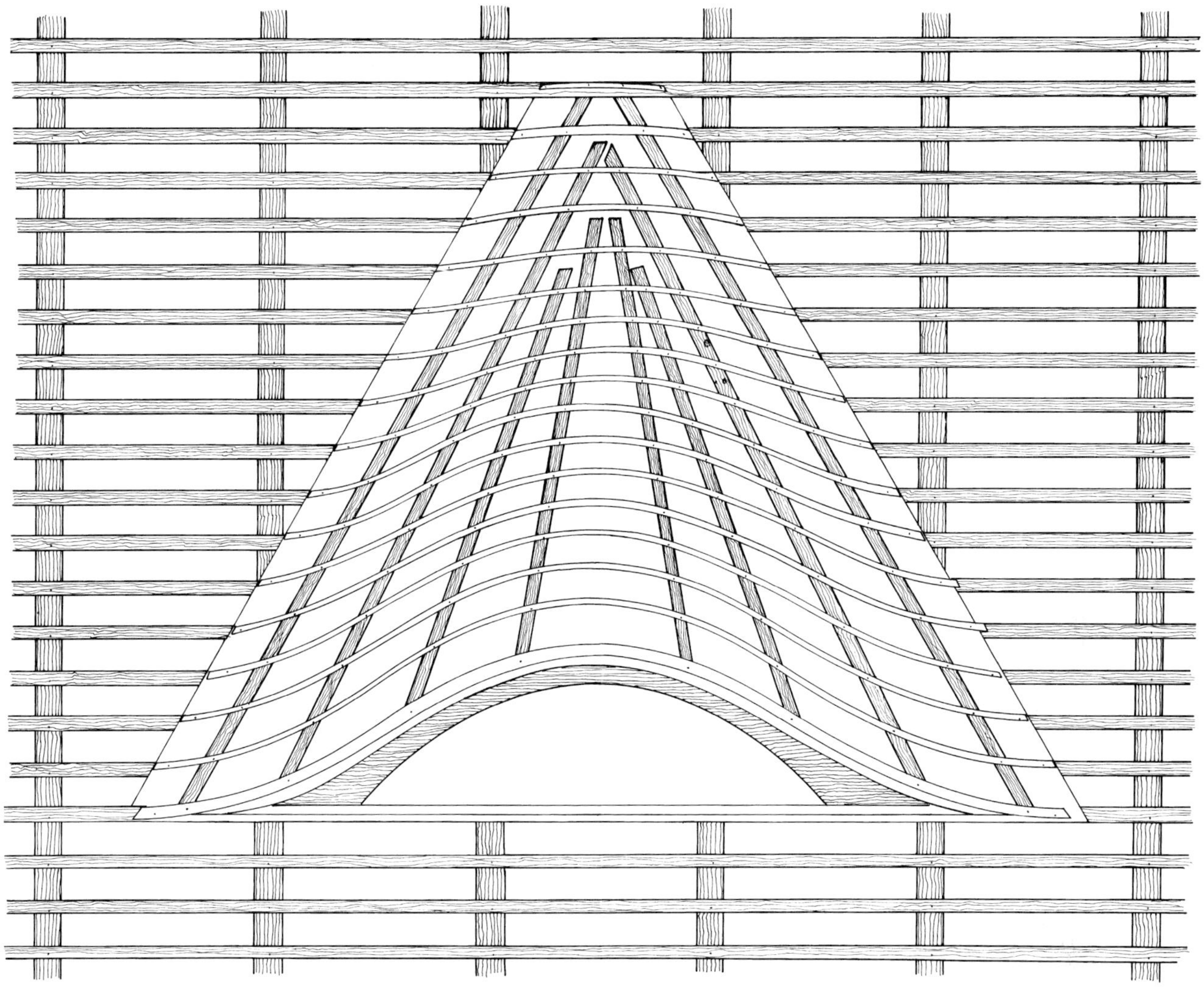

Abb. 6.4: Unterkonstruktion für die Fledermausgaube mit geraden Kehlen und waagerechtem Dachbruch

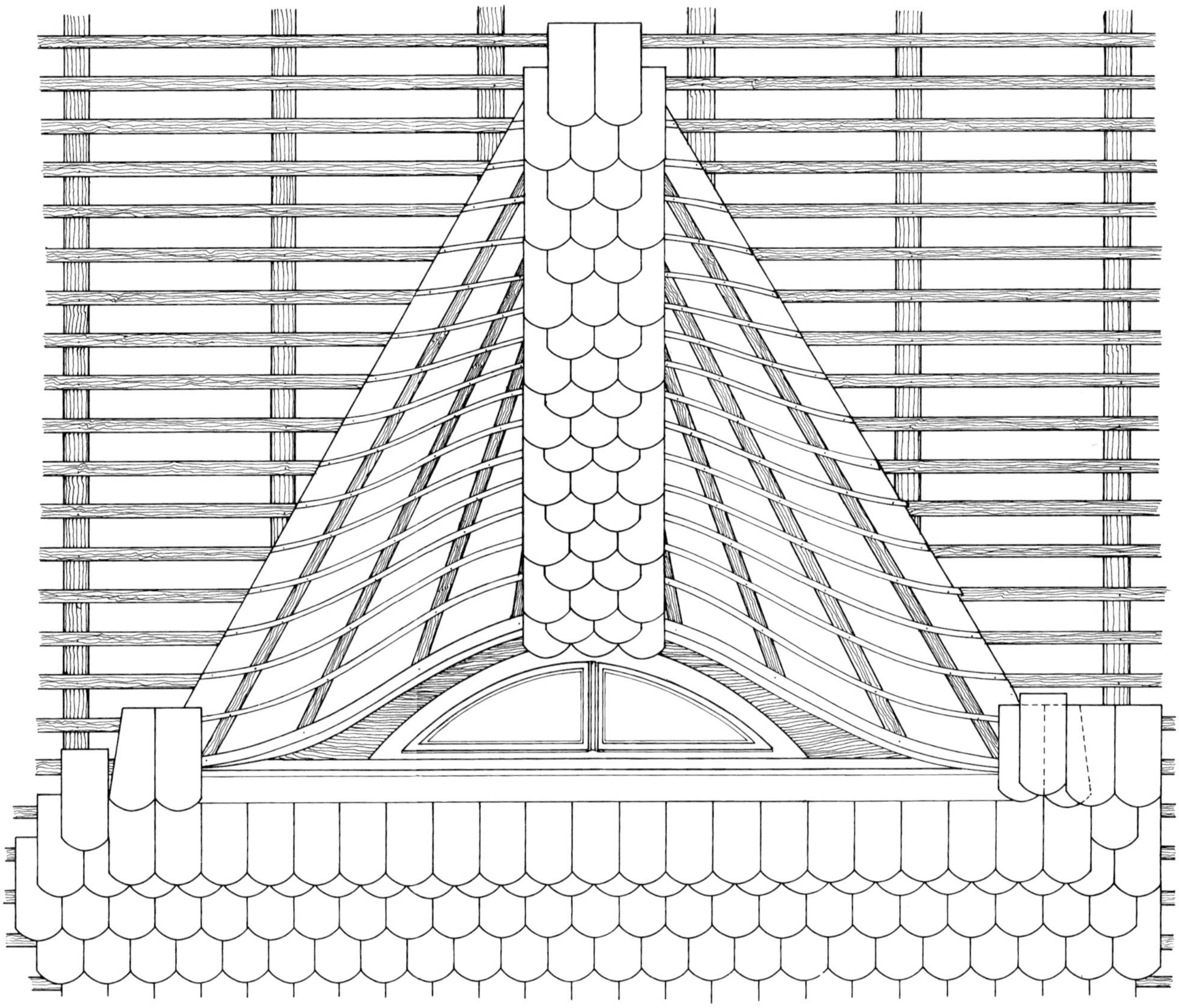

Abb.6.5: Auf dem Gaubenscheitel eingedeckte Biberziegel

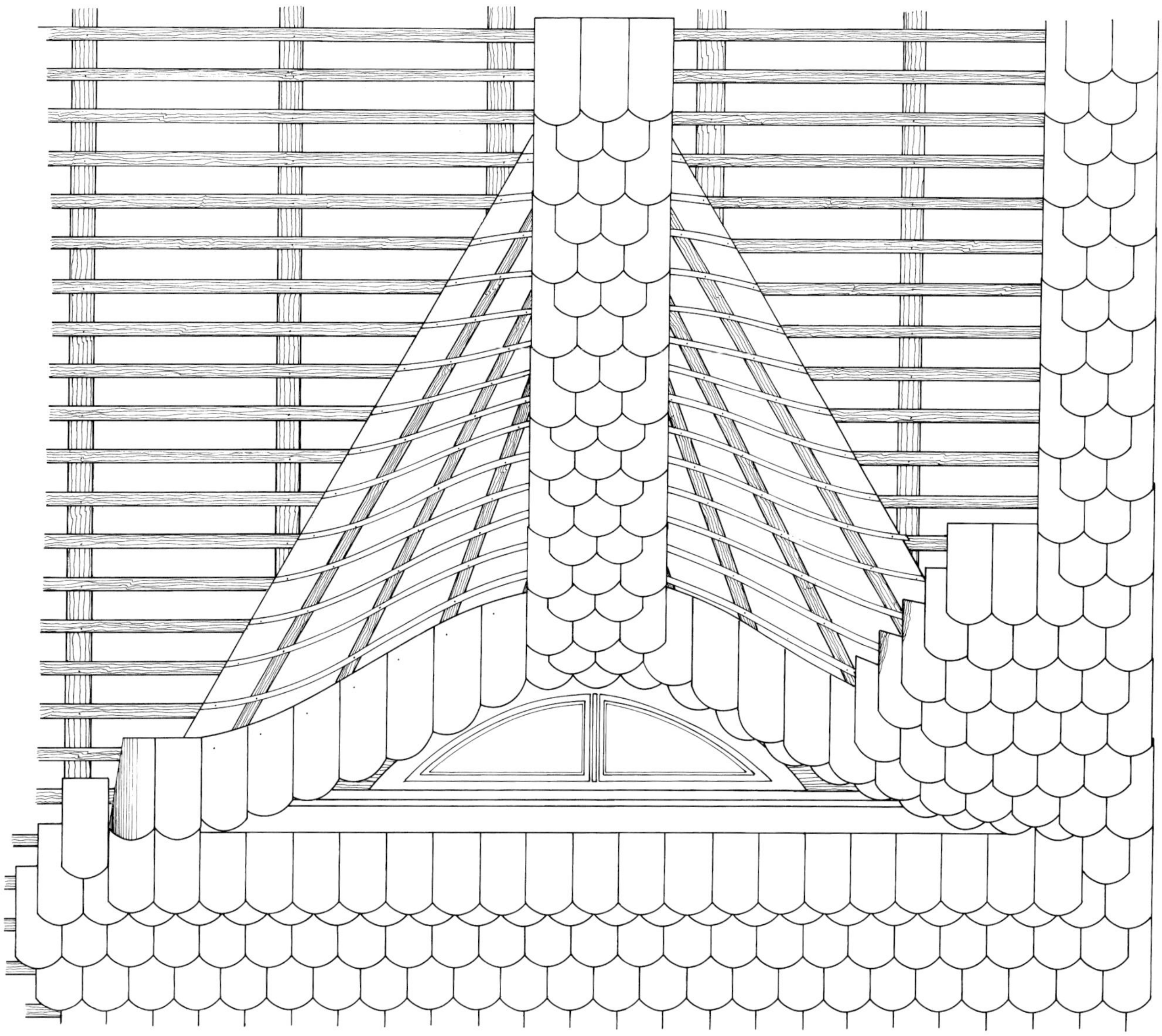

Abb. 6.6: Eindeckung der Traufschichten an der Fledermausgaube

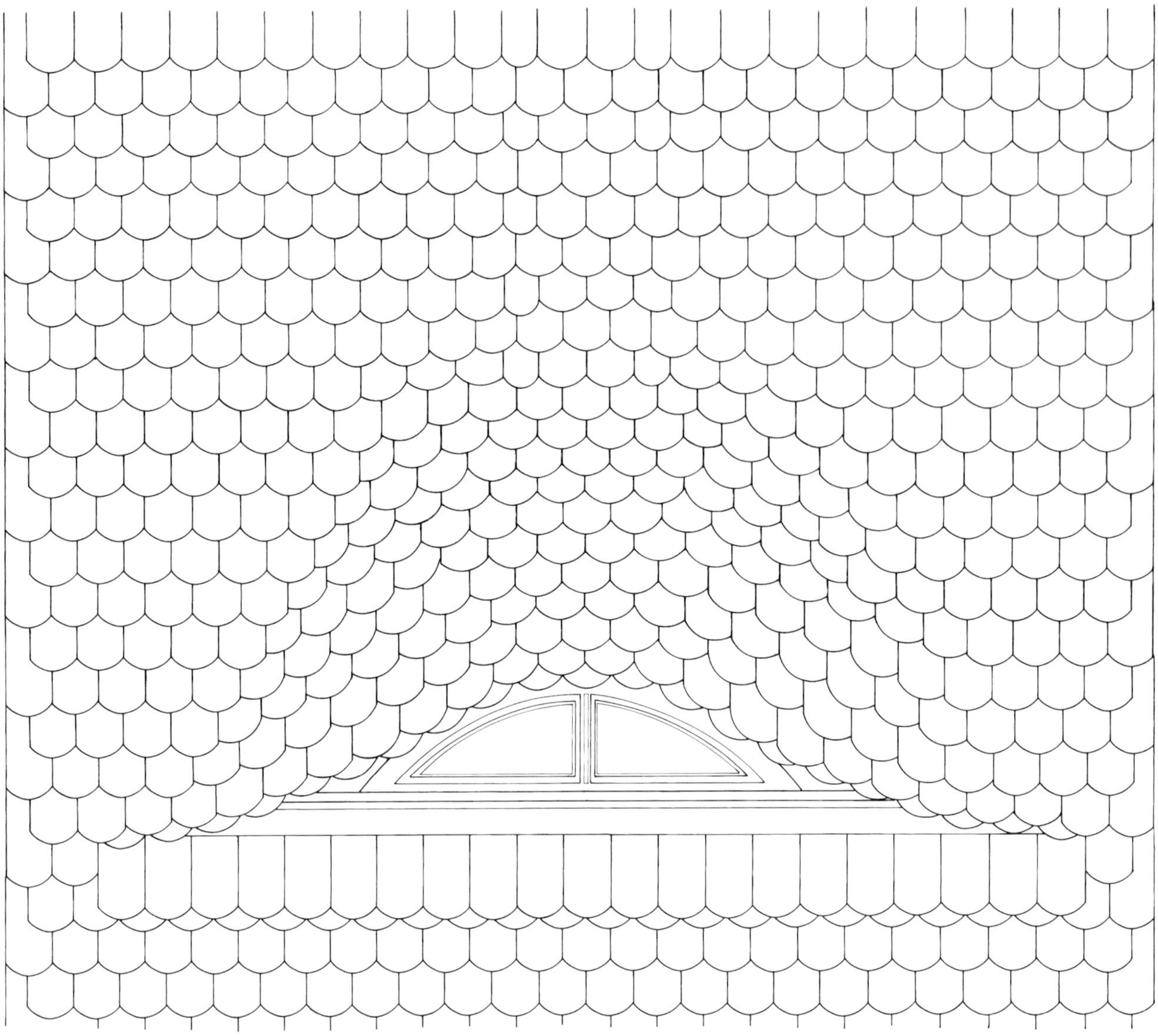

Abb. 6.7: Fledermausgaube in der Doppeldeckung

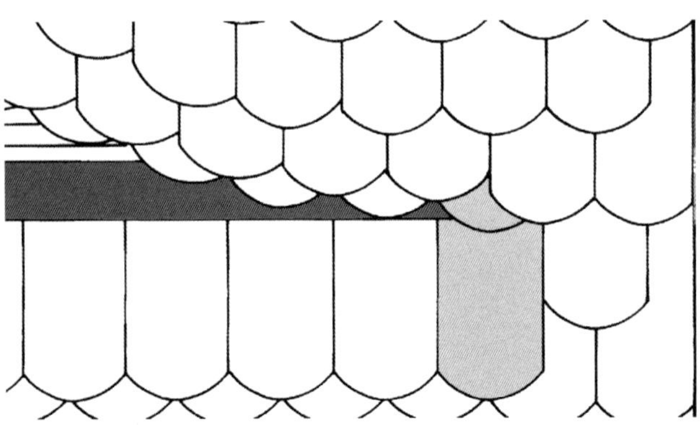

Abb. 6.8: Idealer Beginn beim Ansatz von Fledermausgauben

Abb. 6.10: Detail der Hechtgaube in der Doppeldeckung

Abb. 6.11: Hechtgaube in der Doppeldeckung

Abb. 6.11: Geschweifte Schleppgaube in der Doppeldeckung

6.3 Fledermausgauben und Gauben mit geschweiften Wangen in Kronendeckung

Die Ermittlung der Lattenabstände auf dem Gaubenscheitel erfolgt, indem der Abstand von der Oberkante der ersten durchgehenden Latte bis zur Oberkante der ersten durchgehenden Latte über der Gaube durch die Anzahl der seitlich anschließenden Latten der Hauptdachfläche geteilt wird. Von Vorteil beim Eindecken der Gaube ist dabei, mit einem 2- bis 3-Biber-breiten Arbeitsgang auf dem Gaubenscheitel zu beginnen. Alle geschweiften Gauben werden üblicherweise von beiden Dachflächenseiten aus eingedeckt. Da jede überlaufende Deckschicht verschieden lang ist, sind schmalere Biber nicht zu vermeiden. Sie sollten möglichst im oberen abfallenden Teil der Schweifung eingedeckt werden. Hierbei können dreiviertelbreite Biber und bei großen, oft über die gesamte Dachfläche reichenden Gauben auch 1-1/4-Biber fast ohne Schneidarbeit eingedeckt werden. Weitere Vorteile werden hier durch die Verwendung links- und rechtsflügeliger Biber erreicht, die im Halbverband in der Lager- und Deckschicht jeweils in der gedachten Kehllinie übereinanderliegen und so ein Sperren der Deckschichten verhindern.

Die Hecht- und geschweifte Schleppgaube sind in Kronendeckung sinngemäß wie in Doppeldeckung zu decken.

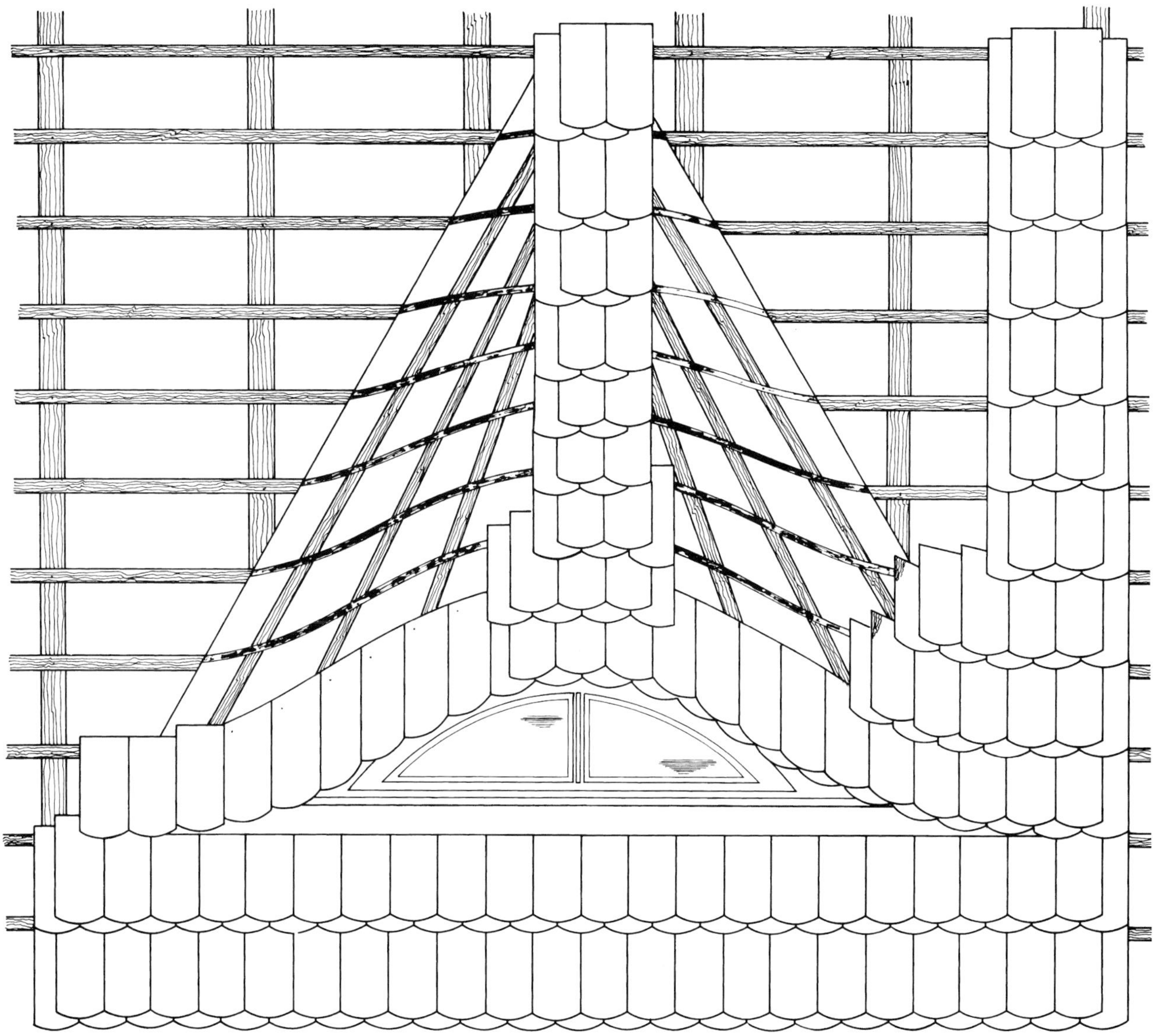

Abb. 6.12: Unterkonstruktion einer Fledermausgaube in der Kronendeckung mit eingedecktem Scheitel und Traufschicht

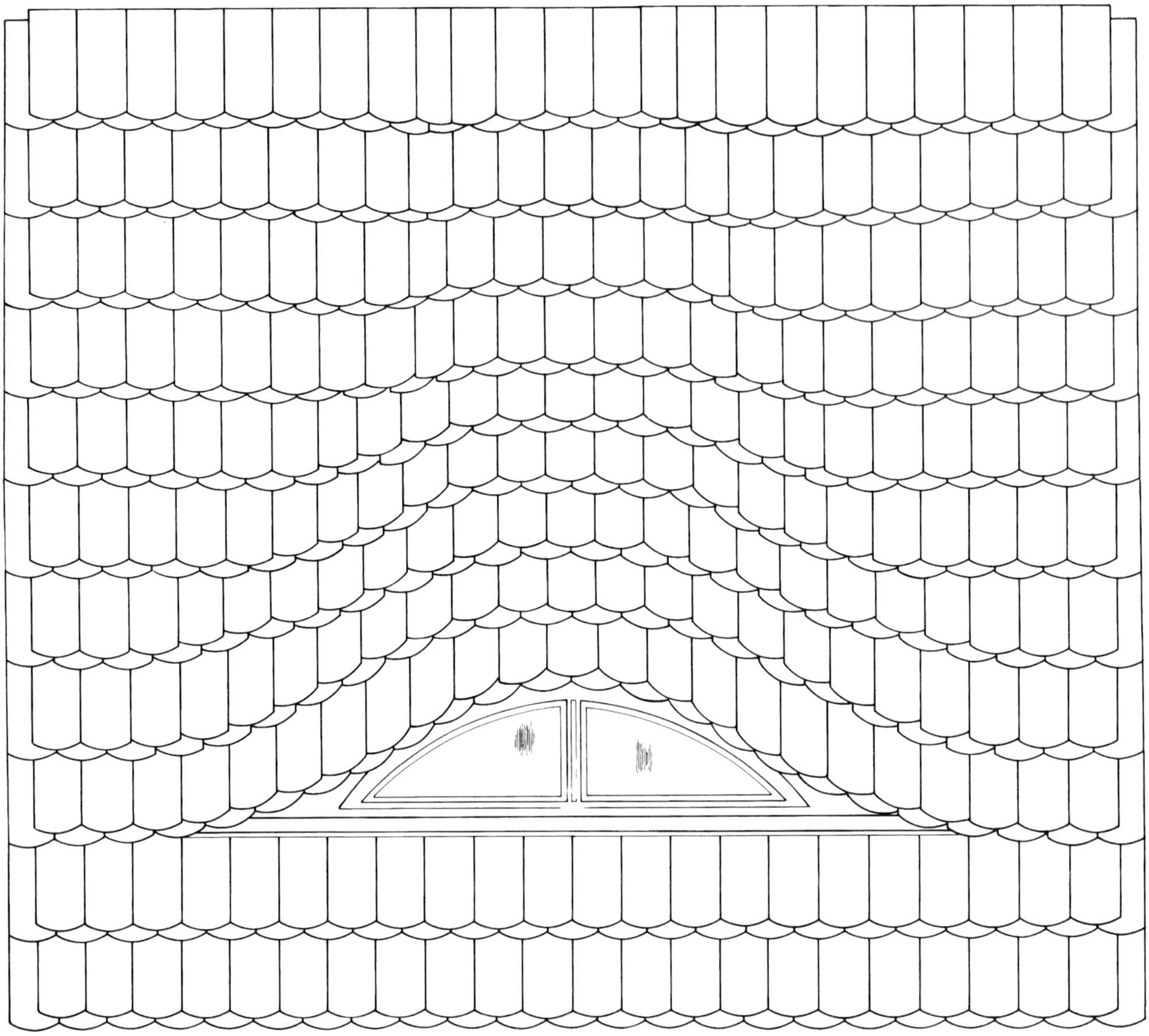

Abb. 6.13: Fledermausgaube in der Kronendeckung

Abb. 6.14: Geschweifte Schleppgaube in der Kronendeckung

6.4 Schleppgauben mit Grat

Den Übergang von der Schleppdachfläche zu den Walmflächen bildet stets ein Grat. Eingebundene Biberkehlen stellen eine vollkeramische Verbindung beider Dachflächen her. Bei in Geschosshöhe ausgebauten Wohnräumen sollten aus optischen Gründen die Walmflächen die gleiche Dachneigung erhalten wie die Hauptdachfläche. Bei flachen geneigten Walmflächen beginnt der Kehlanfang wie an einer Spitzgaube.

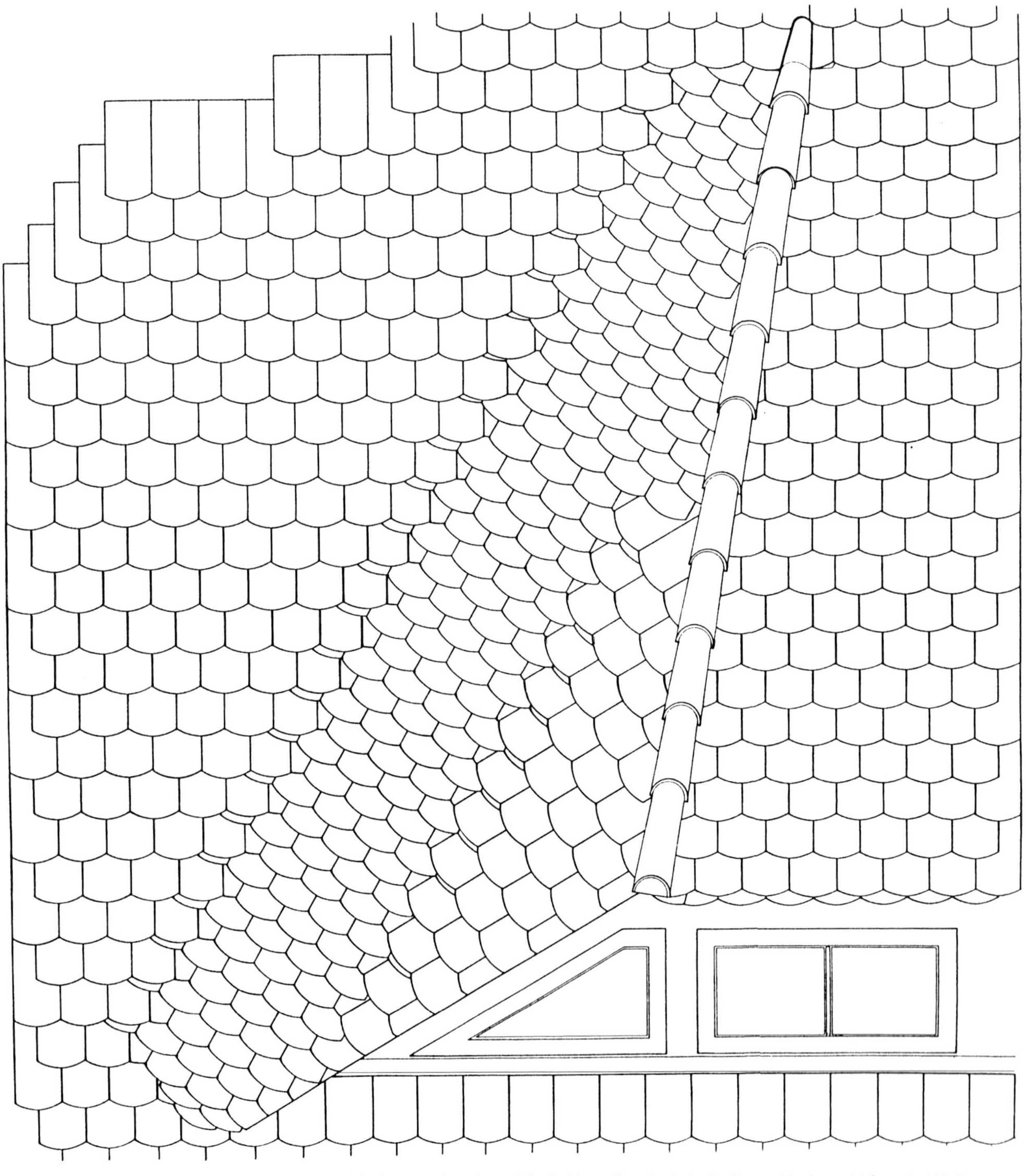

Abb. 6.15: Abgewalmte Schleppgaube mit gleichhüftig eingebundener Biberkehle, 3-Biber-breit, in der Doppeldeckung, Teilung 2:4 (1:2)

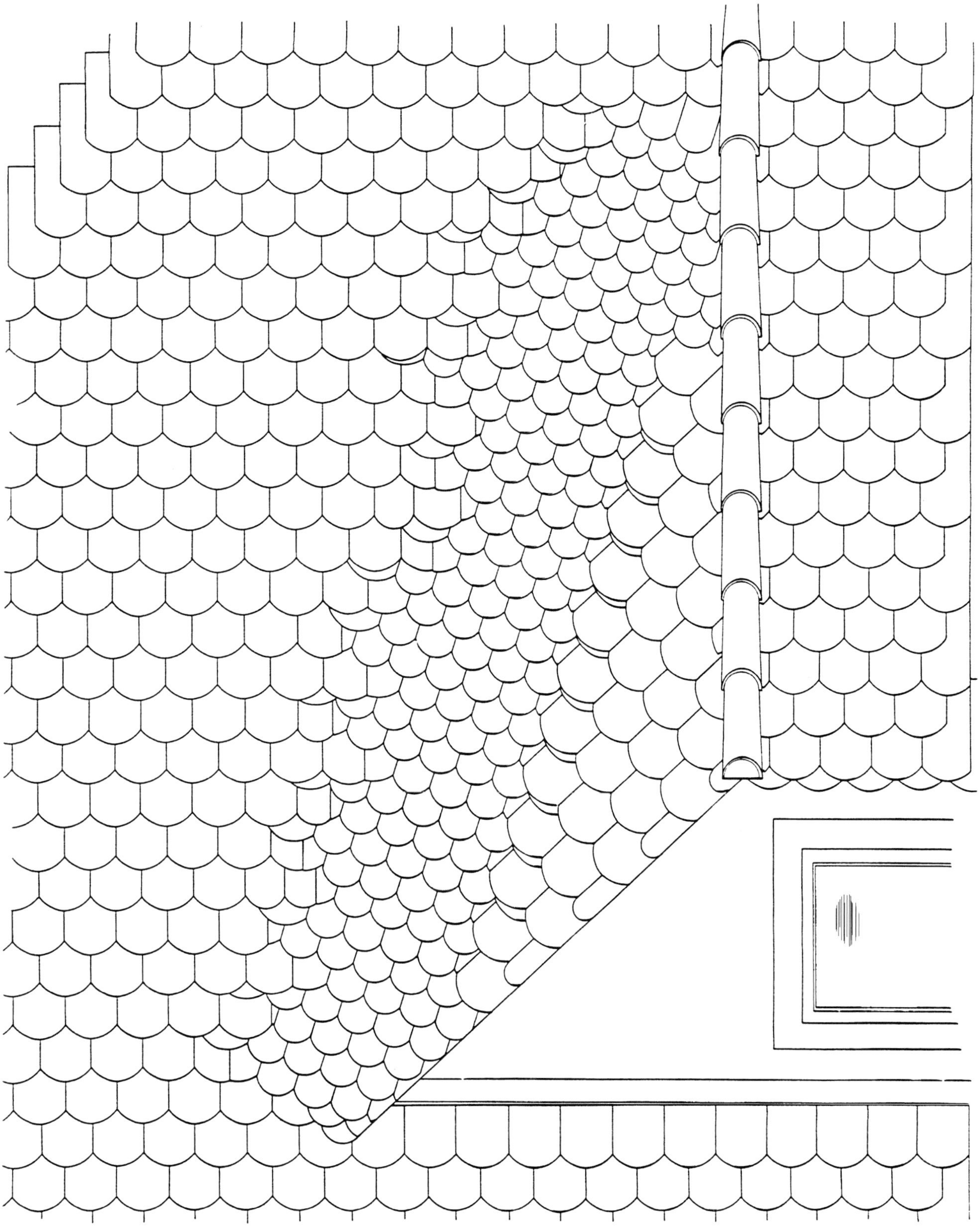

Abb. 6.16: Abgewalmte Schleppgaube mit ungleichhüftig eingebundener Kehle, Teilung 2 : 4. Als Besonderheit kann man die Dreiviertelbiber in der Kehle betrachten.

6.5 Spitzgauben

Der Kehlanfang erfolgt gleich den voran beschriebenen eingebundenen Kehlen. Bei Gleichhüftigkeit ist auch hier auf ein exaktes Zusammenstoßen der Lattung über dem Kehlwinkel zu achten. Die ersten Kehlschichten gaubenseitig laufen am Ortgang schräg zum Giebel aus. Der erste Schnittpunkt vom Ortgang der Gaube wird ermittelt, wenn ein vollbreiter Biber an die Markierung der Kehldeckbreite angelegt werden kann. Erfolgt die Eindeckung der Giebelkanten mit Ortgangbibern, enden die am Ortgang auslaufenden Kehlschichten jeweils mit einem Unterläufer. Dadurch können die Ortgangbiber bereits vom Kehlanfang gedeckt werden und bilden so einen sauberen Abschluss. Kleinere Spitzgauben können auch mit dreiviertelbreiten Bibern gedeckt werden. Die Ausspitzer und Unterläufer müssen vollbiberbreit sein.

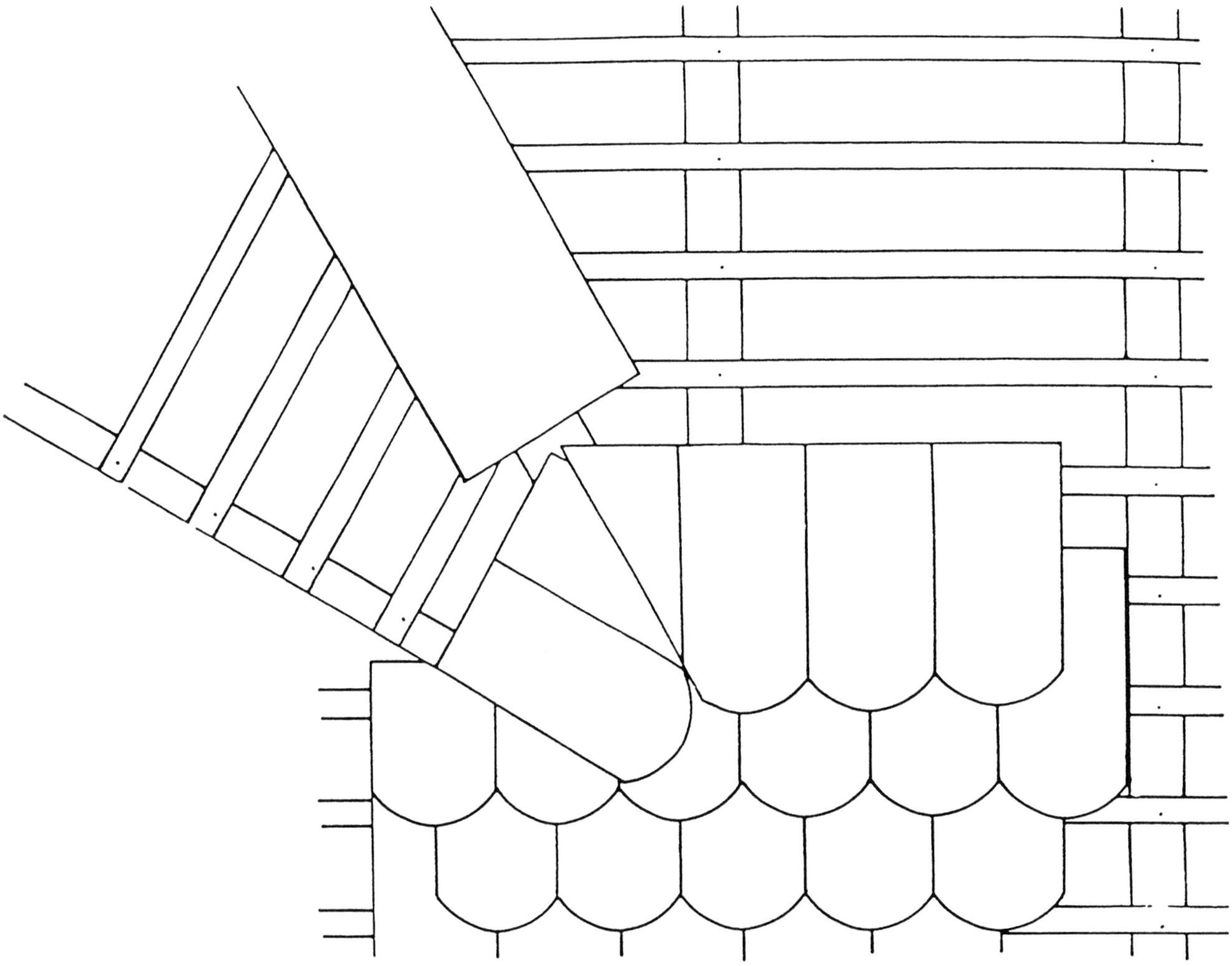

Abb. 6.17: Kehlanfang einer gleichhüftig eingebundenen Biberkehle an einer Spitzgaube in der Doppeldeckung

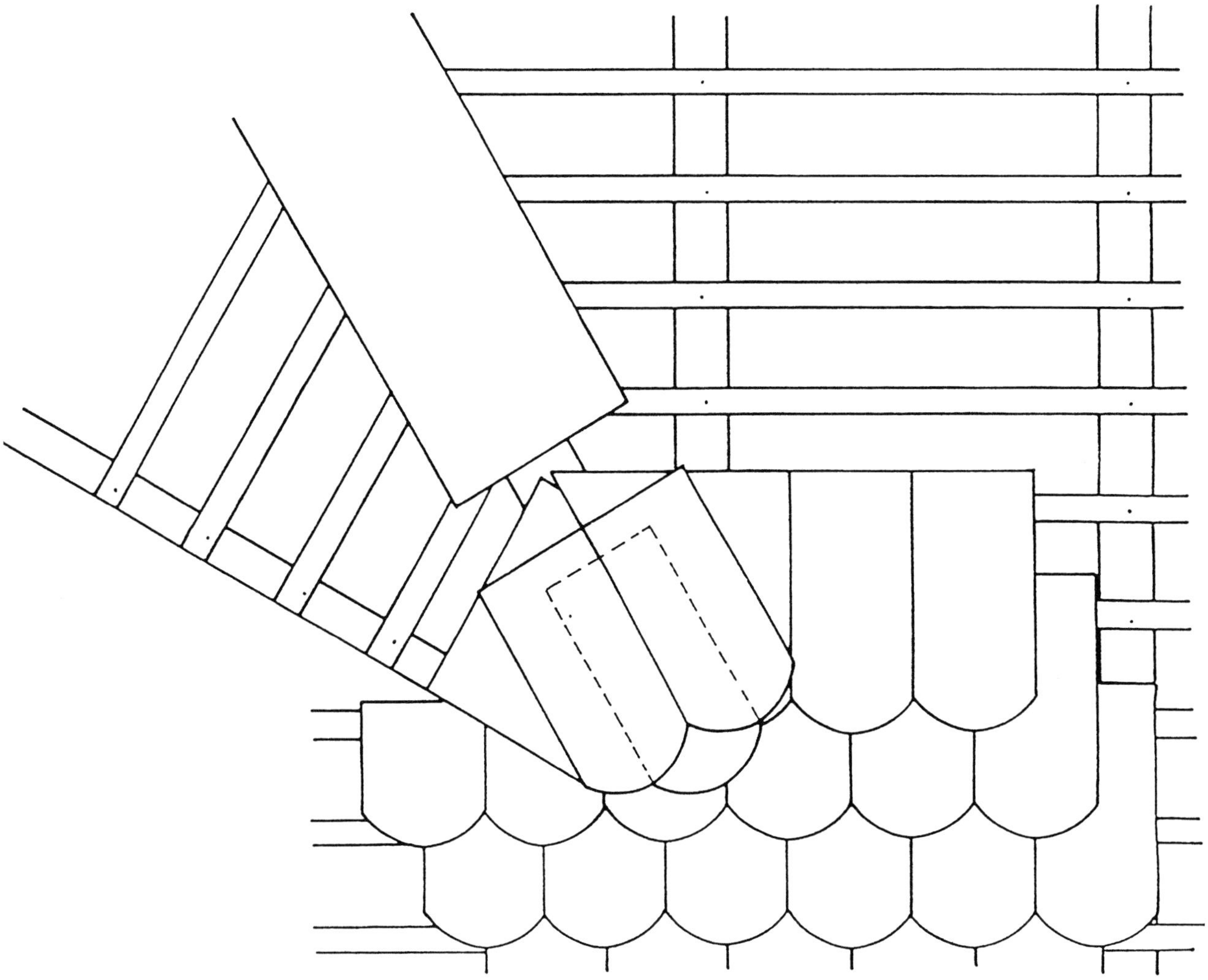

Abb. 6.18: Aufgelegter Wasserbiber mit zwei darüberliegenden Kehlbibern

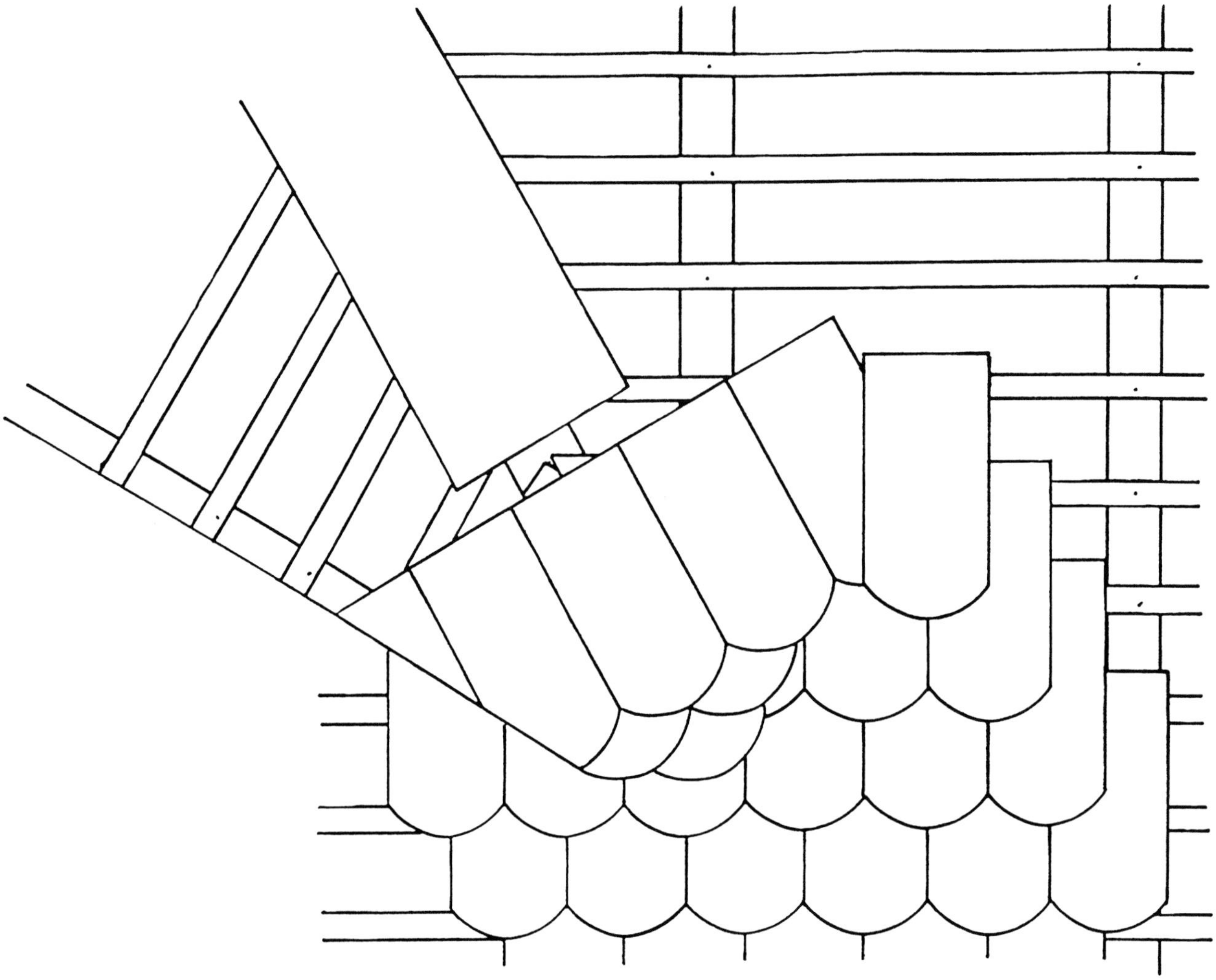

Abb. 6.19: Erster Schnittpunkt auf der Hauptdachfläche

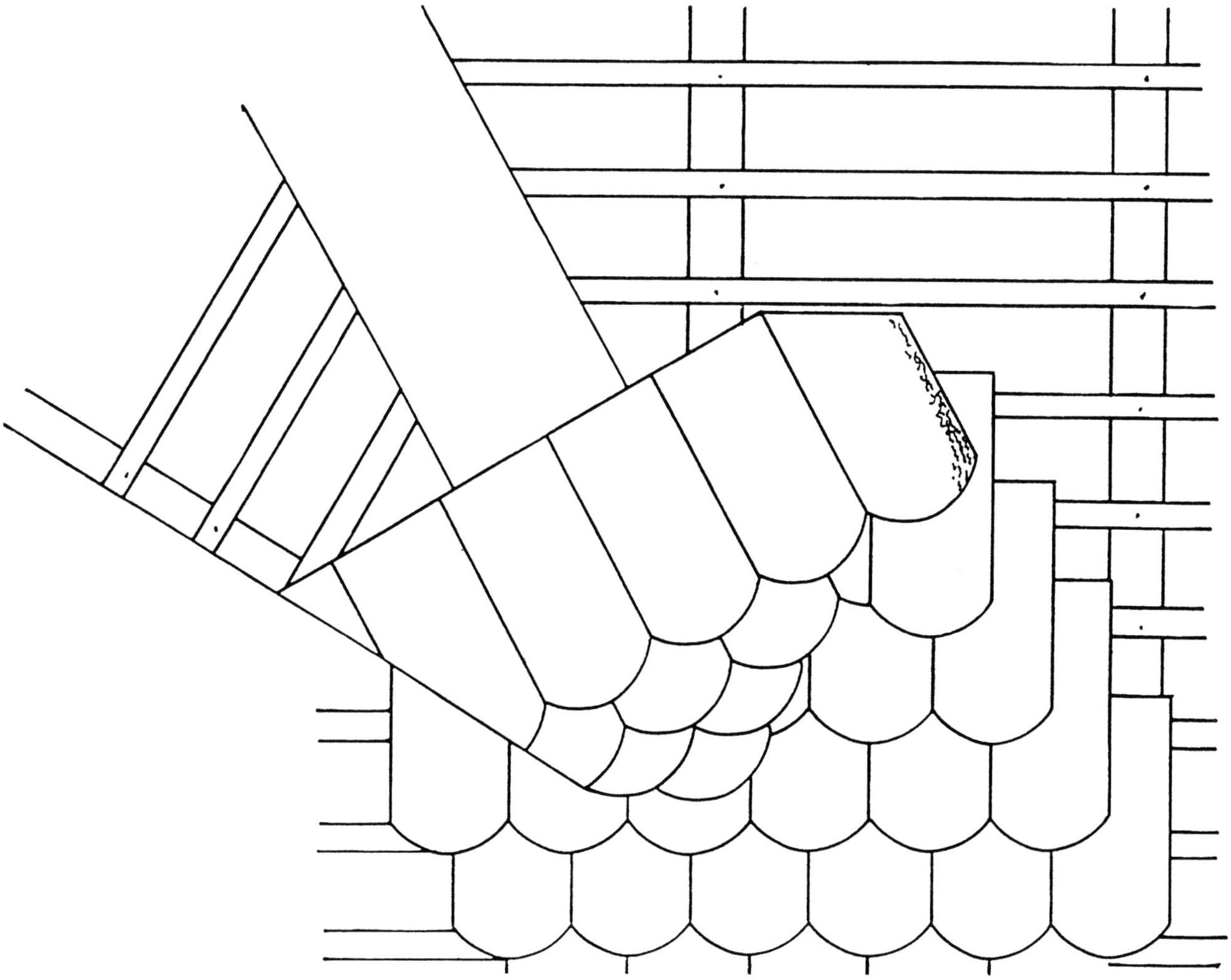

Abb. 6.20: Erste Unterläuferschicht auf der Hauptdachfläche

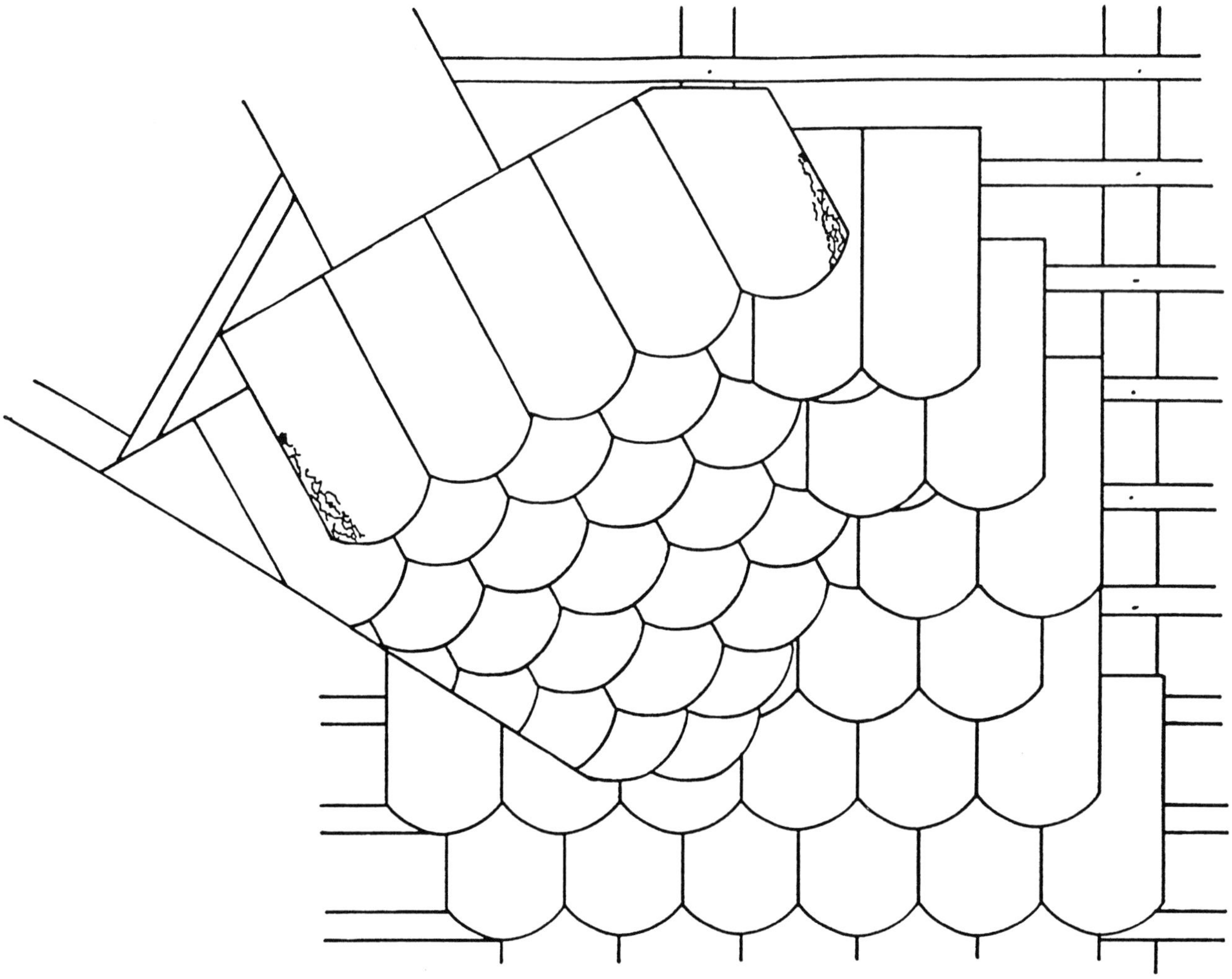

Abb. 6.21: Kehldeckung mit einer Unterläuferschicht

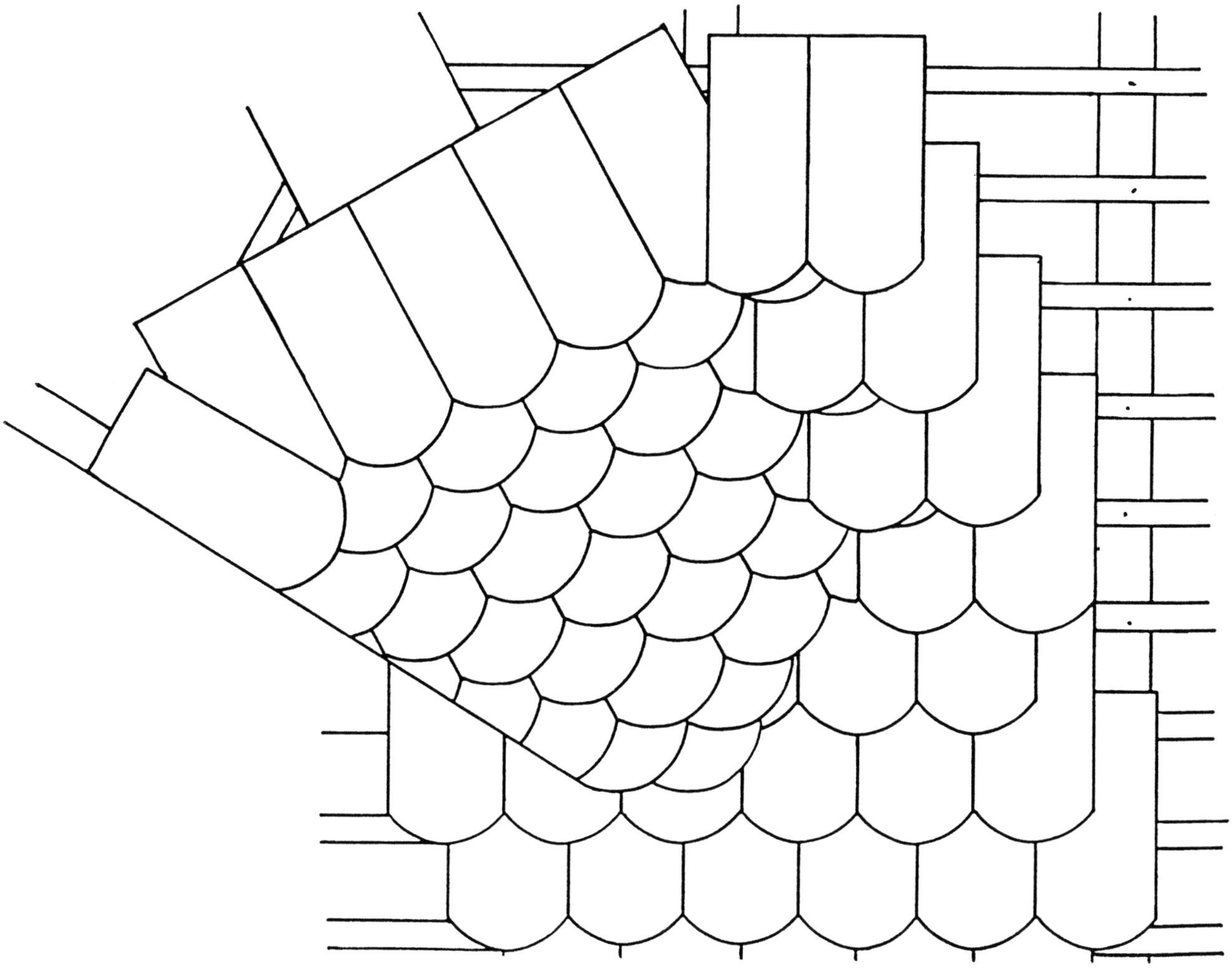

Abb. 6.22: Erste eingebundene Kehlschicht am Ortgang

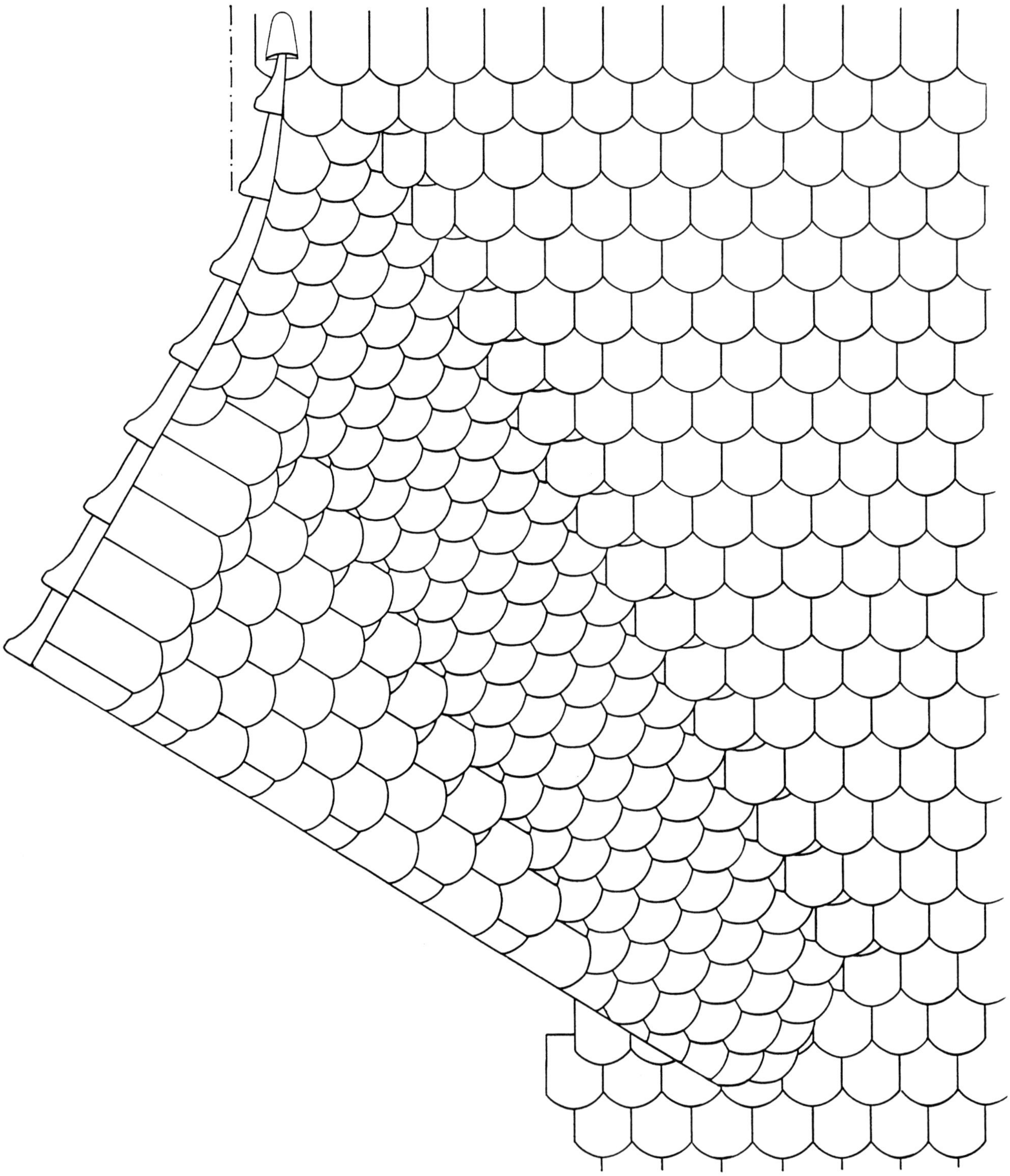

Abb. 6.23: Gleichhüftig eingebundene Biberkehle an einer Spitzgaube in der Doppeldeckung, 3-Biber-breit, Teilung 2:4 (1:2)

7 Kegeltürme

7.1 Allgemeines

Die Unterkonstruktion für eine Kegeldeckung setzt eine eingehende und durchdachte Planung vom Architekten, Zimmerer und Dachdecker voraus. Eine senkrechte Schalung über Ringsparren ist dabei eine bewährte Lösung. Bei ungeschalten Kegeln werden als Ausgleich zwischen den Sparren Zwischenlatten eingefügt. Wenn die Vordeckung aus der Schalungsbahn fertiggestellt ist, wird die Konterlattung mit Nägeln oder oftmals auch mit Schrauben befestigt. Die Traglattung wird in Einzelstücken von Sparren zu Sparren bzw. von Sparren zu Zwischenholz befestigt.

Die Stöße sind gut abzurunden, da sich sonst bei der Eindeckung unschöne Sperrungen ergeben, die zu keinem befriedigenden Resultat führen.

Bei geschalten Flächen ist dies kaum zu befürchten. Die Traglattung wird aus beispielsweise wasserfest verleimtem Sperrholz, Dicke 10 bis 12 mm, Breite 25 mm, mit korrosionsgeschützten Schrauben befestigt. Zweckmäßig ist es, die Traglattung über Nacht zu wässern. Durch das Verschrauben wird eine einwandfreie reifenförmige Traglattung erstellt. Ferner kann die Traglattung aus rechteckigen oder runden, flexiblen Kunststoffrohren bestehen. Auch Traglattungen aus Kunststoffen haben sich in der Praxis bewährt. Es ist unbedingt darauf zu achten, geeignete Zusatzmaßnahmen zu treffen und mindestens den Viertelverband in der Eindeckung zu wahren.

Abb. 7.1: Kegel „eingelattet" mit Verbundrohren

7.2 Regelmäßiger Verband

Die Eindeckung von Kegeln kann in regelmäßiger Verbanddeckung ausgeführt werden. Bei der Verbanddeckung muss jeder Ziegel konisch zugeschnitten werden. Zunächst wird die Traufschicht mit vollbreiten Ziegeln eingedeckt, anschließend erfolgt die horizontale Schnürung zur Turmspitze. Dazu wird ein Nagel in die Turmspitze (Kaiserstiel) geschlagen, mit Draht wird die Kegelfläche segmentförmig eingeteilt. Zeichnerisch lässt sich dies nach Austragung von wahrer Sparrenlänge und Radius genau ermitteln. Auf diese Weise können Ziegel bereits vor Beginn der Arbeiten zugeschnitten werden. Weiterhin können Kegeldeckungen mit konischen Formbibern fast ohne handwerkliche Zuschnitte ausgeführt werden. Dazu müssen der Radius und die Dachneigung bekannt und angegeben sein. Durch den konischen Zuschnitt der Biber in Richtung Kegelspitze werden die Ziegelbreiten immer schmaler. Bei ca. halber Kopfbreite wird dann mit einem ganzen Biber übersetzt. Je nach Dachneigung und Sparrenlänge muss mehrmals übersetzt werden.

Eine zweite Variante der Verbanddeckung mit Rundschnittbibern erzielt man, indem die Biber nur an der Innenseite bearbeitet werden und jeweils in der Mitte am Segment zusammenlaufen. So entsteht optisch der Eindruck, als ob ganze Rundschnittbiber bis zur Spitze gedeckt worden wären.

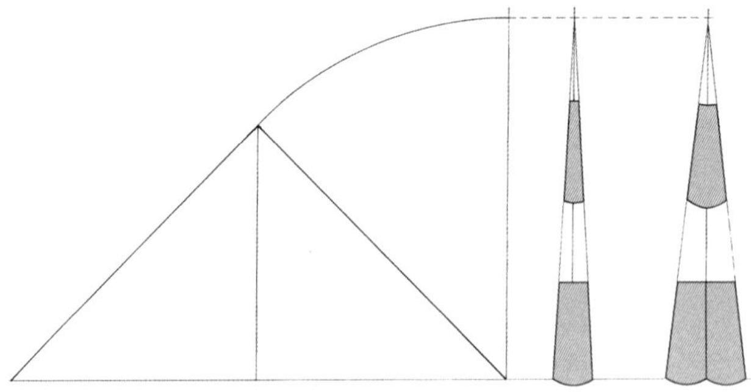

Abb. 7.2: Austragung der Dachfläche zur Ermittlung der konischen Zuschnitte bei einer Neigung der Dachfläche von 45°

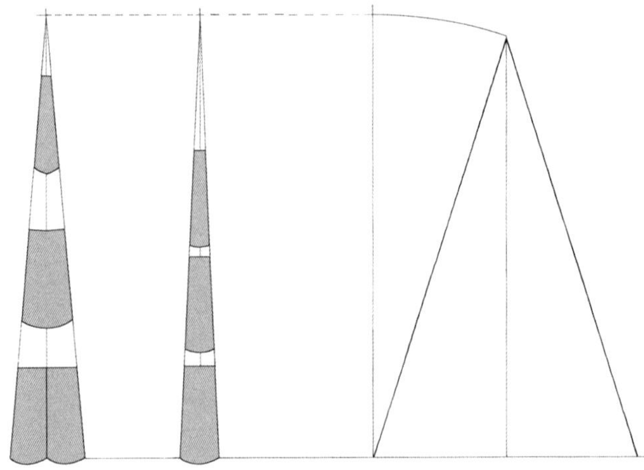

Abb. 7.3: Austragung der Dachfläche zur Ermittlung der konischen Zuschnitte bei einer Neigung der Dachfläche von 60°

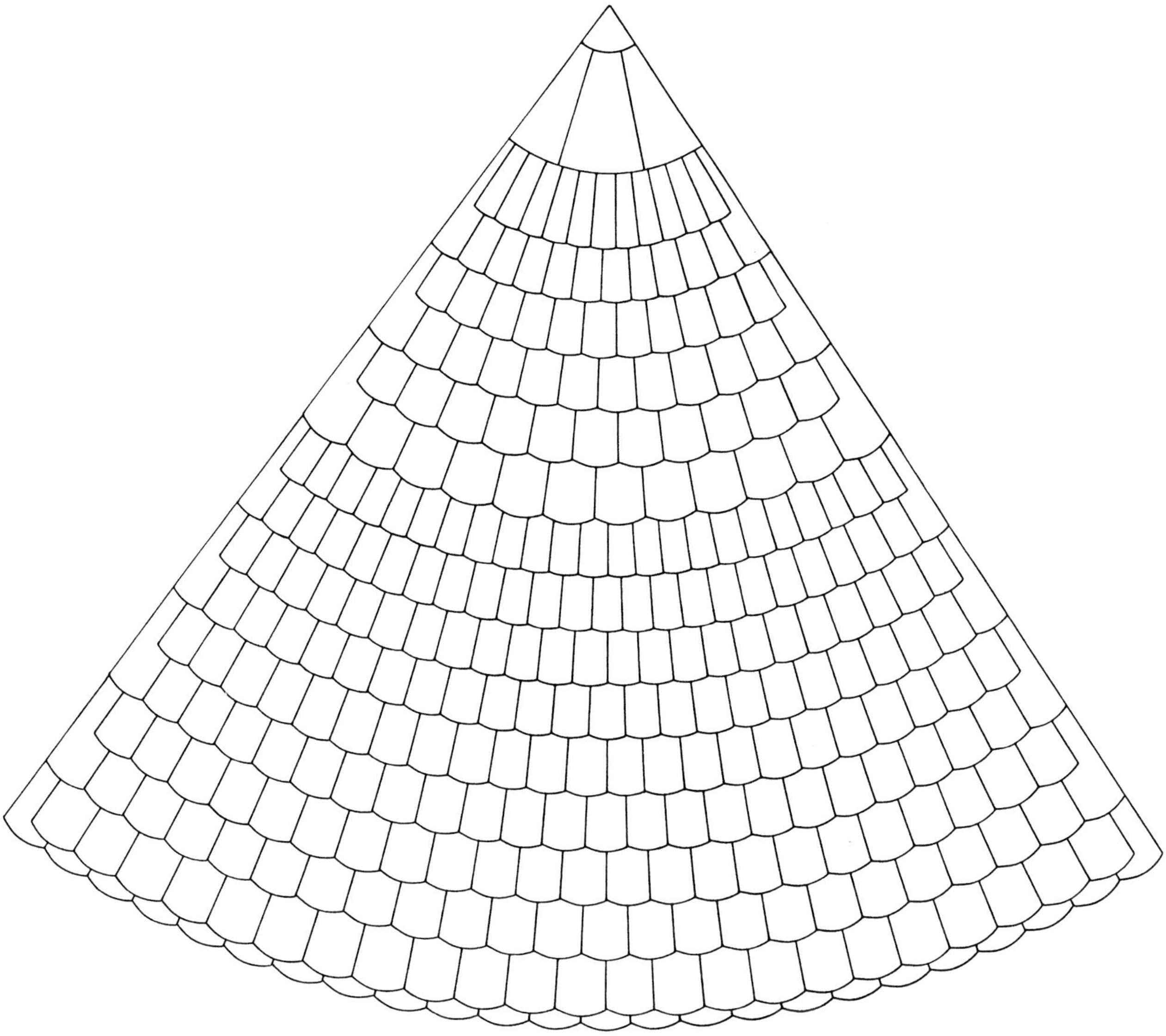

Abb. 7.4: Kegeldeckung in regelmäßigem Verband in Doppeldeckung

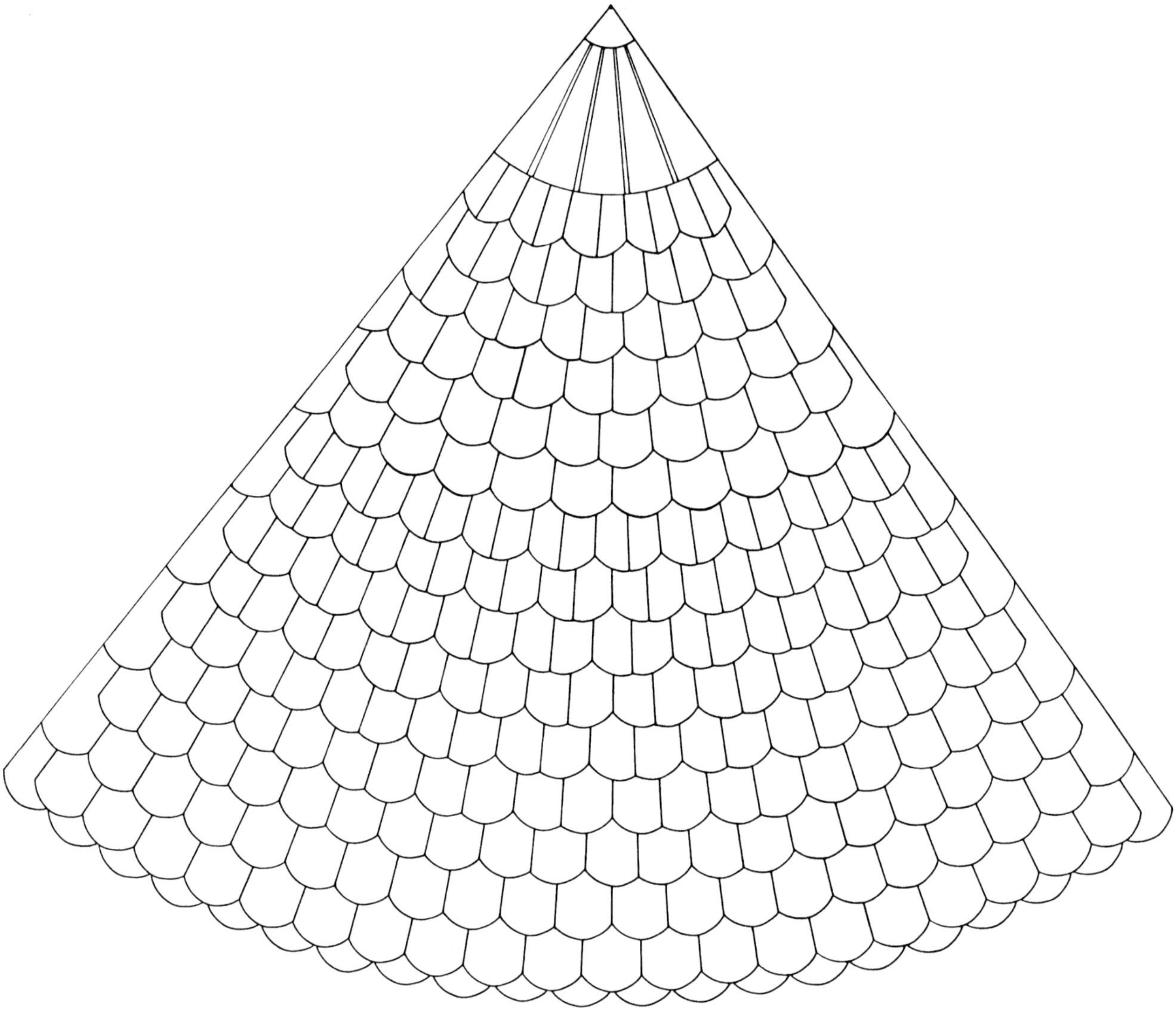

Abb. 7.5: Kegeldeckung in regelmäßigem Verband in Doppeldeckung. Die Rundschnittbiber sind am Segment zusammengeschnitten.

Abb. 7.6: Kegel im regelmäßigen Verband eingedeckt

7.3 Unregelmäßiger Verband

Die Deckung erfolgt ohne Schneidearbeiten auf der Baustelle mit einem Standardsortiment von konischen Bibern. Nach Aufmaß von Sparrenlänge, Dachneigung und Lattmaß werden die Biber unterschiedlicher Kopfbreiten den Reihen zugeordnet und in einen Verlegeplan eingetragen. Werkseitig gefertigte Ausgleichsbiber und Dreiviertelbiber, teilweise gewölbt, gewährleisten einfache und schnelle Übersetzungen. Beträgt die theoretische Sperrung im Spitzenbereich des Kegels mehr als 4 mm, wird diese durch die werkseitig hergestellte Wölbung der konischen Biber ausgeglichen. Somit wird ein glattes und geschmeidiges Anliegen an die Kegelrundung sichergestellt. Bei der Kronendeckung ist diese Variante gleichermaßen durchführbar.

In den Fachregeln wird empfohlen, Kegel mit kleineren Radien im regelmäßigen Verband zu decken. Bei dieser Deckart sind die meisten Biber über ihre gesamte Länge geschmälert. Daher sind die Sperrungen bei diesen Bibern nicht so stark wie bei den Ziegeln mit voller Fußbreite. So hat diese Variante funktionell und auch optisch-ästhetisch einen leichten Vorteil gegenüber der Deckung im unregelmäßigen Verband. Dies ist der Hintergrund für die Empfehlung in den Fachregeln.

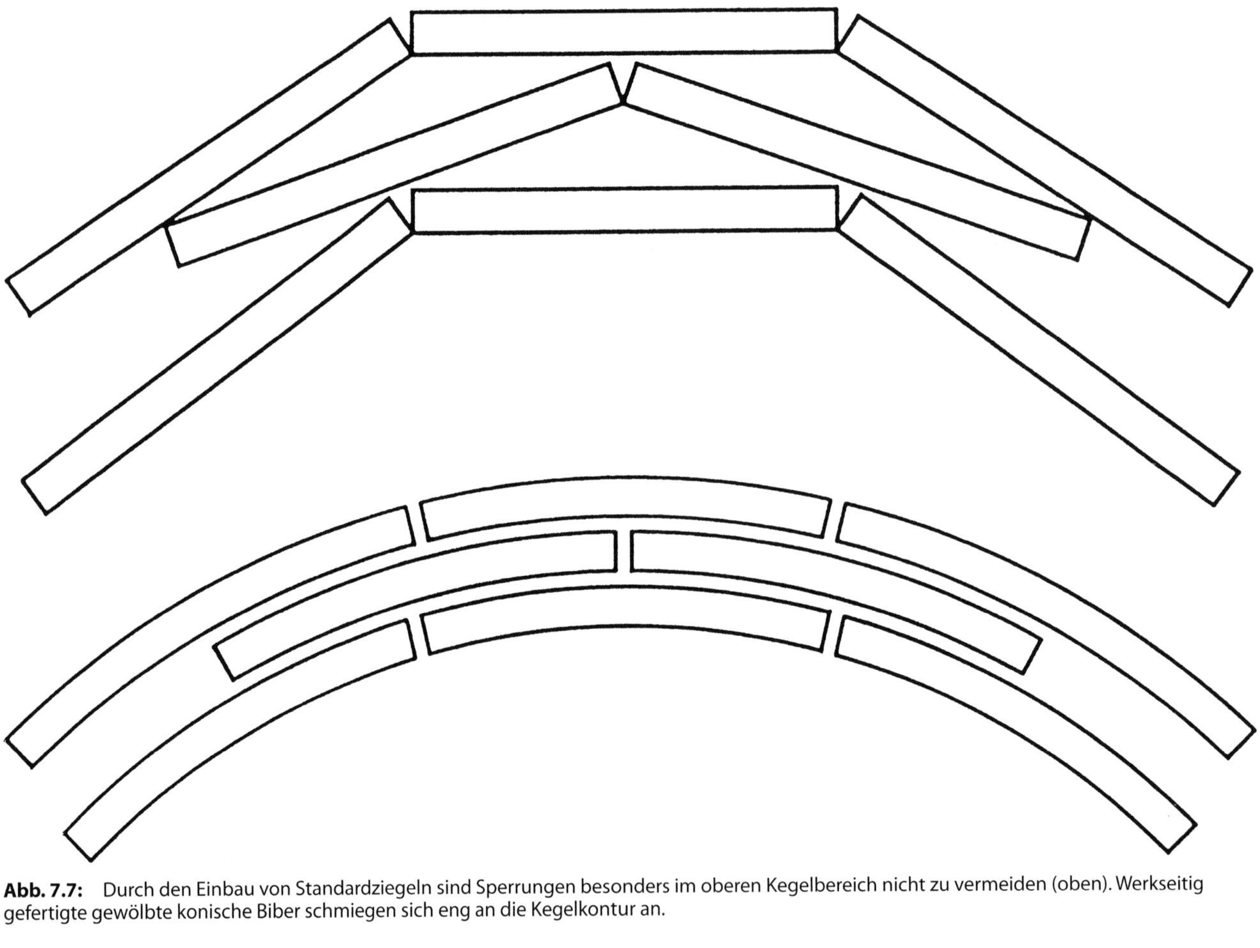

Abb. 7.7: Durch den Einbau von Standardziegeln sind Sperrungen besonders im oberen Kegelbereich nicht zu vermeiden (oben). Werkseitig gefertigte gewölbte konische Biber schmiegen sich eng an die Kegelkontur an.

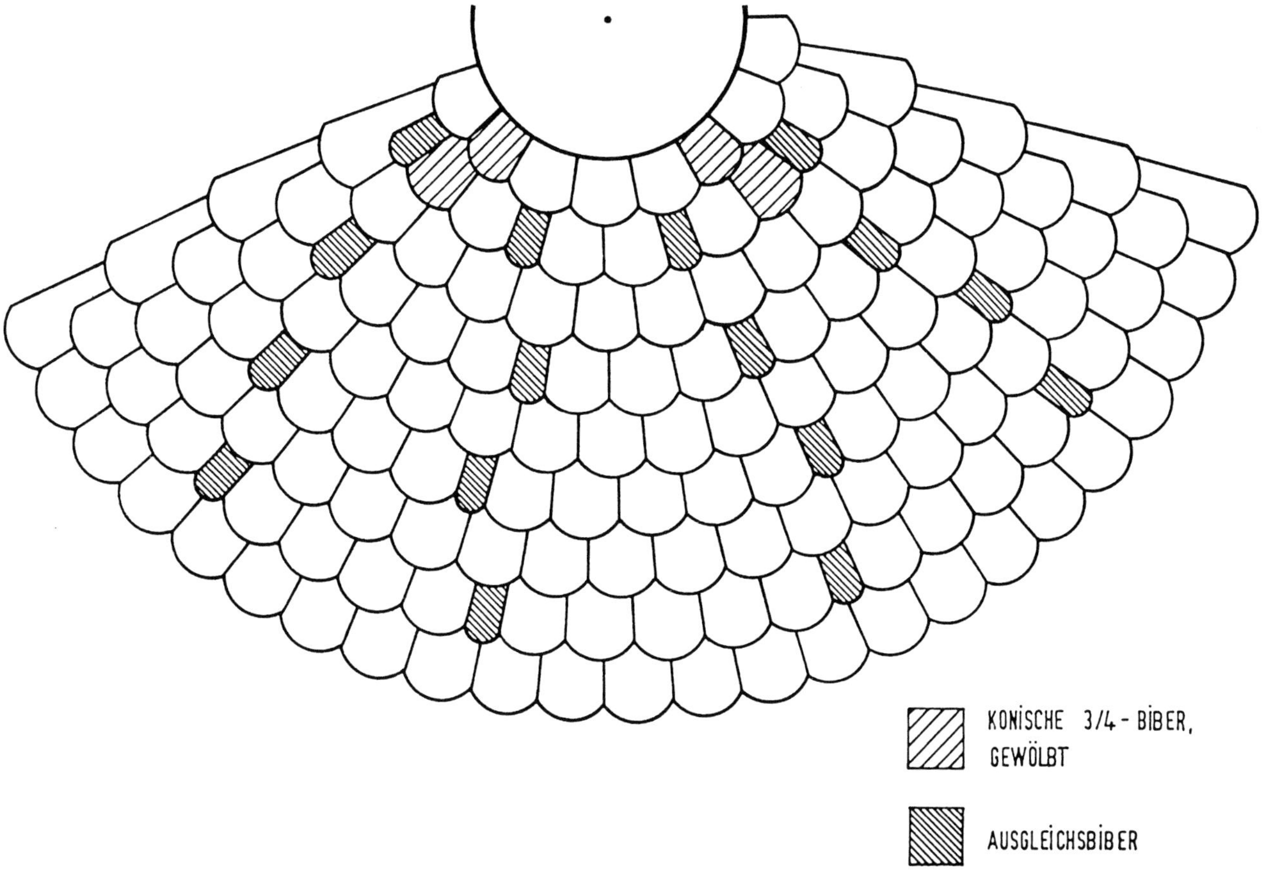

Abb. 7.8: Unregelmäßige Verbanddeckung mit werkseitig angefertigten konisch geformten Ausgleichsbibern

7.4 Zwiebeltürme

Im Gegensatz zu den Kegeltürmen sind Zwiebeltürme in ihrer vertikalen Ausdehnung, d. h. in Sparrenrichtung, verkrümmt. In die Ebene projiziert bilden die Einzelflächen Dreiecke. Die regensichere Verbindung benachbarter Flächen erfolgt in der Art einer Gratausbildung. Bei stärkeren Krümmungsradien sollten die Firstziegel möglichst klein sein, um den Grat besser an die Flächen anschmiegen zu können.

Die meisten Zwiebeltürme befinden sich auf historischen Gebäuden. Durch die alten Brennverfahren waren zur Zeit der Ersteindeckung dieser Bauwerke immer genügend verkrümmte Ziegel vorhanden – zwar vom Hersteller ungewollt, aber für den Einsatz an Zwiebeltürmen bestens geeignet. Den zeitintensiven Sortieraufwand nahm man gern in Kauf.

Problematisch wird es, wenn diese alten Türme saniert werden müssen. Durch die modernen Brennverfahren sind die Ziegel alle fast planeben. Bei Zwiebeltürmen mit größeren Radien kann man sich durch das Abschleifen der Biberköpfe halbwegs behelfen. Bei konvexen Flächen werden die Sperrungen dadurch etwas reduziert.

Es gibt Dachziegelhersteller, die konkav und konvex gekrümmte Biberschwanzziegel in ihrem Sortiment führen. Die Anfertigung dieser Formziegel sollte unbedingt objektbezogen erfolgen, d. h., die Krümmung der Ziegel muss exakt an die geschweifte Form des jeweiligen Turms angepasst werden. Nur so kann der als schmückendes Element geplante Zwiebelturm den ästhetischen Ansprüchen gerecht werden.

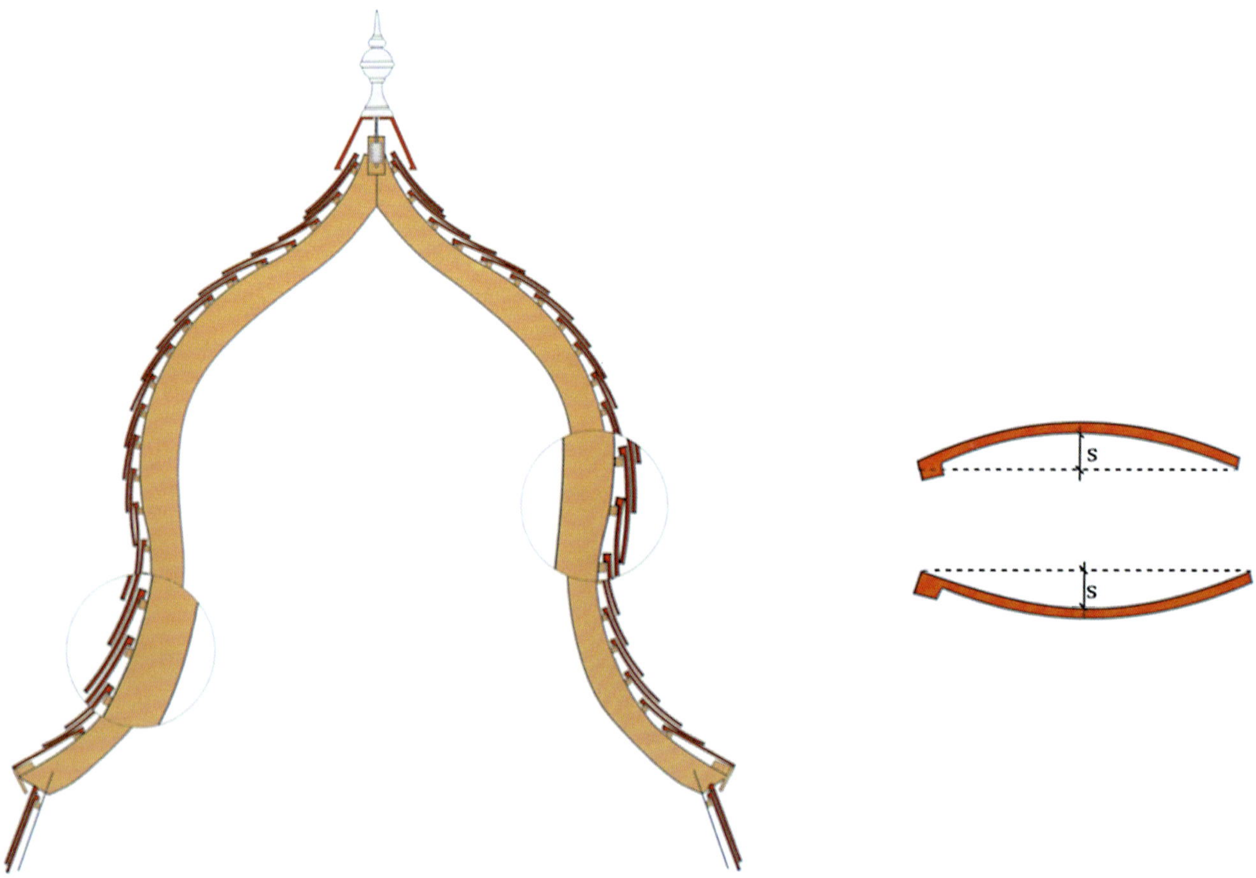

Abb. 7.9: Konvexe und konkave Biberschwanzziegel werden ausschließlich objektbezogen gefertigt, um Sperrungen weitestgehend zu vermeiden. Für die Anpassung der Ziegel an die Turmform ist das Stichmaß (s) anzugeben. Auf der Basis von Plänen mit Angabe der Lattweiten kann es auch werkseitig ermittelt werden. Spätestens ab 65° Dachneigung ist jeder Biber zu befestigen.

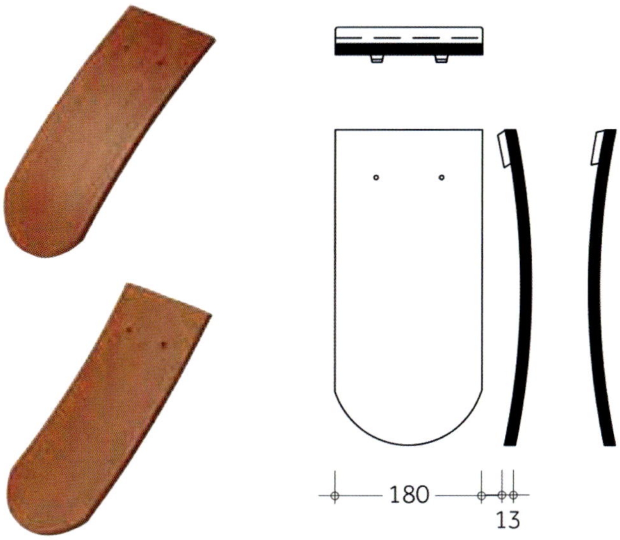

Abb. 7.10: Konvex und konkav gewölbte Formziegel

Abb. 7.11: Mit Formziegeln eingedeckter Zwiebelturm

8 Einbauteile und Dachsystemteile

Dacheinbauteile oder Dachsystemteile wie Schneefangeinrichtungen, Laufanlagen, Sicherheitsdachhaken, Befestigungseinrichtungen für Solaranlagen etc. sind regensicher in die Dachdeckung einzubauen. Sie müssen für den jeweiligen Verwendungszweck geeignet sein und den technischen Vorschriften entsprechend eingebaut werden. Die Herstellervorschriften zum Einbau sowie die Unfallverhütungsvorschriften und sonstige baurechtliche Vorschriften sind hierbei dringend zu beachten. Alle Schichten des Dachaufbaus sind dicht an die Systemteile anzuschließen. Einbauteile dürfen unter Belastung die Dachdeckung nicht beschädigen, andernfalls sind geeignete lastverteilende Unterlagen zusätzlich einzubauen. Dachdurchdringungen, wie z. B. Antennen, Entlüftungsrohre oder Schornsteinköpfe, sind mit entsprechenden vorgefertigten Formziegeln/-steinen, Dachsystem-, Formteilen oder handwerklich hergestellten Einfassungen in die Dachfläche einzubauen und einzudecken. Als Material für die Formteile wird überwiegend Ton, Metall oder Kunststoff verwendet. Zusatzmaßnahmen sind entsprechend ihren Anforderungen an Dachdurchdringungen anzuschließen. Wenn eine Möglichkeit besteht, das Einbauteil (z. B. Antennenmast) auf dem Sparren zu montieren, ohne dieses ins Gebäude führen zu müssen, ist diese Möglichkeit zu bevorzugen.

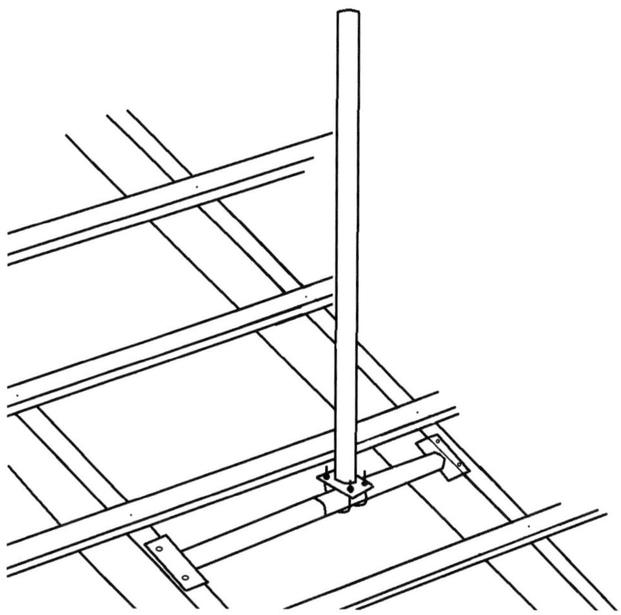

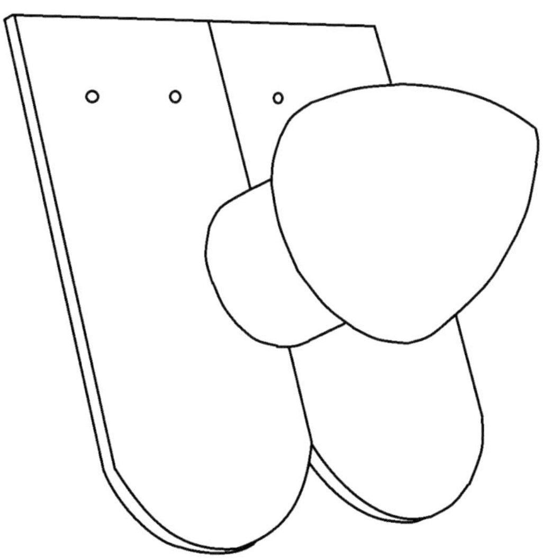

Abb. 8.1: Ton-Dunstrohr. Dieses muss mit einem entsprechenden Flexschlauch an die Entlüftung angeschlossen werden.

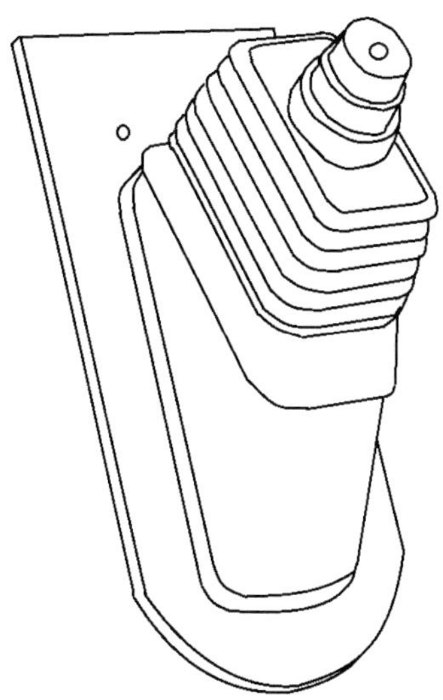

Abb. 8.2: Oben: Antennenmast Aufsparrensystem; unten: Durchgangsziegel für Antennenmast

8.1 Dachausstiege

Diese Dachfenster dienen der Belüftung und Beleuchtung von unbewohntem Dachraum. Ferner können sie vom Schornsteinfeger oder Dachdecker zum Betreten der Dachfläche als Ausstieg genutzt werden. Beim Einbau der Fenster ist zu beachten, dass sie die geforderten Maße der Ober-/Unterkante bezüglich der Brüstungshöhe nach der Landesbauordnung (LBO) einhalten. Dachfenster, die als Ausstiegsfenster genutzt werden, sind so anzuordnen, dass sie über Laufanlagen auf dem kürzesten Weg zu erreichen sind. Beim Einbau ist des Weiteren darauf zu achten, dass der Fensterrahmen auf der Mitte der darunterliegenden Biberschwanzziegel liegt. Die seitlichen Anschlüsse des Fensters sollten möglichst mit ganzen und halben Biberziegeln im Verband erfolgen.

Abb. 8.3: Bei der seitlich zu öffnenden Ausführung ist ein einfaches Ummontieren auf linken oder rechten Anschlag möglich.

Abb. 8.4: Durch niedrige Bauhöhe windunempfindlich und ansprechend in der Optik.

Abb. 8.5: Stege und Dichtungsstreifen sorgen für perfekte Abdichtung vor Regen, Schnee und Wind.

Abb. 8.6: Der dreifach verstellbare Steg sorgt für einen technisch einwandfreien seitlichen Anschluss an die Deckung.

Abb. 8.7: Die Blechschürze garantiert den technisch einwandfreien unteren Anschluss an die Deckung.

Abb. 8.9: Sichere Lastableitung der Ausstiegsbelastung auf die tragende Dachkonstruktion.

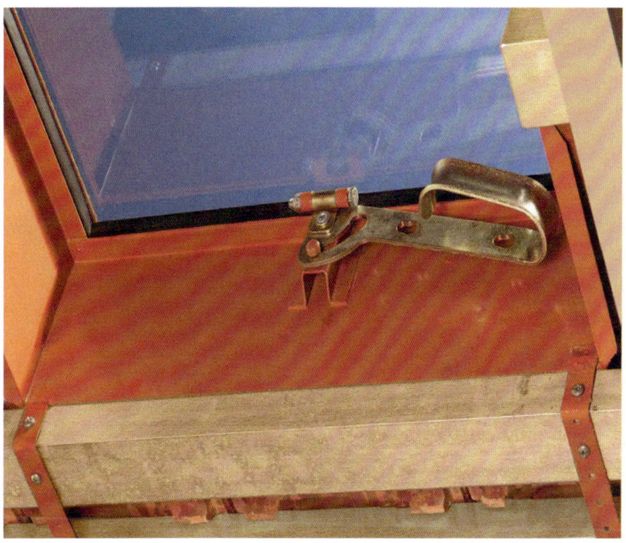

Abb. 8.8: Einfache Montage durch Befestigungsbänder unten und oben.

Abb. 8.10: Ergonomisch gestaltete Einhandbedienung zum Öffnen, Belüften und Verriegeln.

Die gezeigte Bildserie beschreibt den Einbau eines Standard-Kaltraum-Ausstiegsfensters. Die Wahl des Ausstiegs ist unbedingt an den Dachaufbau anzupassen. Mittlerweile gibt es auch optisch ansprechende Ausstiegsfenster für Wohnräume sowie in Klapp-/Schwing-Funktion.

Abb. 8.11: Wohnraum-Ausstiegsfenster

Abb. 8.12: Klapp-/Schwing-Ausstiegsfenster

Es besteht auch die Möglichkeit, ein Ausstiegsfenster als zweiten Rettungsweg vorzuhalten. In diesen Fällen ist unbedingt eine objektspezifische Betrachtung notwendig, ggf. sind die Ausstiegsfenster auch durch Rettungsplattformen oder Ähnliches zu ergänzen. Informationen hierzu findet man in der Musterbauordnung (MBO) und der entsprechenden Landesbauordnung (LBO).

Abb. 8.13: Rettungspodest für 2. Fluchtweg

8.2 Wohnraumfenster

Wärmedämmungen müssen an das Dachflächenfenster dicht gestoßen verlegt werden, damit keine schädlichen Wärmebrücken entstehen. Die Wärmedämmung muss an jeder Stelle so bemessen sein, dass der Mindestwärmeschutz konstant erreicht wird. Die Ausführung mit vorgefertigten Dämmrahmen ist zu empfehlen, mittlerweile bieten die Hersteller auch geeignete Dämmrahmen für Aufdachdämmsysteme an. Bei Dachflächenfenstern, ohne oder mit separatem Eindeckrahmen, sind Anschlussbahnen oder eine Anschlussschürze mindestens über die Ebene der Dachlatten hochzuführen und an dem Dachflächenfenster zu befestigen. Die Überlappungen von Anschlussbahnen und Einschnitte in Unterspannbahnen sind regensicher auszubilden. Die Luftdichtheitsschicht muss am Dachfenster werkstoffgerecht hergestellt und dauerhaft gewährleistet sein. Geeignet sind Pressungen mit komprimierten Dichtungsbändern oder Bahnen mit Klebebändern. Die Innenverkleidung, z. B. aus vorgefertigten Elementen, Holz- und Holzwerkstoffen oder Gipskarton, muss an den Fensterrahmen herangeführt werden, um den UV-Schutz der Luftdichtheitsschicht zu gewährleisten. Die Ausführung der Verkleidung soll idealerweise oben waagerecht und unten senkrecht erfolgen.

Die Wahl des Dachflächenfensters ist an die individuellen Bedürfnisse des Kunden anzupassen. Ein besonderes Augenmerk sollte hierbei wieder den Verordnungen gelten, welche eine Mindestlichtfläche für Wohnräume regeln (beispielsweise MBO oder DIN 5034). Ebenso sind Lüftungskonzepte und der sommerliche Wärmeschutz zu beachten. Es empfiehlt sich in allen Fällen, einen Sonnenschutz auf jedes Wohnraumfenster zu installieren.

Wenn das Dachflächenfenster mit einem entsprechenden Eindeckrahmen beigearbeitet wird, können Übersetzungsziegel notwendig werden. Vor und über dem Fenster können Kronengebinde oder andere Maßnahmen ergriffen werden, wenn es notwendig ist.

Abb. 8.14: Oberhalb des Wohnraumfensters muss eine Regenrinne angebracht werden.

Abb. 8.15: Die Schürze wird über die Latten geführt.

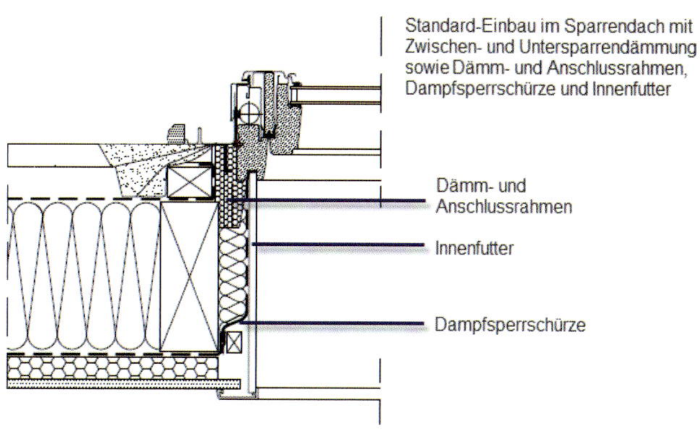

Abb. 8.16: Zum Lieferprogramm gehören ein Dämmrahmen, um Wärmebrücken zu reduzieren, und eine Dampfsperrschürze.

Abb. 8.17: Die Dampfsperre wird mit dem dazugehörigen Material verklebt.

Abb. 8.18: Fertig eingedecktes Wohnraumfenster in einer Biberschwanzdeckung

8.3 Anschlagpunkte und Sicherheitsdachhaken

Sicherheitsdachhaken bzw. Anschlagpunkte müssen nach den geltenden Vorschriften (z. B. DGUV Information 201-056) geplant und ausgeführt werden.

Der Einbau muss zudem unbedingt nach Herstellervorgaben erfolgen. Die Planung der Art und Position des Anschlagpunktes sollte rechtzeitig vor Baubeginn erfolgen.

Es werden zwei Arten von Dachhaken unterschieden: Dachhaken nach Typ A sind nur für Zugkräfte in Richtung Falllinie geeignet und können daher nur genutzt werden, wenn sich der Anwender direkt unterhalb des Hakens befindet.

Dachhaken nach Typ B können Zugkräfte aufnehmen, die mit der Falllinie, entgegen der Falllinie oder in Querrichtung wirken. Angeschlagen an einen Dachhaken Typ B ist sogar das Arbeiten über den First möglich. Es werden verschiedenste Ausführungen je nach optischem Belieben angeboten. Bei Aufdachdämmsystemen ist darauf zu achten, dass die Hakenbefestigung im Grundsparren erfolgt.

Eindecken eines Sicherheitsdachhakens auf der Konterlatte in Doppeldeckung

Abb. 8.19: Mit Metallblechunterlage. Sicherheitsdachhaken zum Einschlagen. Hierbei ist ein Stück Konterlatte zu entfernen.

Abb. 8.20: Anarbeiten der Biberschwanzziegel

Abb. 8.21: Fertig eingedeckter Sicherheitsdachhaken in der Biberschwanzdoppeldeckung

Eindecken eines Sicherheitsdachhakens mit einer Bohle, um den Dachhaken flexibel platzieren zu können, in Kronendeckung

Abb. 8.22: Sicherheitsdachhaken zum Einhängen. Bei dem Einbau ist ein Brett in der gleichen Stärke wie die Traglatte auf beiden anliegenden Sparren zu verschrauben.

Abb. 8.23: Anarbeiten der Biberschwanzziegel der Lagerschicht

Abb. 8.24: Fertig eingedeckter Sicherheitsdachhaken in Biberschwanzkronendeckung. Beim Einbau von Sicherheitsdachhaken am Ortgang müssen zusätzliche Maßnahmen getroffen werden. Hierbei sind mehrere Ausführungen möglich.

Abb. 8.25: Individuell platzierbarer Dachhaken durch Schienensystem

Abb. 8.26: Anschlagschlaufe

Um den Dachhaken an beliebiger Stelle im Dach zu montieren, bietet es sich an, eine Bohle in die Unterkonstruktion einzuziehen oder ein aufeinander abgestimmtes Schienensystem zu verwenden.

Eine Anschlagschlaufe kann dort eingesetzt werden, wo die optische Erscheinung eines Hakens nicht erwünscht ist.

8.4 Schneefanganlagen und Verkehrswege

Laufroststützen, Tritte und Schneefangeinrichtungen sind ebenso wie die Sicherheitsdachhaken nach den Vorschriften der Bauberufsgenossenschaften, den allgemeinen Bauordnungen und den Herstellerhinweisen einzubauen.

Je nach Hersteller und Produkt erfolgt eine unterschiedliche Montage der Systemprodukte. Ebenso wird in der Montageanleitung über eventuell notwendige Zusatzmaßnahmen aufgeklärt.

Prinzipiell hat der Bezirksschornsteinfegermeister Arbeiten unter Dach vorzuziehen. Ist dies nicht möglich, muss ihm ein sicheres Betreten und Arbeiten auf der Dachfläche gewährleistet werden. Bereits ab 20° Dachneigung müssen hier Laufstege, Einzeltritte oder fest installierte Dachleitern vorgehalten werden.

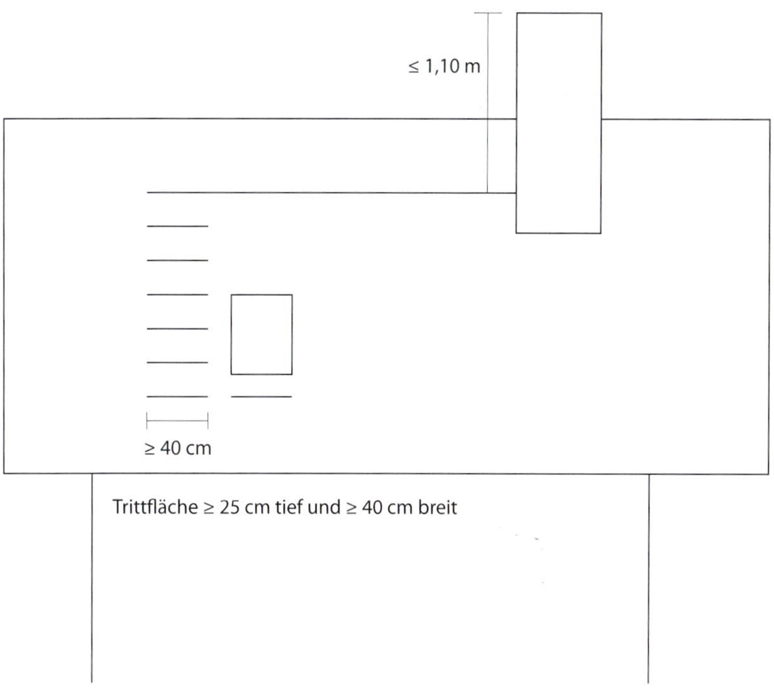

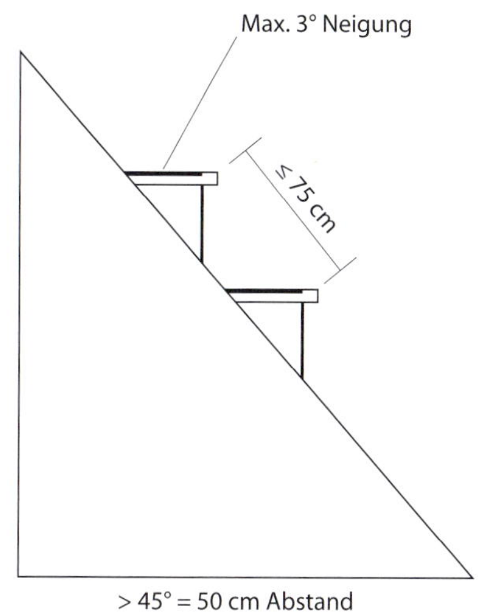

Abb. 8.27: Vorgaben an Trittflächen nach BG BAU

Geeignete Systemprodukte aus Metall wären beispielsweise:

Abb. 8.28: Trittelement aus Metall

Abb. 8.29: Standelement aus Metall

Bei der Planung von Schneefanganlagen ist besonderes Augenmerk darauf zu legen, wo herabfallende Schneemassen Mensch und Umwelt gefährden können. Bei der Planung sind die Herstellervorschriften, das BGB und die Vorschriften der Bauberufsgenossenschaften zu berücksichtigen.

Durch die immer häufigere Verwendung von PV-Anlagen hat sich das Problem gezeigt, dass der Schnee über die PV-Module und die vorhandene Schneefangeinrichtung hinwegrutschen kann. Hier sollten speziell dafür geeignete erhöhte Schneefangstützen verwendet werden.

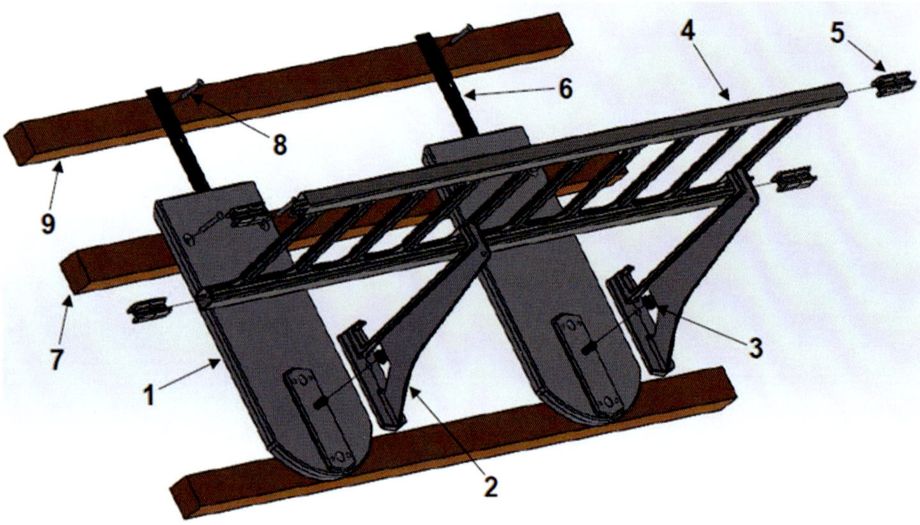

1 Alu-Grundplatte
2 Schneefanghalter
3 Mutter mit Flansch M8
4 Schneefanggitter
5 Steckverbinder
6 Integriertes (eingegossenes) Edelstahlhalteband
7 Holzlattung
8 Spaxschraube 5 × 40 mm
9 Zusatzlatte

Abb. 8.30: Schneefanghalter aus Aluminium – schematischer Einbau

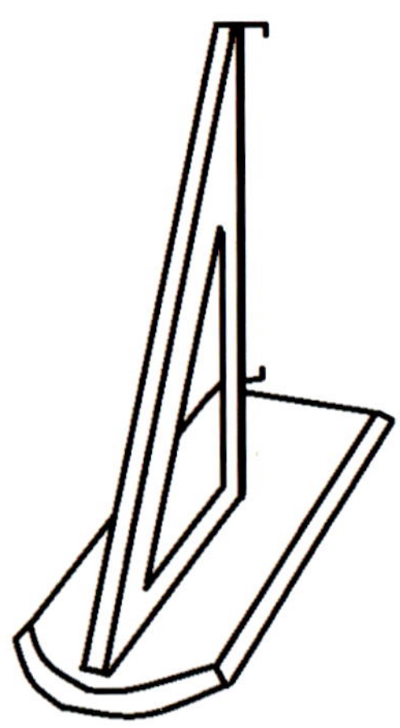

Abb. 8.31: Schneefangbiber

Abb. 8.33: Laufrostanlage und Laufroststützen mit Metalldachplatte als Fluchtweg

Abb. 8.32: Angebrachte Schneefangstützen und -gitter

Abb. 8.34: Steigtritte mit Metalldachplatte

9 Anhang

9.1 Geschichte der eingebundenen Biberschwanzkehlen

Wer die Geschichte des Deutschen Dachdeckerhandwerks verfolgt, wird feststellen, dass sich in der antiquarischen Fachliteratur nur wenige vage Beschreibungen über eingebundene Ziegelkehlen finden lassen.

Während in der Altdeutschen Schieferdeckung über Jahrhunderte hinweg eingebundene Kehlen nach dem heute noch geltenden System eingedeckt wurden, fehlt eine solche Art Tradition in der Ziegeldeckung völlig.

Das lag vor allem daran, dass bis Anfang des 19. Jahrhunderts Ziegeldächer von Maurern gedeckt wurden. In historischen Schriften wird häufig über die von den Maurern schlecht ausgeführten Ziegeldächer geklagt, sie wurden schon oft nach wenigen Jahren undicht und mussten erneuert werden. Ein Grund dafür war, dass die Maurer die Ziegeldächer mit sehr viel Kalk vermauerten. Dadurch bedingtes häufiges Umdecken führte zu beträchtlichen Kosten.

Erst als böhmische Ziegeldecker einwanderten und vornehmlich in den Sommermonaten ihre qualitativ hochwertige Arbeit anpriesen, bildeten sich die ersten Ziegeldeckerzünfte.

Vorausgegangen war ein jahrzehntelanger Kampf mit den Maurerzünften vor den Residenzen der Fürstenhäuser oder den Stadthoheiten, um zu erreichen, dass das Ziegeldeckerhandwerk selbstständig ausgeführt werden durfte. In der Folge setzte sich schnell die gute Arbeit der böhmischen Ziegeldecker gegen die ansässigen Maurerzünfte durch.

Es waren drei böhmische Ziegeldeckermeister, die 1834 die Dachdeckerinnung Dresden gründeten – die erste in Sachsen überhaupt. Eine ebenso bekannte Ziegeldeckerzunft bestand schon Jahre vorher in Naumburg an der Saale. Die Technik im Dachdeckerhandwerk, die „böhmische Kehle", die Eindeckung der Gauben, war hier bereits hoch entwickelt.

1921 wurde von den damals noch getrennten Verbänden des Dachdeckerhandwerks beschlossen, einheitliche Fachregeln zu erarbeiten. Nachdem 1925 in Meißen der Reichsverband des Deutschen Dachdeckerhandwerks gegründet worden war, erschienen bereits 1926 die Grundregeln des Deutschen Dachdeckerhandwerks.

In diesen ersten Fachregeln des Deutschen Handwerks steht unter Ziegeldeckung in Absatz 8: „Eine böhmische Ziegelkehle wird mit gewöhnlichen Biberschwänzen im Kronen- wie im Doppeldach so eingedeckt, dass die infolge der geringen Neigung des Kehlsparrens entstehende Differenz in den Schichtbreiten, in regelmäßiger Wiederkehr durch An- und Unterlaufen der Kehlbinde, an und unter die Schichtgebinde der Dachfläche ausgeglichen wird."

Allerdings verstand man im damaligen Reichsgebiet unter der „böhmischen Ziegelkehle" verschiedene Kehlarten.

In Ausgabe 6 der „Deutschen Dachdecker Zeitung" vom Februar 1925 findet sich ein ausführlicher Bericht über die böhmische Ziegelkehle im Kronendach. Der Verfasser, Dachdeckermeister Arnold Richter, gleichzeitig erster Präsident des Reichsverbandes, befasste sich ausgiebig mit den Ziegelkehlen der damaligen Zeit. Er teilte die Arten der Kehlen in drei Hauptgruppen:

- die echte eingebundene böhmische Kehle;
- die untergelegte rinnenartige sogenannte Herzkehle, auf welche die Deckung der Dachflächen herübergreift und ausgespitzt wird;
- die Verbindung aus beiden, eine eingebundene Kehle, deren Schichten aber möglichst wenig seitlich einbinden, also der Charakter der Kehlrinne wie bei einer Herzkehle dominierend ist.

Ein Zitat Arnold Richters hinsichtlich seiner bevorzugten Deckart besagt: „Die echte böhmische Kehle ist bei richtiger Deckung die schönste, sie belebt das Dach mit ihren organisch ineinandergreifenden Gebinden und ist absolut regendicht."

Richter beschreibt ausführlich die böhmische Kehle in der Kronendeckung.

Einen markanten Punkt legt der Dachdeckermeister mit seiner Beschreibung erstmals fest: „Um bei Dachschrägen von 60° abwärts eine dichte Kehle zu bekommen, muss in der Kehldeckung der vierte Stein den ersten stets, wenn auch nur um 1 cm, überdecken, das heißt praktisch, zu jeder Kronenschicht der Dachfläche gehört in der Kehle eine Unterläuferschicht."

Die von Richter beschriebene Herzkehle ist vermutlich die „österreichische Kehle", die im Lernbehelf des österreichischen Dachdecker- und Pflastererhandwerks in Klammern auch böhmische Kehle genannt wird. Die österreichischen Fachregeln besagen: Die Überdeckung in der Kehle selbst ist bei jeder Ziegelschicht um 3 cm größer auszuführen als in den anschließenden Dachflächen. Die Kehlschichten laufen, immer abwechselnd, einmal links und in der nächsten Kehlschicht rechts unter die Deckschicht der anliegenden Dachfläche.

Neben den von Richter dargestellten „böhmischen Kehlen“ beschreibt Nikolaus Jungbluth in seinem „Lehr- und Musterbuch über Ziegelbedachungen“ verschiedene Kehldeckungen im Doppel- und Kronendach. Es muss hier aber festgestellt werden, dass es sich dabei nicht um die echten böhmischen Kehlen handelt.

In Jungbluths „Taschenbuch für Dachdecker“, Jahrgang 1927/28, steht unter „Ausziegeln der Kehlen mit Biberschwanzziegeln nach deutscher Art“: „Laut Beschluss des Reichsverbandes des Deutschen Dachdeckerhandwerks werden diese Kehlen [...] nicht ›böhmische‹ wie früher, sondern ›deutsche‹ Kehlen genannt.“

Die von Jungbluth zu dieser Zeit dargestellten Kehlen kann man allenfalls als Versuche beurteilen. Die in späteren Auflagen aus Jungbluths „Lehr- und Musterbuch über Ziegelbedachungen“ dargestellten Kehlen gleichen schon eher einer „deutsch eingebundenen Kehle“. Jungbluth verwendete dabei ausschließlich 48 cm lange Kehlziegel und eineinhalbbreite Anschlussziegel und spitzte diese in Richtung Kehlsparren ein. Von vielen Kollegen wurde deshalb angenommen, dies seien die böhmischen Kehlen.

Eingebundene Herzkehlen und Einfällerkehlen wurden von Jungbluth zeichnerisch dargestellt. Diese eingebundenen Herzkehlen findet man noch gut erhalten in Weißenfels (Sachsen-Anhalt). Nachweislich wurden in dieser Region eingebundene Herzkehlen schon um 1912 eingedeckt.

Auf dem Reichsverbandstag 1927 in Görlitz wurde durch einstimmigen Beschluss festgelegt, die noch gebräuchliche Bezeichnung „böhmische Kehle“ durch einheitliche Fachbezeichnungen zu ersetzen.

Im darauffolgenden Jahr wurde auf dem Reichsverbandstag eine Kehlenkommission gewählt, deren Mitglieder aus dem damaligen gesamten Reichsgebiet kamen; später wurde sie in „Fachausschuss für Ziegeldeckung“ umbenannt.

Die erste Arbeit dieser Kehlenkommission bestand in der zeichnerischen Ermittlung aller Kehldeckarten sowie in der Darstellung beider Dachflächen als auseinandergeklappte Ebene, um so mit der Praxis genau übereinstimmende Zeichnungen in einheitlichen Regeln festzuhalten.

In vier Sitzungen, deren Ergebnisse jeweils in der Fachzeitung veröffentlicht wurden, zeigte sich bereits 1929 ein erster Teilerfolg mit dem Beschluss, die deutsch eingebundene Kehle anzuerkennen und ihre Ausführungen genau zu regeln.

Erstmals erfolgte eine vollständige Darstellung der deutsch eingebundenen Kehlen in der Anleitung für die Ausbildung von Dachdeckerlehrlingen in der Auflage 1930. 1934 erschienen dann die ersten Ziegeldeckregeln im Format DIN A6.

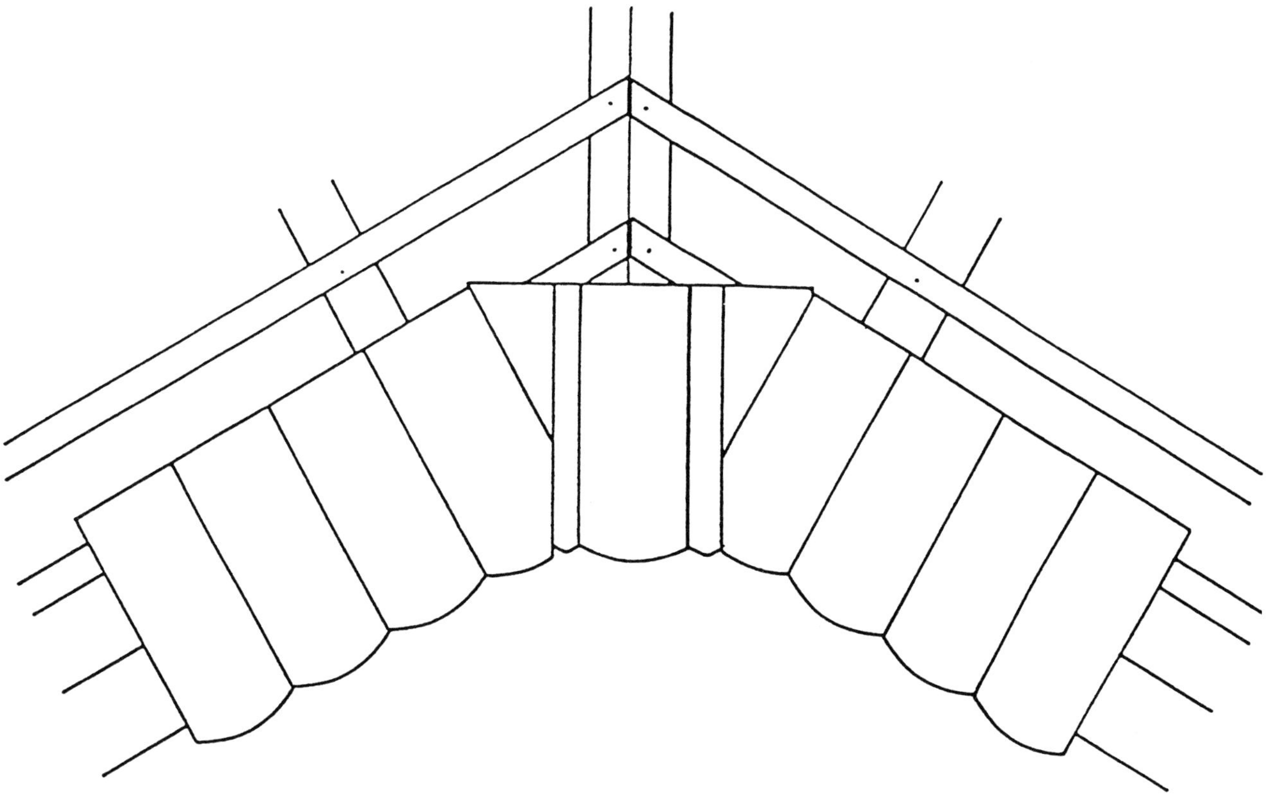

Abb. 9.1: Kehlanfang einer böhmischen Kehle in der Doppeldeckung, Wasserstein in der Lagerschicht eingebunden

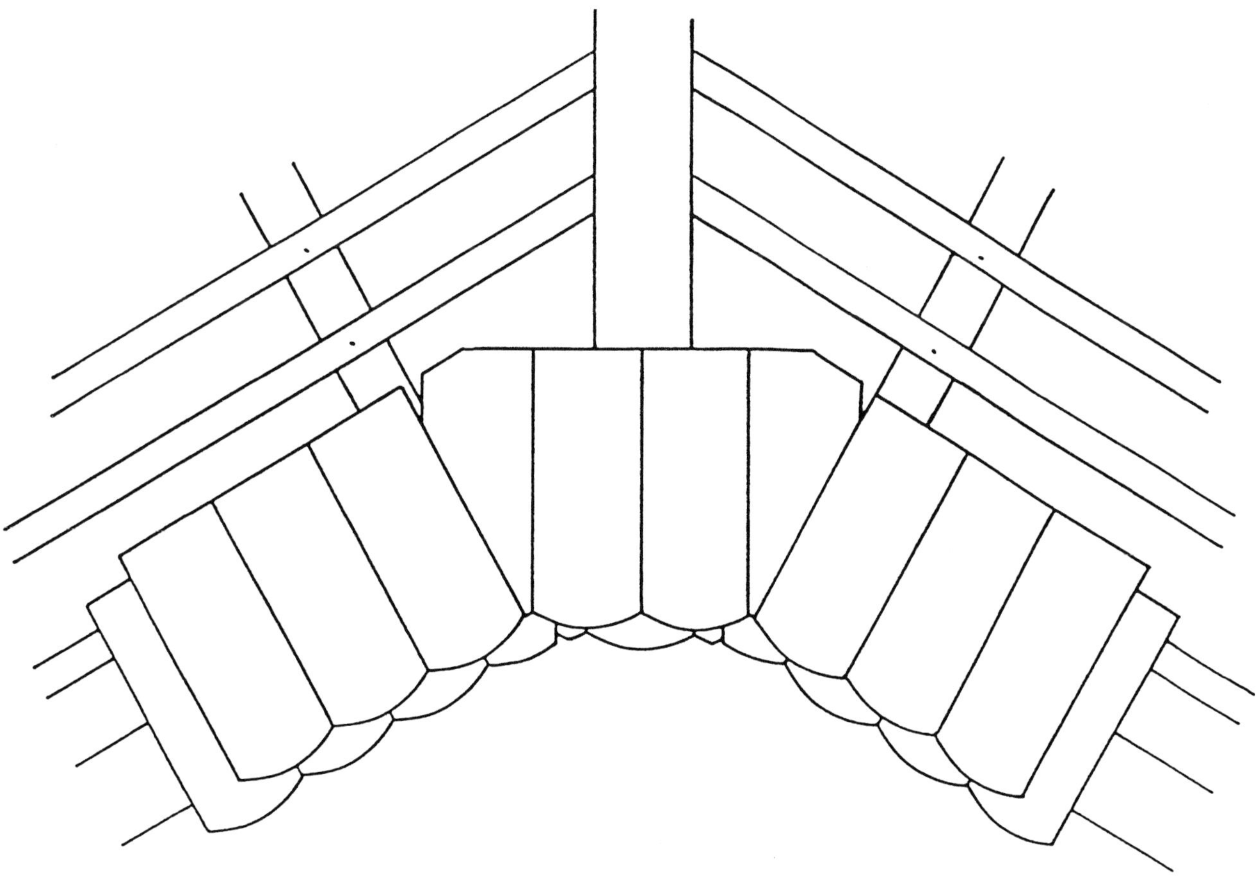

Abb. 9.2: Erste Kehlschicht in der Deckschicht eingebunden

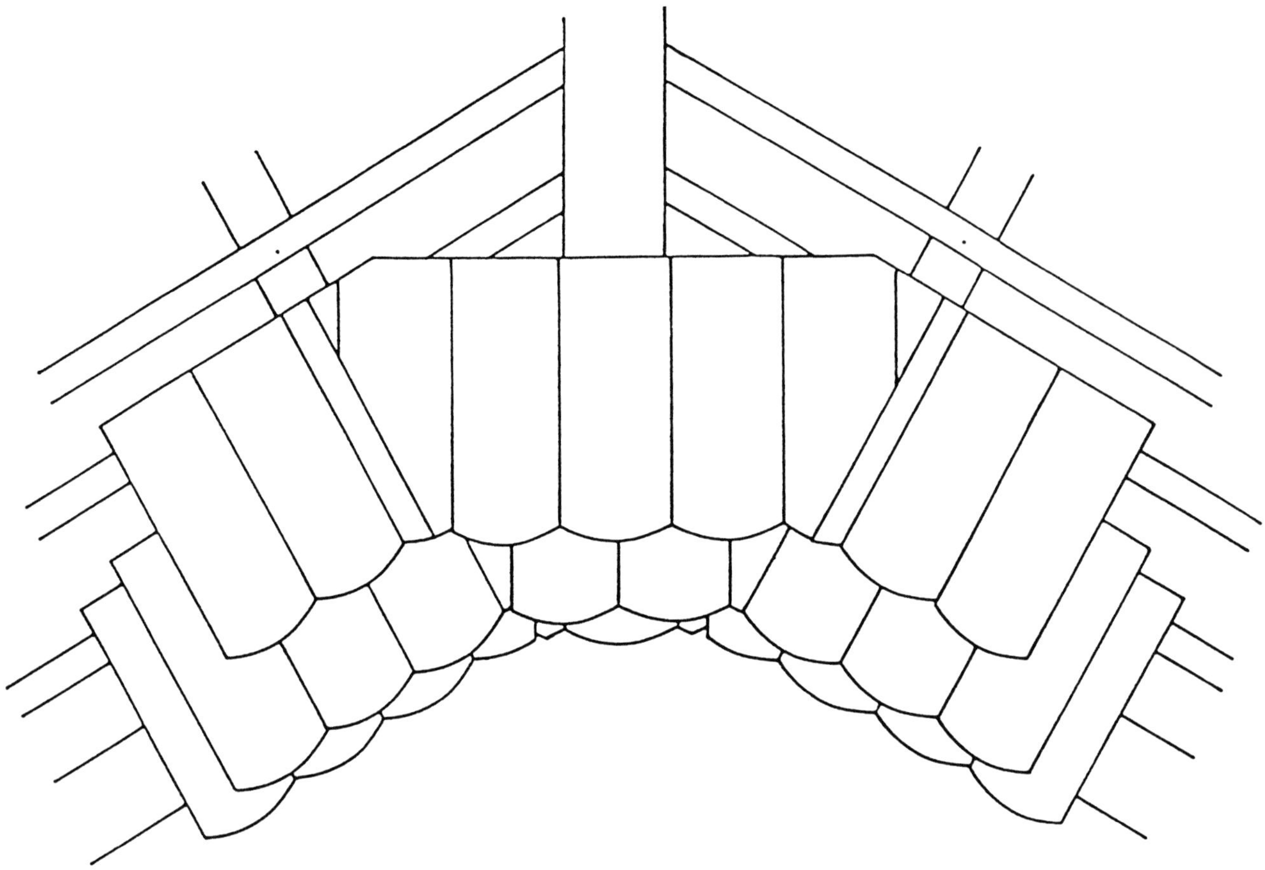

Abb. 9.3: Böhmische Kehle, zweite Kehlschicht eingebunden

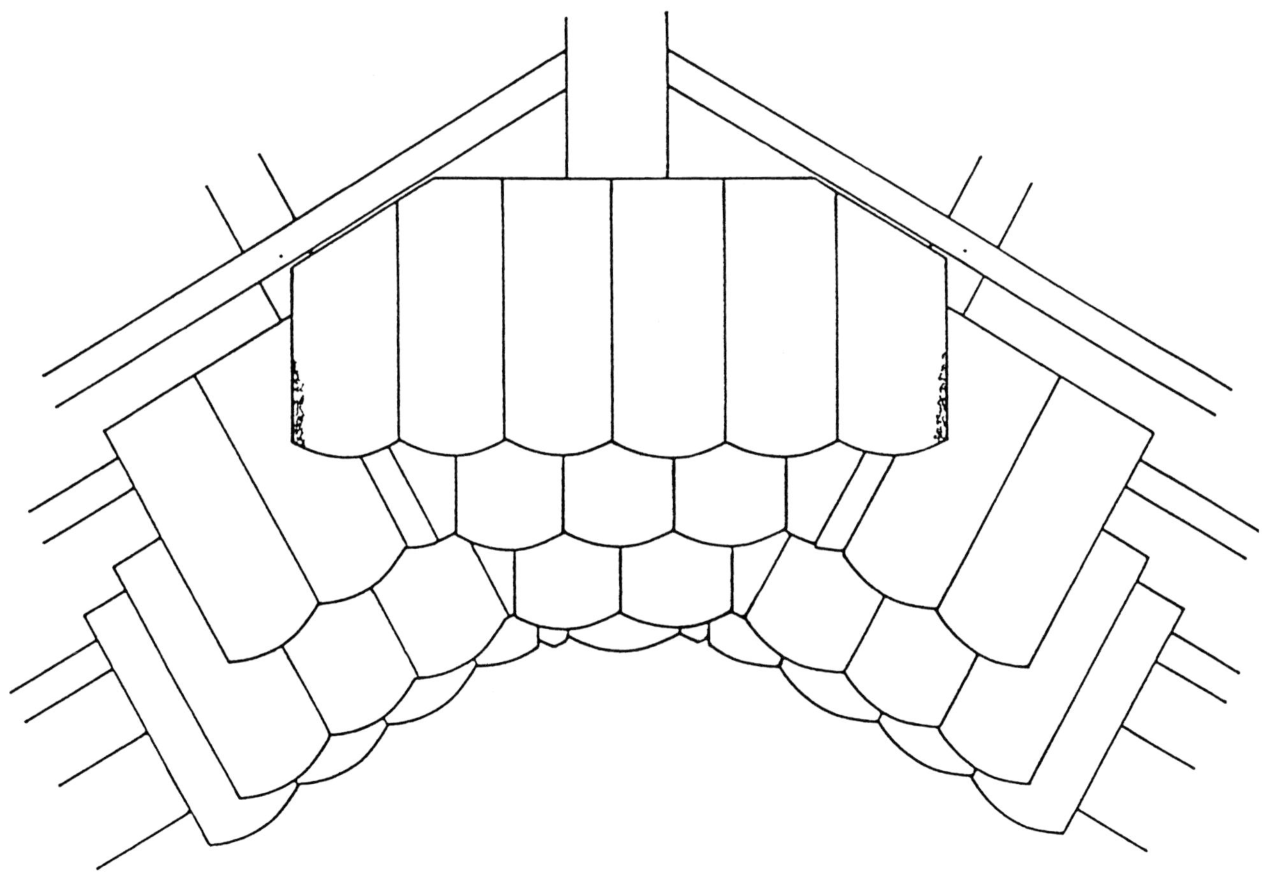

Abb. 9.4: Böhmische Kehle, erste Unterläuferschicht

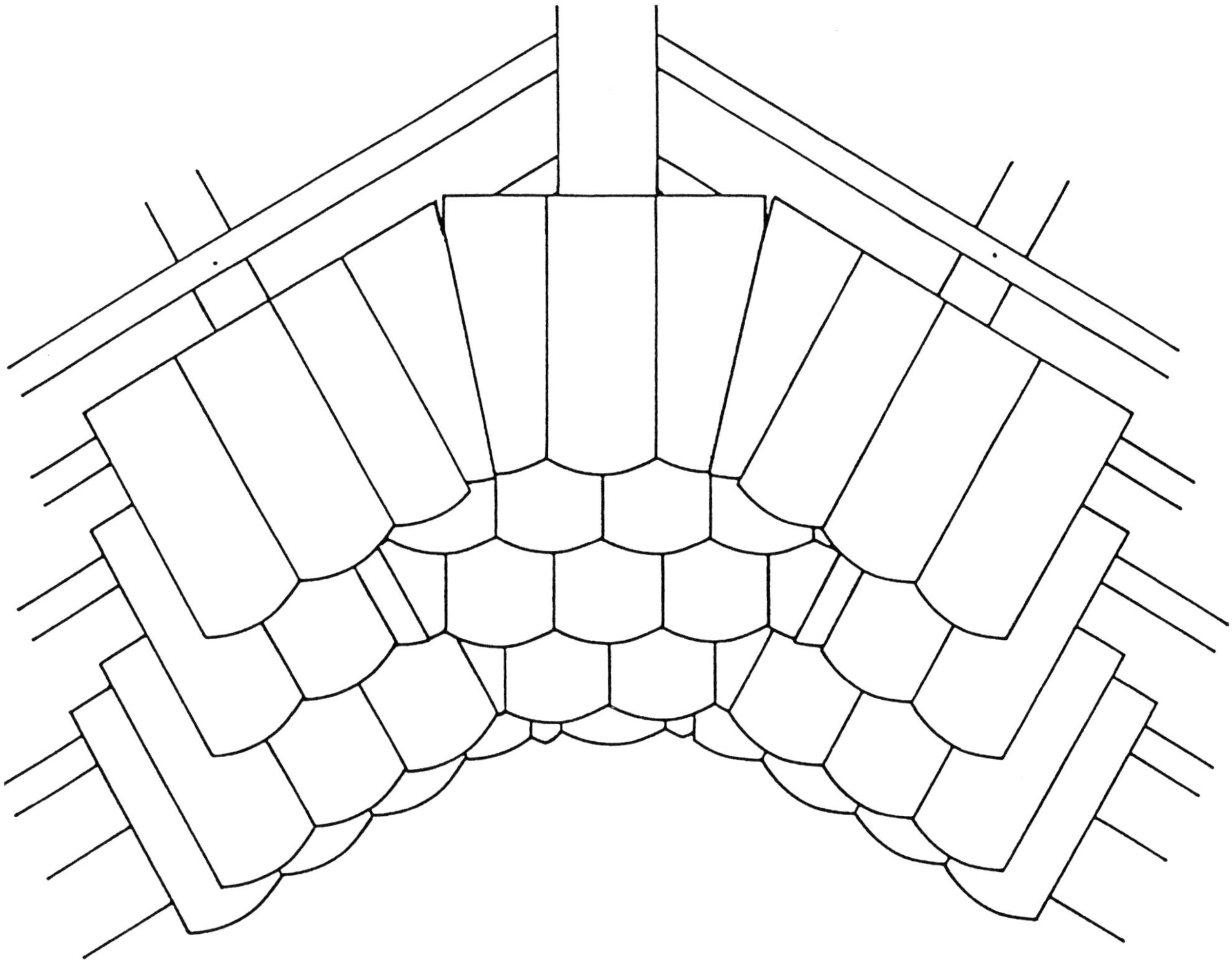

Abb. 9.5: Böhmische Kehle, fortgeschrittene Kehldeckung

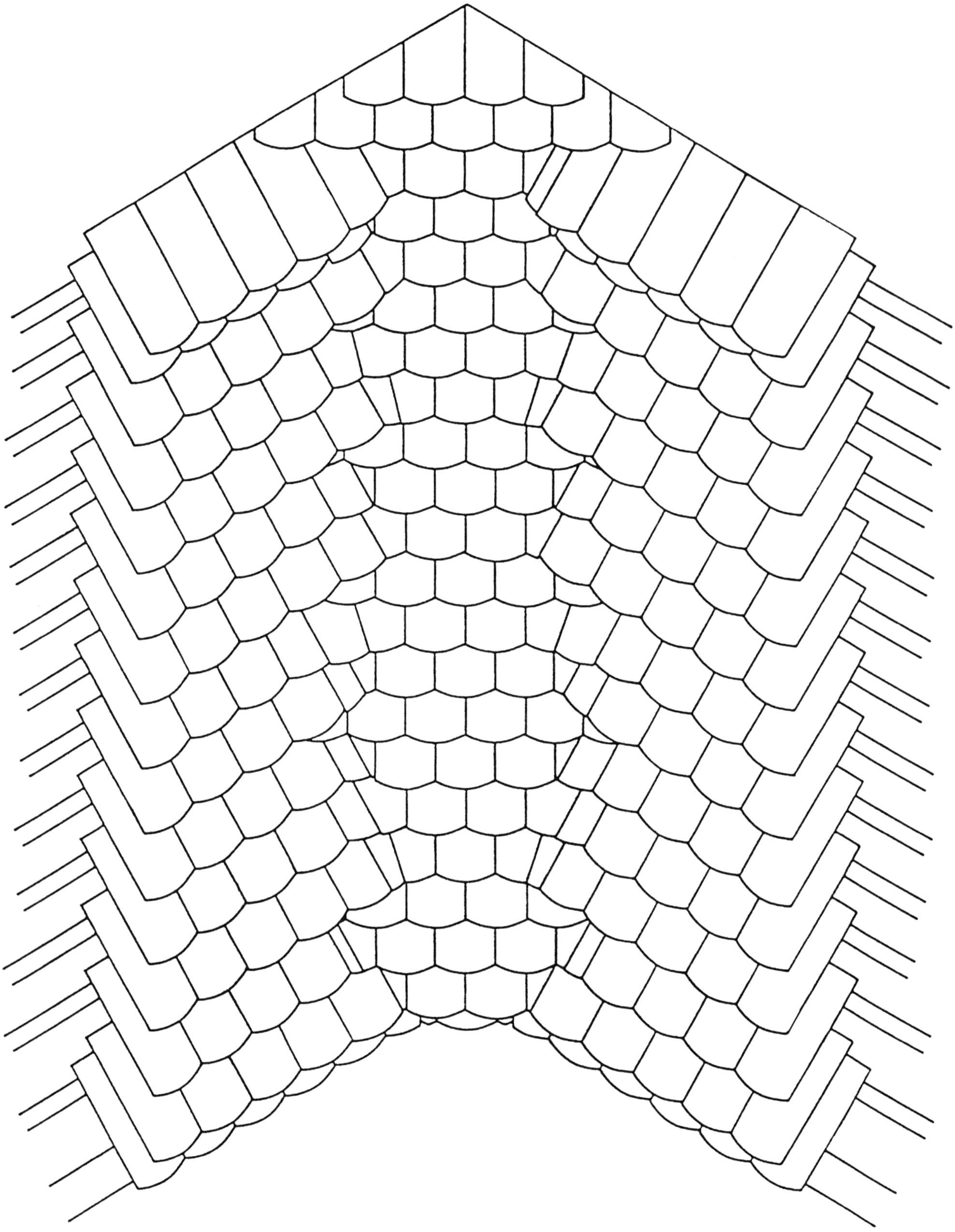

Abb. 9.6: Böhmische Kehle in der Doppeldeckung, 3-Biber-breit

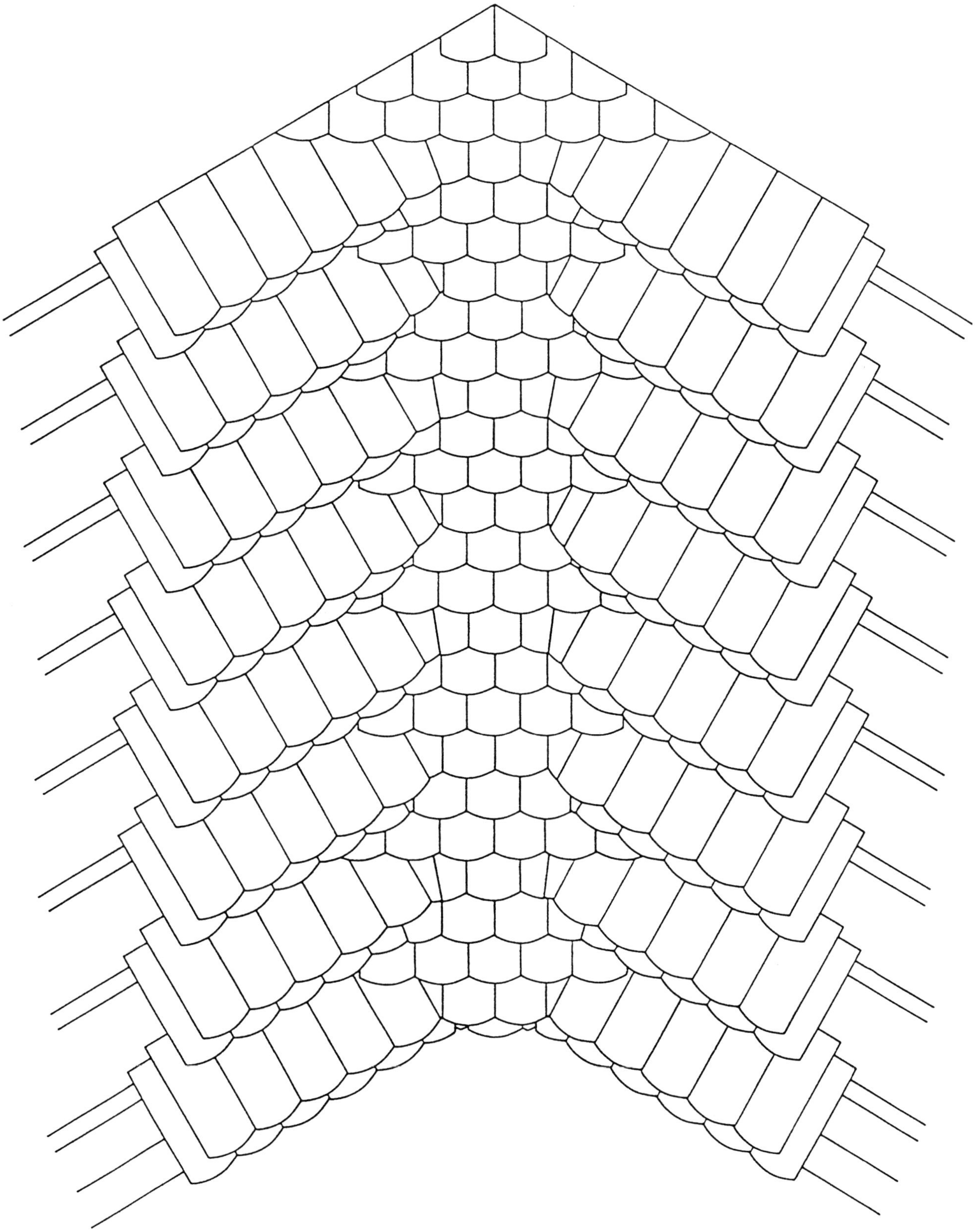

Abb. 9.7: Böhmische Kehle in der Kronendeckung, 2-Biber-breit

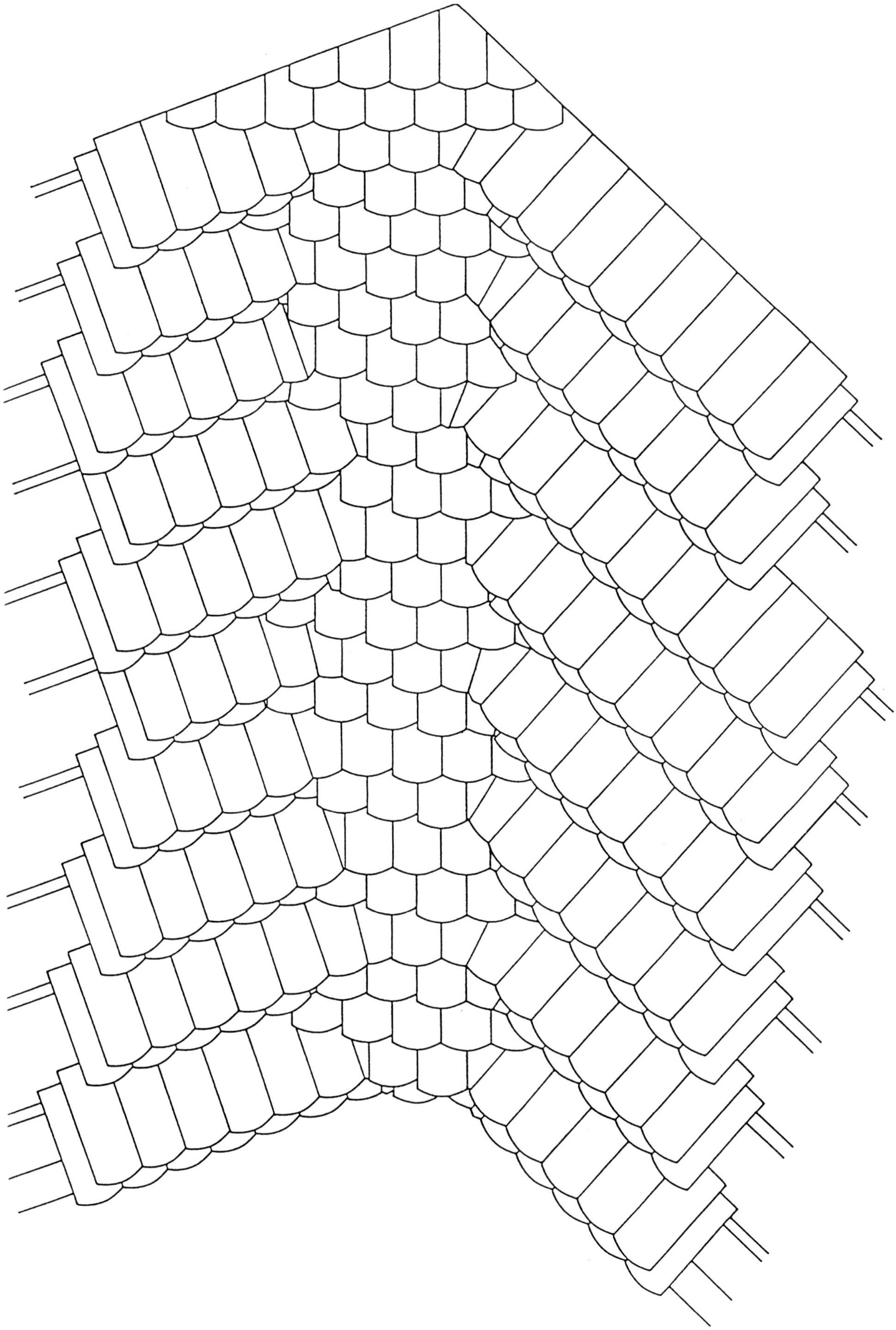

Abb. 9.8: Böhmische Kehle in der Kronendeckung, ungleichhüftig

9.2 Literaturverzeichnis

Arbeitsgemeinschaft Ziegeldach e.V. (Hrsg.): Hohe Schule – Deutsch-eingebundene Biberkehle, trockengedeckt, Teil 1 und 2. Sonderdruck aus der Fachzeitschrift DDH, Köln: Verlagsgesellschaft Rudolf Müller 1995

Zentralverband des Deutschen Dachdeckerhandwerks – Fachverband für Dach-, Wand- und Abdichtungstechnik – e.V. (Hrsg.): Deutsches Dachdeckerhandwerk Regelwerk, Köln: RM Rudolf Müller Medien GmbH & Co. KG, 2023

9.3 Bildnachweis

Arbeitsgemeinschaft Ziegeldach e.V., Bonn: Abb. 4.94 bis 4.97

BMI Deutschland GmbH (hier: Braas), Oberursel: Abb. 7.10, 7.11, 8.25

CREATON GmbH, Wertingen: Abb. 3.3

Eric Hoffmann Dachdeckerei, Hückeswagen: Abb. 7.6

ERLUS Aktiengesellschaft, Neufahrn: Abb. 3.2

Friedrich Ossenberg-Schule GmbH + Co KG, Hemer: Abb. 1.5 bis 1.9. und 4.11

Heuel & Söhne GmbH, Sundern-Hachen: Abb. 8.13, 8.28 bis 8.30

HYTILE Europe BV, Garnwerd/Niederlande: Abb. 1.17

K2 Systems GmbH, Renningen: Abb. 1.32

Otto Lehmann GmbH, Neustraubling: Abb. 8.3 bis 8.10

P. F. Freund & Cie. GmbH, Wuppertal: Abb. 1.16, 1.18, 1.19, 1.20, 1.22, 1.25 bis 1.28

Rotho Blaas Deutschland GmbH, Rosenheim: Abb. 8.26

SolteQ Europe GmbH, Oberlangen: Abb. 1.30

Style Dach, Colditz: Abb. 2.8 und 2.9

TOOLCO, Białystok/Polen: Abb. 3.4

VELUX Deutschland GmbH, Hamburg: Abb. 8.14 bis 8.18

Wolf GmbH, Mainburg: Abb. 1.31

Zentralverband des Deutschen Dachdeckerhandwerks e.V. (Hrsg.), Köln: Abb. 2.5, 2.6, 3.21, 4.10, 6.1

9.4 Danksagung

Mein Dank (Mike Lindner) gilt all meinen bisherigen Ausbildern, die mir mein Fachwissen sowie den Wunsch nach mehr Wissen vermittelt haben. Mein besonderer Dank geht an Dachdeckermeister Sascha Schornstein und Dachdeckermeister Christoph Bolz, die mich beim Verfassen der Texte sowie Erstellen der Bilder unterstützt haben. Außerdem danke ich Mirko Fischer von Style Dach sowie Eric Hoffmann von Dachdeckerei Hoffmann für die zur Verfügung gestellten Bilder.

Ich (Christian Geschke) möchte mich bei meinem Lehrbetrieb Michael Krell für die hervorragende Ausbildung bedanken. Mit Unterstützung meiner Eltern und Arbeitskollegen konnte ich meine Kenntnisse erweitern und schließlich den Meistertitel erlangen. Meinen Ausbildern Wolfgang Kurrle und Cornelius-Fritz Gradner vom Dachdecker-Bildungszentrum in Karlsruhe danke ich für den nötigen Feinschliff, außerdem dem Landesinnungsverband des Dachdeckerhandwerks Baden-Württemberg, seinerzeit unter Geschäftsführung von Hans-Dieter Krüger, für die Chance als Ausbilder tätig und immer weiter gefördert zu werden. Und Danke auch an mein Team für die wertvolle gemeinsame Zeit.

Abschließend ein herzliches Dankeschön an alle Dachdecker, die mit viel Engagement und Herzblut unser Handwerk täglich ausüben. Und an die Dachdeckerbetriebe, die ausbilden und somit dafür Sorge tragen, dass wir keine Nachwuchsprobleme haben, ein herzliches „Glück auf!"

Köln und Karlsruhe im Mai 2023,
Mike Lindner und Christian Geschke

9.5 Stichwortverzeichnis